# COLLECTION

## ICONOGRAPHIQUE ET HISTORIQUE

# DES CHENILLES

## D'EUROPE,

AVEC L'HISTOIRE DE LEURS MÉTAMORPHOSES, ET DES APPLICATIONS
A L'AGRICULTURE;

PAR

## MM. BOISDUVAL, RAMBUR, ET GRASLIN.

1ᵃ 42 LIVRAISON.

## PARIS,

LIBRAIRIE ENCYCLOPÉDIQUE DE RORET,

RUE HAUTEFEUILLE, AU COIN DE CELLE DU BATTOIR.

# COLLECTION

ICONOGRAPHIQUE ET HISTORIQUE

# DES CHENILLES.

# COLLECTION

ICONOGRAPHIQUE ET HISTORIQUE

# DES CHENILLES,

OU

## DESCRIPTION ET FIGURES

DES

## CHENILLES D'EUROPE,

AVEC L'HISTOIRE DE LEURS MÉTAMORPHOSES, ET DES APPLICATIONS
A L'AGRICULTURE;

PAR

## MM. BOISDUVAL, P. RAMBUR, D. M., ET A. GRASLIN.

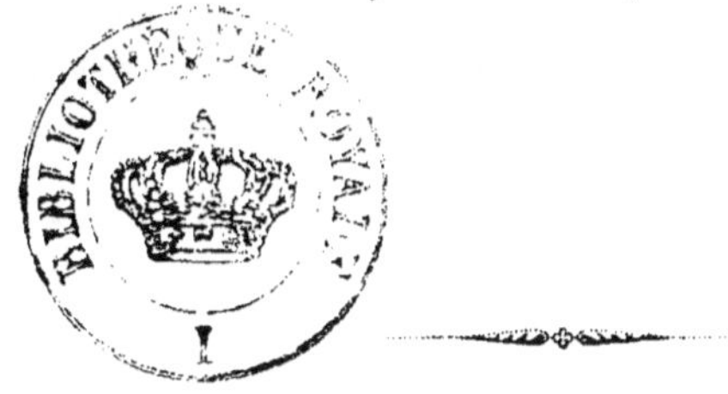

PARIS,

## A LA LIBRAIRIE ENCYCLOPÉDIQUE DE RORET,

RUE HAUTEFEUILLE, AU COIN DE CELLE DU BATTOIR.

1832.

# AVIS DE L'AUTEUR.



M. Duponchel, dans un Avis joint aux livraisons de ses *Lépidoptères de France*, dit qu'il ne faut pas s'en rapporter au titre de son
ouvrage; qu'il avait depuis long-temps l'intention de comprendre
les espèces étrangères à la France dans un Supplément qui aurait
pour titre *Espèces de France*, et qu'il n'avait pas attendu pour s'y
préparer que j'eusse annoncé mon *Icones*. C'est très possible, et je
conçois qu'il est fâcheux pour son éditeur que l'*Iconographie* que je
publie, tout en formant un ouvrage à part, en un petit nombre de
livraisons, ait le double avantage de former un Supplément complet à celui de Godart. Il y a environ quinze mois que mon ouvrage
est annoncé dans le cinquième volume du *Species* de M. Dejean; ce
qui me donne une priorité que je suis loin de réclamer. Il n'est
d'ailleurs pas très ordinaire de donner un Supplément à un ouvrage qui, soit dit en passant, est à peine à moitié, quoique le restant soit promis par l'éditeur en un volume (qui aura sans doute
cinq ou six parties).

De même que mon concurrent, je ne dirai rien sur la question
de savoir lequel de nous deux est le plus à même de remplir les
vœux des souscripteurs. Je m'en réfère entièrement au jugement
du public.

M. Duponchel dit encore qu'il serait possible que je donnasse
plus d'espèces que lui; cependant, à en juger par ses deux premières
livraisons, on serait tenté de croire le contraire. En effet, il débute
par nous donner *Tagis* sous deux noms différents, savoir : un individu d'après nature sous le nom de *Bellesina*, et l'autre copié
dans Hubner sous le nom de *Tagis*. J'avoue que la figure d'Hubner est très défectueuse, et je conçois très bien que M. Duponchel
ne l'ait pas reconnue. Dans la planche suivante il nous annonce
*Pieris Raphani* ou *Hellica* d'Hubner qui habite l'Afrique la plus aus-
trale, et que quelques anciens auteurs avaient crue être d'Europe,
ainsi que le satyre *Clytus* et la *Zygæna Caffra*. C'est là le cas de
répondre à M. Duponchel que *la géographie nous apprend* que le
cap de Bonne-Espérance n'est pas en Europe, ni même voisin de
la Tartarie chinoise.

Certainement que je donnerai comme européennes les huit ou
dix espèces propres à la Sibérie, et je suivrai en cela tous les au-

teurs allemands qui les décrivent comme telles. Dans notre *Iconographie des Coléoptères d'Europe* nous y comprenons de même le[s]
coléoptères de Sibérie, par la raison que tous les entomologistes, qu[i]
ne font collection que d'espéces d'Europe, ne regardent pas comm[e]
exotiques les insectes de cette partie de la Russie. Dès-lors je ne per[-]
drai pas mon temps pour démontrer que le *P. Xuthus*, qui s[e]
trouve en Sibérie, habite aussi le revers occidental de l'Oural. Pou[r]
être conséquent avec lui-même, M. Duponchel n'aurait pas d[û]
donner la *Colias Aurora*, qui est propre à la Russie asiatique; cel[a]
lui aurait évité le petit désagrément de la faire copier dans Erns[t]
ou dans Hubner; car, s'il eût eu cette espéce à sa disposition, il es[t]
trop bon observateur pour dire qu'en dessous elle ressemble à *Edusa*[.]
Il ajoute cependant que la femelle lui est inconnue; c'est asse[z]
croyable, attendu qu'avant nous personne ne l'a ni décrite n[i]
figurée.

Si j'ai bonne mémoire, M. Duponchel avait annoncé par la voi[e]
des journaux qu'il suivrait la méthode de M. Latreille, ainsi qu[e]
cela avait eu lieu dans le commencement de l'ouvrage par Godart[,]
mais voilà qu'aujourd'hui, après avoir donné les *Pieris* et les *Colias*[,]
il passe aux polyommates, ainsi que je l'ai fait dans mon *Index*
*methodicus*. Nous l'en remercions, une telle préférence a quelqu[e]
chose de flatteur. Cela nous a mis à même de voir qu'il avait san[s]
doute par distraction *oublié* de faire figurer les *Colias nastes* e[t]
*pelidne*, à moins qu'il ne les garde pour en faire un Supplément [à]
son Supplément.

Je termine en déclarant qu'il est pénible pour moi d'avoir à répondre à cet avis, et d'être forcé d'élever une sorte de polémique
avec un homme que j'estime, et sur-tout avec lequel je suis li[é]
d'amitié depuis plusieurs années.

Le docteur BOISDUVAL,
rue Mouffetard, n° 76.

# AVIS DE L'ÉDITEUR.

L'ouvrage que nous offrons au public se distinguera de ceux qui pourraient vouloir entrer en concurrence, en ce qu'il sera entièrement *fait sur la nature.*

Le public trouvera dans MM. Rambur et Graslin, qui se sont associés à M. Boisduval, une garantie qu'il chercherait vainement ailleurs.

Tous les entomologistes savent que M. Rambur a passé plusieurs années à visiter les différentes contrées de la France pour étudier les métamorphoses des lépidoptères. M. Graslin, placé favorablement près d'une vaste forêt, a fait aussi une étude spéciale des chenilles, dont il a dessiné les espéces les plus rares. Quant à ce qui concerne M. Boisduval, nous ne pouvons mieux faire que de reproduire la lettre de M. Dejean sur cet ouvrage et sur notre *Icones.*

« Le docteur Boisduval, qui s'est spécialement occupé des lépidoptères et de leurs métamorphoses, et l'un des entomologistes d'Europe qui connait le mieux cet ordre d'insectes, publie en ce moment deux ouvrages qui rendront un service important aux personnes qui s'occupent de cette partie de l'histoire naturelle. Dans l'un il donne avec une très grande perfection d'exécution les espéces d'Europe nouvellement découvertes ou peu connues ; dans l'autre il donne la collection des chenilles d'Europe avec des applications utiles à l'agriculture. Le premier de ces ouvrages offre trois avantages incontestables : 1° de donner toutes les espéces non figurées dans Godart, et de former un supplément indispensable et complet à ce livre ; 2° de servir de complément à Hubner, Ernst, Esper, et à tous les auteurs iconographes ; 3° de former un ouvrage séparé extrémement remarquable, dans lequel M. Boisduval donne l'exposé de sa méthode et les caractères de ses genres, que l'on desire depuis si long-temps. Le second ouvrage, exécuté avec la méme perfection et sur la nature vivante, est le fruit de ses nombreuses recherches, et il ne sera pas moins bien accueilli que le premier.

M. Boisduval pouvant être considéré comme l'entomologiste fran-
çais qui connaît le mieux cette partie de la science, il est le plus
en état d'exécuter convenablement, tant par ses connaissances en
histoire naturelle que par les nombreux matériaux qu'il possède,
une entreprise aussi indispensable aux entomologistes qu'utile aux
agriculteurs.

« Comte DEJEAN.

« Paris, le 10 mars 1832. »


Quant à nous, habitués à répondre exactement à la con-
fiance de nos souscripteurs, nous redoublerons d'efforts et
de zéle pour perfectionner le travail matériel qui nous est
confié. Nous espérons donc que l'*Icones* et notre *Collection de
chenilles* seront deux ouvrages aussi élégants que gracieux à
placer dans la bibliothéque de l'homme du monde comme
dans celle du savant.

# AVERTISSEMENT.

Depuis plusieurs années on sentait, sur-tout en France, la nécessité d'un ouvrage qui apprendrait à l'entomologiste, à l'aide de figures exactes, à connaître les nombreuses espéces de chenilles qu'il rencontre à chaque pas, et qui enseignerait en même temps à l'agriculteur quelles sont les espéces nuisibles et par quels moyens il peut s'en préserver ou les détruire. Convaincus du service important que nous rendrions aux personnes qui s'occupent de cette partie de l'histoire naturelle, nous avons amassé de longue main une grande quantité de matériaux dans l'intention de remplir cette lacune. Non seulement nous avons reçu de différentes parties de l'Europe des dessins originaux d'une grande exactitude, mais encore nous avons dessiné nous - mêmes ou fait dessiner par M. Dumesnil toutes les espéces que nous avons recueillies, ou reçues vivantes. Nous ne nous sommes pas dissimulé avant de commencer une semblable entreprise toutes les difficultés que nous aurions à vaincre. C'est une tâche bien autrement difficile que de faire un pareil ouvrage sur les lépidoptères, parceque l'on peut très bien faire une collection de papillons, et que l'on ne peut pas en faire une de chenilles; ou si l'on en fait une, c'est un dépôt de cadavres informes et de peaux desséchées qui ne ressemblent nullement à la nature.

On a cependant employé différents moyens pour y parvenir; mais aucun n'a eu de résultats satisfaisants. Quelques naturalistes vident les chenilles, en faisant sortir par l'extrémité postérieure les intestins et toute la substance sous-cutanée, de manière à ne conserver que la peau qu'ils gonflent avec de l'air. On conçoit qu'un tel procédé, qui est cependant le plus en usage, donne à la chenille une forme qui est loin d'être naturelle. Les anneaux se distendent et deviennent plus saillants que dans la nature; outre cela, les couleurs ne se conservent pas, toutes les chenilles vertes deviennent d'une couleur feuille-morte, celles qui étaient velues perdent leurs poils, telle espèce qui avait une forme aplatie comme celle des *Lasiocampa* devient cylindrique. D'autres emploient pour les chenilles velues une tout autre méthode. Après les avoir vidées ils font une ouverture sous le ventre, et y introduisent du coton pour les empailler à la manière des oiseaux ou des mammifères. Ce procédé tout en les déformant un peu moins ne conserve pas mieux les couleurs. On a essayé aussi de les conserver dans de l'alcool comme on fait pour les annelides. C'est peut-être ce qu'il y a encore de mieux, parceque si elles perdent leurs couleurs elles conservent au moins une partie de leurs formes et de leurs caractères. Enfin il y a des personnes qui ont l'art de les modeler en cire; ce moyen, le meilleur de tous, n'est guère applicable qu'aux chenilles rases. Il est aussi à remarquer que la lumière décolore très promptement la cire, et qu'au bout d'un certain temps les chenilles qui étaient d'un vert foncé deviennent d'un vert pâle, etc.

Voilà malheureusement à quoi on est réduit si l'on veut avoir une collection de chenilles. Tandis que les lépidoptères conservent pendant une longue suite d'années leur fraîcheur.

On conçoit facilement alors que l'auteur qui fait un travail sur les papillons, peut rédiger son ouvrage en tout temps et sans sortir de son cabinet, et qu'il n'en est pas de même pour celui qui veut en publier un sur les chenilles. C'est dans la nature qu'il doit les observer, c'est seulement quand elles sont vivantes qu'il peut les décrire et les peindre. Les matériaux que nous avons réunis sur cette intéressante partie de l'entomologie, nous ont donc coûté beaucoup de peines et de recherches, les ayant en grande partie recueillis nous-mêmes.

Long-temps nous avons réfléchi sur le plan que nous suivrions pour la publication d'une iconographie des chenilles d'Europe; la question était de savoir s'il était plus avantageux de les donner par grandes séries ou par petites séries interrompues. Nous nous sommes décidés pour ce dernier mode, qui, nous le pensons, sera approuvé par tous les souscripteurs, parceque nous engageant à donner *tout d'après nature*, il nous était impossible, malgré les nombreux matériaux que nous possédons, de figurer de suite et sans interruption toute une famille, comme, par exemple, tous les *Diurnes* ou tous les *Bombyx*.

En effet, on comprend qu'il n'est pas difficile de

représenter quatre ou cinq espéces d'une même famille, mais qu'il est impossible de s'en procurer à-la-
fois deux ou trois cents. Ces différentes considérations nous ont donc engagés à publier notre ouvrage
par *planches* et non par *grandes séries*. Seulement
nous aurons soin que sur chaque planche il n'y ait que
des espéces d'un même genre ou d'une même tribu.
Chaque planche aura en outre son numéro d'ordre. Comme par exemple : *Sphingides*, planche première. *Sphingides*, planche deuxième. *Pseudobomby-
cines*, planche première, etc. Le texte sera imprimé
sans pagination, chaque espéce aura un feuillet séparé, et chaque page aura pour titre la répétition
de la tribu qui sera gravée en tête de la planche,
et au-dessous du titre, le nom de l'espéce, avec un
numéro correspondant à la figure qui s'y rappor-
tera, de manière que chaque personne pourra aisément classer les planches et le texte comme elle
le voudra.

Chaque chenille sera représentée sur la plante
dont elle se nourrit. Pour les espéces polyphages,
qui sont très nombreuses, nous les ferons figurer
sur une des plantes où on les trouve le plus communément; ainsi le *Bombyx quercus* (*minime*) sera représenté sur les feuilles d'une ronce. L'*Orgya fascelina* sera dessinée sur le genêt à balais (*spartium
scoparium*), etc. Pour tous les diurnes nous donnerons la figure de la chrysalide, nous la donnerons
aussi pour les nocturnes toutes les fois qu'elle of-
frira des caractères bien tranchés. Ainsi on conçoit
que nous ne ferons pas représenter les chrysalides de toutes les *Cucullia* qui se ressemblent, de

même que toutes celles des *Catocala*, etc. En outre pour les Hétérocères qui filent des coques, nous ferons souvent représenter la coque, mais seulement quand son tissu ou sa forme offriront des caractères propres; ainsi, par exemple, si nous faisons figurer la coque de *Dicranura vinula*, nous ne ferons point figurer celle de *Furcula* et d'*Erminea*; de même si nous donnons celle de *Bombyx trifolii* ou celle de *Bombyx Lanestris*, nous ne donnerons pas celle de *Quercus* et de *Catax*, parceque toutes ces coques ont la même forme que celles de leurs congénères.

Toutes les chenilles seront figurées dans l'âge adulte, et dans le texte nous les décrirons dans leurs différents âges toutes les fois que nous le pourrons. Nous indiquerons comment elles se métamorphosent, l'époque à laquelle on les trouve, et le temps qu'elles restent sous l'état de *Nymphes* ou de *Chrysalides*.

Notre travail commencera par des considérations générales et des détails anatomiques; dans ces considérations nous ferons connaître, d'après nos observations et celles d'entomologistes recommandables, comment on peut se les procurer, par quels procédés on peut les élever, les caractères génériques que l'on en peut tirer. Enfin nous donnerons aux agriculteurs un travail neuf pour la destruction des espèces nuisibles.

Nous pensons donc qu'un ouvrage tel que celui dont nous venons d'exposer le plan manque tout-à-fait à la science, et sera indispensable aux personnes qui s'occupent de cette partie de l'entomologie. Plusieurs auteurs qui nous ont donné des figures de lépidoptères d'Europe plus ou moins bonnes, tels que Réaumur, Degeer, Ernst, Esper, Rœsel, nous ont aussi donné çà et là celles de quelques chenilles ; mais leurs figures se ressentent du peu de progrès de l'art iconographique à l'époque où elles ont été faites, et sont généralement grossières et quelquefois méconnaissables. Un autre iconographe, Hubner, qui a rendu tant de services à l'entomologie et que la mort a enlevé trop tôt à la science, nous a donné une assez nombreuse collection de chenilles d'Europe ; malheureusement il y manque une partie essentielle, c'est-à-dire le texte. D'un autre côté, si un certain nombre de ses figures sont bonnes, beaucoup sont mauvaises ou trop vagues, et quelquefois sont tout-à-fait méconnaissables. Cela tient à ce qu'il en a figuré un grand nombre d'après des individus soufflés qu'on lui envoyait de différentes contrées, ou, ce qui est encore arrivé quelquefois, qu'il les a copiées dans les auteurs qui l'ont précédé. Deux autres auteurs, Curtis et Sepp, nous en ont donné quelques unes d'une vérité remarquable ; mais il est à regretter qu'ils en aient représenté un si petit nombre.

Voulant rendre notre ouvrage aussi parfait que possible, nous prenons l'engagement envers nos souscripteurs de ne leur donner que des figures et des descriptions faites *sur la nature*. Outre les matériaux que nous avons réunis sur les chenilles d'Europe, nous devons dire aussi que les dessins nombreux des chenilles de l'Amérique septentrionale, que nous avons reçus de New-York et de Savanah, n'ont pas peu contribué à améliorer notre travail, soit comme objets de comparaison, soit comme devant nous servir à établir des coupes plus naturelles.

Nous espérons, ainsi que nous l'avons déja annoncé, donner la figure de 850 à 900 chenilles en 60 livraisons, ce qui fait pour 900 espèces, qui est le *maximum*, 5 espèces par planches l'une portant l'autre. Les entomologistes approuveront, nous croyons, d'autant mieux notre mode de publication, que nos livraisons seront extrêmement variées ; tantôt ils recevront des *Diurnes,* des *Sphinx,* des *Géomètres,* des *Bombyx,* des *Noctuelles,* etc.

Nous donnerons la synonymie d'une manière assez étendue, sans toutefois employer une page entière ou même davantage par des citations d'auteurs qui ont décrit tel papillon dont nous ferons connaître la chenille. Pour les espèces que l'on peut dire *communes,* après avoir cité Linné, Fabricius, Ochsenheimer et Treitschke, nous renverrons à la planche des principaux auteurs iconographes, tels que Ernst, Esper, Hubner, Godart, etc., qui ont donné la figure de l'insecte parfait. Pour les espèces moins communes et dont l'insecte parfait est moins connu, nous donnerons une synonymie plus détaillée.

De même que pour l'*Icones* les personnes qui découvriront une chenille non décrite ou non figurée, pourront nous en envoyer un dessin d'une sévère exactitude avec une bonne description. Nous la ferons imprimer textuellement avec leur signature ; mais nous préférerons toujours recevoir la chenille en nature, lorsque la distance permettra qu'elle puisse arriver vivante à Paris.

Nous croyons devoir prévenir les souscripteurs que, pour avoir des renseignements plus positifs, l'un de nous voyagera presque continuellement dans différentes parties de l'Europe, afin d'étudier sur la nature les espéces rares ou inédites, et aussi pour entretenir nos matériaux.

M. Dumesnil continuera de dessiner toutes les chenilles que nous pourrons nous procurer en nature. Quant aux espéces propres à l'Autriche, à la Hongrie, etc., nos mesures sont prises pour qu'elles soient dessinées sur les lieux par des artistes habiles. M. Dumesnil dirigera sous *nos yeux* la gravure et le coloris de tous les dessins, et il joindra son talent aux efforts que nous ferons de notre côté pour que cet ouvrage soit exécuté avec la même perfection que l'*Icones des Lépidoptères d'Europe, nouveaux ou peu connus.*

BOISDUVAL, P. RAMBUR, A. GRASLIN.
rue Mouffetard, n° 76.

## DEILEPHILA EUPHORBIÆ. Pl. 1<sup>re</sup>, fig. 1 et 2.

*Nigra flavo-punctulata , capite , ano , cornu, pedibus, linea dor-
sali alteraque laterali rubris; maculis rotundatis lateralibus biseriatis.*

Sphinx *euphorbiæ.* LINN., FAB., etc.
HUBNER, *Europ. schmetterl.*, ESPER, ERNST, etc.
Sphinx du tithymale. GODART. Pap. de France crépuscul., pl. 17,
fig. 2.

Cette chenille est fort belle. Le fond de sa couleur est noir
avec des points jaunes très rapprochés. Sur chaque côté on
remarque deux rangées longitudinales de taches rondes, tantôt rougeâtres, tantôt jaunes, et quelquefois blanches. Sur le
dos est une raie longitudinale rouge; il y en a une semblable
de chaque côté au-dessus des pattes , mais celle-ci est ordinairement entrecoupée de jaune. La tête, le dernier anneau
et la base de la corne sont d'un rouge foncé. Les pattes sont
de cette dernière couleur. La corne est scabre, courbée en
arrière et noire à l'extrémité. Dans la jeunesse les lignes longitudinales sont jaunes.

La chrysalide est d'un brun grisâtre avec les articulations
plus claires et les stigmates noirâtres.

Cette chenille est assez commune; elle se nourrit sur plusieurs espèces d'euphorbes ou tithymales, mais elle préfère
les *euphorbia gerardiana, cyparissias, esula, exigua.* Au bord
de la mer on la trouve souvent sur l'*euph. paralias.* Elle est
très vorace et croît rapidement. C'est dans les plaines sablonneuses, au bord des chemins et des sentiers, ou dans tous
autres lieux abondants en *euphorbia,* qu'on doit la chercher.
On commence à la trouver à la fin de juin; sa métamorphose
a lieu à la fin de juillet; l'insecte parfait éclôt en août et septembre dans les pays méridionaux , et même quelquefois aux
environs de Paris, si le temps est favorable. C'est pourquoi

on retrouve des chenilles aux mois de septembre et d'octobre. Les individus qui passent l'hiver en chrysalide éclosent au mois de juin de l'année suivante. Il arrive quelquefois que des chrysalides n'éclosent qu'au bout de deux ans.

1.Deilephila Euphorbiæ.      3.Deilephila Nicæa.
2.La Chrysalide.              4.La Chrysalide.

*P. Dumenil pinxit et direxit*

## DEILEPHILA NICÆA. Pl. 1, fig. 3 et 4.

*Albido-carnea maculis nigris flavo-punctatis ; cornu arcuato nigro.*

> *Deprun. Lepidoptera pedemont.*
> Ochs, *Schmett. von Europ.*
> God., Pap. de France crépuscul. Pl. 17 tert., fig. 1.
> *Sphinx cyparissiæ.* Hubn., *Europ. schmett.*

Cette belle chenille est d'un blanc-incarnat tirant sur le gris-de-perle. Sur le commencement de chaque anneau il y a une bande noire transverse interrompue, formée de grosses taches noires marquées d'un gros point d'un jaune-citron. Sur le premier anneau il n'y a que deux taches assez petites ; sur le second, la bande le plus ordinairement n'est pas interrompue, elle est marquée de quatre points jaunes. On remarque aussi au-dessus de chaque patte membraneuse une tache noire qui s'aligne avec les autres, mais qui est dépourvue du point jaune. La corne est noire et courbée en arrière ; les pattes membraneuses sont grisâtres avec la base noire. Cette chenille est très vorace et croît promptement ; elle vit sur l'*euphorbia esula* et sur plusieurs autres espèces voisines. On la trouve en juin et en septembre aux environs de Montpellier et dans quelques parties de la Provence. Elle est beaucoup plus rare que celle de l'*euphorbiæ*. Sa ressemblance avec un serpent et sa couleur tranchée permettent de la découvrir aisément.

La chrysalide est d'un brun très pâle, proportionnée à la taille de la chenille, et terminée par une pointe assez aiguë. Les stigmates sont noirâtres. Elle se métamorphose dans la terre.

L'insecte parfait éclôt au bout de six semaines, quand la chenille s'est chrysalidée de bonne heure ; dans le cas contraire il n'éclôt qu'à la fin de mai ou au commencement de juin.

La figure que nous en donnons est faite sur un très beau dessin de M. Adrien de Villiers, de Montpellier.

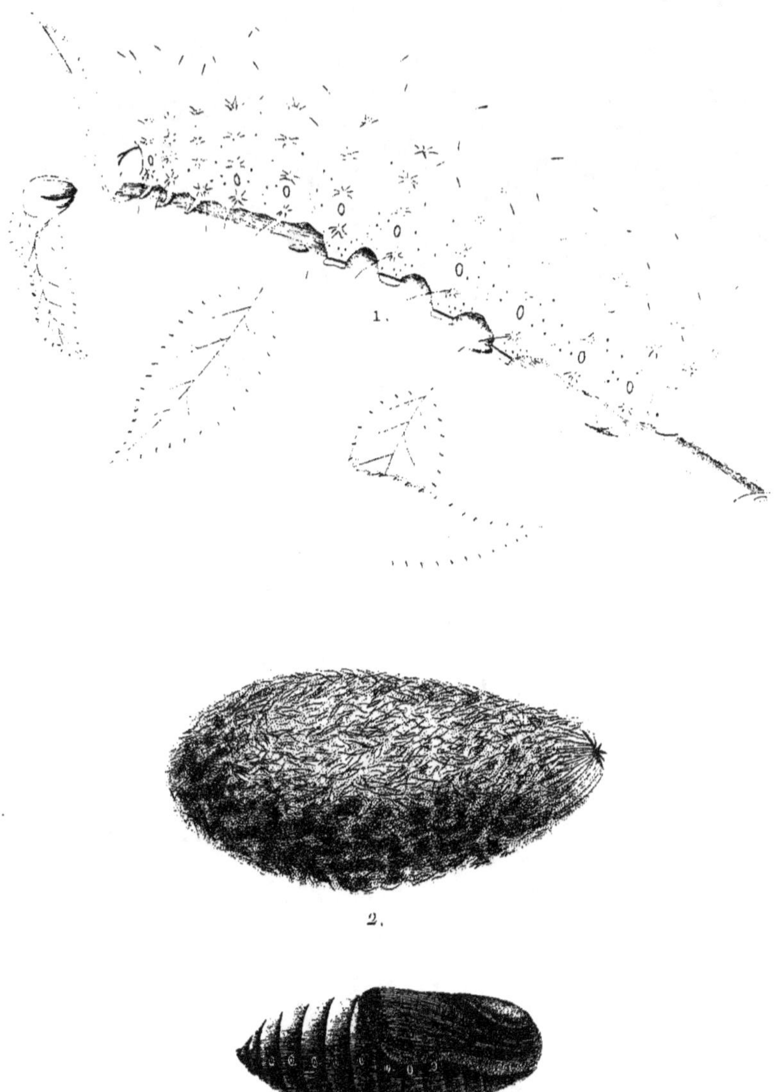



1. Saturnia Pyri.          2. La Coque.
5. La Chrysalide.

## DICRANURA VINULA. Pl. 1, fig. 1, 2 et 3.

*Viridis pallio pedes membranaceos haud attingente violaceo margini-*
*bus albis, capite fusco; collari rubro.*

> *Bombyx vinula.* LINN., FAB., HUBN., etc.
> *Harpya vinula.* OCHS, *Europ. schmett.*
> La queue fourchue. ERNST, Pap. d'Europe.
> *Bombyx vinula.* GOD., Pap. de France, nocturnes. Pl. 15,
> fig. 2, 3.

Comme toutes les chenilles du genre *Dicranura* celle-ci est
très remarquable par deux queues fistuleuses, d'où elle fait
sortir à volonté deux tentacules très flexibles.

Dans sa première jeunesse son corps est tout-à-fait noirâtre; mais après les premières mues il devient d'un vert-
pomme, et quelquefois d'un vert un peu blanchâtre, avec
quelques points noirs assez éloignés les uns des autres. A
partir du troisième anneau qui est un peu bossu, le dos
offre une espèce de manteau en forme de losange bordé
de blanc, qui se prolonge jusqu'à l'origine des queues, et
qui descend assez bas sur les côtés, mais toujours à une
certaine distance des pattes membraneuses. Ce manteau se
lie presque toujours par son extrémité antérieure à une tache triangulaire de la même couleur. La tête est d'un brun
noir, et la chenille la retire à volonté sous le premier anneau,
qui a une forme carrée et une couleur cramoisie. Il est en
outre marqué de deux taches noires. La queue est entrecoupée de blanchâtre et de noir, et elle embrasse une autre petite
queue fourchue entièrement noire. On remarque souvent à la
base de la seconde paire de pattes membraneuses une lunule
pourpre marquée de jaune par en haut.

Cette chenille se trouve depuis le mois de juin jusqu'au
commencement de septembre sur les différentes espèces de
peupliers et de saules. Quand elle est parvenue à toute sa
grosseur, elle file une coque très dure, très gommée, recouverte de petits copeaux, ou de morceaux de lichen

mâchés, et fortement adhérente au corps où elle est fixée.

La chrysalide est raccourcie, cylindrico-conique et d'un brun noirâtre. L'insecte parfait paraît depuis les quinze derniers jours d'avril jusqu'à la fin de mai.

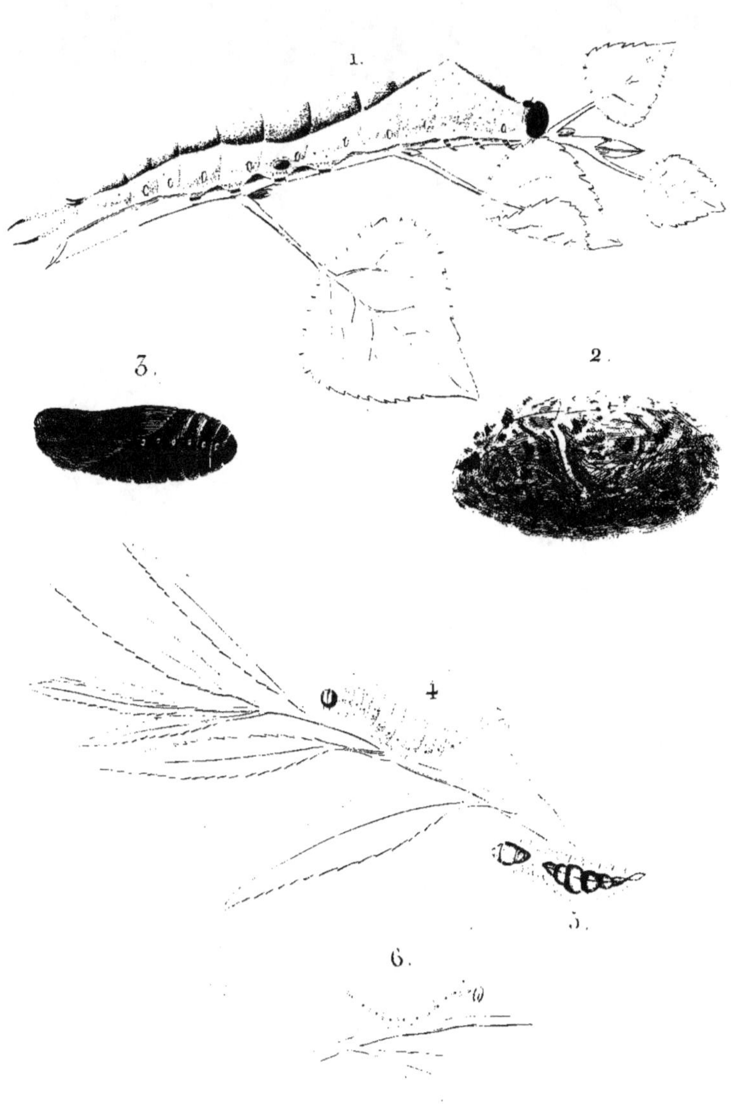

1. Dicranura Vinula.
2. le coque
3. la Chrysalide

4. Dicranura Furcula var
5. ________ idem variet.
6. ________ idem variet.

## DICRANURA FURCULA. Pl. 1, fig. 4, 5, 6, et pl. 2, fig. 1.

*Flavo-viridis, ferrugineo subpunctulata, pallio modo fusco, modo vio-
laceo, modo concolori marginibus flavis vel albis; capite nigro.*

> *Bombyx furcula.* Hubn., *Europ. schmett.*
> *Harpya furcula.* Ochs, *Schmett. von Europ.*
> *Bombyx furcula.* God., Pap. de France nocturnes. Pl. 16,
>    fig. 2, 3.
> La petite queue fourchue. Ernst, Pap. d'Europe.
> *Bombyx furcula.* Linn., Fab., etc.
> Variété. *Harpya forficula.* Zetter.
> — — *bicuspis et bifida.* Ochs, *Europ. von Schmett.*
> — *Bombyx fuscinula, bifida, et bicuspis.* Hubn., *Europ. schmett.*

Cette chenille varie beaucoup plus que celle de *Vinula*,
aussi quelques auteurs ont-ils fait autant d'espéces que de
variétés. Outre les quatre que nous donnons ici, dans le courant de l'ouvrage, nous espérons en donner encore d'autres.

Le plus ordinairement elle est d'un vert tendre tiqueté de
ferrugineux ; elle a sur le dos, à partir du troisième, mais
plus souvent du quatrième anneau jusqu'à l'origine des queues,
un manteau ou losange d'un brun pourpre largement bordé
de jaune, et presque palmé à sa moitié antérieure, se liant
souvent à une tache triangulaire de la même couleur qui oc-
cupe le dos des premiers anneaux. La tête est noire ; le dehors
des pattes écailleuses, et la couronne des pattes membraneuses sont d'un gris rougeâtre. Les stigmates sont noirs
avec le contour ferrugineux. La queue est fistuleuse comme
celle de *Vinula,* et entrecoupée de noirâtre et de verdâtre. Le
dessous du corps est tantôt sans taches et tantôt parcouru
par une bande brune. Cette chenille retire aussi à volonté sa
tête sous le premier anneau, alors le troisième devient bossu·

Dans la *Bifida* de Hubner le corps est d'un vert foncé avec
le manteau d'une couleur lilas et sans bordure jaune. Dans la
*Bicuspis* il est plus étroit que dans la *Furcula.* Dans la *Forficula*
de Zetter, à laquelle se rapportent très bien nos figures 4 et 6,

il n'est pas différent du fond de la couleur, et son contour n'est indiqué que par une ligne blanche bordée de rose intérieurement; mais elle offre une sous-variété, dans laquelle le manteau est presque bleuâtre, plus pâle sur les côtés, et finement bordé de blanc et de rose.

Cette chenille se trouve dans toute l'Europe septentrionale et tempérée, au mois de juin, sur les différentes espèces de peupliers, de saules et de trembles; mais elle est plus commune depuis la fin du mois d'août jusqu'au commencement d'octobre. Lorsqu'elle est parvenue à toute sa grosseur elle file une coque de la même forme et de la même consistance que celle de *Vinula*, mais beaucoup plus petite. La chrysalide n'en diffère que par la grosseur.

L'insecte parfait éclôt depuis le 15 avril jusqu'à la fin de mai. Il paraît de nouveau au mois de juillet quand la chenille s'est métamorphosée de bonne heure.

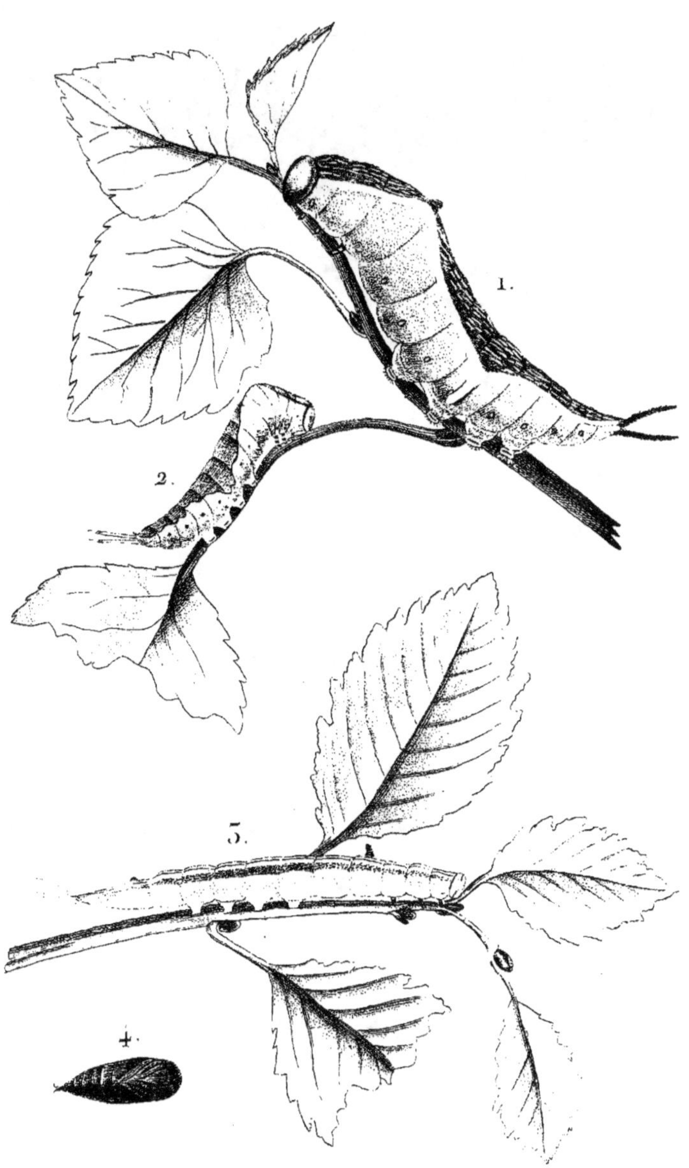

1. Dicranura Erminea.
2. —————— Furcula.
3. Harpya Ulmi.
4. La Chrysalide.

## SPHINX LIGUSTRI. Pl. 2, fig. 1 et 2.

*Viridis, fasciis obliquis violaceis, cornu arcuato nigro.*

> Sphinx ligustri. LINN., FAB., OCHS, etc.
> — HUBN., *Europ. schmett.* Larv. sph., fig. 2.
> Sphinx du troène. GOD., Pap. de France crépuscul., pl. 15.
> Variét. *Sphinx spireæ.* HUBN., ESP.

Elle est d'un beau vert-pomme, et elle a sur chaque côté sept raies obliques, violettes à leur partie antérieure, et blanches à leur partie postérieure ; les stigmates sont d'un jaune orangé ; la corne est longue, arquée, lisse, d'un noir luisant en dessus, et jaunâtre en dessous ; les pattes écailleuses sont d'un jaune pâle, et les pattes membraneuses vertes avec l'extrémité noirâtre.

La chrysalide est d'un brun-marron avec l'étui de la trompe détaché, recourbé, laissant peu d'intervalle entre lui et la chrysalide proprement dite. La pointe de la queue est assez prononcée.

On trouve assez communément la chenille, depuis la fin de juillet jusqu'à la fin de septembre, sur le *troène* (*ligustrum vulgare*), *le lilas* (*syringa vulgaris*), *le frêne* (*fraxinus excelsior*). On la rencontre aussi quelquefois sur quelques *spiræa* frutescentes, *le laurier-tin* (*viburnum laurus-tinus*), *le laurier-rose* (*nerium oleander*), *le lantane* (*viburnum lantana*), *l'obier* (*viburnum opulus*), *le houx* (*ilex aquifolium*), *le micocoulier* (*celtis australis*), *le symphoricarpos parviflora*, *la lauréole* (*daphne laureola*), etc.

Quand elle est sur le point de se métamorphoser, sa couleur devient d'un jaune feuille morte sur le dos ; elle s'enfonce dans la terre, et l'insecte parfait éclôt au mois de juin de l'année suivante.

Nous ne voyons pas que la chenille du *sphinx Drupiferarum*, dessinée par Abbot, offre aucune différence ; cependant les deux papillons se ressemblent peu.

## SPHINX CONVOLVULI. Pl. 2, fig. 3 et 4.

*Fusca vel viridis, lineis duabus dorsalibus fasciisque obliquis obscu-
rioribus; capite cornuque sæpiùs ferrugineis.*

Hubn., Sphing., tab. 14. — Larv. lepid., II, Sphing., III,
   fig. 1, *a*, *b*.
Linn., Fab., Ochs., Bork., Hubn,, Boisd., etc.
Sphinx du liseron. Ernst, Pap. d'Europe.
Sphinx à cornes de bœuf. Geoff. — God., Pap. de France,
   Crép., pl. 16.

Cette chenille varie à l'infini, non seulement pour le dessin,
mais aussi pour le fond de la couleur, qui est tantôt d'un beau
vert, tantôt d'un vert foncé, très souvent d'un brun clair, et
quelquefois d'un brun foncé.

Dans les individus verts on observe trois variétés. La première est d'un beau vert avec deux rangées de points noirs le
long du dos et sept bandes blanches latérales obliques, et la
corne fauve en dessus et noire en dessous.

La seconde variété est d'un vert foncé avec deux raies noires
le long du dos et sept bandes obliques de la même couleur
sur les côtés.

La troisième variété est verte avec six rangées longitudinales de taches noirâtres ou brunâtres, avec la tête et la corne
ferrugineuses.

Les individus bruns ne varient pas moins.

La première variété qui est assez commune est d'un brun
olivâtre avec deux raies noirâtres le long du dos et sept bandes
obliques de la même couleur sur les côtés. La tête, le premier
anneau et la corne sont d'un roux ferrugineux, ainsi que les
contours de la dernière paire de pattes membraneuses. On
remarque aussi sur chaque incision et de chaque côté un gros
point blanchâtre carré ou arrondi plus ou moins marqué.

Dans la seconde variété les trois anneaux antérieurs sont
rayés longitudinalement de blanchâtre.

La troisième variété est entièrement brune avec le dos plus obscur.

Outre ces six variétés, il n'est pas très rare d'en trouver d'intermédiaires ; mais dans presque toutes le corps de la chenille est coupé transversalement par une multitude de lignes noires très fines.

Cette chenille vit sur plusieurs espèces de *convolvulus,* mais particulièrement sur l'*arvensis*. Il est rare de la trouver sur le *sepium*. On la rencontre aussi quelquefois sur le *convolvulus tricolor* et l'*ipomea coccinea*, que l'on cultive dans les jardins, etc. Lorsqu'on veut se la procurer il faut la chercher en juillet dans les champs, sur le *convolvulus arvensis*, parmi les plantations de pommes de terre et de haricots ; elle y est assez commune, et ses grosses crottes facilitent beaucoup sa recherche. Elle se trouve par toute l'Europe, dans une grande partie de l'Afrique, à l'Ile-de-France, à l'île Bourbon, à Madagascar, au Bengale, à Java, et même à Taïti dans l'Océan Pacifique. Dans cette île elle vit sur le *convolvulus peltatus*.

La chrysalide ressemble un peu à celle de *Ligustri;* mais elle est peut-être un peu plus grosse. Elle est de même d'un brun-marron ; la gaîne de la trompe est beaucoup plus saillante et repliée sur elle-même.

L'insecte parfait éclôt en septembre de la même année ; mais souvent une partie des chrysalides passe l'hiver et n'éclôt qu'à la fin de mai ou au commencement de juin de l'année suivante.

La métamorphose se fait en terre comme pour *Ligustri*.

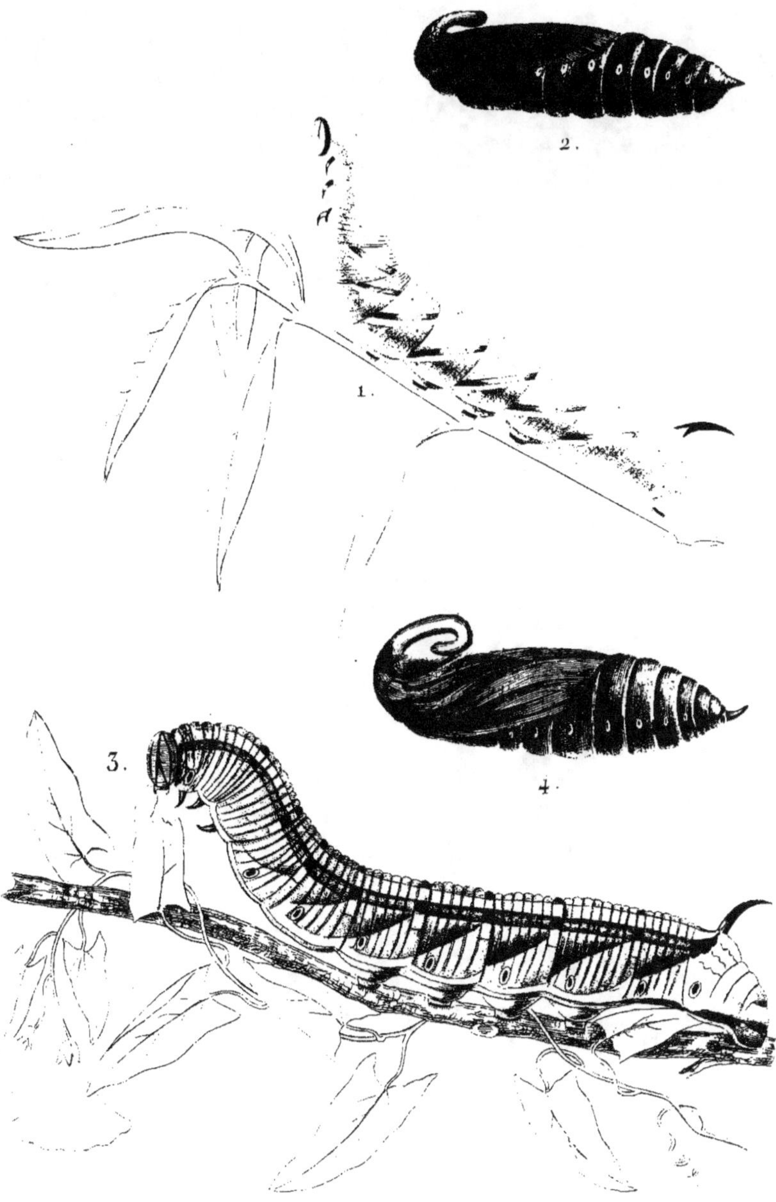

1. Sphinx Ligustri.
2. La Chrysalide.
3. Sphinx Convolvuli.
4. La Chrysalide.

## SATURNIA PYRI. Pl. 1, fig. 1, 2 et 3.

*Viridis tuberculis cœruleis piliferis ; ano ferrugineo ; stigmatibus albis
nigro cinctis.*

> *Saturnia pyri.* Ochs., *Schmett. von Europ.*, t. III, p. 2.
> *Bombyx pyri.* Hubn., *Schmett. von Europ.*, Bomb., tab. 15.
> *Bombyx pavonia major.* Linn., Fab., Esp., etc.
> Bombyx grand paon. God., Pap. de France, Bomb., pl. 4,
> fig. 1.
> Le grand paon. Ernst, Pap. d'Europ. Geoffroy.

Elle est d'un beau vert-pomme, avec des tubercules d'un
bleu d'azur ou de turquoise, portant chacun sept poils roides
étoilés et inégaux. Ces tubercules sont disposés ainsi : quatre
sur le premier et le dernier anneau, et six sur tous les autres.
Le chaperon, placé derrière la dernière paire de pattes membraneuses, est d'un brun fauve. Les stigmates sont blancs
cerclés de noir. Les pattes écailleuses sont d'un roux ferrugineux ; les pattes membraneuses sont vertes avec la couronne
ferrugineuse, bordée par une ligne noire. Elle n'est de cette
couleur que dans l'âge adulte ; avant la première mue elle est
noirâtre ou bleuâtre avec les tubercules brunâtres ou rougeâtres.

Elle est parvenue à toute sa taille dans le courant d'août.
Sur le point de se métamorphoser elle devient d'un jaune sale ;
alors elle file une coque brunâtre très dure, très gommée, en
forme de poire, ayant le petit bout disposé à-peu-près comme
les entonnoirs d'une nasse.

On trouve cette chenille sur beaucoup d'arbres, principalement sur les amandiers, les pêchers, les poiriers, les pommiers, les pruniers, les frênes, les aunes, et les ormes. Elle ne
se trouve point dans le nord de l'Europe ; en France, elle semble finir aux environs de Paris.

Pour se chrysalider elle recherche les corniches des murs
et des toits, les bosses et les bifurcations des arbres.

4.

La chrysalide est cylindrique, assez raccourcie, brune avec l'enveloppe des antennes, et les incisions un peu plus claires.

L'insecte parfait éclôt à la fin d'avril et au commencement de mai. Il arrive souvent que la chrysalide reste toute l'année sans éclore, et que le papillon ne paraît que l'année d'après. Il y en a même qui n'éclosent que la troisième année.

## DEILEPHILA NERII. Pl. 3, fig. 1 et 2.

*Viridis, capite porrecto, fascia laterali punctata alba, oculis duobus cœruleis albido pupillatis, cornu abbreviato. Variat colore fusco.*

> *Sphinx nerii.* Linn., Fab., Ochs., Bork., Esp., etc.
> Hubn., Sph., tab. 11.—Larv. lepid., II, Sph., III, fig. 1, *a, b.*
> Sphinx du laurier-rose. Gon., Pap. de France, Crépuscul.,
>     pl. 13.
> Sphinx du nérion. Ernst, Pap. d'Europe.

Cette chenille est aussi belle que l'insecte parfait. Elle appartient à la division de celles que l'on nomme vulgairement *cochonnes,* parceque, lorsqu'elles mangent, les deux premiers anneaux de leur corps s'alongent de manière à imiter le groin d'un cochon.

Le plus ordinairement elle est d'un beau vert pointillé de blanc sur les parties latérales. Les quatre premiers anneaux sont souvent un peu plus pâles que le reste du corps, et tirent un peu sur le jaune. Sur chaque côté on voit une bande latérale blanche ou un peu bleuâtre, allant du quatrième anneau à l'origine de la corne. On remarque sur le bord de cette bande des points de la même couleur. Elle a aussi de chaque côté, sur le troisième anneau, un grand œil bleu pupillé de blanc. La queue est courte, granuleuse, un peu courbée en arrière, et d'une couleur jaunâtre. Les pattes écailleuses sont d'un noir bleuâtre; les pattes membraneuses sont vertes, avec la couronne jaune; la tête est de la couleur du premier anneau. Les stigmates sont noirâtres et bordés de jaune. Quand cette chenille est sur le point de se métamorphoser, la couleur qui est d'un beau vert passe au brun ou au jaune sale.

Il arrive quelquefois qu'elle est brune au lieu d'être verte, mais cette variété est peu commune. Le dessin est, du reste, tout-à-fait le même.

Dans le jeune âge elle est jaune avec la queue noire et très longue.

La chrysalide est très alongée, d'une couleur noisette, avec les anneaux finement pointillés de noirâtre. Sur le dos elle a une raie longitudinale noire qui s'étend jusqu'aux anneaux. Sur la poitrine il y a une raie longitudinale courte de la même couleur. Sur chaque stigmate il y a une tache noire très bien marquée. La pointe de l'extrémité est peu saillante.

La chenille se trouve, à la fin de l'été et à l'automne, sur le *laurier-rose* (*nerium oleander*). Sa véritable patrie est l'Italie, la Morée, le midi de l'Espagne, le Piémont, etc. ; elle habite aussi la Provence, le Languedoc, mais elle n'y est pas très commune. De temps en temps on la trouve dans les départements du centre de la France, et même aux environs de Paris. En 1831, M. Perrault, employé au Jardin du Roi, en a élevé plusieurs qui ont été trouvées dans un jardin près des Gobelins. Elle paraît préférer, au moins en France, le laurier-rose à fleurs doubles. M. Godet a fait en Pologne la même observation[1].

L'insecte parfait que l'on a pris jusqu'en Normandie éclôt à la fin d'octobre et au commencement de novembre. Il y a même des chrysalides qui éclosent plus tard, et un certain nombre passe l'hiver pour propager l'espéce au mois de juin.

L'Europe n'est pas le seul pays qu'habite ce sphinx ; il se trouve sur tout le littoral de l'Afrique, à l'île Bourbon, à l'Ile-de-France, à Madagascar et aux Indes orientales.

---

[1] De même que la plupart des chenilles cochonnes, cette espéce ne s'enfonce pas dans la terre pour se chrysalider ; elle se fabrique une espèce de coque avec des débris de feuilles qu'elle réunit avec quelques fils de soie.

1.

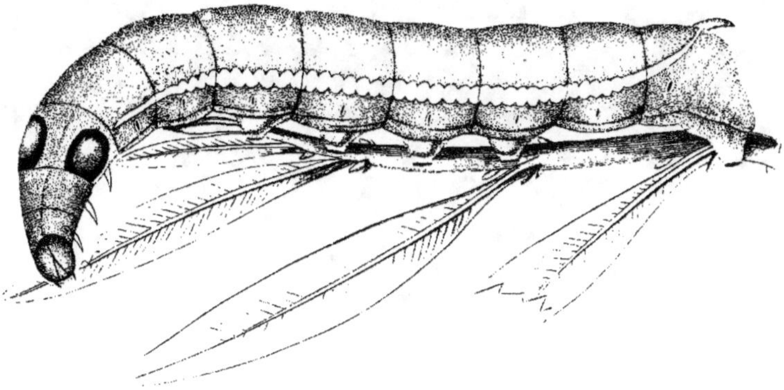

2.

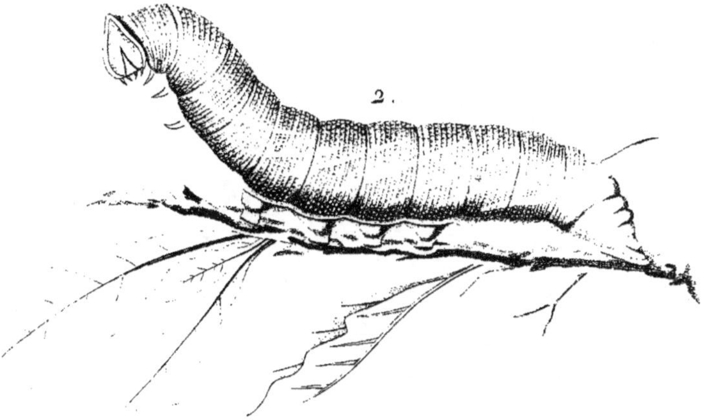

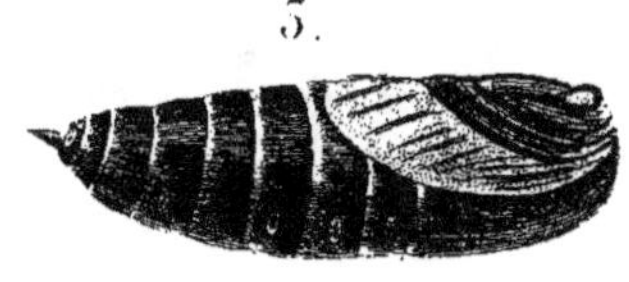

3.

1. Deilephila Nerii. 2. Smerinthus Quercus.

3. *La Chrysalide.*

*P. Pancrail pinxit et direxit.*

## SMERINTHUS QUERCUS. Pl. 3, fig. 2 et 3.

*Subflavo-viridis lineis septem obliquis flavescentibus; cornu viridi-cyaneo ; capite linea flavo-rosea marginato ; pedibus veris rubellis.*

 Fab., *Ent.*, S. III, 356.
 Hubn., Sphing., tab. 15. — Larv. lepid., Sphingid. legit., fig. 1 à 6.
 Ochs., *Schmett. von Europ.*, t. II, p. 255, n° 4.
 Bork., Wien. Verz., Illiger, etc.
 God., Pap. de France, Crépuscul., pl. 17 tert., fig. 3.
 Le sphinx du chêne. Ernst, Pap. d'Europe.

Cette chenille est généralement plus grosse que celle de *Smerinthus Populi ;* elle est toute verte, d'une teinte un peu jaunâtre en dessus, un peu blanchâtre en dessous, avec une ligne longitudinale plus pâle sous le ventre.

Elle a de chaque côté, à partir de la queue jusqu'au troisième anneau, sept lignes obliques, transverses, d'un blanc jaunâtre, et sur les trois premiers anneaux en dessus, des lignes flexueuses longitudinales peu marquées. La queue est d'un vert un peu bleuâtre. La tête est verte, chagrinée, en forme de triangle, avec deux lignes roses qui, partant du sommet, vont en s'éloignant jusqu'à la base des palpes.

Les pattes écailleuses sont d'une couleur rosée, les autres ont le bord jaunâtre. Les stigmates sont oblongs avec la marge d'un rouge rose ; le disque n'est qu'une ligne jaunâtre. Tout le corps est chagriné.

Cette chenille est commune aux environs de Montpellier sur le chêne-vert (*quercus ilex*). On la trouve aussi en Autriche et en Hongrie.

On la trouve depuis la fin de juillet jusque dans le mois de septembre.

Les chenilles se transforment sous la mousse sans faire de coque. La chrysalide est d'un rouge-brun foncé, assez allongée, mamelonnée à l'extrémité, et terminée par une pointe épaisse obtuse, trifide à la loupe.

L'insecte parfait éclôt au mois de mai après avoir passé l'hiver sous l'état de nymphe.

## DICRANURA ERMINEA. Pl. 2, fig. 1.

*Viridis, pallio rufo linea candidissima cincto ad secundos pedes membranaceos in vittam ducta.*

Boisd., *Ind. meth.*, p. 54.
*Bombyx erminea.* Hubn., Bomb., tab. 9, fig. 35.
*Bombyx vinula*, var. Fab.
*Bombyx erminea.* Esper. — (Larv., tab. 77, fig. 4, S. 392.)
*Harpya erminea.* Ochs., *Schmett. von Europ.*, t. III, p. 24.
L'hermine. Engr. — God., Pap. de France. t. 4. p. 164.
pl. 15, fig. 3, 4.

Cette chenille est d'un vert pâle, un peu obscur en descendant vers les pattes, avec de légères nuances roussâtres ou rougeâtres sur les côtés. Elle a sur le dos une bande en forme de manteau, de la même longueur que le corps, nullement interrompue. Cette bande d'abord large s'en va en diminuant jusqu'au troisième anneau, qui produit en cet endroit un tubercule saillant, recourbé vers l'anus; elle devient un peu plus étroite après ce tubercule, puis va en s'élargissant insensiblement jusqu'au septième anneau, où elle forme deux angles éloignés entre eux d'à-peu-près trois lignes. En continuant elle diminue encore, puis se rélargit presque en ovale, pour se terminer au-dessus de l'anus. Sa couleur est rousse; elle est marquée dans son milieu de lignes sinueuses nombreuses d'un blanc jaunâtre. Cette bande est bordée dans toute sa longueur par une ligne très blanche, inégalement large, et qui, arrivée au septième anneau, se prolonge sur les côtés jusque sur la patte où elle est bordée de roux.

Le premier anneau, qui est écailleux en dessus, offre avant la bande un cercle violet légèrement bordé de blanc, et de chaque côté une marque noire bien moins large et bien moins apparente que dans *Vinula.*

Les stigmates sont oblongs, d'une couleur rosée, avec la bordure noire.

La tête est rousse avec le premier article des palpes jaunes et les mandibules noires.

Les vraies pattes sont un peu jaunâtres; les autres sont vertes avec deux demi-cercles noirâtres à l'extérieur. Les postérieures sont remplacées par deux queues d'une légère couleur violette un peu rosée, couvertes de pointes épineuses noires; elles font sortir comme dans *Vinula* deux tentacules rouges. Le dessus de l'anus est un peu bifide ; ses côtes présentent deux petites pointes rousses beaucoup plus courtes que chez *Vinula*. Le ventre après les pattes intermédiaires; est marqué d'une bande trilinéaire et de huit points roux.

Sa métamorphose ressemble à celle de *Vinula ;* mais les individus que l'on élève ne se chrysalident pas comme ceux de cette espèce contre les parois de la boîte. Ils filent leur coque sur les branches du peuplier dont on les nourrit. Elle vit sur les mêmes plantes et paraît aux mêmes époques. Cette chenille, qui se trouve dans une grande partie de l'Europe, est assez rare par-tout.

Les œufs de *Dicranura erminea* diffèrent beaucoup de ceux de *Vinula*. Dans *Erminea* ils sont tout-à-fait lenticulaires ; dans l'autre ils sont hémisphériques.

## HARPYA ULMI. Pl. 2, fig. 3, 4.

### UROPUS ULMI. Rambur.

*Fusca aut viridis, gracilis ; quarto annulo in cornu molle brevique
producto ; pedibus posterioribus, caudæformibus, hamulis tamen
gerentibus.*

> Boisd., *Ind. meth.*, p. 54.
> Ochs., *Schmett. von Europ.*, t. III, p. 36.
> *Bombyx cassinia.* Esper., tab. 49, fig. 4, 5.
> *Noctua ulmi.* Hub., Noct., tab. 1, fig. 1. — Larv. lep., 4,
>    Noct., 1, A, *b*, fig. A, *b*.
> La phalène sphinx. Engram.
> Noctuelle de l'orme. Duponch., Pap. de France, t. 7, p. 261,
>    pl. 116, fig. 5.

La teinte générale de cette chenille est tantôt brune, tantôt
brun-verdâtre ou verte, toute piquée de très petits points
blanchâtres, d'où sort un petit poil noir très court.

Le vaisseau dorsal est marqué d'une ligne noirâtre, plus
sensible à la section des anneaux. Cette ligne sépare en deux
portions une bande longitudinale blanchâtre, étroite, plus ou
moins apparente, bordée par une autre bande verdâtre, couverte d'un réseau noirâtre très fin qui lui donne une teinte de
cette couleur. Au-dessous d'elle se trouve une ligne un peu
fauve, qui se réduit souvent à une série de petits traits, ou qui
est nulle. On voit aussi sur les côtés une ligne continue ou
interrompue plus ou moins visible, jaunâtre. Le ventre est
blanchâtre avec une ligne verdâtre, comprenant l'espace entre
les pattes, où quelquefois elle est seulement visible et un peu
rougeâtre.

Les stigmates sont ovoïdes, blancs avec la bordure noire ;
la tête est grise avec la partie supérieure, d'un fauve roux,
plus clair au sommet où elle est un peu échancrée en cœur,
et marquée antérieurement de deux petites taches blanches.

Les pattes écailleuses sont rougeâtres ; les membraneuses

intermédiaires sont verdâtres à leur face interne, rougeâtres extérieurement, et blanchâtres latéralement.

Les deux dernières sont fort longues, écailleuses, avec une partie molle à l'extrémité entièrement rétractile, portant une demi-couronne de crochets; elles sont un peu hérissées.

Le quatrième anneau offre en dessus une proéminence conique, longue d'une ligne, piquée de petits points blanchâtres ou jaunâtres; le pénultième porte aussi une proéminence courte, comprimée postérieurement.

On trouve cette chenille au mois de mai et au commencement de juin sur l'orme (*ulmus campestris*). Il y en a presque toujours plusieurs sur le même arbre, d'où une légère secousse les fait tomber facilement. Quand elle marche, elle tient sa partie postérieure un peu relevée: il est des cas pourtant où ses dernières pattes lui servent à s'accrocher.

Pour se métamorphoser elle entre en terre; c'est avec cette substance qu'elle forme une coque, dans la composition de laquelle il ne paraît pas entrer de soie.

La chrysalide est d'un rouge obscur, plus clair sur l'enveloppe des ailes; son extrémité assez obtuse porte deux faisceaux épais de soies crochues.

L'insecte parfait éclôt en mai.

Cette espèce n'est pas rare dans le Languedoc, la Provence et l'île de Corse, et aussi dans les environs de Vienne en Autriche, d'après Ochsenheimer.

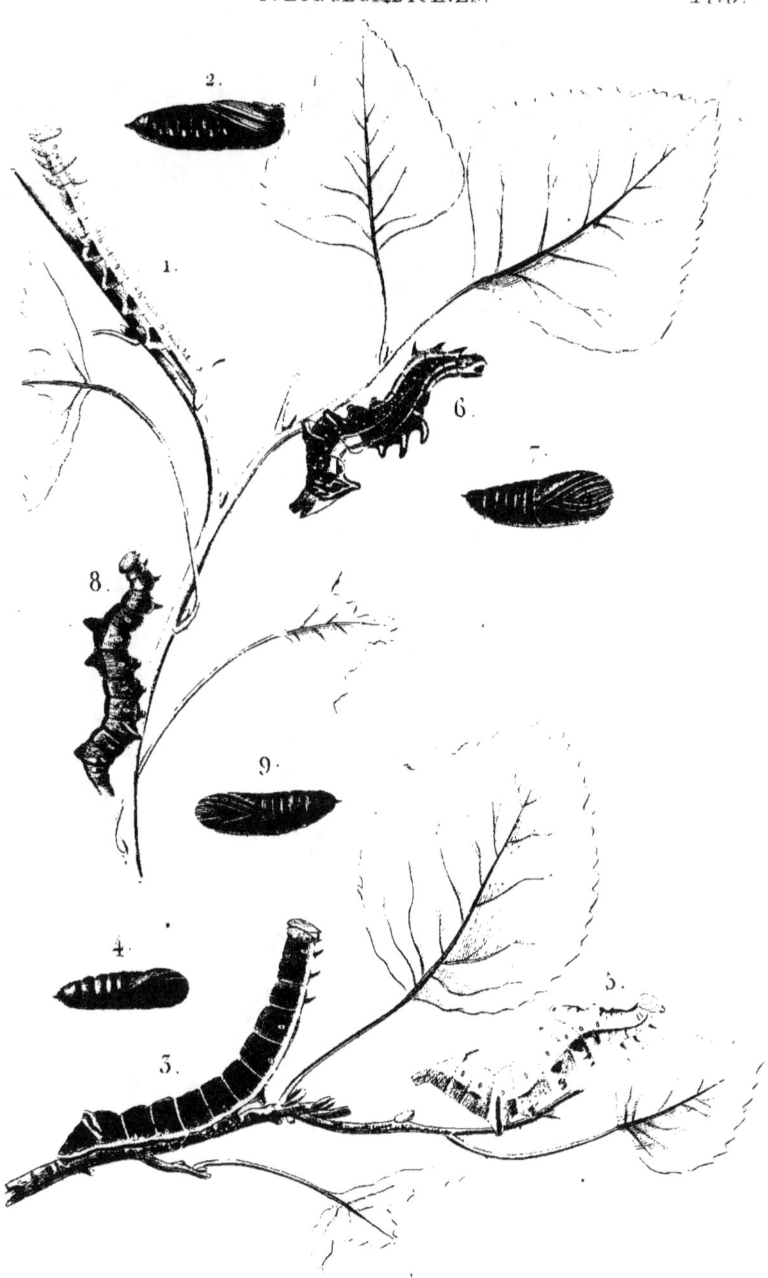

1. Notodonta Dictæa.
2. La Chrysalide
3. Notodonta Dictæoides.
4. La Chrysalide.
5. Notodonta Dromedarius.
6. ———— Tritophus.
7. La Chrysalide.
8. Notodonta Torva.
9. La Chrysalide.

## HARPYA MILHAUSERI. Pl. 3, fig. 1 et 2.

*Viridis dorso cristato, ano supino ecaudato; capite pedibus cristisque rubro fuscis.*

> OCHS., *Schmett. von Europ.*, t. III, p. 41.
> BOISDUVAL, *Ind. meth.*, p. 54.
> *Bombyx milhauseri.* HUBN., Bomb., tab. 8. — Larv. bomb. sphing., fig. 2, *a.*
> *Bombyx milhauseri.* FAB., ESP., etc.
> *Bombyx terrifica.* WIEN. VERZ., BORK., ILLIG.
> Le dragon. ERNST, Pap. d'Europ., 202, fig. 269.
> Bombyx Milhauser. GOD., Pap. de France, Bomb., pl. 16, fig. 4.

Elle est d'un vert plus ou moins foncé, souvent pointillé de vert plus obscur, et elle a sur le dos, à partir du quatrième anneau jusqu'au huitième inclusivement, une rangée d'épines courbées en arrière et d'un brun rougeâtre avec la pointe un peu jaune. La première, qui est placée sur le quatrième anneau, est beaucoup plus longue et fourchue. La tête est un peu échancrée en cœur et d'un brun rougeâtre, ainsi que les pattes. Le dernier anneau est relevé et forme une espéce de croupion surmonté par une pointe pyramidale de la couleur des épines. Sur les parties latérales du sixième, septième, huitième et neuvième anneau, il y a une bande longitudinale de la couleur des pattes. On remarque encore le plus ordinairement sur le premier anneau, près de la tête, un point rougeâtre. Les stigmates le plus souvent ne sont pas distincts quand elle est parvenue à toute sa grosseur; lorsqu'elle est plus jeune, ils sont un peu plus pâles et cerclés de brun clair.

On trouve cette chenille à la fin d'aout et pendant tout le mois de septembre sur le chéne (*quercus robur*). Quelques auteurs disent qu'elle se trouve aussi quelquefois sur l'orme, le peuplier, et le bouleau; mais nous ne l'avons jamais rencontrée sur ces arbres; elle se tient fortement cramponnée aux feuilles, et pour se la procurer il faut battre fortement les branches des chênes ou les jeunes baliveaux sur un drap. Elle file une coque très dure, très coriace, à-peu-près semblable à celle de *Furcula*, qu'elle place dans les crevasses des vieux chênes ; elle fait même entrer dans sa composition quelques fragments de *lichen* qui la rendent si semblable à l'écorce qu'il est presque impossible de la découvrir. Ce n'est que lorsque le papillon est éclos que le trou par lequel il est sorti indique la présence de la coque. La chrysalide est brune, cylindrique et raccourcie.

L'insecte parfait éclôt en mai et en juin ; on le trouve dans les forêts d'une grande partie de la France et de l'Allemagne, mais il est rare par-tout.

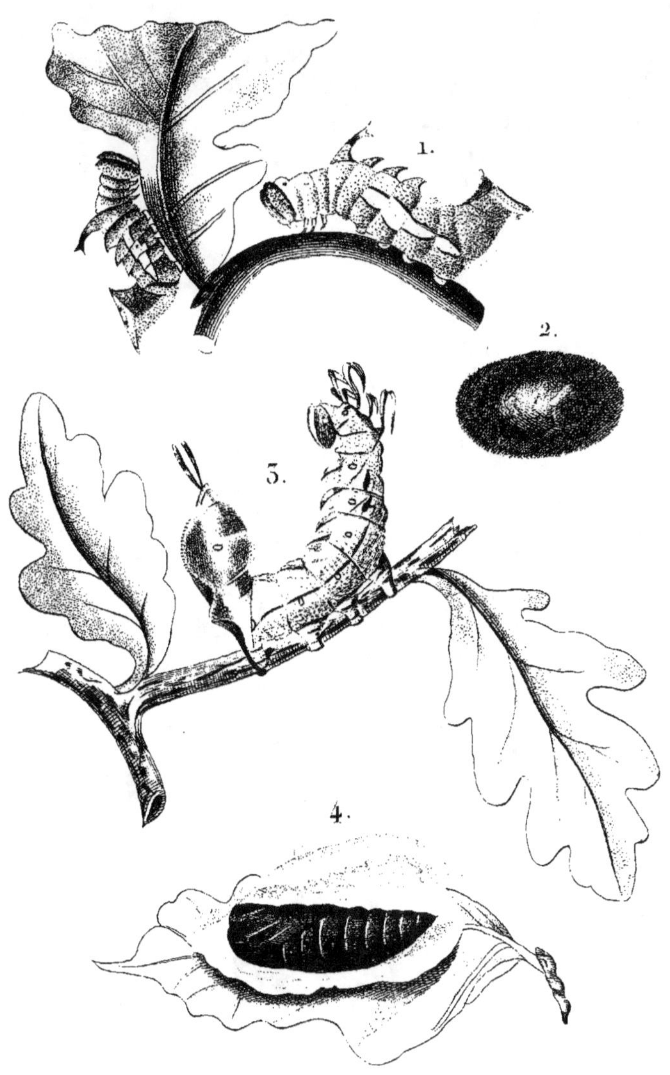

1. **Harpya** Milhauseri.
2. *La Coque.*

3. **Harpya** Fagi.
4. *La Chrysalide.*

## HARPYA FAGI. Pl. 3, fig. 3, 4.

*Pallide fusca, dorso cristato ; pedibus veris longissimis gracilibus : ano supino bicaudato.*

Ochs, *Schmett. von Europ.*, t. III, p. 59.
Boisduval, *Ind. meth.*, p. 54.
*Bomb. fagi.* Linn., Fab., Borkh., Esp., Illig., Schrank, etc.
— Hübn., Larv. lepid., III ; Bomb. sphing., D, fig. 1, *a*.
L'écureuil. Ernst, Pap. d'Europ., 203, fig. 270.
Bombyx du hêtre. God., Pap. de France, Bombycites, pl. 15,
 fig. 1.

Cette chenille est des plus extraordinaires, et comme toutes celles des genres *Harpya* et *Dicranura* elle n'a que quatorze pattes propres à la progression. Elle est d'un brun très pâle ou d'une couleur de cuir un peu jaunâtre, avec le pourtour des stigmates noirâtre et les anneaux saillants. Le quatrième, le cinquième, le sixième et le septième anneau sont relevés en bosse et teintés de brun roussâtre ; les huitième et neuvième sont aussi un peu relevés et teintés de la même couleur : les dixième et onzième présentent en arrière une éminence charnue denticulée en scie. Le dernier anneau est garni de deux queues ou corps fistuleux cornés. Les deux premières pattes écailleuses sont très courtes ; les autres sont au contraire très longues. Au-dessous du second et du troisième stigmate l'on voit ordinairement une tache noire alongée.

Dans le repos elle tient sa tête et la partie postérieure de son corps relevées, et les pattes écailleuses sont pendantes ou à demi fléchies ; ce qui lui donne un port si bizarre qu'on ne se douterait pas à la première vue que ce soit une chenille.

Elle se trouve aux mois d'août et de septembre sur le hêtre, le chêne, le bouleau, l'aune, le prunier, le sumac, et le tilleul.

La chrysalide est cylindrico-conique, d'un noir-brun luisant et renfermée dans un tissu de soie assez léger.

L'insecte parfait éclôt dans le courant de mai et quelquefois au commencement de juin.

Il se trouve dans une grande partie de l'Europe. Il est beaucoup moins commun que *Vinula*.

## DEILEPHILA ELPENOR. Pl. 4. fig. 1 et 2.

*Obscure fusca, capite porrecto punctis dorsalibus, fasciis obliquis ocu-
lisque duobus utrinque, nigris, cornu nigro apice albido. Variat
colore viridi.*

Sphinx Elpenor. Linn., Fab., Ochs., etc.
— Hübner, Sphing., tab. 10. — Larv. lepid., II, Sph., III,
fig. 2, *a, b*.
Sphinx de la vigne. Ernst, Pap. d'Europe.
Sphinx de la vigne. God., Pap. de France, Crépuscul., pl. 18,
fig. 3.

Cette chenille est d'une couleur brune finement entrecoupée de noir, qui l'a fait comparer trivialement à la couleur
d'un *radis noir*. Sur les quatrième et cinquième anneaux, il y
a deux taches noires orbiculaires, marquées d'une espéce de
lunule dont les bords sont d'un blanc violâtre, et le milieu d'un
brun olivâtre. Sur le dos on remarque ordinairement deux
séries de points également d'un brun olivâtre. Les côtés de
la poitrine sont grisâtres; elle a souvent en outre six raies
obliques de cette dernière couleur. La corne est courbe, noire,
avec l'extrémité blanchâtre. Les pattes écailleuses sont d'un
gris luisant; les pattes membraneuses sont brunes.

Avant la seconde mue, cette chenille est verte; il arrive
même souvent qu'elle conserve cette couleur toute sa vie. Du
reste, le dessin est le même.

La chrysalide est d'un brun grisâtre avec deux bandes dorsales et les côtés de l'abdomen plus pâles. Les stigmates sont
noirs. Il y a aussi sur chaque anneau une rangée transverse
de petites épines noirâtres.

On trouve la chenille pendant les mois de juillet et d'août
sur plusieurs espéces d'*epilobium*, mais particulièrement sur les
*epilobium palustre* et *hirsutum*, dans les lieux humides, dans
les prairies, au bord des petits ruisseaux, à la queue des
étangs, au bord des mares, etc. Quoiqu'on l'ait appelée *Che-*

*nille de la vigne*, elle est beaucoup plus rare sur cette plante que sur les *epilobium*. Nous l'avons aussi trouvée sur une espèce de *gaura* dans un jardin de botanique, et sur l'*œnothera biennis*.

Elle ne s'enfonce pas dans la terre ; elle se forme à sa surface une coque légère avec de la mousse, des feuilles sèches, etc., qu'elle réunit à l'aide de quelques fils de soie.

L'insecte parfait éclôt quelquefois au mois de septembre, mais le plus ordinairement il passe l'hiver en chrysalide pour paraître au mois de juin.

1. Deilephila Elpenor.
2. La Chrysalide.
3. Deilephila Porcellus.
4. La Chrysalide.

## DEILEPHILA PORCELLUS. Pl. 4, fig. 3, 4.

*Ecaudata, fusco-grisea capite porrecto oculis lateralibus duobus nigris;
stigmatibus albis nigro cinctis.*

> OCHS., *Schmett. von Europ.*, t. II, p. 211.
> HUBN., Sphing., tab. 10, fig. 60. — Larv. lepid., Sphing.,
> fig. 1 à 6.
> LINN., FAB., ILLIG., BORKH., WIEN. VERZ., VIEWEG., SCHRANK,
> BRAHM., etc.
> Le sphinx à bandes rouges dentelées. GEOFFROY, Hist. des
> Ins., t. II, 88.
> Le petit sphinx de la vigne. ERNST, Pap. d'Europe, 113,
> fig. 161.
> Le sphinx petit pourceau. GOD., Pap. de France, Crépuscul.,
> Pl. 19, fig. 1.

Cette chenille paraît en même temps que celle d'*Elpenor*;
elle lui ressemble presque tout-à-fait par la forme, le dessin,
et par la couleur, seulement il est extrêmement rare qu'elle
conserve sa couleur verte jusqu'au moment de sa métamorphose.

Ordinairement elle est noirâtre ou d'un gris noirâtre, avec
les trois premiers anneaux alongés et rétractiles comme dans
*Elpenor*. Sur le troisième anneau, on remarque ordinairement
une tache noire latérale partagée en deux; le quatrième et le
cinquième ont un œil comme dans *Elpenor*, mais il est arrondi
au lieu d'être ovale, et le premier est ordinairement plus
grand que le second. Les stigmates sont blancs et cerclés de
noirâtre. Le onzième anneau est dépourvu de queue, seulement on voit à sa place une petite verrue arrondie et très peu
saillante. Le dessous du corps est d'un blanc grisâtre tirant sur
l'incarnat.

On la trouve dans une grande partie de l'Europe, mais sur-
tout dans le Nord, en juillet et août. Elle se métamorphose dans
la mousse ou sous les feuilles sèches. Elle vit particulièrement
sur le caille-lait (*galium verum*) et l'*epilobium angustifolium*;

mais elle est beaucoup plus rare sur cette dernière plante. Quelques auteurs disent aussi l'avoir trouvée sur plusieurs autres *epilobium*, et même sur la salicaire (*lythrum salicaria*). Elle est assez difficile à trouver, parcequ'elle ne mange guère que le matin ou pendant la nuit ; elle se tient cachée une partie du jour au pied de la plante ou sous les pierres qui l'environnent.

La chrysalide, à la grosseur près, ressemble tout-à-fait à celle d'*Elpenor*.

L'insecte éclôt ordinairement au mois de juin de l'année suivante : quelquefois, mais rarement, il en éclôt quelques uns en septembre.

## DEILEPHILA DAHLII. Pl. 5, fig. 1, 2.

*Nigrescens vel nigra, albo-flavescente punctulata, fascia laterali lutea, croceo maculata, lineaque dorsali crocea, cornu rubro ad apicem nigro; capite ano scutelloque rubris.*

> *Sphinx Dahlii.* Boisd., *Index methodicus*, p. 33.
> — Hubner, *Europ. schmett.*, Sphing.

Le fond de sa couleur est noirâtre ou d'un brun foncé, piqué de points d'un blanc jaunâtre, beaucoup plus petits que chez *Euphorbiæ*, et de même presque placés en séries transverses. De chaque côté du corps, on voit sur chaque anneau une tache plus noire que le fond, portant deux taches oblongues d'un blanc jaunâtre; l'inférieure un peu rousse.

Il y a sur le vaisseau dorsal une ligne longitudinale un peu sinuée, d'une couleur orangée un peu obscure. Les côtés portent une bande jaune, sur laquelle se voit à chaque anneau une tache orangée: quelquefois cette bande disparaît, mais les taches restent.

Les stigmates sont oblongs, blancs avec la bordure noire. La couleur du corps, au-dessous de la bande latérale, est d'une teinte plus pâle et disparaît sur le ventre, qui devient d'un blanc sale verdâtre, roussâtre entre les pattes.

Le premier anneau est couvert par une plaque large d'un rouge obscur, bordée de jaune antérieurement; le pénultième porte une corne dure, hérissée, courbée vers l'anus, rouge, avec le tiers externe noir; le dessus de l'anus est d'un rouge obscur. La tête est petite, d'un rouge obscur, avec le premier article des palpes et les lèvres jaunes.

Les vraies pattes et les postérieures à leur face externe sont rouges; les intermédiaires sont d'une couleur orangée.

Cette chenille varie pour le nombre et la grosseur des taches et des points. Quelquefois la rangée supérieure des taches forme une espéce de cordon blanc plus ou moins marqué; quelquefois la ligne dorsale est jaune.

On la trouve dans les mois de mai et de juin, de septembre et d'octobre; elle vit sur les *euphorbia paralias, myrsinites,* etc.

Elle s'éloigne peu des bords de la mer, et ne se rencontre jamais dans l'intérieur des terres ou sur les montagnes.

Pour se métamorphoser, elle lie des grains de terre ou des débris de plantes, et elle en forme une coque molle et peu serrée. Sa chrysalide est presque complétement semblable à celle d'*Euphorbiæ.*

Cette espéce remplace en Corse et en Sardaigne notre *Euphorbiæ.* Elle a été découverte en Sardaigne par le marchand-naturaliste Dahl.

1. Deilephila Dahlii.
2. La Chrysalide.

3. Deilephila Lineata.
4. La Chrysalide.

## DEILEPHILA LINEATA. Pl. 5, fig. 3, 4.

*Supra nigrescens, subtus luteo-virescens, flavo punctulata ; serie unica*
*macularum lutea ; linea dorsali rubra duabusque lateralibus fla-*
*vis ; cornu producto, tenui, hispido.*

    *Sphinx lineata.* FAB., ENT., S. III, 368, 69, etc.
    *Sphinx livornica.* HUBN., ESP.
    *Sphinx kœchlini.* FUESSL., *Archiv.*, 1 heft., 6 heft., tab. 33,
        fig. 1—5. — BORK., SCHRANK.
    Le livournien. ERNST, Pap. d'Europe.
    Sphinx livournien. GODART, Pap. de France, Crépus., p. 40,
        pl. 18, fig. 1.

Cette belle chenille qui varie beaucoup est ordinairement
noirâtre ou d'un brun roussâtre en dessus ; le dessous est
d'un blanc jaunâtre ou verdâtre.

Le vaisseau dorsal est couvert par une ligne d'un rouge
obscur, plus ou moins verdâtre dans son milieu. Cette ligne
est bordée par une série de taches noires, dont une par anneau, portant chacune une tache jaune arrondie ; ces taches
sont unies ensemble par une ligne de la même couleur.

Les côtés sont marqués d'une ligne jaune ; au-dessous de
cette ligné et sous le ventre, on voit quelques points noirâtres
et des nuances roussâtres.

Les stigmates sont verdâtres avec le bord mince et noir ;
ils sont accompagnés d'une tache rougeâtre peu sensible.

Le tête est d'un rouge obscur avec une bande noire qui
ceint la bouche ; le premier anneau, bordé antérieurement de
jaune, offre en dessus une plaque de la couleur de la tête,
bordée de noir en avant. Le dessus de l'anus et la face externe
des pattes postérieures sont rouges ; la corne est plus longue
que dans ses congénères, rouge, avec l'extrémité noire, hérissée de petites épines.

Les vraies pattes sont noires à l'extérieur ; les autres sont
de la couleur du ventre, avec une tache noire à leur face
externe.

Cette chenille a les mêmes mœurs que celles d'*Euphorbiæ* et de *Dahlii ;* ses métamorphoses sont semblables, et sa chrysalide ne diffère pas sensiblement.

Elle vit polyphage dans les champs et le long des chemins ; elle habite le midi de l'Europe et les parties de l'Afrique correspondantes.

## NOTODONTA DICTÆA. Pl. 4[1], fig. 1, 2.

*Viridis dorso pallidiori, linea laterali flava; penultimo segmento pro-
minulo pyramidali arcu nigro notato.*

Notodonta dictœa. Ochsen., *Schmett. von Europ.*, tom. III,
  p. 63.
    — Boisd., *Ind. method.*, p. 55.
    Bombyx dictœa. Linné, Fab., Illig., Esper, Wien. Verz.,
      York., etc.
    — Hubn. Bomb., tab. 6, fig. 22. — Larv. bomb. sphing.,
      fig. 1, 6.
    Bombyx tremula. Schrank, *Faun. Boic.*, 1417.
    La porcelaine. Ernst, Pap. d'Europe, 197, fig. 260.
    Bombyx dictæa. God., Bomb. de France, pl. 19, fig. 1.

Cette chenille est cylindrique, mais les anneaux augmen-
tent un tant soit peu de grosseur en allant du cinquième à
l'extrémité; ils sont tous assez bien marqués. Elle est verte
avec le dos, et la tête blanchâtre. L'avant-dernier anneau est
relevé en bosse et marqué transversalement d'un croissant
violâtre ou noirâtre. Entre les stigmates et les pattes, il y a
une raie jaune. Les stigmates sont blancs et cerclés de noir,
placés sur un fond blanchâtre. Les pattes écailleuses sont
rougeâtres et les pattes membraneuses sont de la couleur du
corps, souvent teintées de ferrugineux sur les côtés. Le clapet
de l'anus est bordé par une petite ligne rougeâtre.

On trouve cette chenille à deux époques, en juin et à la fin
de septembre, sur le peuplier, le saule, le tremble, et le bouleau. La chrysalide est d'un brun-noir luisant, cylindrico-
conique, terminée par deux petites pointes.

L'insecte parfait est commun dans toute l'Europe en mai
et en juillet.

La chenille entre en terre pour se métamorphoser.

Le dessin de cette espéce et ceux d'une partie des *Noto-*

[1] Quelques planches portent par erreur le n° 3 au lieu du n° 4.

*donta* de cette planche ont été faits par M. Lepaige de Darney, qui nous les a communiqués avec la plus grande obligeance, ainsi que plusieurs autres dessins d'une grande exactitude.

## NOTODONTA DICTÆOIDES. Pl. 4, fig. 3, 4.

*Fusco-violacea vel rubro-fusca linea laterali flava; penultimo segmento
prominulo pyramidali arcu nigro notato.*

Notodonta dictæoides. OCHS., *Schmett. von Europ.*, t. III, p. 66.
— BOISD., *Ind. meth.*, p. 55.
Bombyx gnoma. FAB., *Ent. syst.*, III, 1, 443.
Bombyx dictæoides. ESP., BRAHM, etc.
Bombyx dictæoides. HUBN., Bomb., tab. 6, fig. 23, 24. —
   Larv. lepid., III; Bomb. sphing., fig. 1, *a*.
La porcelaine, variété. ERNST, Pap. d'Europe, 197, fig. 261.
Bombyx dictæoide. GOD., Pap. de France, Bombycites, pl. 19,
   fig. 2.

Cette chenille ressemble tout-à-fait à celle de *dictæa* par la
forme, seulement elle est peut-être un peu plus alongée. Sa
couleur est en dessus d'un brun sombre ou d'un violet obscur
luisant, ainsi que les pattes. Sur le onzième anneau l'éminence pyramidale est de même marquée d'un croissant transversal plus foncé que la couleur générale; entre les stigmates
et les pattes il y a une raie jaune comme dans *dictæa,* mais elle
est moins large, quelquefois interrompue ou presque effacée.
Les stigmates sont blancs et cerclés de noir.

La chenille se trouve aussi en juin et en octobre sur le
bouleau et sur l'aune.

La métamorphose se fait en terre.

L'insecte parfait que l'on trouve dans le nord et dans le
centre d'une grande partie de l'Europe, éclôt en mai et à la
fin de juillet. Sans être rare, il est beaucoup moins commun
que *Dictæa.*

## NOTODONTA TORVA. Pl. 4, fig. 8, 9.

*Fusco-ænea vel fusca, dorso bicristato, annulo penultimo pyramidali prominulo; stigmatibus fuscis albido cinctis.*

> *Bombyx torva.* Hübn., tab. 7, fig. 27. — Larv. lepid., III,
>     Bomb. 1, Sphing., C. f., fig. 2, c, d.
> *Notodonta tritophus.* Ochs., *Schmett. von Europ.*, III, p. 46.
> — Boisd., *Ind. meth.*, p. 55.
> *Bombyx tritophus.* Wien. Verz., Illig., Fab., Schrank, etc.
> *Bombyx tritophus* ( variét.). Esp., tab. 60, fig. 3.
> *Bombyx tremula.* Borkh., *Europ. schmett.*, III, n° 147.
> — Brahm., *Ins. kal.*, S. 259, n° 154.
> Le dromadaire. Ernst, Pap. d'Europ., pl. 202, fig. 268.
> Bombyx tritophus. God., Pap. de France, Bomb., pl. 17,
>     fig. 1, 2.

Elle a beaucoup de rapport avec celle du *Ziczac* pour la forme et pour le nombre des bosses, et ce n'est guère que par la couleur qu'on peut la distinguer, lorsqu'elle est parvenue à toute sa grosseur.

Avant la dernière mue, elle est d'un vert foncé avec la tête rougeâtre. Le cinquième et le sixième anneau sont munis d'une éminence charnue, un peu courbée en arrière comme dans *Ziczac;* les suivants sont aussi un peu relevés en bosse. Sur le onzième il y a comme dans les espèces voisines une éminence pyramidale. Après la dernière mue elle prend tout-à-fait les caractères de *Ziczac,* mais sa couleur devient d'un brun café, d'un brun noirâtre, ou même tout-à-fait noire : rarement elle reste verdâtre ou bronzée. Dans tous les cas, la tête devient d'un gris noirâtre. Avant cette époque on observe une raie rougeâtre entre la première élévation et la tête, et une autre plus ou moins sensible le long des pattes. Les stigmates sont noirâtres, cerclés de gris blanchâtre. On observe souvent sur l'avant-dernière paire des pattes membraneuses un trait blanchâtre. Quelquefois aussi les stigmates sont placés sur un fond rougeâtre. Quand elle est sur le point de se métamorphoser les éminences s'absorbent et disparaissent en partie.

On la trouve aux mois de juillet et de septembre sur les différentes espèces de peupliers, sur le bouleau, et sur le tremble.

Elle se métamorphose en terre ou sous les feuilles sèches.

La chrysalide ressemble tout-à-fait à celle de *Ziczac ;* elle est d'un brun-foncé luisant avec deux petites pointes à l'extrémité.

L'insecte parfait éclôt en mai et en juin pour la première fois et en août pour la seconde. Il se trouve dans une grande partie de l'Europe, mais il n'est commun nulle part.

## NOTODONTA TRITOPHUS. Pl. 4 fig. 6, 7.

*Fusco-rubra flavo subvariegata lineis obsoletis subpallidioribus; annulis 5, 6, 7 prominulis extrorsum arcuatis; annulo penultimo pyramidali.*

> *Bombyx tritophus.* Hubn., tab. 7, fig. 27. — Larv. lepid., III, Bomb., 1, Sphing., C., fig. 1, *a, b.*
> *Notodonta torva.* Ochs., *Schmett. von Europ.*, III, p. 51.
> — Boisd., *Ind. method.*, p. 55.
> *Bombyx tritophus.* Esp., *Schmett.*, III, tab. 60, fig. 1, 2.
> *Bombyx tritophus.* Borkh., *Europ. schmett.*, III, n° 149.
> — Brahm., *Ins. kal.*, S. 334, n° 220.
> — Illiger, *Magaz.*, II, B. S. 67, n° 6.
> La demi-lune grise. Ernst, Pap. d'Europ., pl. 127, fig. 172.
> Bombyx torva. God., Pap. de France, Bomb., pl. 17, fig. 5.

Cette chenille ressemble tout-à-fait pour la forme à celles de *Ziczac,* de *Dromedarius,* et de *Torva,* mais c'est sur-tout avec la première qu'elle a le plus de rapport. Certaines variétés de l'une et de l'autre ont quelquefois tant de ressemblance entre elles, qu'il est difficile de les distinguer si l'on ne fait pas attention au nombre des bosses.

Dans le premier âge elle varie de couleur depuis le blanchâtre jusqu'au brun. Après sa dernière mue elle devient rougeâtre ou brune; mais le plus ordinairement d'un rouge vineux mélangé de jaune et d'un peu de blanchâtre. Sur le cinquième, le sixième et le septième anneau, elle a une éminence charnue courbée en arrière, dont la dernière est un peu moins longue que les deux précédentes. Sur le onzième anneau il existe une autre éminence, pyramidale, un peu courbée en avant. Cette éminence est variée de jaune, sur-tout sur ses bords. Entre cette éminence et la dernière crête dorsale, il y a un espace blanchâtre ou d'un blanc rosé comme dans certains individus de *Ziczac.* Sur les deux dernières pattes membraneuses, on observe aussi souvent un trait jaune ou blanc. Sur le dos, particulièrement entre la tête et la première crête, il y a quelquefois quelques lignes longitudinales un peu plus pâles que le fond. Les stigmates sont bruns; la tête est de la couleur du corps; les pattes écailleuses sont brunâtres, et les membraneuses d'un gris rougeâtre.

Elle vit particulièrement sur le tremble (*populus tremula*), et quelquefois, mais rarement, sur le peuplier. On la trouve en juin et sur-tout en septembre. Elle se métamorphose dans la terre ou sous les feuilles sèches. C'est dans les forêts plantées de trembles qu'il faut la chercher.

La chrysalide ressemble tout-à-fait à celle de *Ziczac*; elle est d'un brun luisant avec deux petites pointes.

L'insecte parfait éclôt en mai et août. On le trouve dans le nord de la France, et quelquefois aux environs de Paris. Il habite aussi quelques parties de la Suisse et de l'Allemagne, mais particulièrement la Saxe. Il est beaucoup moins commun que *Ziczac*. Nous avons adopté pour cette espéce le nom d'Esper et d'Hubner.

## NOTODONTA DROMEDARIUS. Pl. 4, fig. 5.

*Supra flavo-subviridis dorso cristato, linea laterali interrupta altera dorsali capiteque fusco-ferrugineis ; stigmatibus albis fusco cinctis.*

Ochs., *Schmett. von Europ.*, III. p. 53.
Boisd., *Ind. meth.*, p. 54.
*Bombyx dromedarius.* Linn., Fab., Esp., View., Borkh., etc.
— Hubn., Bomb., tab. 7. fig. 28. — Larv. lepid., III, Bomb.,
1, Sphing., C. fig. 1, a.
Le chameau. Ernst, Pap. d'Europe, pl. 201, fig. 267.
Bombyx dromadaire. God., Pap. de France, Bomb., pl. 18,
fig. 1, 2.

Elle est jaune ou d'un vert jaunâtre en dessus, plus verte en dessous avec la tête, les pattes écailleuses, l'origine des pattes membraneuses, et une raie latérale interrompue placée entre les stigmates et les pattes d'un brun ferrugineux plus ou moins clair. Le quatrième, le cinquième, le sixième, le septième et le onzième anneau sont garnis chacun d'une éminence conique tiquetée de ferrugineux. La bosse anale et les deux moyennes sont plus prononcées que les autres. Il y a en outre une bande dorsale d'un brun ferrugineux sur les trois premiers anneaux. Les stigmates sont blancs cerclés de ferrugineux ; les pattes membraneuses sont vertes, et on remarque ordinairement sur l'avant-dernière paire un trait ferrugineux.

On trouve cette chenille en juin et au commencement d'octobre sur le bouleau, et quelquefois sur le noisetier et sur l'aune. C'est dans les bois qu'il faut la chercher. On se la procure assez facilement en battant les bouleaux. Il est rare d'en trouver plusieurs sur le même arbre. Elle se chrysalide dans la terre ou sous les mousses et les feuilles sèches.

La chrysalide est cylindrico-conique, d'un brun-marron foncé avec de petites pointes à l'extrémité.

L'insecte parfait éclôt en mai pour la première fois, et en août pour la seconde. Il habite les forêts d'une grande partie du centre et du nord de l'Europe. Il n'est pas très rare aux environs de Paris.

## SMERINTHUS POPULI. Pl. 6, fig. 1, 2, 3.

*Viridis lineis septem obliquis flavis; cornu viridi; stigmatibus albis fulvo cinctis.*

> Boisd., *Ind. meth.*, p. 34.
> *Sphinx populi.* Hubner, Sphing., tab. 77, fig. 14. — Larv.
>     lepid., Sphing., III, D. *a*, fig. 1, *a*.
>     — Ochs., *Schmett. von Europ.*, t. II, p. 252.
> — Linn., Fab., Borkh., Illiger, Wien. Verz., Schwartz,
>     Brahm, etc.
> Le sphinx du peuplier. Ernst, Pap. d'Eur., pl. 116, fig. 162.
>     Le sphinx à ailes dentelées. Geoff., Hist. des Ins., t. II,
>     p. 81.
> Smérinthe du peuplier. God., Pap. de France, Crép., pl. 20,
>     fig. 3.

Elle a beaucoup de rapport pour la forme avec celles de *Quercus* et d'*Ocellata*. De même que chez toutes les chenilles de *Smerinthus*, tant indigènes qu'exotiques, sa peau est chagrinée et comme rugueuse.

Elle est d'un vert pâle avec sept lignes jaunes obliques de chaque côté. Les stigmates sont blancs bordés de fauve; la corne est d'un vert jaunâtre avec la base d'un vert un peu bleuâtre; la tête est bordée de jaune; les pattes écailleuses sont entrecoupées de jaunâtre et de rose; les pattes membraneuses sont marquées extérieurement d'un trait ou d'un arc fauve ou orangé.

Souvent on trouve des variétés qui ont sur chaque côté deux ou trois rangées longitudinales de taches rouges ou d'un rouge brun. Dans d'autres, non seulement il n'y a pas de taches rouges, mais quelquefois on voit à peine la trace des raies obliques jaunâtres.

Une variété assez remarquable est celle qui est d'un vert presque blanc, et que l'on trouve particulièrement dans les forêts sur le tremble ou sur le peuplier blanc. Chez cette variété les bandes obliques sont à peine distinctes; le plus or-

dinairement elle n'a pas de points rouges ; quelquefois cependant on y remarque une ou deux rangées latérales de points
roses plus ou moins prononcés.

La chenille de ce *Smerinthus* se trouve en juillet, mais sur-
tout en septembre et octobre, sur les différentes espéces de
peupliers et de trembles, et quelquefois sur les saules et le
bouleau.

La chrysalide est d'un brun noir, un peu plus raccourcie
que celles de *Tiliæ* et de *Quercus*, avec une pointe à l'extrémité.

La métamorphose se fait en terre.

L'insecte parfait est très commun par toute l'Europe. Il
éclôt en mai et juin pour la première fois, et en août et septembre pour la seconde.

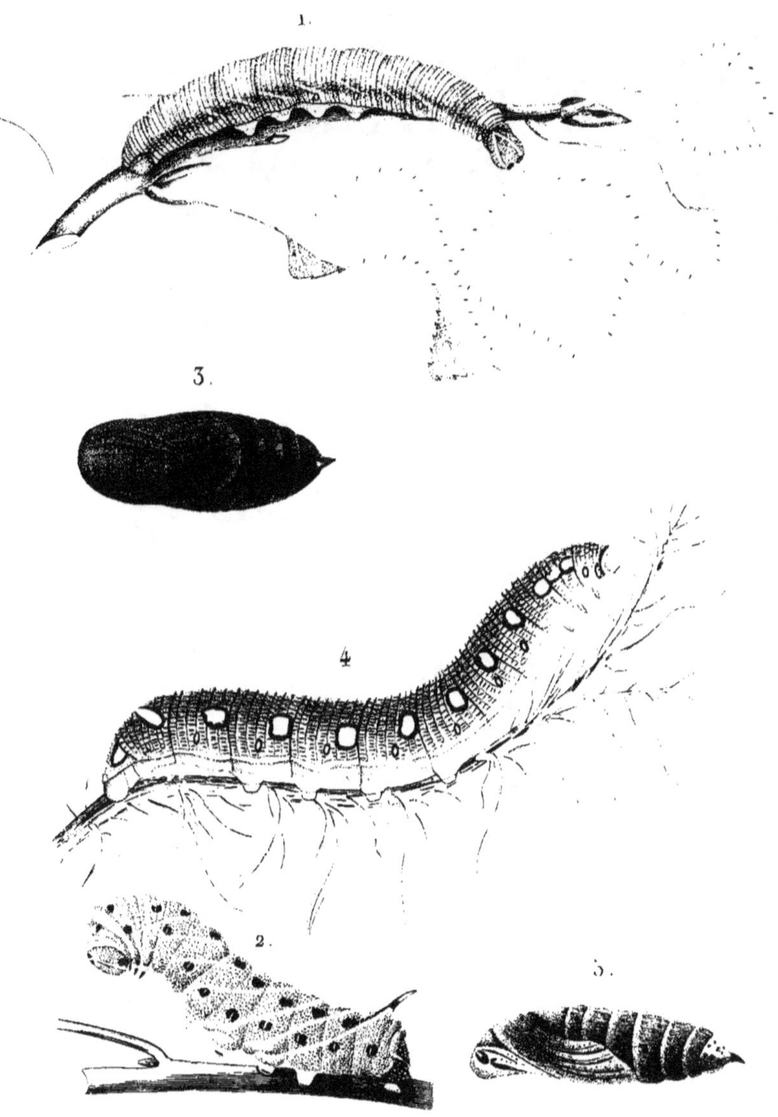

1. Smerinthus Populi.
2. idem variété.
3. La Chrysalide.

4. Deilephila Vespertilio.
5. La Chrysalide.

## DEILEPHILA VESPERTILIO. Pl. 7 , fig. 6.

*Ecaudata , supra cinerea , oculis lateralibus rubellis seriatim digestis ;
subtus pallide griseo-carnea.*

> *Sphinx vespertilio.* Fab. , *Ent.*, S. III , 369-40.
> — Devillers , *Ent.* Linn. , tab. 4 , fig. 17, t. II.
> — Boisd. , *Ind. method.*, p. 33.
> — Ochs. , *Schmett. von Europ.*, t. II , p. 228.
> Hubn. , Sphing. , tab. 11 , fig. 62 ; tab. 21 , fig. 123. — Larv.
> lepid. , II , Sph. , III , B , *b* , fig. 1, *a* , *b*.
> God. , Pap. de France, Crép. , pl. 17 tert.
> Le cendré. Ernst, Pap. de France, pl. 111 , fig. 159.

Cette belle chenille est de la taille et de la forme de celle
d'*Euphorbiæ*, mais elle est totalement dépourvue de queue.

Elle est en dessus d'un cendré noirâtre , avec une multitude
de petites raies transversales plus obscures, et se fondant
pour ainsi dire l'une avec l'autre. Elle a de chaque côté une
rangée latérale de taches incarnates entourées de gris et cer-
clées de noir. Ces taches sont quadrangulaires , arrondies à
leurs angles, un peu plus petites sur les premiers anneaux que
sur les suivants ; celle qui est placée sur le onzième anneau
est ovale ou elliptique ; celle qui est sur le dernier est beaucoup plus petite et à-peu-près de même forme. Les stigmates
sont jaunes cerclés de noirâtre ; la tête est de la couleur du
corps. Le dessous du corps est d'un gris incarnat plus ou
moins pâle avec les pattes roses. Avant sa dernière mue son
dos est d'un brun obscur, les côtés et le dessous du corps sont
grisâtres avec deux raies latérales blanchâtres , parallèles, interrompues sur chaque anneau par des points orangés.

On la trouve en juillet et à la fin de septembre sur l'épilobe à feuilles de romarin (*epilobium angustifolium*), dans les
montagnes sous-alpines du Dauphiné, du Lyonnais , de la
Suisse, et de l'Italie. Elle se tient cachée pendant une partie
du jour sous les pierres ou les herbes , quelquefois à une certaine distance de la plante qui lui sert de nourriture ; aussi le

matin et le soir sont les instants les plus favorables à sa recherche. Nous l'avons trouvée mêlée avec celles d'*OEnotheræ*,
de *Vespertilioides*, et d'*Elpenor*. M. Merk, entomologiste de
Lyon, à qui la science est redevable de plusieurs espéces nou-
velles, a découvert aux environs de Lyon sur l'*epilobium angustifolium* une chenille d'une espéce nouvelle (*D. Epilobii*)
vivant avec le *Verpertilio*. Cette chenille a beaucoup de rapport avec celle d'*Euphorbiæ*. Nous la donnerons dans une des
livraisons suivantes.

La chrysalide ressemble beaucoup à celle d'*Euphorbiæ*. L'insecte parfait éclôt au mois de juin et au commencement de
septembre. Il n'est pas très rare dans certaines parties de la
France.

## CHELONIA HEBE. Pl. 1, fig. 3.

*Nigra pilis numerosis fasciculatis griseo-canis; pilis lateralibus luteo-ferrugineis; capite pedibusque nigris.*

> *Eyprepia hebe.* OCHS., *Schmett. von Europ.*, t. III, p. 339.
> *Bombyx hebe.* LINN., FAB., WIEN. VERZ., ESP., BORK.
> *Chelonia hebe.* BOISD., *Ind. meth.*, p. 43.
> L'écaille couleur de rose. GEOFF., Hist. des Ins., t. II, p. 109.
> L'écaille rose. ERNST, pl. 143, fig. 189.
> *Arctia hebe.* SCHRANK, *Faun. Boic.*, 2, B. 2, abth. S. 152.
> Écaille hébé. GOD., Pap. de France, Bomb., pl. 31, fig. 1, 2.

Elle est d'un noir de velours avec des tubercules de la même couleur, sur chacun desquels il y a des poils longs, épais et fasciculés, d'un gris cendré sur le dos et sur les côtés, et d'un jaune roux le long des pattes. Les stigmates sont d'un noir mat peu distincts; la tête, les pattes écailleuses et les pattes membraneuses sont de la couleur du corps.

On la trouve assez communément dans les fondrières sablonneuses inondées pendant l'hiver et desséchées au printemps, ou sur les coteaux arides. Elle est commune dans nos provinces méridionales et dans les départements du centre; mais elle est un peu plus rare aux environs de Paris. Elle est polyphage comme la plupart des *Chelonia;* cependant on la trouve plus fréquemment sur la mille-feuille (*achillæa mille-folium*), le seneçon (*senecio vulgaris*), le petit tithymale (*Euph. cyparissias*), le *myosotis annua*, l'onoporde (*onopordium acanthium*). Pour l'élever avec succès en captivité, il faut qu'elle soit exposée aux rayons du soleil: très souvent malgré les soins qu'on lui porte elle meurt de la moisissure.

Elle passe l'hiver, et au mois d'avril on la trouve parvenue à toute sa grosseur. Sa métamorphose a lieu au commencement de mai dans une coque blanchâtre assez molle.

La chrysalide est entièrement noire.

L'insecte parfait éclôt au bout de dix-huit à trente jours. Il habite une grande partie de l'Europe méridionale et tempérée.

## CHELONIA CIVICA. Pl. 1, fig. 5 et 6.

*Nigra pilis nigris fasciculatis ; pilis anticis lateralibusque ferrugineis ;
capite pedibusque nigris.*

> *Chelonia civica.* Boisd., *Ind. meth.*, p. 42.
> *Eyprepia curialis.* Ochs., *Schmett. von Europ.*, t. 3, p. 326.
> *Bombyx curialis.* Borkh., *Europ. schmett.*, III, S. 192, n° 57.
> *Bombyx civica.* Hubn., *Bomb.*, tab. 32, fig. 140, 141.
> Écaille civique. God., *Pap. de France*, Bomb., pl. 34, fig. 3.
> L'écaille brune. Geoff., *Hist. des Ins.*, t. 2.
> *Bombyx aulica.* Var. Esp., III, tab. 80, fig. 2, 3.
> Ernst, pl. suppl. 101, fig. 195, *a*, *f* bis.

Elle a quelques rapports avec celle de *Caja ;* mais elle est
plus petite, quoique aussi alongée ; les poils sont un peu plus
roides, moins nombreux, et plus noirs. Le fond du corps est
d'un noir obscur ; les quatre anneaux antérieurs sont garnis
de poils d'un roux ferrugineux ; les huit autres ont les poils
noirs, roides, un peu inclinés en arrière. Les côtés du ventre
sont garnis de poils ferrugineux comme dans *Caja*. Les stigmates sont d'un blanc sale ; les pattes écailleuses et la tête
sont d'un noir luisant ; les pattes membraneuses sont d'un
noir terne. Sur le premier anneau, tout près de la tête, elle a
une petite collerette de poils noirs. Avant sa dernière peau
tous les poils sont noirs, excepté ceux qui sont le long des
pattes. Les poils de la partie postérieure sont aussi beaucoup
plus longs que les autres.

Elle passe l'hiver engourdie dans la mousse ; elle sort de sa
retraite dès le mois de mars. A la mi-avril elle est parvenue
à toute sa grosseur. Elle est polyphage comme ses congénères ; cependant elle semble préférer les *luzula*, l'oseille
sauvage (*rumex acetosella*), etc. En captivité nous la nourris-
sons très facilement avec la chicorée sauvage (*cichorium inty-
bus*). Je ne connais aucune des chenilles de *Chelonia* qui soit
aussi sujette à être piquée des ichneumons.

Elle file une coque assez lâche sous les pierres ou les plantes basses.

La chrysalide est de la grosseur de celle de *Civica*, mais moins alongée et d'un brun noirâtre.

L'insecte parfait éclôt quinze jours ou trois semaines après.

## CHELONIA MATRONULA. Pl. 1, fig. 4.

*Nigra pilis fasciculatis densis brunneis ; capite pedibusque veris fusco-subferrugineis.*

> Boisd., *Ind. meth.*, p. 42.
> *Eyprepia matronula. Schmett. von Europ.*, p. 327.
> *Noctua matronula.* Linn., S. n. 1, 2, 835, 92.
> *Bombyx matronula.* Fab., Bork., Illig., Wien. Verz, etc.
> — Hubn., Bomb., tab. 32 et tab. 35. — Larv. lepid., III,
> Bomb., II, K, *d*, fig. 1, *a*.
> La grande écaille brune. Ernst, Pap. d'Eur., pl. 3, *Suppl.*,
> fig. 194, *i*.
> Écaille matrone. God., Pap. de France, Bomb., pl. 24, fig. 5.

Lorsqu'elle est parvenue à toute sa grosseur, cette chenille a plus de rapports avec celle de *Villica* qu'avec aucune autre, mais elle est plus grosse, plus brune, et sur-tout plus alongée.

Son fond est noir avec les tubercules de la même couleur, munis chacun de poils longs et fasciculés, d'un brun plus ou moins clair, et aussi épais que ceux d'*Hebe*. Les stigmates sont plus clairs que le fond, mais peu distincts ; la tête est d'un brun rougeâtre, ainsi que les pattes écailleuses ; les pattes membraneuses sont noirâtres avec la couronne grisâtre.

Avant sa dernière mue son dos est roussâtre. Elle varie à chaque mue à-peu-près comme toutes les chenilles de *Chelonia;* c'est-à-dire qu'en sortant de l'œuf elle est jaune avec les tubercules noirâtres. A la seconde mue le noir domine davantage, et le jaune disparaît peu à peu à chaque changement de peau. Dans sa jeunesse elle vit sur beaucoup d'arbrisseaux, tels que le nerprun (*rhamnus catharticus*), le noisetier (*corylus avellana*), le cerisier à grappes (*prunus padus*), l'orme (*ulmus campestris*), et quelquefois sur les plantes basses. Quand elle est à moitié de sa grosseur elle descend à terre, et elle ne vit que de plantes herbacées, telles que mille-feuille (*achillæa millefolium*), pissenlit (*leontodon taraxacum*), plantains (*plantago*), etc. Elle devient alors assez difficile à trouver, parcequ'elle se tient presque toujours cachée. C'est la seule *Chelonia* qui mange pendant deux ans, et qui passe deux hivers. Les petites chenilles éclosent en juillet; elles grossissent jusqu'à l'automne, après avoir subi plusieurs changements de peau : puis elles s'engourdissent jusqu'au printemps; elles mangent de nouveau jusqu'à l'automne, époque à laquelle elles ont acquis presque toute leur grosseur; elles passent l'hiver pour la seconde fois, changent de peau au printemps, et se métamorphosent au mois de mai dans une coque lâche sous la mousse ou les plantes basses.

La chrysalide est luisante d'un brun noir.

Le papillon éclôt trois semaines après. Il est assez rare en raison de la peine que l'on a à élever la chenille. Il se trouve sur-tout dans la Suisse allemande aux environs de Constance, en Saxe, en Franconie, en Souabe et en Autriche. On l'a aussi trouvé en France. M Feisthamel l'a pris en Lorraine, et on l'a retrouvé depuis aux environs de Nanci. Godart dit qu'il habite aussi la Franche-Comté.

1. Chelonia Pudica.
2. idem plus jeune.
5. Chelonia Hebe.

4. Chelonia Matronula.
5. _________ Civica.
6. idem plus jeune.

## BOMBYX QUERCUS. Pl. 5, fig. 1 et 2.

*Tomentoso-griseo-fuscescens, incisuris nigris puncto dorsali albo, linea laterali ferruginea obsoleta ; stigmatibus albidis.*

HUBN., Bomb., tab. 39, fig. 172.— Larv. lepid., III, Bomb., II, fig. 2, *a, b, c.*
LINN., *S. N.*, I, 2, 814, 25.
FAB., *Ent. S.*, III, 1, 423, 53.
BORKH., *Europ. schmett.*, III th., S. 84, n° 22.
OCHS., *Schmett. von Europ.*, III, p. 266, n° 11. — ILLIG., WIEN. VERZ., SCOP., ESP., PANZ., NATURF., VIEWEG, etc.
BOISD., *Ind. meth.*, p. 48.
Bombyx du chêne. GOD., Pap. de France, Bomb. IV, pl. 9, fig. 1, 2, p. 95.
Le minime à bande. GEOFF., Hist. des Ins., t. II, p. 111.
ERNST, Pap. d'Europe, pl. 174, fig. 225, *a;* pl. 275 et 276.
*Lasiocampa quercus.* SCHRANK, *Faun. B.* 2, B. 1, abth. S. 127.

### VARIÉTÉ.

*Bombyx spartii.* HUBN., Bomb., t. 39, fig. 173, tab. 52.
ERNST, Pap. d'Europe, pl. 174, fig. 225, *g — h;* pl. 175, fig. 225, *i — k.*
*Lasiocampa roboris.* SCHRANK., *Faun. B.* 2, B. 1, abth. S. 275.

Cette chenille est couverte de poils serrés et comme drapés d'un gris brun, dont les uns sont courts et roides, et les autres médiocrement longs et plus soyeux. Lorsqu'elle marche et qu'elle écarte ses anneaux, ses incisions qui sont d'un noir de velours deviennent très visibles ; chacune d'elles est marquée d'un point blanc, placé sur le vaisseau dorsal. Un peu au-dessus des stigmates on remarque ordinairement une espéce de bande maculaire, blanche, interrompue sur chaque anneau, et quelquefois teintée d'un peu de ferrugineux. Cette bande blanche, qui, du reste, varie un peu, n'existe guère que vers les incisions. Les stigmates sont blancs et bien distincts. Le premier et le dernier anneau sont d'une teinte plus roussâtre

que les autres. La tête est un peu ferrugineuse, et marquée
en avant d'une tache d'un gris jaunâtre en forme de spatule.
Entre les pattes et les stigmates on voit encore une raie ferrugineuse, plus ou moins prononcée. Le dessous du corps est
noirâtre; les pattes écailleuses sont luisantes et d'une couleur
feuille-morte; les membraneuses sont brunes variées de ferrugineux.

Dans sa jeunesse, elle est d'un gris blanchâtre sur le dos.

Elle passe l'hiver collée contre les tiges des arbustes, et au
printemps elle change de peau. Dès que les feuilles commencent à paraître, elle quitte sa retraite pour se nourrir des
bourgeons à moitié épanouis. Au mois de juin elle est ordinairement parvenue à toute sa grosseur; alors elle file une
coque d'un brun noirâtre, ressemblant un peu à un gland
sorti de sa cupule, souvent un peu concave inférieurement,
d'un tissu très serré, très gommé et très dur, et d'un gris jaunâtre luisant en dedans.

C'est sous les pierres, les feuilles sèches à la surface de la
terre, dans les trous de murailles, dans les crevasses des
écorces, etc., qu'elle place sa coque.

La chrysalide est raccourcie, ferrugineuse, assez molle,
avec les stigmates noirâtres.

L'insecte parfait éclôt ordinairement en juillet.

Cette chenille est commune par toute l'Europe, mais pas
assez pour faire du dégât. Elle vit sur les *groseilliers*, les *lilas*, l'o-
*sier*, l'*orme*, le *troène*, l'*épine*, le *prunellier*, le *genêt*, la *ronce*, etc.
Ses poils se détachent assez facilement, et lorsqu'on la touche
ils pénétrent un peu dans la peau et occasionent quelques
légères démangeaisons, qui n'ont aucune suite. Dans tous
les cas, on les apaise promptement en se lavant les mains
avec un peu d'eau et de vinaigre.

1.

2.

3.

1. Bombyx Quercus.
2. Le Cocon.

3. Bombyx Trifolii.

## BOMBYX TRIFOLII. Pl. 5, fig. 3.

*Tomentoso-luteo-fulvescens, incisuris nigro-cyaneis albido-cyanescente
tripunctatis, lunula occipitali aurantiaca.*

HUBNER, *Bomb.*, tab. 39, fig. 171. — Larv. lepid., III,
Bomb., II, fig. 1, *a*.

BORKH., *Europ. schmett.*, III, th. S. 89, 90, n° 23.

FAB., *Ent. S.*, III, 1, 423, 52.

SEPP, *Ins.*, II th., tab. XIII, XIV, fig. 1.

OCHS., *Schmett. von Europ.*, III, p. 262. — ILLIG., VIEWEG,
WIEN. VERZ., NATURF., ROSSI, etc.

BOISD., *Index methodicus*, p. 48.

*Lasiocampa trifolii.* SCHRANK, *Faun.*, B. 2, B. 1, abth. S. 276.
n° 1462.

Bombyx du tréfle. GOD., Pap. de France, Bomb., IV, pl. 9,
fig. 82. 3, 4 et 5, p. 99.

Le petit minime à bande. ERNST, Pap. d'Europe, pl. 176.
fig. 226, *a*, *b*, *c*.

### VARIÉTÉ.

*Bombyx medicaginis.* BORKH., *Rhein. magaz.*, I, B. S. 363,
n° 217.

OCHS., *Schmett. von Europ.*, III, p. 265.

Le petit minime à bande. ERNST, Pap. d'Europe, pl. 176,
fig. 226, *c*, *d*, *f*, *g*, *i*.

### AUTRE VARIÉTÉ.

*Bombyx cocles.* DAHL.

Elle est de la taille et de la forme de celle de *Bombyx Quercus.* De même elle est couverte de poils serrés et comme drapés, mais ils sont plus doux et d'un jaune foncé tirant sur le
fauve. Ses incisions sont d'un noir un peu bleu et marquées
de trois points d'un blanc bleuâtre, dont un sur le vaisseau
dorsal. Au-dessus des stigmates on distingue dans beaucoup

d'individus des espéces de traits obliques formés par des poils plus rapprochés, et souvent teintés d'un peu de fauve ou d'orangé. La tête est d'un gris noirâtre, marquée en avant d'une tache triangulaire grise ou d'un gris un peu jaunâtre; elle est séparée du premier anneau par un collier assez étroit d'une couleur aurore. Le dernier anneau est d'une couleur plus fauve que les autres. Les stigmates sont roussâtres, peu distincts. Le dessous du corps est d'un brun noirâtre, ainsi que les pattes.

Dans sa jeunesse, elle est ordinairement d'un jaune un peu plus fauve que lorsqu'elle est parvenue à toute sa grosseur.

Elle passe l'hiver comme celle de *Quercus*, mais elle est alors très petite, et se tient cachée sous les plantes basses ou collée contre les tiges des graminées. A la fin de juin, ou dans les premiers jours de juillet, elle file une coque de même consistance et à-peu-près de même forme que celle de *Quercus*, et d'un jaune plus ou moins foncé. Elle la place ordinairement sous les pierrailles ou les plantes basses.

La chrysalide est raccourcie, molle, d'une couleur verdâtre, avec les stigmates noirâtres. Quelque temps avant l'éclosion elle devient jaunâtre.

Ce bombyx paraît à la fin d'août ou au commencement de septembre.

Cette chenille, sans être rare, est moins répandue que celle de *Quercus*. Elle ne se trouve pas dans les pays très froids. Elle vit sur les légumineuses, et particulièrement sur les *tréfles*, la *luzerne* et le *genêt*. C'est le matin à la rosée, le soir avant le coucher du soleil, ou dans la journée après une petite pluie, qu'on la cherche avec plus de succès sur les luzernes ou dans les prairies.

1. Bombyx Cratægi.
2. ———— idem variété.
3. ———— idem variété.
4. Bombyx Cratægi variété.
5. ———— idem variété.

P. Dumenil pinxit et direxit

## BOMBYX CRATÆGI. Pl. 4, fig. 1, 2, 3, 4 et 5.

*Fusca subvillosa, punctis dorsalibus fulvo-ferrugineis, sæpiusque fascia laterali vel punctis, albis.*

Hubn. Bomb., tab. 36, fig. 162. — Larv. lepid., III, Bomb., II, M. *b*, fig. 1, *a*, *b*, *c*.
Boisd., *Ind. meth.*, p. 48.
Linn., *S. N.*, I, 2, 823, 48.
Borkh., *Europ. schmett.*, III th., S. 127, n° 34. — Wien. Verz., Illig., Schæff., Donovan, Esp., Fuessl., Lang, Brahm, etc.
*Gastropacha cratægi.* Ochs., *Schmett. von Europ.*, III, p. 278.
*Bombyx mali.* Fab., *Ent. S.*, III, 1, 460, 166. — 434, 85.
Sepp, *Ins.*, II, th. V. tab. 25, fig. 1—8.
Bombyx de l'aubépine. God., Lépid. de France, IV. Bomb., pl. 12, fig. 3, 4, p. 122.
La queue fourchue. Ernst, Pap. d'Europe, pl. 182, fig. 235, *a — e.*

Elle est à-peu-près de la taille et de la forme de celle de *Neustria*. Ses poils sont assez rares et d'une couleur roussâtre. Son fond est brunâtre avec une bande blanche sur chaque côté. Cette bande est sinuée sur le côté qui regarde le vaisseau dorsal ; celui qui regarde les stigmates est aussi un peu irrégulier. Le fond brun compris entre les deux bandes blanches forme le plus souvent comme une suite de losanges découpées sur un fond blanc. Sur chaque anneau, ou plutôt sur chaque losange, on remarque deux petites taches d'un roux ferrugineux et une petite raie transverse souvent interrompue, de la même couleur. Dans les incisions, les losanges ont une teinte un peu bleuâtre. Le dessus du premier anneau est un peu roussâtre, ainsi que le dernier, qui est en outre ponctué de noirâtre. Sur les côtés au-dessous des bandes, il y a deux rangs de petits tubercules d'un ferrugineux roussâtre. Les stigmates sont d'un gris noirâtre. La tête est d'un noir luisant avec la lèvre supérieure un peu jaunâtre. Le dessous du corps est noirâtre ainsi que les pattes écailleuses. Les pattes membraneuses sont d'un brun rougeâtre. Quelquefois les deux bandes blanches sont légèrement pointillées de brun. Avant la dernière mue les bandes blanches sont plus étroites, et les losanges qui couvrent le dos sont moins bien dessinées.

Cette chenille varie extrêmement, aussi en avons-nous fait figurer cinq variétés. Celle que nous venons de décrire est la plus ordinaire.

La seconde variété n'offre, au lieu de bandes blanches, que deux raies étroites, interrompues à chaque anneau et formées par des points blancs.

La troisième variété n'a ni bandes ni raies blanches interrompues ; seulement sur chaque anneau on observe deux petits points blancs qui en tiennent lieu.

La quatrième variété a deux raies blanches latérales plus étroites que l'espèce ordinaire, mais ses incisions sont d'un jaune orangé pâle.

La cinquième variété n'a ni points ni raies blanches ; ses incisions sont d'un jaune orangé, et elle ressemble alors un peu aux jeunes individus de *Bombyx Rubi*, ou à la chenille d'*Emydia Jacobeæ*.

Toutes ces variétés peuvent se distinguer facilement à l'aide des points d'un roux ferrugineux, lesquels ne s'effacent jamais.

Elle est parvenue à toute sa taille à la fin de mai ; elle file entre les feuilles ou dans les crevasses des écorces une coque dure, ovale, d'un gris jaunâtre sale.

La chrysalide est raccourcie, d'un brun clair, avec les stigmates noirs. L'insecte parfait éclôt à la fin d'août ou au commencement de septembre.

La chenille vit ordinairement en famille sur l'*épine*, le *prunellier*, le *pommier sauvage*, etc. Après la dernière mue elles se dispersent, et on les rencontre non seulement sur les épines, mais sur le *bouleau*, le *chêne*, le *cerisier*, le *saule*, etc. Elle se trouve dans une grande partie de l'Europe, dans les bois et sur les buissons d'épine.

## BOMBYX NEUSTRIA. Pl. 3, fig. 4, 5 et 6.

*Villosa vittis fulvis et cæruleis, linea dorsali alba capite nigro bipunc-
tato; ventre nigro fusco.*

HUBNER, Bomb., tab. 40, fig. 179.—Larv. lepid., III, Bomb.,
II, Q. *a*, *b*, fig. 1, *a.*
BOISD., *Ind. meth.*, p. 49.
LINN., *S. N.*, I, 2, 818, 34.
FAB., *Ent. S.*, III, 1, 432, 79.
BORKH., *Europ. schmett.*, III th., S. 103, n° 28.—ILLIG., ESP.,
WIEN. VERZ., SCHÆFF., DONOVAN, MULLER, VIEWEG,
HUFNAGEL, etc.
*Gastropacha neustria.* OCHS., *Schmett. von Europ.*, III, p. 296.
*Lasiocampa neustria.* SCHRANK, *Faun.*, B. 2, B. 2, abth. S.
155, n° 15.
La livrée. GEOFF., Hist. des Ins., t. II, p. 114, n° 16.
ERNST, pl. 180, fig. 231, *a — n.*
Bombyx neustrien. GOD., Pap. de France, IV. Bomb., pl. 13,
fig. 3, 4, p. 137.

Elle est noirâtre, garnie de poils un peu roussâtres; elle a
sur le vaisseau dorsal une bande blanche, et le long de chaque
côté trois bandes d'un roux fauve, dont les deux supérieures
séparées l'une de l'autre par une raie noire, et séparées de
celle qui est au-dessus des stigmates par une bande bleue plus
large que les autres. Les stigmates sont roussâtres, placés sur
un fond bleuâtre. Au-dessous d'eux, tout-à-fait à la base des
pattes, on voit le plus souvent une raie rousse plus ou moins
prononcée. La tête est d'un bleu cendré marquée de deux
points noirs. Il y a deux points semblables sur le premier anneau. Le onzième anneau offre une petite éminence bifide
d'un gris noirâtre ou presque noire, partagée par la raie dorsale. Le ventre est noirâtre et présente à chaque segment une
tache plus obscure. Les pattes sont d'un gris noirâtre foncé;
les membraneuses ont la couronne d'un blanc sale.

Les petites chenilles éclosent au printemps; jusqu'à l'âge

adulte elles vivent en société nombreuse sous une tente de soie.

En juin elles sont parvenues à leur entier développement. Elles filent alors entre les feuilles, sous la corniche des murs, etc., une coque molle, ovale, blanche, saupoudrée d'une poussière jaune qui ressemble à de la fleur de soufre.

La chrysalide est d'un noir brun, saupoudrée de jaune pâle, avec les stigmates d'un noir obscur, et la partie postérieure brusquement atténuée et terminée en une pointe alongée.

Ce bombyx éclôt vers le commencement de juillet.

La femelle dépose ses œufs par anneaux autour des petites branches d'arbres sur une couche d'enduit brunâtre. Les *brasselets* qui en résultent ont quelquefois plus d'un pouce de largeur, et résistent au froid le plus intense.

La chenille est extrêmement commune par toute l'Europe; elle vit sur presque tous les arbres, mais elle préfère les arbres fruitiers, qu'elle dépouille souvent de tout leur feuillage.

C'est au printemps qu'il faut la détruire, en enlevant avec un échenilloir les toiles qui la renferment, ou mieux encore en les brûlant sur l'arbre avec une poignée de paille allumée, que l'on passe rapidement pour ne point endommager ses branches. On peut aussi enduire ces nids avec de l'huile ou une solution de potasse; mais le meilleur moyen c'est de les brûler. En sacrifiant une petite branche avec l'échenilloir, on préserve l'arbre entier s'il n'y a qu'un seul nid.

On pourrait croire d'après son nom que ce bombyx est propre à la Normandie, tandis qu'il n'y est ni plus ni moins commun qu'ailleurs. Le nom de *Neustria* a été donné à la chenille par Charleton, qui l'envoya à Moufet.

Les jardiniers l'ont appelée *Livrée*, parcequ'en effet elle ressemble assez à un ruban.

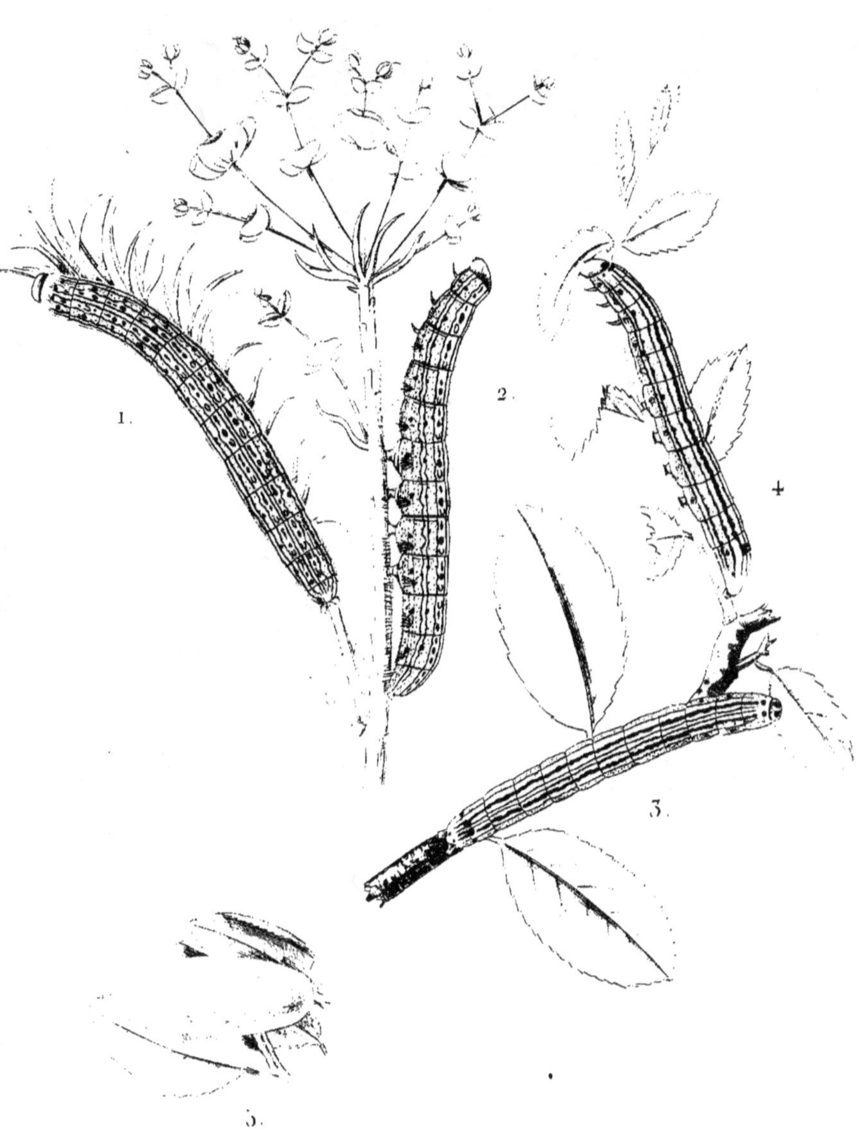

1. Bombyx Castrensis
2. idem vu de côté

5. Cocon de Neustria

3. Bombyx Neustria
4. idem vu de côté

L'Ouvrard pinxit et direxit

## BOMBYX CASTRENSIS. Pl. 3, fig. 1 et 2.

*Villosa, vittis fulvis nigro punctatis vittisque cœruleis; capite impunctato ventre albido nigro marmorato.*

Hubn., Bomb., tab. 40, fig. 177.—Larv. lepid., III, Bomb., II, Q. *a, b*, fig. 2, *a*.

Boisd., *Ind. meth.*, p. 49.

Linn., *S. N.*, I, 2, 818, 36.—*Faun. Suec.*, ed. 2, 292, 1102. *B. neustria.* Var.

Fab., *Ent. S.*, III, 1, 432, 80.

Borkh., *Europ. schmett.*, III th., S. 107, n° 29. — Illig., Wien. Verz., Sch.eff., Vieweg, Esp., Brahm, etc.

*Lasiocampa neustria.* Schrank, *Faun. B.*, 2, B. 2, abth. S. 155, n° 16.

*Gastropacha castrensis.* Ochs, *Schmett. von Europ.*, III, p. 294.

La livrée des prés. Ernst, Pap. d'Europe, pl. 181, fig. 233, *a — l.*

Bombyx castrense. God., Pap. de France, IV, Bomb., pl. 13, fig. 5, 6, p. 142.

Elle se rapproche par la forme et un peu par les couleurs de la chenille de *Neustria*. Elle est de même peu fournie de poils. Les bandes d'un fauve roux placées sur le dos sont tachetées de noir. La raie qui couvre le vaisseau dorsal est d'un blanc jaunâtre ou brunâtre. Les côtés sont bleus, pointillés de noir, et offrent, beaucoup au-dessus des stigmates, une bande rousse bordée de noir de chaque côté et marquée d'un point noir assez gros sur chaque anneau, plus apparent que dans *Neustria*. Les stigmates sont noirs, placés sur une raie rousse plus ou moins apparente. La tête est velue, d'un gris cendré. Le ventre est blanc avec des grosses taches ou marbrures noires. Les pattes écailleuses sont d'un noir luisant; les pattes membraneuses sont fauves, marquées en dehors d'une tache bleuâtre. Elle est plus belle que la *Livrée*, et s'en distingue facilement par le manque de taches sur la tête et sur le premier anneau, par l'absence d'éminence sur le dernier anneau , par son ventre blanc marbré de noir, etc.

Dans sa jeunesse elle vit en société nombreuse sous des tentes de soie, ce qui lui a sans doute fait donner le nom de *Castrensis*.

Parvenue à l'âge adulte, elle se répand dans les environs et vit presque solitaire. Elle est ordinairement parvenue à toute sa taille au commencement de juillet. Pour subir sa métamorphose elle file, sous le feuillage des plantes basses, une coque qui ressemble complétement à celle de *Neustria*.

La chrysalide a aussi la même forme que celle de *Neustria*; elle est de même saupoudrée de jaune pâle.

L'insecte parfait éclôt dans le courant d'août.

La chenille est beaucoup moins commune que celle de *Neustria*; elle ne se trouve pas dans le nord de l'Europe. Elle se plaît dans les lieux arides et sablonneux ; elle se nourrit sur une infinité de plantes basses, telles que *helianthemum guttatum* et *vulgare*, *euphorbia cyparissias*, *erodium cicutarium*, etc. Lorsqu'on l'élève chez soi il faut la nourrir avec l'*euphorbia cyparissias* ou l'*hélianthème*.

Les œufs de ce bombyx sont aussi disposés par anneaux autour des tiges.

Cette espèce ne vit jamais sur les arbres ; elle est tout-à-fait terrestre. Elle est commune aux environs de Paris.

## LASIOCAMPA QUERCIFOLIA. Pl. 6, fig. 1.

*Cinereo-fusca vel subfusca, collaribus duobus cyaneis pustulisque rubro-ferrugineis biseriatis; annulo penultimo carunculifero.*

Boisd., *Ind. meth.*, p. 47.

Schrank, *Faun. B.*, 2, B. 2, abth. S. 154.

*Gastropacha quercifolia.* Ochs., *Schmett. von Europ.*, III, p. 247.

*Bombyx quercifolia.* Hubn., Bomb., tab. 43, fig. 187. — Larv. lepid., III, Bomb., II, S. *a, b*, fig. 1, *a*.

Fab., *Ent. S.*, III, 1, 420, 42.

Linn., *S. N.*, I, 2, 812, 18.

Borkh., *Europ. schmett.*, III th., S. 63, n° 15. — Illig., Wien. Verz., Esp., Muller, Rossi, Hufnag., Vieweg, Lang, etc.

*Bombyx feuille du chêne.* God., Pap. de France, IV, Bomb., pl. 7, fig. 1, 2, p. 76.

La feuille-morte. Geoff., Hist. des Ins., t. II, p. 110, n° 11.

Ernst, Pap. d'Europe, pl. 166, fig. 217, *a — g*.

### VARIÉTÉS.

*Bombyx alnifolia.* Dalh.
*Bombyx ulmifolia.* Dalh.

Elle varie beaucoup pour la couleur, qui est tantôt brunâtre ou ferrugineuse, tantôt grisâtre, quelquefois blanchâtre marbrée de ferrugineux, et souvent jaspée de blanc et de ferrugineux. Dans tous les cas, elle a sur le dos deux rangées de boutons d'un rouge ferrugineux, et sur le onzième anneau une caroncule très prononcée, noirâtre à son sommet. Les poils du dos sont courts, peu fournis et bruns. Les appendices pédiformes ou *fausses pattes* sont très prononcés et garnis de poils jaunâtres ou d'un gris rosé. Elle a deux colliers bleus entourés de noir et marqués dans le milieu d'un V noir velouté plus ou moins apparent. Dans le premier âge ces colliers sont quelquefois un peu marqués de fauve, mais ce cas est assez rare. Les stigmates sont grisâtres, cerclés de noirâtre. La tête est à-peu-près de la couleur du corps. Le dessous du ventre est d'un ferrugineux tirant sur l'orangé, tacheté de brun noirâtre. Les pattes écailleuses sont d'un noir luisant et les pattes membraneuses d'un brun rougeâtre.

Elle passe l'hiver collée contre les branches. Au mois de juin ou au commencement de juillet, elle est parvenue à son entier développement. Elle file une coque pulvérulente, molle, presque de sa couleur, ressemblant à une espéce de fourreau alongé. La chrysalide est cylindrique, d'un noir bleuâtre, avec le bord des anneaux et de très petits poils ferrugineux à l'extrémité anale.

L'insecte parfait naît au bout de trois semaines.

Elle vit solitaire sur presque tous les arbres fruitiers, et aussi sur l'*épine*, l'*épine-vinette*, l'*alaterne*, le *prunellier*, le *nerprun*, le *saule*, et quelquefois sur le *chêne*. Elle se tient tellement collée contre les branches qu'il faut un œil très exercé pour la distinguer, et que souvent on la touche sans la voir. Dans les lieux cultivés on aperçoit ses crottes, et avec un peu de persévérance on finit par la trouver.

Elle se trouve en juin dans une grande partie de l'Europe. Il est rare qu'elle soit assez commune pour occasioner des dégâts dans les vergers; d'ailleurs il y en a rarement plus d'une sur le même arbre.

1. Lasiocampa Quercifolia.    2 Lasiocampa Potatoria

*P. Dumenil pinxit et direxit*

## LASIOCAMPA POTATORIA. Pl. 6, fig. 2.

*Viridi-cyanescens lineis atomisque sparsis flavido-subaureis, lateribus albido fasciculatis.*

BOISD., *Ind. method.*, p. 48.
SCHRANK., *Faun. B.*, 2, B. 2, abth. S. 154, n° 6.
*Gastropacha potatoria.* OCHS., *Schmett. von Europ.*, III, p. 256.
*Bombyx potatoria.* HUBN., Bomb., tab. 41, fig. 182. — Larv.
 lepid., III, Bomb., II, R. *b*, fig. 1, *a*.
FAB., *Ent. S.*, III, 1, 425, 58.
LINN., *S. N.*, I, 2, 813, 23.
BORKH., *Europ. schmett.*, III, B. S. 97, n° 26.—ILLIG., WIEN.
 VERZ , ESP., MULLER, ROSSI, HUFNAG., VIEWEG, LANG, etc.
SEPP, *Ins.*, II, B. tab. VIII, fig. 1 — 8.
Bombyx buveur. GOD., Pap. de France, IV, Bomb., pl. 8,
 fig. 3, 4, p. 92.
La buveuse. ERNST, Pap. d'Europ., pl. 172, fig. 223, *a—h*.

Cette chenille, lorsqu'elle est parvenue à toute sa grosseur, est à-peu-près de la taille de celle de *Bombyx Trifolii*. Le fond de sa couleur est d'une teinte olivâtre mêlée de bleuâtre. Ses poils sont fins, assez soyeux et d'une couleur roussâtre. De chaque côté elle a quelques points épars d'un beau jaune et une raie formée par la réunion de points de la même couleur. Sur le dos sont deux séries de petites brosses noires veloutées et très courtes, et deux aigrettes de poils bruns, assez longs, dont l'une est placée sur le onzième anneau, et l'autre sur le second : celle du second anneau, lorsque la chenille prend certaine attitude, se partage en deux petites touffes renfermant une espèce de collier noir. Au niveau des stigmates est une suite de petites touffes de poils blancs dirigés par en bas et obliquement en arrière. Il y a en outre près des pattes des poils rabattus qui sont tantôt grisâtres, tantôt jaunâtres, mais le plus souvent roussâtres. La tête est d'un brun tanné clair, avec un petit sablé et quelques raies longitudinales plus ou moins prononcées. Les stigmates sont à peine visibles.

Quelquefois les petites brosses blanches sont peu marquées ou ont une teinte presque roussâtre.

Dans sa jeunesse, elle est d'une couleur plus brune et le dessin est plus prononcé.

Les appendices pédiformes, si remarquables dans un grand nombre de *Lasiocampa,* sont ici assez peu saillants.

La transformation a lieu au commencement de juillet. Elle file alors, le long des brins d'herbes ou des tiges des arbrisseaux, une coque molle alongée, d'un jaune roussâtre.

La chrysalide est brune, un peu saupoudrée de roussâtre.

L'insecte parfait éclôt au bout de trois semaines.

Cette chenille se trouve assez communément en juin dans une grande partie de l'Europe.

Elle se nourrit de différentes espéces de *bromus,* de quelques autres graminées, et de plusieurs espéces de *carex.* Elle se plaît particulièrement dans les lieux frais et humides, au bord des étangs, des fossés, des petits ruisseaux, le long des haies, etc. C'est le matin à la rosée, le soir avant le coucher du soleil, ou après une petite pluie, qu'il est plus facile de la rencontrer. On la trouve montant le long des brins d'herbes, ou même sur des petits morceaux de bois morts ou des tiges desséchées. Au soleil elle a un reflet bronzé et les points paraissent presque dorés.

Goedart lui a donné le nom de *Buveuse,* parcequ'il a cru remarquer *qu'elle boit en relevant la tête pour reprendre haleine, ni plus ni moins que les poules.* Ce qu'il y a de certain c'est qu'elle aime les lieux humides et les plantes mouillées par la rosée ou par la pluie; mais elle n'a pas la bouche organisée autrement qu'une autre chenille, et il lui est impossible de boire.

Il ne faut pas croire, ainsi que quelques auteurs l'ont avancé, qu'elle vit indistinctement de toute espéce de graminées : pour l'élever avec succès il faut lui donner des *bromus.*

## LASIOCAMPA POPULIFOLIA. Pl. 7, fig. 1 et 2.

*Cinerea, annulo secundo collari cyaneo, tertio collari aurantiaco macula media cyanea.*

Boisd., *Ind. method.*, p. 47.
*Gastropacha populifolia.* Ochs., *Schmett. von Europ.*, III, p. 245.
*Bombyx populifolia.* Hubn., Bomb., tab. 43, fig. 189.— Larv. lepid, III, Bomb., II, S. *a*, *b*, fig. 1, *a*.
Fab., *Ent. S.*, III, 1, 420, 41.
Borkh., *Europ. schmett.*, III th., S. 67, n° 16. — Illig, Wien. Verz., Esp., Schwarz, Brahm, Vieweg.
Bombyx feuille de peuplier. God., Papillon de France, IV, Bomb., pl. 7, fig. 3, p. 80.

Elle a la taille et le port de la chenille de *Quercifolia*. Elle est tantôt d'un gris cendré, uniforme, avec un petit sablé très fin d'un gris plus obscur, tantôt d'un cendré obscur avec des marbrures d'un cendré blanchâtre. Le onzième anneau porte un tubercule court, aplati et tronqué, de la couleur générale du fond. Les appendices pédiformes sont très prononcés et garnis de poils grisâtres [1] plus nombreux et un peu plus longs que dans *Quercifolia*. Le second anneau porte un collier d'un beau bleu velouté. Le troisième au contraire porte un collier d'un orangé plus ou moins vif et marqué dans son milieu d'une petite tache d'un bleu noir. Les stigmates sont un peu plus obscurs que le fond. La tête est à-peu-près de la couleur du corps et garnie de poils tombants. Le dessous du ventre est d'un ferrugineux orangé, strié et tacheté de noirâtre. Les pattes écailleuses sont noires ; les membraneuses sont à-peu-près de la couleur du ventre.

Dans sa jeunesse le second collier est ordinairement d'un

[1] Dans un grand nombre de *Lasiocampa*, plusieurs des poils qui garnissent les appendices pédiformes sont terminés par une espèce de petite écaille ovale furfuracée.

jaune soufre, marqué au milieu d'une tache bleue. Dans quelques individus cette couleur persiste assez long-temps , mais nous ne l'avons jamais observée dans l'âge adulte.

Elle passe l'hiver collée sur les branches. Dans le courant de juin elle file une coque molle, pulvérulente, d'un jaune roussâtre.

La chrysalide est cylindrique , noirâtre , avec quelques petits poils d'un brun ferrugineux à l'extrémité anale.

Le papillon éclôt ordinairement au bout de trois semaines.

La chenille n'est pas très commune ; elle se trouve dans le nord et le centre de l'Europe , sur les *peupliers* et les *saules*.

C'est en frappant fortement ces arbres qu'on parvient à la faire tomber.

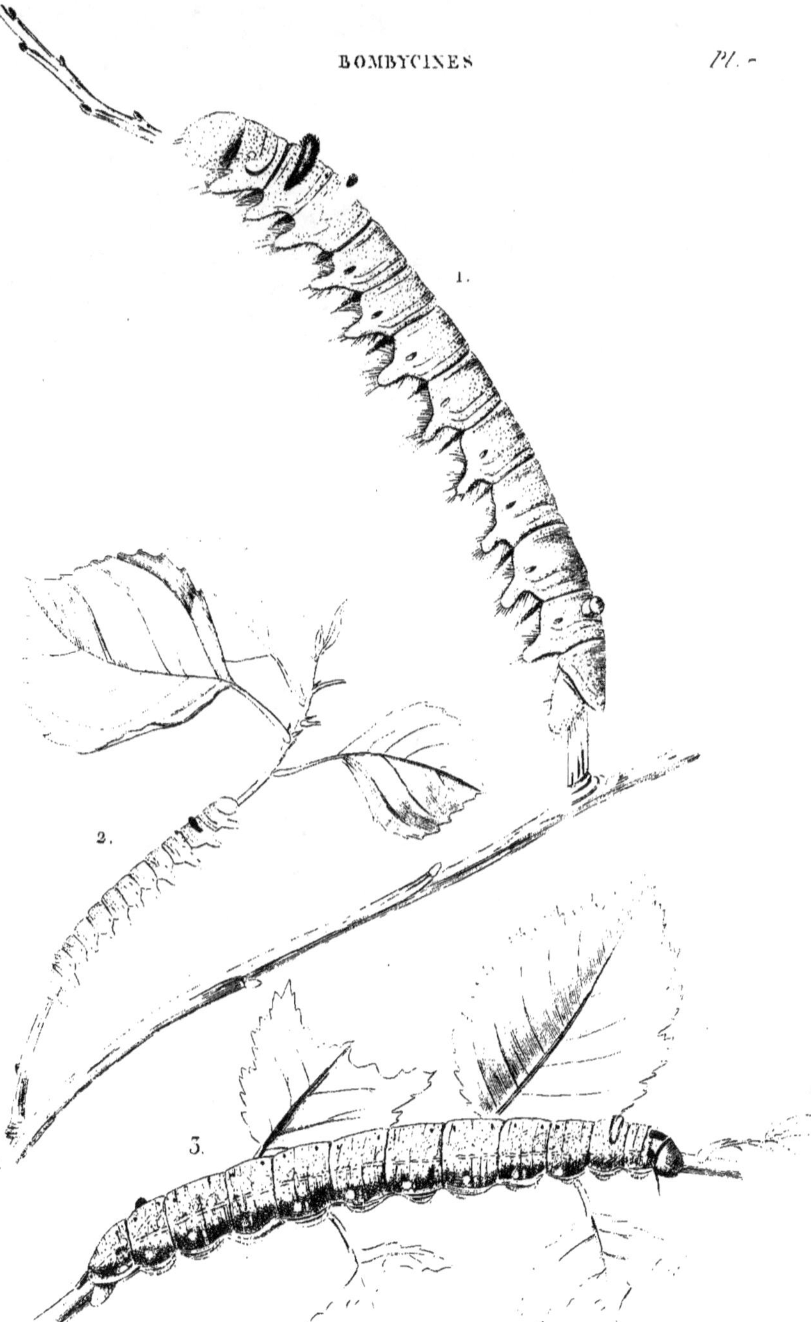

1. Lasiocampa Populifolia.          5. Lasiocampa Pruni
2. idem (Jeune age)

## LASIOCAMPA PRUNI. Pl. 7, fig. 3.

*Griseo-subcinerea, collari aurantiaco ; lineis obsoletis lateralibus flavis punctisque cyaneis.*

> Boisd., *Ind. meth.*, p. 48.
> Schrank, *Faun. B.*, 2, B. 1, abth. S. 271, n° 1455.
> *Gastropacha pruni.* Ochs., *Schmett. von Europ.*, III, p. 254.
> *Bombyx pruni.* Hubn., Bomb., tab. 42, fig. 186. — Larv. lepid., III, Bomb., II, S. *a*, fig. 1, *a*.
> Fab., *Ent. S.*, III, 1, 424, 56.
> Linn., *S. N.*, I, 2, 813, 22.
> Borkh., *Europ. schmett.*, III th., S. 75, n° 19. — Esp., Wien. Verz., Illiger, Schæff., Muller, Hufnagel, View., Naturf., Lang, etc.
> Bombyx du prunier. God., *Pap. de France, Bomb.*, IV, pl. 8, fig. 1, p. 88.
> La feuille-morte du prunier. Ernst, *Pap.* d'Europe, 169, fig. 221, *a — g*.

Elle est un peu plus petite et moins aplatie que celle de *Quercifolia*, ses appendices pédiformes sont beaucoup moins saillants que dans les espéces congénères, et ressemblent presque à des mamelons. Sa couleur varie beaucoup ; tantôt elle est d'un gris pâle presque uniforme ou d'un gris un peu roussâtre ; tantôt elle est d'un gris obscur jaspé de blanc ou presque blanchâtre. Elle a sur le dos deux raies bleues interrompues, se détachant assez mal de la couleur du fond, et le plus souvent indiquées par de gros points d'un bleu pâle. Au-dessous de cette raie bleue, on voit ordinairement une ligne d'un blanc jaunâtre plus ou moins prononcé, et au-dessus de cette même raie une ligne semblable, sinueuse et en zigzag. La raie bleue formée par une suite de gros points est interrompue à la jonction de chaque anneau par un gros point blanchâtre. Elle n'a qu'un seul collier, qui est aurore, placé sur le second anneau, et terminé à chaque bout par une tache bleue s'alignant avec celles de la raie susmentionnée. La partie postérieure de ce collier est fréquemment bordée par une tache blanchâtre. Les stigmates sont d'un blanc jaune, et ils s'alignent avec un rang de gros points d'un bleu pâle. Les appendices pédiformes sont garnis de poils soyeux assez peu nombreux, d'un gris roussâtre. Sur le onzième anneau, il y a un tubercule aplati un peu bifide, garni de poils roux très courts , et bordé latéralement par une petite ligne noirâtre. La tête est grisâtre avec quelques ondes plus obscures ; la partie postérieure cachée sous le premier anneau est d'un jaune pâle. Le ventre est d'un noir foncé, avec les pattes écailleuses d'un noir brun ; les pattes membraneuses sont ferrugineuses avec la couronne blanchâtre bordée de noir.

Nous avons vu cette année ( 1832 ) une variété trouvée sur l'orme par M. Adolphe Boisduval, laquelle avait le collier entièrement bleu et le dos jaspé de blanc.

Dans sa jeunesse elle n'offre pas de différences notables.

Elle passe l'hiver collée contre les branches. En juin elle est ordinairement parvenue à toute sa grosseur ; elle file entre les feuilles une coque alongée, d'un roux fauve assez solide.

La chrysalide est d'un noir luisant avec les stigmates et les anneaux ferrugineux.

La chenille n'est pas très commune ; elle se trouve dans le nord et dans le centre de l'Europe, sur l'*orme*, le *bouleau*, le *néflier*, le *pommier sauvage*, le *prunellier*, le *prunier*, et le *peuplier*. M. Vattier, capitaine au 25<sup>e</sup> de ligne, nous a assuré l'avoir prise plusieurs fois sur le *chêne*, et M. Soudan l'a trouvée une fois sur le *pin* (*pinus maritima*).

## CHELONIA CAJA. Pl. 2, fig. 2.

*Nigra pilis fasciculatis densis; pilis anticis lateralibusque ferrugineis;
stigmatibus albissimis.*

Boisd., *Ind. method.*, p. 42.
*Eyprepia caja.* Ochs., *Schmett. von Europ.*, III, p. 335.
*Bombyx caja.* Hubn., Bomb., tab. 30, fig. 131.—Larv. lepid.,
III, Bomb., II, *k, c,* fig. 1, *a, b.*
Fab., *Ent. S.*, III, 1, 470, 196.
Linn., *S. N.*, I, 2, 819, 38.
Borkh., *Europ. schmett.*, III th., S. 162, n° 47. — Illiger,
Esp., Scopol., Schæff., Donov., Sulz., Muller, Hufnag.,
Ross., View., Brahm, etc.
Sepp., *Ins.*, II, tab. 2, fig. 1 — 7.
Écaille caja. God., Pap. de France, IV, Bomb., pl. 30, fig. 1,
2 et 3, p. 300.
L'écaille martre. Ernst, pl. 139, fig. 187, *a — h;* pl. 140, fig.
187, *i—q;* pl. 141, fig. 187, *r —y;* pl. 142, fig. 187, *aa—ff.*
L'écaille martre ou hérissonne. Geoff., Hist. des Ins., t. II,
p. 108, n° 8.

Elle est noire, avec des poils longs, serrés et soyeux, également noirs sur le dos, et des poils roux le long des pattes et sur les trois anneaux antérieurs. Les poils roux sont implantés sur des tubercules d'un blanc bleuâtre plus ou moins distinct; les autres sur des tubercules d'un brun noirâtre. Les poils noirs ont souvent leur extrémité d'un gris blanchâtre. Les stigmates sont très visibles et forment une rangée de perles blanches qui font distinguer cette espèce au premier coup d'œil. Dans beaucoup d'individus la rangée de tubercules qui les avoisinent est du même blanc; alors ces chenilles offrent deux rangs de perles blanches. La tête est d'un noir luisant; le ventre et les pattes sont d'un brun noirâtre.

Dans sa jeunesse ses poils sont médiocrement longs, et souvent d'un gris blanchâtre sur le dos.

Pour se métamorphoser elle file une coque molle, serrée,

d'un gris un peu brun, composée de fils de soie et d'une partie de ses poils. Elle la place sous les pierrailles, sous des feuilles larges qu'elle plie un peu, dans les bifurcations des tiges, etc.

La chrysalide est cylindrico-conique, d'un noir luisant, avec les incisions d'un brun très clair et l'anus garni de petites épines ferrugineuses. Elle éclôt au bout de dix-huit à vingt jours.

La chenille vit sur toutes les plantes basses. En captivité elle mange les feuilles de presque tous les arbres. Dans sa jeunesse on la trouve répandue dans les jardins, les lieux cultivés, etc., par petites familles sur le *seneçon*, la *mercuriale*, la *morgeline*. Adultes elles se dispersent davantage.

On la trouve depuis avril jusqu'en juillet.

Elle est commune par toute l'Europe.

1. Chelonia Purpurea.                    3. Chelonia Villica.
2. ———— Caja.

## CHELONIA VILLICA. Pl. 2 , fig. 3.

*Nigro-fusca, pilis fasciculatis dilute brunneis, capite pedibusque rubel-
lis ; stigmatibus albidis.*

BOISD., *Ind. meth.*, p. 42.
*Eyprepia villica.* OCHS., *Schmett. von Europ.*, III, p. 33o.
*Bombyx caja.* HUBNER, Bomb., tab. 31, fig. 136. — Larv.
    lepid., III, Bomb., II, *k, a, b,* fig. 2, *a.*
FAB., *Ent. S.*, III, 1, 468, 192.
LINNÉ, *S. N.*, I, 2, 820, 41.
BORKH., *Europ. schmett.*, III th., S. 152, n° 56.— ILLIG., ESP.,
    WIEN. VERZ., VIEWEG, SCHÆFF., MULLER, PANZER, DONOV.,
    ROSS., BRAHM, etc.
SEPP, *Ins.*, II, tab. 16, fig. 1 — 7.
Écaille fermière. GOD., Pap. de France, IV, Bomb., pl. 35,
    fig. 1, p. 336.
L'écaille marbrée. GEOFF., Hist. des Ins., t. II, p. 106, n° 7;,
    Pap. d'Europe, pl. 15o, fig. 196, *a — g;* pl. 151, fig. 196,
    *h — o.*

Elle est noire avec les tubercules plus clairs, surmontés
d'aigrettes de poils d'un brun rougeâtre, tirant quelquefois
sur le gris ou sur le blond. Les stigmates sont d'un blanc jaunâtre, cerclés de noir. La tête est d'un rouge brun, marquée
en avant d'une tache noire cordiforme. Le dessous du ventre
est noir avec les pattes de la couleur de la tête, mais quelquefois d'un rouge un peu plus clair.

Dans sa jeunesse ses poils sont tantôt plus pâles et tantôt
plus foncés. Elle passe l'hiver après avoir changé deux fois
de peau. Elle s'engourdit en septembre sous les mousses ou
les plantes basses, et reparaît dès les premiers beaux jours.

Elle file sa coque dans le courant du mois de mai ; celle-ci
est grisâtre, lâche, entremêlée de poils. Elle la place sous les
pierres ou les plantes basses, dans les crevasses et les plâ-
tras au pied des murs, etc.

La chrysalide est d'un brun noir avec les incisions plus

claires et les anneaux garnis de petits faisceaux de poils roux.

L'état de nymphe dure dix-huit à vingt-huit jours.

Cette chenille se trouve dans une grande partie de l'Europe; mais elle est généralement moins commune que *Caja*. Elle vit polyphage sur presque toutes les plantes basses. On la nourrit très bien, ainsi que la plupart des chenilles du même genre, avec de la chicorée sauvage ou de la laitue.

Pour se la procurer facilement, il faut la chercher au premier printemps dans les lieux un peu sablonneux, sous les pierres et les mousses ; plus tard on la rencontre çà et là courant à terre ou grimpant sur les tiges, le long des murs, des haies de clôture, etc.

Elle est très sujette à la *moisissure*. Tout-à-coup elle se couvre d'une efflorescence et devient sèche et friable. On en rencontre souvent dans la nature qui sont mortes de cette maladie sur les tiges où elles restent fixées.

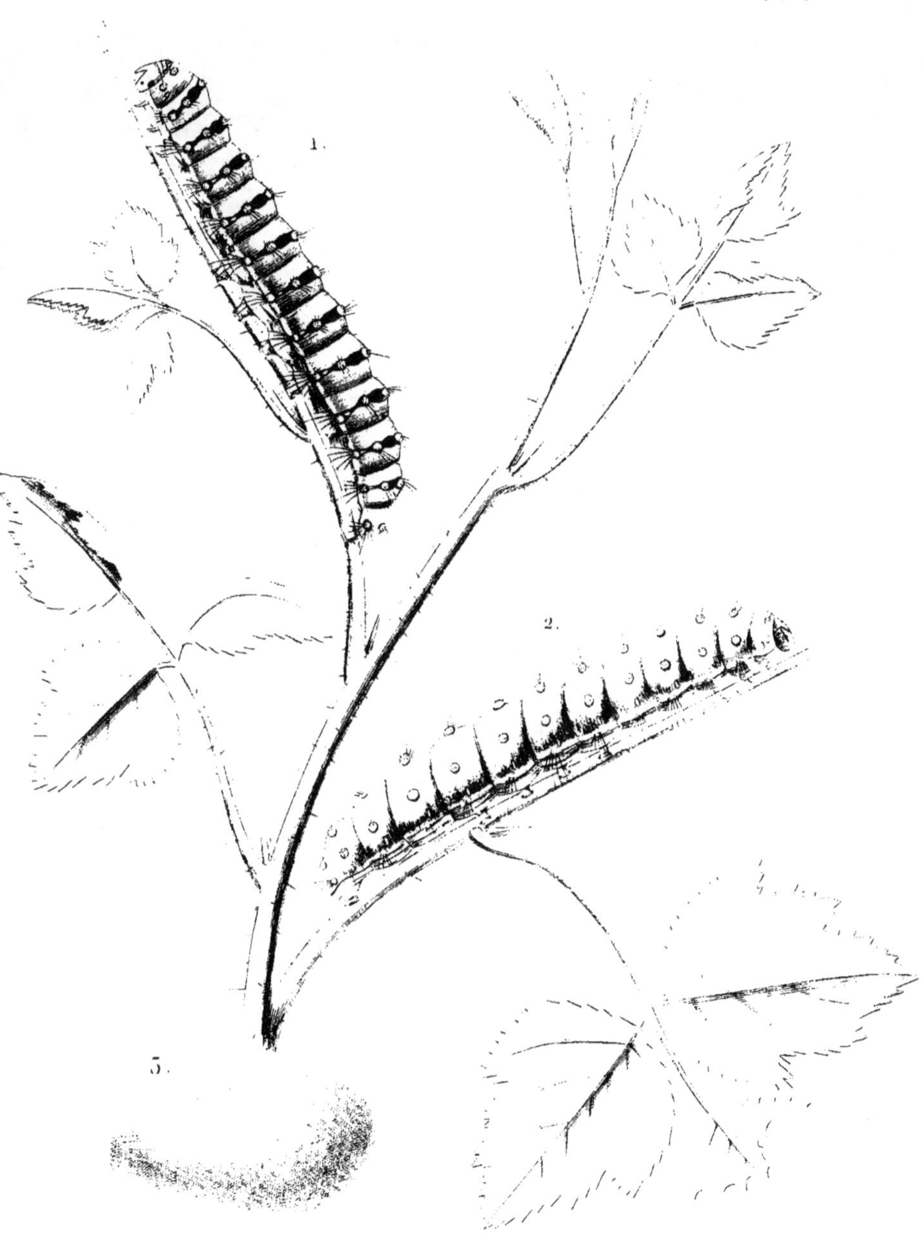



1. Saturnia Carpini.
2. ________ vûe en dessus.
3. Le Cocon.

## CHELONIA PURPUREA. Pl. 2, fig. 1.

*Nigro-fusca pilis fasciculatis flavis vel rufis ; fascia laterali interrupta
punctisque dorsalibus albis.*

> Boisd., *Ind. method.*, p. 42.
> *Eyprepia purpurea.* Ochs., *Schmett. von Europ.*, III, p. 322.
> *Bombyx purpurea.* Hubn., Bomb., tab. 33, fig. 142 ; tab. 53,
> fig. 229. — Larv. lepid., III, Bomb., II, *k, e,* fig. 1, *a, b.*
> Fab., *Ent. S.*, III, 1, 466, 185.
> Linn., *S. N.*, I, 2, 828, 67.
> Borkh., *Europ. schmett.*, III th., S. 193, n° 58. — Illig.,
> Esp., Wien. Verz., Vieweg, Brahm, etc.
> *Arctia purpurea.* Schrank, *Faun. B.*, 2, B. 2, abth., S. 153,
> n° 9.
> Écaille pourprée. God., Pap. de France, IV, Bomb., tab. 35,
> fig. 2 et 3, pl. 339.
> L'écaille mouchetée. Ernst, Pap. d'Europe, pl. 153, fig. 198,
> *a — k.*
> Geoff., Hist. des Ins., t. II, p. 105, n° 6.

Elle est noire avec les tubercules moins foncés, surmontés
par des aigrettes de poils jaunes médiocrement longs. A la
base des pattes, elle a une bande maculaire, blanche, lavée
d'une teinte roussâtre, et sur le dos une rangée de taches
blanches placées dans les incisions, et devenant beaucoup plus
visibles lorsque la chenille marche. Les stigmates sont d'un
blanc pur cerclés de noir. La tête est d'un noir luisant. Le
ventre est tantôt d'un gris blanchâtre et tantôt d'une couleur
jaunâtre, avec les pattes écailleuses noires et les membraneuses marquées de ferrugineux au milieu.

Souvent elle offre la variété suivante : tous les poils du dos
sont d'un roux ferrugineux et tous ceux des côtés sont grisâtres.

Elle passe l'hiver et se montre dès le mois d'avril. A la fin
de juin elle est ordinairement parvenue à son entier développement. Elle file, sous les plantes basses, les pierrailles, etc.,
une coque blanche légère.

La chrysalide est d'un brun foncé, et elle est garnie de petits faisceaux de poils roux sur les anneaux.

L'insecte parfait éclôt au bout de quinze à vingt-cinq jours selon la température.

Cette chenille est extrémement vive; elle court presque aussi vite qu'une souris.

Elle vit polyphage sur un grand nombre de plantes basses, et elle grimpe souvent sur les jeunes pousses du *chêne*, du *grosseillier*, du *cerisier*, de l'*orme*, du *pommier*, du *prunier*, etc. Elle aime aussi beaucoup le *genêt à balais* et la *salvia pratensis*. Elle est très facile à élever. En captivité l'orme est une plante dont elle s'accommode très bien.

On la trouve dans une grande partie du midi et du centre de l'Europe. Elle n'est pas très rare aux environs de Paris.

## SATURNIA CARPINI. Pl. 2, fig. 1, 2 et 3.

*Viridis, sæpius nigrofasciata, tuberculis piliferis aurantiacis; stigmatibus luteis nigro cinctis.*

BOISD., *Index meth.*, p. 49.

OCHS., *Schmett. von Europ.*, III, p. 6. — SCHRANK.

*Bombyx carpini.* HUBN., Bomb., tab. 14, fig. 53, 54.— Larv. lepid., III, Bomb., II, A. fig. 1, *a*, *b*, *c*.

WIEN. VERZ., S. 50, fam. B., n° 3. — BORKH., VIEWEG.

*Phal. attacus pavonia minor.* LINN., *S. N.*, I, 2, 810, 7.

*Bombyx pavonia minor.* FAB., *Ent. S.*, III, 1, 417, 32, *a*. — HUFNAG., NATURF., SCHWARZ, etc.

*Bombyx pavoniella.* SCOPOL., *Ent. carn.*, 192, 483.

SEPP, *Neederl. Ins.*, t. X, XI.

*Bombyx petit-paon.* GOD., Lépid. de France, IV, Bomb., tab. 5, fig. 2 et 3, p. 68.

Le petit-paon et le paon-moyen. GEOFFROY, Hist. des Ins., p. 101, n^{os} 2 et 3.

Le petit-paon de nuit. ERNST, Papillon d'Europe, pl. 133, fig. 178, *a—h.*

Elle est d'un beau vert-pomme assez foncé, et elle a sur chaque anneau une bande transverse noire, portant des tubercules tantôt roses, tantôt orangés, surmontés de sept poils roides inégaux. Tous ces tubercules sont alignés transversalement. Il y en a quatre sur le premier et sur le dernier anneau. Sur tous les autres il y en a six. Les stigmates sont fauves cerclés de noir. Au-dessous des stigmates la couleur verte est un peu plus pâle et forme une espéce de raie plus ou moins sensible. La tête est verte avec une petite tache noirâtre de chaque côté. Le dessous du corps est vert. Les pattes membraneuses sont de cette dernière couleur, avec un trait noirâtre au-dessus de la couronne.

Souvent la bande transverse noire disparaît totalement, et les tubercules sont immédiatement placés sur le fond vert. Les individus qui offrent cette variété sont généralement plus gros et donnent le plus ordinairement des femelles. Dans son premier âge elle ressemble un peu à une chenille de *Vanesse* ou de *Mélitée*. Elle est noire avec une raie latérale ferrugineuse.

A la seconde mue le noir diminue beaucoup, et le fond vert commence à paraître; à la troisième mue il n'y a plus que des bandes transverses noires.

On trouve ordinairement les œufs disposés par groupes nombreux sur les tiges des ronces et autres arbustes, dans les buissons, au bord des bois ou des haies.

Les petites chenilles naissent au mois de mai; vers le milieu de juillet, elles filent dans les buissons une coque pyriforme plus ou moins roussâtre.

La chrysalide est d'un noir brun, avec le bord de l'enveloppe des ailes, des antennes et les incisions de l'abdomen plus claires. L'extrémité anale est terminée par un bouquet de poils roides dont les intermédiaires sont plus longs.

L'insecte parfait éclôt vers la fin de mars ou le commencement d'avril de l'année suivante. Il arrive quelquefois que la chrysalide n'éclôt qu'au bout de deux ans.

Cette chenille, qui habite une grande partie de l'Europe, vit en famille dans le premier âge, sur les jeunes pousses d'*orme*, de *charme* (*carpinus*), de *bouleau*, de *saule*, d'*osier*, de *prunellier*, d'*épine*, etc.; mais c'est sur la *ronce* qu'on la rencontre le plus souvent.

A la troisième mue elles se dispersent et vivent isolées dans les environs du berceau de leur première enfance.

On les élève très bien avec des feuilles de *fraisier* et de *framboisier*, ou de plusieurs autres rosacées.

## CATOCALA NUPTA. Pl. 1, fig. 3.

*Albido-cinerea atomis lineisque plurimis obsoletis obscurioribus; capite nigro marginato.*

> Boisd., *Index meth.*, p. 97.
> Treitschke-Ochs., *Schmett. von Europ.*, p. 338.
> *Noctua nupta.* Hubn., Noct., 69, fig. 33o. — *N. concubina*,
>     fig. 329. — Larv. lepid., IV, Noct. III, Semig., II. *b*, fig. 1,
>     *a, b.*
> Linné, *S. N.*, 1, 2, 841, 119. — Wien. Verz., Illig., Devill.,
>     Vieweg, etc.
> Sepp, *Neederl. Ins.*, tab. VII, fig. 1 — 7.
> La mariée. Ernst, Pap. d'Europe, pl. 323, fig. 565.
> Noctuelle mariée. God., Papill. de France, V, pl. 45, fig. 2
>     et 3, p. 54.

Elle est mince, effilée et demi-arpenteuse comme toutes les espèces du genre. Sa couleur est tantôt d'un gris cendré presque uniforme, avec quelques petits atomes plus obscurs; d'autres fois elle est plus ou moins blanchâtre, jaspée de brun obscur; souvent elle est d'un gris brun avec de petites lignes noirâtres parallèles sur le dos. Dans quelques individus le quatrième et le cinquième anneau sont lavés de blanc. Dans tous les cas le huitième offre une élévation assez sensible. On remarque aussi deux rangées de petits boutons tuberculeux, ordinairement un peu plus clairs que le fond, placés sur le dos. La tête est grisâtre bordée de noir, avec quelques stries et quelques atomes plus obscurs. Les stigmates sont un peu plus clairs que le fond, bordés de noirâtre. Les côtés sont bordés par une petite frange de poils courts comme dans les autres *Catocala*. Le dessous du corps est d'un blanc verdâtre avec une série de grosses taches noires ou noirâtres.

La chrysalide est d'un brun rougeâtre, saupoudrée de bleuâtre, avec l'anus rugueux et garni de plusieurs pointes crochues et inégales.

On trouve la chenille parvenue à toute sa taille depuis le

commencement de juin jusqu'à la fin de juillet. Pour se métamorphoser elle fait, entre deux ou trois feuilles qu'elle réunit, une coque très légère.

L'état de nymphe dure ordinairement de vingt à vingt-huit jours. On trouve quelquefois l'insecte parfait et la chenille à la même époque sur le même arbre. Elle vit exclusivement sur les *peupliers* et sur les *saules*.

Elle descend souvent le long des arbres et elle reste une partie du jour contre le tronc ou dans les rides des écorces. Dans cette position elle est aplatie comme une chenille de *Lasiocampa* ou comme celle du *Bombyx Populi*. C'est sur-tout après les pluies du printemps qu'on la trouve dans cette position.

Elle est commune dans une grande partie de l'Europe.

De même que celles des autres *Catocala*, elle s'agite avec force lorsqu'on la touche, et fait des espèces de sauts de carpe.

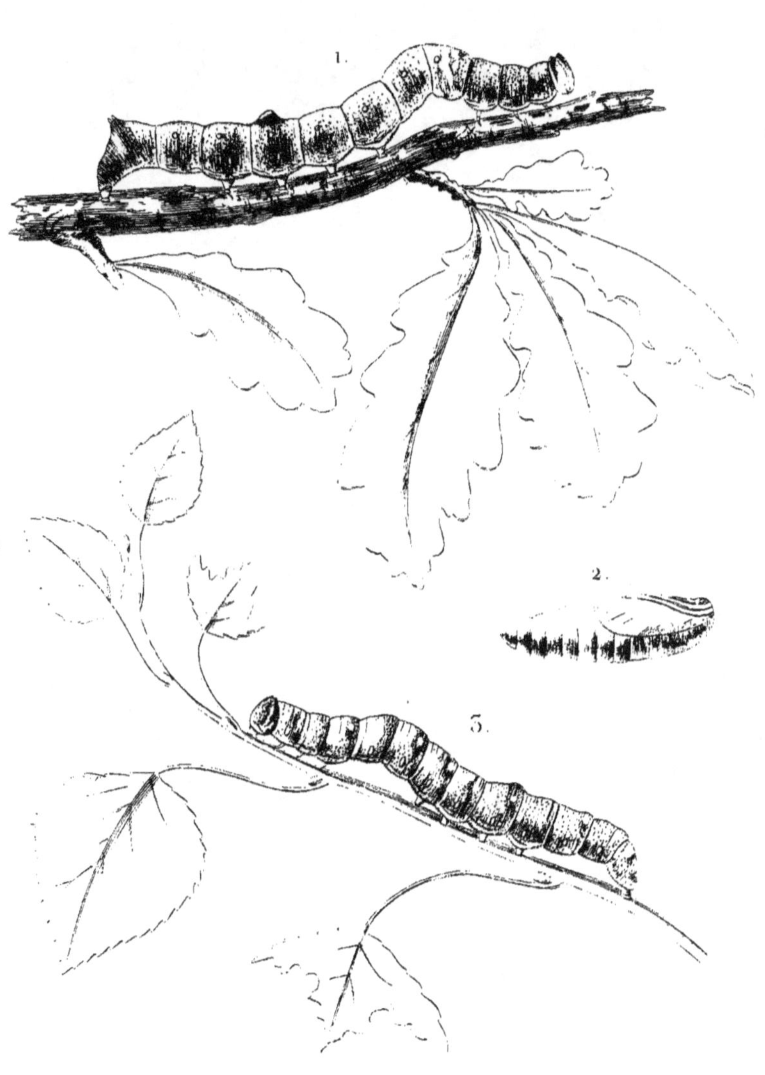

1. Catocala Sponsa.
2. La Chrysalide.
3. Catocala Nupta *(var.)*

## CATOCALA SPONSA. Pl. 1, fig. 1 et 2.

*Obscure grisea, pustulis ferrugineis minutis biseriatis, annulo octavo
prominulo, undecimo callo elevato bifido; capite cordato.*

BOISD., *Index meth.*, p. 97.
TREITSCHKE-OCHS., *Schmett. von Europ.*, p. 343.
*Noctua sponsa.* HUBN., Noct., 71, fig. 333. — Larv. lepid.,
   IV. Noct. semig., H. *d*, fig. 1, *a*, *b*, et H. *d*, fig. 1, *a*.
LINNÉ, *S. N.*, I, 2, 841, 118. — FAB., ILLIG., ESP., BORKH.,
   DEVILL., SCHRANK, etc.
La lichenée rouge. ERNST, Pap. d'Eur., pl. 325, fig. 568.
GEOFFROY, Hist. des Ins., t. II, p. 150, n° 82.
La noctuelle fiancée. GOD., Pap. de France, V, pl. 48, n° 2.

Elle est d'un gris plus ou moins foncé, quelquefois bronzé
ou lavé de verdâtre sur les trois premiers anneaux et le long
des pattes. Le quatrième et le neuvième anneau offrent souvent une éclaircie blanche irrégulière, plus ou moins prononcée. Tout le corps est très finement pointillé de noirâtre
en dessus. On remarque sur le dos, à partir du troisième anneau, deux rangées de petits boutons d'un rouge plus ou moins
brun. On remarque encore sur chaque anneau deux très
petits points blancs alignés obliquement en arrière des stigmates. Le huitième anneau présente une caroncule ou bosse
saillante, dont le sommet est arrondi, blanchâtre ou jaunâtre. Sur le onzième anneau il y a deux petites éminences
coniques un peu dirigées en arrière et d'un rouge plus ou
moins brun à leur extrémité. La tête est grisâtre, très échancrée en dessus, bordée de noir dans sa partie supérieure. Les
stigmates sont un peu bruns cerclés de noir. Le dessous du
corps est blanchâtre, un peu lavé de verdâtre, sur-tout près
de la frange, avec une tache ferrugineuse, ou plutôt d'un rouge
violâtre, sur le milieu de chaque anneau.

On la trouve parvenue à toute sa taille à la fin de mai ou
dans les premiers jours de juin.

Dans le commencement de juin elle file une coque légère entre les feuilles.

La chrysalide est d'un brun rougeâtre, couverte d'une efflorescence bleuâtre, avec une très petite bosse sur l'avant-dernier anneau, et plusieurs épines crochues à l'extrémité anale.

La chenille vit dans les forêts sur les chênes. Il est plus difficile de se la procurer que celle de *Nupta*, parcequ'elle ne descend pas le long des arbres; c'est en frappant fortement les baliveaux, ou en battant les branches des gros chênes sur un drap, qu'on peut en obtenir une certaine quantité.

On la trouve dans une grande partie de l'Europe.

## LITHOSIA COMPLANA. Pl. 3, fig. 1.

*Nigrescens pilis brevis fasciculatis, maculis dorsalibus croceis bise-riatis.*

> Boisd., *Index meth.*, p. 40.
> Ochs., *Schmett. von Europ.*, III, p. 129.
> *Bombyx plumbeola.* Hubn., Bomb., 24, fig. 100. — Larv.
> lepid., III, Bomb., II, F. *a, b*, fig. 2, *a*.
> Borkh., *Europ. schmett.*, III th., S. 243, n° 77.
> *Noctua complana.* Linn., *S. N.*, I, 2, 840, 115.
> Fab., *Ent. S.*, III, 2, 24, 53. — Supp. *Lithosia complana*,
> 460, 3.
> Esp., Wien. Verz., Illig., Vieweg, Rossi, etc.
> *Setina quadra.* Schrank, *Faun. B.*, 2, B. 2, abth. S. 165,
> n° 5.
> Le manteau à tête jaune. Geoff., Hist. des Ins., t. II, p. 191,
> n° 22.
> Ernst, Pap. d'Europe, pl. 218, fig. 301, *a, b, c*.
> Lithosie aplatie. God., Pap. de France, V, p. 41, fig. 5, p. 16.

Elle est d'un noir brun avec les poils courts et réunis en petits faisceaux aigrettés. Sur le dos, à partir du quatrième anneau, il y a deux rangées de taches orangées, arrondies ou un peu ovalaires, marquées de blanc à leur partie antérieure. Sur les trois premiers anneaux les taches orangées sont remplacées par un petit point blanc. Le vaisseau dorsal est divisé par une ligne très noire. La tête est d'un noir luisant. Les stigmates sont peu apparents. Le dessous du corps est grisâtre avec les pattes écailleuses verdâtres ; les pattes membraneuses sont d'un gris rougeâtre.

Elle varie un peu pour la couleur et pour la forme des taches orangées ; quelquefois celles-ci sont blanches sur tous leurs bords avec le centre orangé ; d'autres fois il n'y a que la partie postérieure de chaque qui soit orangée. Souvent elles sont alongées ou un peu triangulaires, et semblent presque former, lorsque la chenille est en repos, deux raies non interrompues.

On commence à la trouver dès le commencement d'avril ; mais, comme sa nourriture est peu succulente, sa crue est assez longue, à moins que les pluies fréquentes n'humectent les lichens. C'est en juin qu'elle subit sa métamorphose ; elle file dans des fissures des écorces une coque blanche recouverte de débris de lichen.

La chrysalide est petite, cylindrico-conique, d'un brun luisant. Elle éclôt ordinairement au bout de vingt à vingt-huit jours.

La chenille est assez commune dans une grande partie de l'Europe. On la fait tomber en frappant les arbres, non pas qu'elle vive de feuilles ainsi que Godart l'a avancé, mais bien des lichens qui végètent sur les écorces. On la trouve aussi sur les lichens qui croissent sur les murs, les rochers et les vieilles palissades, etc.

Pour l'élever chez soi, on lui donne un morceau d'écorce couvert de lichen, que l'on a soin de tremper tous les jours dans l'eau pour l'humecter ; sans cette précaution, qui du reste est indispensable pour toutes les chenilles lichénivores, elle ne prendrait aucun accroissement, et elle finirait par mourir de faim.

## LITHOSIA QUADRA. Pl. 3, fig. 4.

*Pallide nigrescens, sulphure subtilissime conspersa; dorso albido-sul-*
*phureo, tuberculis fulvis; pilis elongatis nigris.*

BOISD., *Ind. method.*, p. 39.
OCHS., *Schmett. von Europ.*, III, p. 126.
*Bombyx quadra.* HUBN., Bomb., 24, fig. 101.— Larv. lepid.,
   III, Bomb., II, F. *d*, fig. 2, *b*, *c*.
BORKH., *Europ. schmett.*, III th., S. 239, n° 76.
*Noctua quadra.* LINN., *S. N.*, I, 2, 840, 114.
FAB., *Ent. S.*, III, 2, 24, 54.—Suppl. *Lithosia quadra*, 459, 1.
   ESP., WIEN. VERZ., ILLIG., PANZER, MULLER, VIEWEG,
   SCHWARZ, PODA, etc.
SEPP, *Neederl. Ins.*, tab. VI, fig. 1 — 8.
*Setina quadra.* SCHRANK, *Faun. B.*, 2, B. 2. abth. S. 165,
   n° 1.
La jaune à quatre points. ERNST, Papillon d'Europe, 217,
   fig. 298, *a — h*.
Lithosie quadrille. GOD., Pap. de France, V, pl. 41, fig. 2, 3
   et 4, p. 13.

Elle est d'un brun noirâtre, quelquefois noire, tirant un peu
sur le grisâtre, pointillée et légèrement striée de jaune soufre
pâle. Le dos est d'un gris saupoudré de jaunâtre, avec quatre
petites lignes longitudinales jaunes plus ou moins bien distinctes. Sur chaque anneau, excepté le premier, le dernier, et
quelquefois l'avant-dernier, on remarque quatre tubercules
d'une couleur capucine, dont les deux antérieurs beaucoup
plus petits et un peu plus rapprochés l'un de l'autre. Les tubercules latéraux sont noirâtres; les uns et les autres sont surmontés d'aigrettes de poils grisâtres ou d'un gris noirâtre, passablement longs et peu touffus, principalement sur le dos.
Sur le septième anneau il y a un espace noir qui interrompt
les lignes dorsales jaunes. La tête et les pattes écailleuses sont
d'un noir luisant. Le ventre est d'un gris livide sur le milieu,
jaunâtre entre les pattes membraneuses; celles-ci sont grisâtres. Les stigmates sont peu apparents.

Dans sa jeunesse elle n'offre pas de différences sensibles ; parvenue à toute sa grosseur, les poils du dos deviennent très rares, et souvent il n'y en a presque plus sur cette partie.

Dans quelques individus les lignes dorsales sont presque blanches et réunies deux à deux.

Vers le milieu de juin elle file, entre les feuilles et dans les gerçures des écorces, un léger tissu grisâtre dans lequel elle se métamorphose.

La chrysalide est cylindrico-conique, d'un brun-marron plus ou moins clair. Elle éclôt au bout de douze à dix-huit jours.

Cette chenille se trouve généralement dans les bois et dans les parcs. Il y a des années qu'elle est commune. Elle vit sur beaucoup d'arbres, tels que *bouleau* (*betula alba*), *châtaignier* (*fagus castanea*), *peupliers*, etc. ; mais c'est sur le *chêne* qu'on la trouve le plus ordinairement. Elle descend souvent le long des troncs pour se placer dans les rides des écorces.

Elle habite une grande partie de l'Europe.

## LITHOSIA IRROREA. Pl. 3, fig. 2 et 3.

*Nigro-fusca, lineis flavis, vel flava fusco vittata; pilis elongatis nigris.*

Boisd., *Ind. method.*, p. 40.
Ochs., *Schmett. von Europ.*, III, p. 118.
Hubn., Bomb., 25, fig. 105. — Borkh., *Rhein. Magaz.*, Vie-
    weg, Esp., Wien. Verz., etc.
*Tinea irrorella.* Linn., *S. N.*, I, 2, 885, 364.
Fab., *Ent. S.*, III, 2, 291, 18. — Suppl. *Lithosia irrorata*,
    461, 12.
*Setina irrorea.* Schrank, *Faun. B.*, 2, B. 2, abth. S. 166,
    n° 11.
La rosée. Ernst, Pap. d'Europ., pl. 220, fig. 306, *a—e.*
*Callimorpha irrorata.* Latreille, Gen. crust. et ins.
Callimorphe arrosée. God., Pap. de France, pl. 40, fig. 3
    et 4, p. 392.

Elle est de la taille de celle d'*Aureola*. Son fond est en dessus d'un jaune-citron, avec deux larges bandes dorsales noirâtres, ou, si l'on veut, elle est noirâtre avec une bande dorsale
sinuée, d'un jaune-citron, et une raie latérale plus étroite et
maculaire de la même couleur. Près des pattes au-dessous de
la raie jaune latérale, on remarque deux raies mal arrêtées,
d'un brun presque ferrugineux, dont la supérieure seulement
est visible quand la chenille marche. Les poils sont noirâtres,
aigrettés, aussi longs que dans *Quadra*, assez clair-semés,
et implantés sur des tubercules noirâtres. La tête est petite et
d'un noir luisant. Les stigmates ne sont pas apparents. Les
poils des côtés sont un peu plus courts et d'une couleur qui
tire sur le gris. Le dessous du corps est d'un brun rougeâtre
avec les pattes de la même couleur.

En juin elle file une coque très légère, d'un gris blanchâtre.
La chrysalide est petite, cylindrinque, et d'un brun rougeâtre.

L'insecte parfait éclôt en juillet.

La chenille vit sur plusieurs espèces de lichen, telles que

*parmelia parietina, olivacea, cetraria prunastri,* etc. Elle vit aussi sur d'autres plantes, entre autres sur le *lotier ( lotus cornicula-tus)*, où nous l'avons trouvée plusieurs fois, et avec lequel on la nourrit très bien. Elle est rare, quoique l'insecte parfait soit assez commun.

Elle se trouve dans une grande partie de l'Europe.

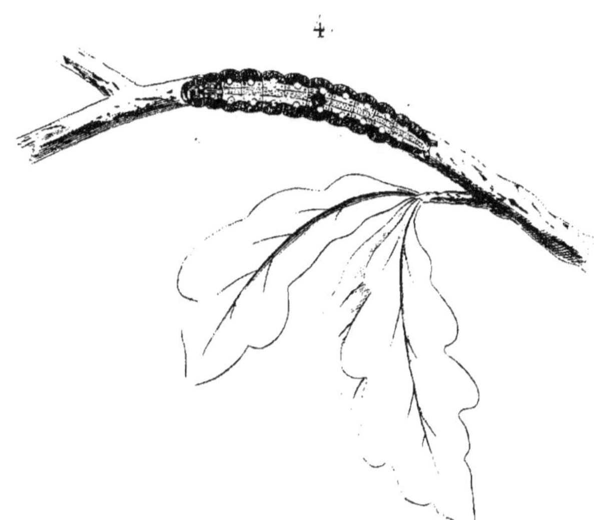



1. **Lithosia** Complana.

2. ———— Irrorea.

3. **Lithosia** Irrorea *(vue de côté).*

4. ———— Quadra.

*P. Dumenil pinxit et direxit*

## LIPARIS DISPAR. Pl. 9, fig. 3 et 4.

*Nigricans cinereo reticulata tuberculis piliferis, anticis cyaneis, alteris ferrugineis.*

BOISD., *Ind. meth.*, p. 46.

OCHS., *Schmett. von Europ.*, III, p. 195.

*Bombyx dispar.* HUBN., Bomb., 19, fig. 75 et 76. — Larv. lepid., III, Bomb., II, C. c, *f*, 2, *a*, *b*, *c*.

LINNÉ, *S. N.*, I, 2, 821, 44.

FAB., *Ent. S.*, III, 1, 437, 94.

BORKH., *Europ. schmett.*, III th., S. 312, n° 118. — WIEN. VERZ., PANZER, VIEWEG, BRAHM, ESP., ROESEL, SCHÆFF., ILLIG., etc.

SEPP, *Neederl. Ins.*, tab. II, III, fig. 1 — 15.

Le zigzag. GEOFF., Hist. des Ins., t. II, p. 112, n° 14.

ERNST, Pap. d'Europe, pl. 138, fig. 186, *a — g*.

*Bombyx disparate.* GOD., Pap. de France, IV, Bomb., pl. 25. fig. 1 et 2, p. 256.

*Laria dispar.* SCHRANK., *Faun. B.*, 2, B. 2, abth. S. 151, n° 6.

Le fond de sa couleur est d'un brun noirâtre finement réticulé et vermiculé de gris, ou de gris jaunâtre, sur-tout sur le dos. Les tubercules des cinq premiers anneaux sont d'un bleu barbeau; ceux des anneaux suivants sont ferrugineux. Sur les uns et les autres sont implantés des poils assez roides d'une couleur roussâtre. La tête est grosse, réticulée de gris, et marquée dans son milieu d'une tache triangulaire jaunâtre. La partie antérieure du premier anneau porte de chaque côté un tubercule saillant, surmonté par des poils un peu plus longs que les autres, d'un brun noirâtre, qui forment des espèces de moustaches assez remarquables. Le dessous du corps est d'un grisâtre plus ou moins obscur, avec les pattes d'un fauve brun.

Les petites chenilles naissent au mois de mai; dans le courant de juillet elles ont acquis leur entier développement. Elles filent alors dans les crevasses des arbres, sous la corniche des murs, etc., un réseau extrêmement léger, dans lequel la chrysalide est à peine renfermée; souvent même elle n'est guère attachée que par la queue.

Celle-ci est d'un brun noirâtre, avec les incisions plus claires et les anneaux garnis de petites étoiles de poils roussâtres. La queue ou extrémité anale finit en une pointe large, terminée par deux faisceaux de petits crochets ferrugineux.

Le papillon paraît au bout de quinze à vingt-cinq jours.

Cette chenille vit sur presque tous les arbres, soit forestiers ou autres. Comme elle est très commune elle occasione souvent de grands dommages aux arbres fruitiers. Nous avons vu en 1823 tous les arbres de la forêt de **Sénart** et de Fontainebleau entièrement dépouillés de leurs feuilles par cette chenille. On aurait pu se croire au milieu de l'hiver. Ne trouvant plus rien à manger, elles couraient à terre dans toutes les directions pour chercher ailleurs leur nourriture. Elle se tient souvent une partie du jour dans les gerçures des écorces. Il faut la toucher avec précaution, parcequ'elle occasione quelquefois de légères démangeaisons, mais qui n'ont rien de dangereux.

Les œufs sont disposés sur les troncs d'arbres par paquets, recouverts d'une espèce d'étoupe soyeuse d'une teinte roussâtre, ressemblant assez par la couleur à un morceau d'amadou.

En enlevant ces paquets pendant l'hiver avec un grattoir ou tout autre instrument, on détruit une énorme quantité d'œufs; et en répétant cette opération plusieurs années de suite, on réduit le nombre de cette espèce au point qu'elle ne peut plus nuire.

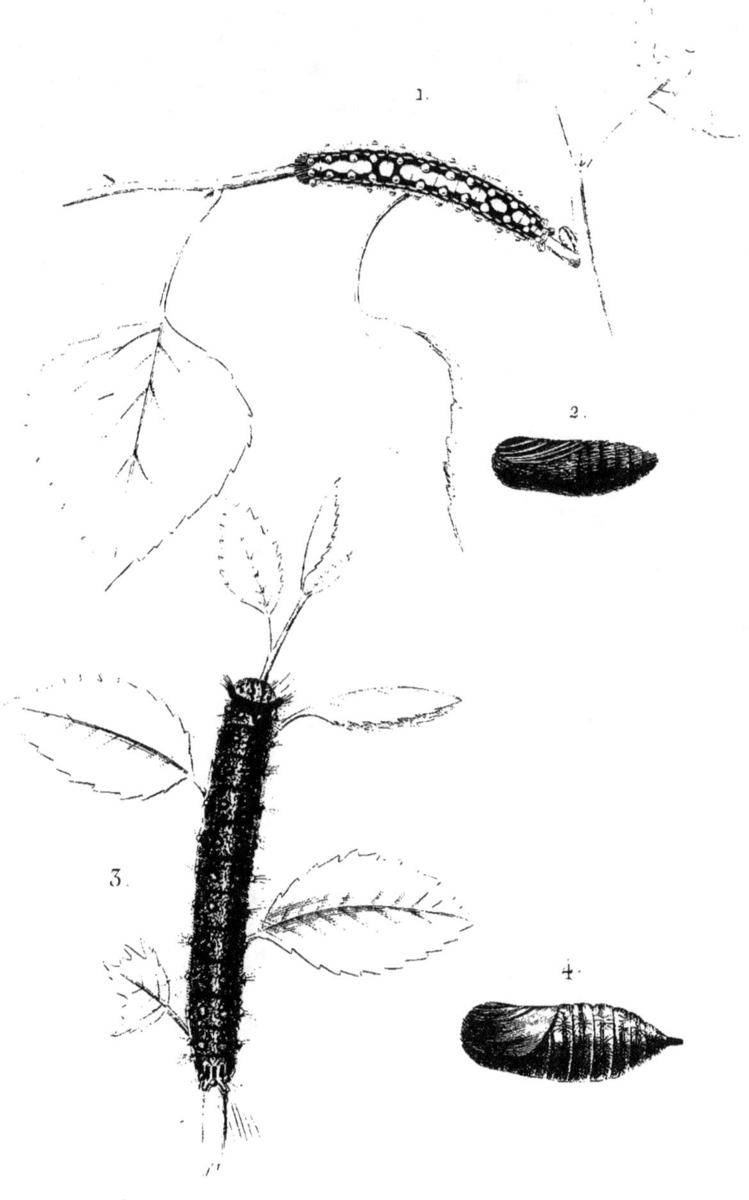

1. **Liparis** Salicis.
2. *La Chrysalide.*

3. **Liparis** Dispar.
4. *La Chrysalide.*

## LIPARIS SALICIS. Pl. 9, fig. 1 et 2.

*Cinerea, dorso nigro maculis albis rotundatis, seriatim catenatis; tuberculis piliferis ferrugineis.*

BOISD., *Ind. method.,* p. 46.
OCHS., *Schmett. von Europ.,* III, p. 198.
*Bombyx salicis.* HUBN., Bomb., 18, fig. 70. — Larv. lepid.,
   III, Bomb., II, C. *b*, fig. 1, *a*.
LINNÉ, *S. N.,* I, 2, 822, 46.
FAB., *Ent. S.,* III, 1, 459, 163.
BORKH., *Europ. schmett.,* III th., S. 292, n° 110. — WIEN.
   VERZ., VIEWEG, ESP., ROESEL, HUFNAG., ILLIG, ROSSI,
   LANG, etc.
SEPP, *Neederl. Ins.,* tab. IV, fig. 1 — 8.
L'apparent. GEOFF., Hist. des Ins., t. II, p. 116, n° 19.
ERNST, Pap. d'Europe, pl. 135, fig. *a — d.*
Bombyx du saule. GOD., Pap. de France, IV, Bomb., pl. 27,
   fig. 2, p. 271.
*Laria salicis.* SCHRANK, *Faun. B.,* 2, B. 2, abth. S. 150, n° 2.

Le dos est noirâtre avec deux lignes jaunes, quelquefois blanchâtres, interrompues et renfermant entre elles deux, une série de grosses taches dorsales, arrondies, blanches ou d'un blanc un peu jaune. Chacune de ces taches est divisée en deux par les incisions. Les côtés sont d'un blanc bleuâtre ou grisâtre plus ou moins marbré de noirâtre, avec deux rangées de petits tubercules d'un ferrugineux clair, surmontés de poils roussâtres. Les taches dorsales, qui sont comme enchaînées, sont séparées l'une de l'autre par des tubercules semblables à ceux des côtés. La tête est d'un cendré noirâtre, garnie de poils d'un gris blanchâtre. Le dessous du corps est d'un brun lavé de pourpre, avec les pattes membraneuses fauves.

Les petites chenilles éclosent à la fin d'avril. Dans leur jeunesse les taches dorsales sont plus jaunes, et le plus souvent elles ne se touchent pas.

En juin elles filent une coque dans des feuilles qu'elles lient avec des fils de soie, ou dans les rides des écorces.

La chrysalide est noire avec des petits bouquets de poils jaunes. L'état de nymphe dure de quinze à vingt jours.

Cette chenille est très commune sur les saules et les peupliers dans une grande partie de l'Europe.

Les œufs qui sont verdâtres sont disposés par rosaces sur le tronc des peupliers et des saules, et recouverts par un enduit d'un blanc luisant; ce qui pourrait les faire comparer trivialement à un *crachat*.

Dans les localités où elle est assez commune pour dépouiller les arbres de leurs feuilles, on peut en diminuer beaucoup le nombre en enlevant pendant l'hiver ces plaques luisantes qui renferment une ponte tout entière.

## LIPARIS CHRYSORRHÆA. Pl. 8, fig. 1 et 2.

*Nigro-fusca pilis subfasciculatis rufescentibus, maculis dorsalibus rubris, maculisque biseriatis albis.*

Boisd., *Ind. meth.*, p. 46.

Ochs., *Schmett. von Europ.*, III, p. 202.

*Bombyx chrysorrhœa.* Hubner, Bomb., 18, fig. 67 — 58, fig. 248, 249. — Larv. lepid., III, Bomb., II, C. *a*, fig. 1, *a*, *b*, *c.*

Linn., *S. N.*, I, 2, 822, 45.

Fab., *Ent. S.*, III, 1, 458, 160.—Wien. Verz., Illig., Scop., Roesel, Wilkes, Borkh., Muller, Vieweg, etc.

*Laria chrysorrhœa.* Schr., *Faun. B.*, 2, B. 2, abth. S. 150, n° 3.

La phalène blanche à cul brun. Geoff., Hist. des Ins., t. II, p. 117, n° 20.

Ernst, Pap. d'Europe, pl. 135, fig. 182, *a — f.*

Bombyx cul-brun. God., Pap. de France, IV, Bomb., pl. 27, fig. 3, p 273.

Le fond de sa couleur est d'un brun noirâtre, avec six rangées de tubercules de la même couleur, surmontés de poils aigrettés roussâtres. Elle a sur le dos, à partir du troisième anneau, deux rangées de taches blanches. Sur le neuvième et le dixième, et quelquefois sur le huitième et le septième anneau, il y a une tache arrondie d'un rouge cinabre, placée entre deux petits faisceaux très courts de poils roussâtres. Sur les autres anneaux ces petits faisceaux existent de même entre les taches blanches. Sur le premier, le second et le troisième anneau, il y a quelques plis transversaux rougeâtres peu apparents et comme vésiculeux. Les taches blanches sont bordées de chaque côté par un petit pinceau roussâtre ou brunâtre. Les deux taches rouges du neuvième et du dixième anneau sont comme vésiculeuses, un peu rétractiles, et plus vives que les autres. La tête est d'un noir brunâtre. Les stigmates sont à peine distincts. Le dessous du corps est noir, strié de jaune transversalement. Toutes les pattes sont noirâtres avec l'extrémité d'un brun clair.

Quelquefois les taches rouges sont divisées par une ligne dorsale brune, ce qui semble former deux raies rouges mal arrêtées.

C'est dans le courant de juin qu'elle se métamorphose. Elle file, entre les feuilles ou dans les bifurcations des branches, une coque molle, grisâtre, entremêlée de quelques poils.

La chrysalide est noirâtre, parsemée d'un duvet ferrugineux.

Cette chenille est extrêmement commune, et elle fait beaucoup de dégâts sur les arbres fruitiers, qu'elle dépouille souvent de toutes leurs feuilles. Elle vit aussi en familles nombreuses sur tous les arbres forestiers. C'est en partie pour elle que l'on a ordonné l'échenillage.

Les œufs éclosent en septembre ; les petites chenilles passent l'hiver en commun sous une tente soyeuse, divisée en autant de cellules qu'il y a d'individus. Dès que les arbres fruitiers, tels que pruniers, abricotiers, etc., commencent à fleurir, elles sortent de leur retraite, dévorent toutes les fleurs ou les jeunes feuilles qui sont dans le voisinage de leur habitation ; aussitôt que la nuit approche, ou s'il vient à tomber de l'eau, elles se mettent à l'abri dans leur tente. Quand il n'y a plus rien à manger sur la branche où elles s'étaient établies, elles en choisissent une nouvelle, et y dressent en peu de temps une nouvelle tente. Après la dernière mue elles quittent leur demeure pour n'y jamais rentrer, et elles se répandent sur toutes les branches de l'arbre.

L'échenillage est un bon moyen de détruire cette espèce ; mais il faut le pratiquer à la fin de l'hiver, et ne pas attendre comme on le fait souvent que les petites chenilles soient sorties de leur retraite. Enduire les nids avec de l'huile, de l'eau de chaux, ou de l'eau dans laquelle on a mis un cinquantième d'acide sulfurique, est encore un moyen qui a de grands succès. Nous recommandons aussi aux agriculteurs, ainsi que nous l'avons déja fait en parlant de la *Livrée*, de brûler les nids en passant rapidement une poignée de paille allumée sur la branche qui les supporte.

1. Liparis Chrysorrhæa.
2. ——— idem (vu de côté)

3. Liparis Auriflua
4. idem (vu de côté)

P. Dumenil pinxit et direxit.

## LIPARIS AURIFLUA. Pl. 8, fig. 3 et 4.

*Nigra pilis nigricantibus, linea dorsali gemina alteraque laterali rubris ; maculis albis biseriatis.*

Boisd., *Ind. meth.*, p. 46.
Ochs., *Schmett. von Europ.*, III, p. 205.
*Bombyx auriflua.* Hubn. Bomb., 18, fig. 68, 69. — Larv. lepid., III, Bomb. II, C. *a*, fig. 2, *a*, *b*, *c*.
Fab., *Ent. S.*, III, 1, 459, 161. Wien. Verz., Illig., Roesel, Borkh., Vieweg, Brahm, etc.
*Laria auriflua.* Schrank, *Faun. B.*, 2, B. 2, abth. S. 151, n° 4.
La phalène blanche à cul jaune. Ernst, Papillon d'Europe, pl. 136, fig. 183, *a — f.*
Bombyx cul-doré. God., Pap. de France, IV, Bomb., pl. 27, fig. 4, p. 276.

Elle est de la taille de celle de *Chrysorrhœa*, et elle lui ressemble un peu, quoique très différente. Elle est d'un brun noir avec les poils plus doux et d'un gris noirâtre. Elle a sur le dos, à partir du premier anneau, deux rangées de taches d'un blanc pur, un peu pulvérulentes et comme farineuses. Entre ces deux rangées de taches il y a une double ligne d'un rouge vif, qui se dilate en croissant sur le quatrième anneau, lequel ainsi que le suivant est relevé en bosse charnue. Sur le neuvième et le dixième anneau, il y a aussi entre les deux lignes rouges deux très petites taches rouges un peu rétractiles. Les tubercules des côtés sont rouges ou d'un ferrugineux rouge, liés l'un à l'autre par une raie latérale rouge plus ou moins prononcée. Il y a sur le premier anneau deux ou trois traits d'un jaune rougeâtre. Les stigmates ne sont pas distincts. La tête est d'un noir foncé. Le dessous du corps est noirâtre avec les pattes blanchâtres.

Dans sa jeunesse le rouge et le blanc sont d'une couleur un peu moins pure. Elle subit sa métamorphose à la fin de juin, et reste environ trois semaines sous l'état de nymphe.

La chrysalide est noirâtre, parsemée d'un petit duvet jaunâtre, avec les incisions un peu ferrugineuses.

Les œufs éclosent aussi en septembre, et les petites chenilles passent l'hiver dans une tente commune.

Cette chenille, étant moins commune que celle de *Chrysorrhœa*, est beaucoup moins nuisible ; d'ailleurs elle habite principalement les bois et les haies d'épine. On la trouve sur le *chêne*, le *charme*, le *saule*, le *prunellier*, le *peuplier*, et sur-tout sur l'*aubépine*.

## ACRONYCTA EUPHRASIÆ. Pl. 1, fig. 2, 3 et 4.

*Cinereo-fusca pilis albidis; dorso nigro, maculis flavescentibus biseria-*
*tis; collari lineaque laterali rubris.*

Boisd., *Index methodicus*, p. 61.
Treistchke-Ochs., *Schmett. von Europ.*, V, p. 43. — Wien.
    Verz., Borkh., Illig., Brahm.
*Noctua esulæ.* Hubn., Noct., 134, fig. 613. — Scriba.
*Noctua euphorbiæ.* Esp., tab. 117, Noct., 38, fig. 1 — 3. —
    Lang.
*L'omicron gris.* Ernst, Pap. d'Europe, pl. 215, fig. 293.
Roesel, *Ins.*, I tb., tab. 45.
Noctuelle de l'euphraise et noctuelle de l'euphorbe. God.-
    Dup., Pap. de France, VI, pl. 88, fig. 3 et 4, p. 250 et 247.

Elle est un peu plus petite que celle de *Rumicis*. Le fond de sa couleur est d'un gris noirâtre plus ou moins foncé, quelquefois légèrement teinté de verdâtre, avec les poils d'un gris blanchâtre ou d'un blanc jaunâtre, et les anneaux assez saillants. Sur le dos il y a une rangée de taches noires, bordées et séparées du fond par deux rangées de grosses taches d'un blanc jaunâtre, excepté sur le premier anneau, lequel est marqué à sa partie antérieure d'un collier ou croissant rouge divisé par une petite tache noire. Ce collier est quelquefois un peu lavé de jaune à ses extrémités. Entre les stigmates et les pattes, il y a une raie du même rouge; mais le plus ordinairement cette raie est jaunâtre, et lavée de rouge sur chaque anneau. Les stigmates sont blancs, cerclés de noir. Le dessous du corps est grisâtre ainsi que les pattes.

Après la première mue, le collier est d'un rouge plus pâle et le dos de chaque anneau est moins noir.

On la trouve en juin et en septembre sur plusieurs plantes basses, telles qu'*euphraises* (*euphrasia officinalis* et *odontites*), (*helianthemum vulgare*), et sur-tout sur les *euphorbes* (*euphorbia cyparissias* et *gerardiana*). Elle vit aussi quelquefois sur des arbrisseaux, tels que *ronce* (*rubus fruticosus*), *myrtille* (*vaccinium myrtillus*), etc.

Pour se métamorphoser elle file, sous les plantes basses, une coque blanchâtre assez serrée.

La chrysalide est noire, cylindrico-conique, avec l'extrémité de l'enveloppe des ailes un peu jaunâtre.

Celles qui ont subi leur transformation en juin éclosent à la fin de juillet ; celles du mois de septembre passent l'hiver et éclosent en mai. Il arrive quelquefois que des chrysalides du mois de juin restent sous l'état de nymphe jusqu'au printemps.

Cette chenille se trouve dans une grande partie de l'Europe, dans les lieux arides et sablonneux où croissent les euphorbes. Elle n'est pas très rare aux environs de Paris, où elle a été confondue jusqu'à présent avec celle d'*Euphorbiæ* qui ne s'y trouve pas. Pour l'élever chez soi avec succès, il faut lui donner de l'*euphorbia cyparissias*.

1. Acronycta Auricoma.
2. Acronycta Euphrasiæ.
3. idem vue de côté.

P. Duménil pinxit et direxit.

## ACRONYCTA AURICOMA. Pl. 1, fig. 1.

*Nigro-fusca, tuberculis pilisque penicillatis fulvis ; subtus pallidior.*

Boisd., *Ind. meth.*, p. 60.

Treitschke-Ochs., *Schmett. von Europ.*, V, p. 35.

*Noctua auricoma.* Hubner, Noct., 2, fig. 8. — *Noctua pepli.*
Hubn., fig. 614. — Larv. lepid., IV, Noct., 1, Bomb., B.
*b, c*, fig. 2, *a, b.*

Fab., *Ent. S.*, III, 1, 105, 316. —Wien. Verz., Esp., Borkh.,
Vieweg, Illig., etc.

La chevelure dorée. Ernst, Pap. d'Europe, pl. 213, fig. 289.

Noctuelle chevelure dorée. God.-Dup., VI, pl. 87, fig. 6,
p. 236.

Elle est d'un brun noir avec des tubercules d'un fauve
orangé, surmontés par des aigrettes de poils de la même couleur. La partie des côtés qui avoisine les pattes est un peu
grisâtre, avec les tubercules petits, d'une couleur un peu plus
pâle, et surmontés par des poils d'un gris plus ou moins blanchâtre. La tête est d'un brun noirâtre. Les stigmates sont ordinairement d'une couleur sombre, se distinguant à peine de
celle du fond. Le dessous du corps est d'un gris plus ou moins
noirâtre, ainsi que les pattes membraneuses. Les pattes écailleuses sont de la couleur de la tête. Quelquefois les tubercules
des anneaux du milieu sont plus pâles que ceux des quatre
premiers et des trois derniers.

Dans sa jeunesse les tubercules sont d'un jaune de cire ; à
la troisième mue ils deviennent orangés, et à la quatrième ils
sont d'un fauve orangé, excepté ceux qui sont près des pattes.

On la trouve parvenue à toute sa taille en juin et en septembre ; elle file, entre les feuilles ou dans les crevasses des écorces,
une coque grisâtre assez serrée. La chrysalide ressemble presque complétement à celle de *Rumicis.* Les coques du mois de
septembre passent l'hiver et éclosent en mai ; celles du mois
de juin restent environ un mois sous l'état de nymphe.

Cette chenille, l'une des plus jolies du genre, est moins commune que celle de *Rumicis*. Elle vit principalement dans les bois ; elle se nourrit d'une assez grande quantité d'arbres et d'arbustes, tels que *ronces* (*rubus cæsius* et *fruticosus*), *arbousier* (*arbutus unedo*), *tremble* (*populus tremula*), *bruyère vulgaire* (*calluna erica*), *bouleau* (*betula alba*), etc.

Elle habite une grande partie de l'Europe ; mais elle est un peu plus rare dans le midi que dans le nord. Son *facies* et ses mœurs pourraient jusqu'à un certain point la faire confondre avec les jeunes individus de *Chelonia Matronula*.

## LASIOCAMPA BETULIFOLIA. Pl. 10, fig. 2.

*Cinerea, collaribus duobus aurantiacis nigro interruptis ; pilis latera-*
*libus cinereis.*

> Boisd., *Ind. meth.*, p. 47.
> *Gastropacha betulifolia.* Ochs., III. p. 242.
> *Bombyx ilicifolia.* Hubn., Bomb., 44, fig. 191-192. — Larv.
> lepid., III, Bomb., S. *b, c*, fig. 2, *a*. — Wien. Verz.,
> Illig., Fab., Borkh., etc.
> La petite feuille-morte. Ernst, Pap. d'Europe, pl. 168,
> fig. 220.
> Bombyx feuille de bouleau. God., Papillons de France, IV,
> pl. 7, fig. 4, p. 82.

Elle est en dessus d'un blanc grisâtre, ou d'un gris cendré
plus ou moins clair. Cette couleur est tantôt uniforme et tantôt entrecoupée par des marbrures plus foncées sur la partie
postérieure de chaque anneau. Le onzième anneau offre un
petit tubercule à peine saillant. Elle a deux colliers d'un beau
jaune orangé, noirs à leurs extrémités, et interrompus sur le
milieu par une petite tache noire triangulaire dont la pointe
se dirige en arrière. Ces deux colliers tout-à-fait semblables
sont placés sur le second et sur le troisième anneau. La tête
est d'un gris cendré, teintée et saupoudrée de gris noirâtre,
sur-tout à sa partie postérieure. Le dessous du corps est d'un
noir foncé sur les trois premiers anneaux, et panaché de
noir et d'orangé sur les autres, avec une tache noire, entre chaque patte membraneuse. Les poils qui garnissent les appendices pédiformes sont grisâtres, fins, mélangés de quelques
autres plus courts, qui ont souvent une teinte un peu
roussâtre. Les stigmates sont peu marqués.

Dans sa jeunesse elle n'offre pas de différences bien notables.

A la fin d'août et en septembre, elle est ordinairement parvenue à toute sa taille; alors elle file entre les feuilles ou dans

les bifurcations des jeunes branches une coque assez molle, d'un gris plus ou moins roussâtre ou jaunâtre.

La chrysalide est obtuse, noirâtre, d'un brun clair sur les anneaux, qui offrent de chaque côté un petit mamelon peu saillant. Elle passe l'hiver, et éclôt en avril et mai.

La chenille, sans être commune, se trouve dans une grande partie de l'Europe tempérée sur le chêne (*quercus robur*), les différentes espéces de peupliers, le bouleau (*betula alba*), et sur plusieurs autres arbres forestiers.

Pl. 10.

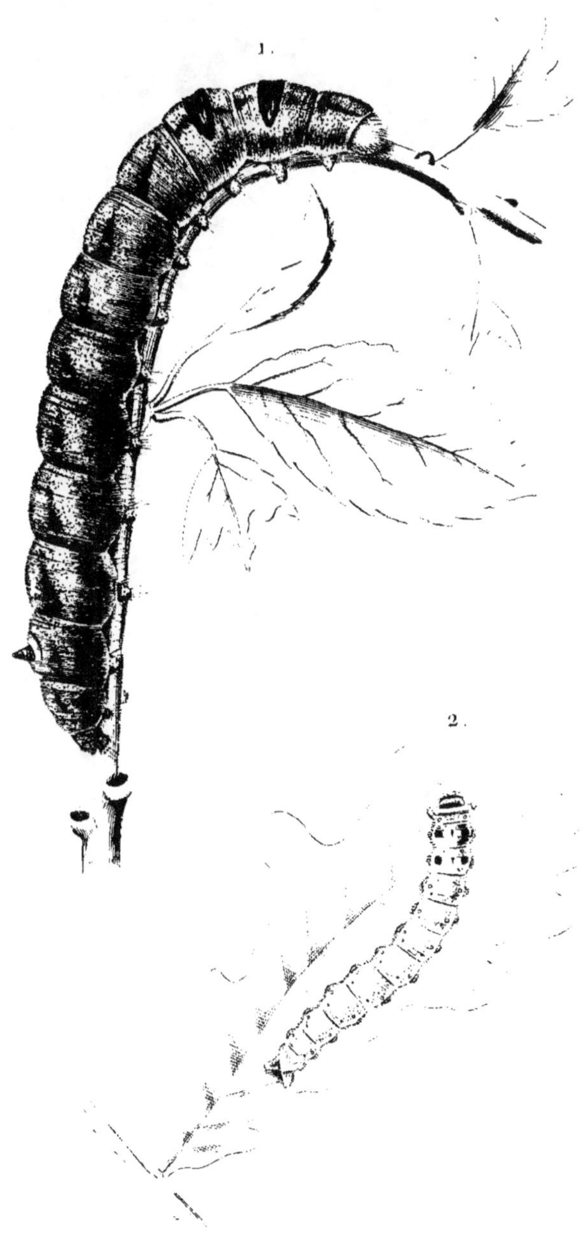

1. Lasiocampa Quercifolia.    2. Lasiocampa Betulifolia.

## MAMESTRA BRASSICÆ. Pl. 2, fig. 2, 3, 4 et 5.

*Pallida, sæpius nigrescens, vitta substigmatali lutescenti, linea dorsali alteraque laterali annulatim interrupta postice quadratim nexa, obscurioribus; stigmatibus albidis.*

> TREITSCH.-OCHS., II, p. 150, n° 9.
> BOISD., *Ind. meth.*, p. 78.
> *Noctua brassicæ.* HUBN., tab. 18, fig. 88. — Larv. lepid., IV,
>   Noct. II, F.*f*, fig. *a*, *b*, *c*.
> — LINNÉ, FAB , BORKH., WIEN. VERZ., BRAHM, MULLER,
>   SCOP., ROSSI, SCHRANK, etc.
> La brassicaire. ERNST, Pap. d'Europe, pl. 279, fig. 456.
> Noctuelle du chou. GOD., Pap. de France, VI, pl. 102,
>   fig. 5, p. 37.

Elle est au moins de la taille d'*Oleracea* et ses couleurs varient à l'infini. Souvent elle est noirâtre, quelquefois verte, quelquefois d'un gris-verdâtre bronzé ou cuivreux; tantôt elle est d'un gris noirâtre ou presque noire, tantôt d'un vert blanchâtre ou d'un jaune-sale livide. Elle offre souvent en outre une foule de nuances intermédiaires. Dans tous les cas elle a entre les pattes et les stigmates une bande jaunâtre ou roussâtre. Cette bande varie aussi pour la teinte, quelquefois elle est d'une couleur briquetée comme dans *Chenopodii*, bordée d'un peu de blanchâtre sur les deux côtés, quelquefois elle est d'un blanc jaunâtre pâle ou verdâtre, se fondant presque avec la couleur du ventre. Dans quelques individus étiolés, il n'y a sur le dos aucun dessin; mais dans le plus grand nombre, il y a une raie plus obscure que le fond, et en outre de chaque côté de cette ligne une raie noire ou noirâtre, interrompue et représentée sur chaque anneau par un trait noir longitudinal un peu oblique en dedans et en arrière. Les traits des deux ou trois derniers anneaux sont réunis carrément avec ceux du côté opposé par une petite liture transverse de la même couleur, placée près de l'incision. Dans les individus très obscurs, les traits noirs ne sont indiqués que sur les anneaux postérieurs ; mais toujours ils sont réunis carrément, tandis que dans les individus dont le fond de la couleur est très clair la réunion n'a pas toujours lieu. Entre la raie dorsale et la raie interrompue, on observe très souvent en outre une rangée de petits points noirs ou noirâtres. Dans la plupart des individus, la partie latérale qui avoisine la bande sous-stigmatale est ordinairement plus sombre que le dos. Les stigmates sont blancs bordés de noir, et ils touchent le bord supérieur de la bande jaune. Dans les variétés pâles et étiolées, les stigmates sont quelquefois peu distincts. Les pattes et le dessous du corps sont verdâtres. Dans les individus verdâtres la tête est d'un vert roussâtre ; dans les autres elle est roussâtre.

Outre les variétés ci-dessus, on trouve quelquefois des individus d'un gris-noir foncé, un peu bronzé, chez lesquels les traits des anneaux antérieurs sont remplacés par un groupe de deux ou trois points noirs.

Cette chenille est polyphage, et se trouve depuis le mois de juin jusqu'à la fin d'octobre. C'est le fléau des potagers ; elle ronge les choux et pénétre quelquefois jusque dans le cœur. Elle se tient cachée près de la tige à la base des feuilles. Il y a des années qu'elle est aussi très nuisible aux plantations de laitue. Elle vit souvent de compagnie avec *Meticulosa*, *Oleracea* et *Chenopodii*, dans les endroits cultivés, sous les plantes basses, sur-tout sous les *chenopodium*, le long des fossés des routes.

La chrysalide est d'un roux-ferrugineux très clair, avec l'intérieur des incisions et la pointe de l'extrémité d'un brun noir.

Pour se métamorphoser cette chenille s'enfonce dans la terre.

La plupart de celles qui se transforment en juillet éclosent en août ; celles de l'automne passent l'hiver et naissent à la fin d'avril et dans le courant du mois de mai.

Cette chenille est quelquefois très multipliée dans les plantations de choux ; il importe alors de la détruire à cause des dégâts qu'elle occasione. Le meilleur procédé consiste à sau-

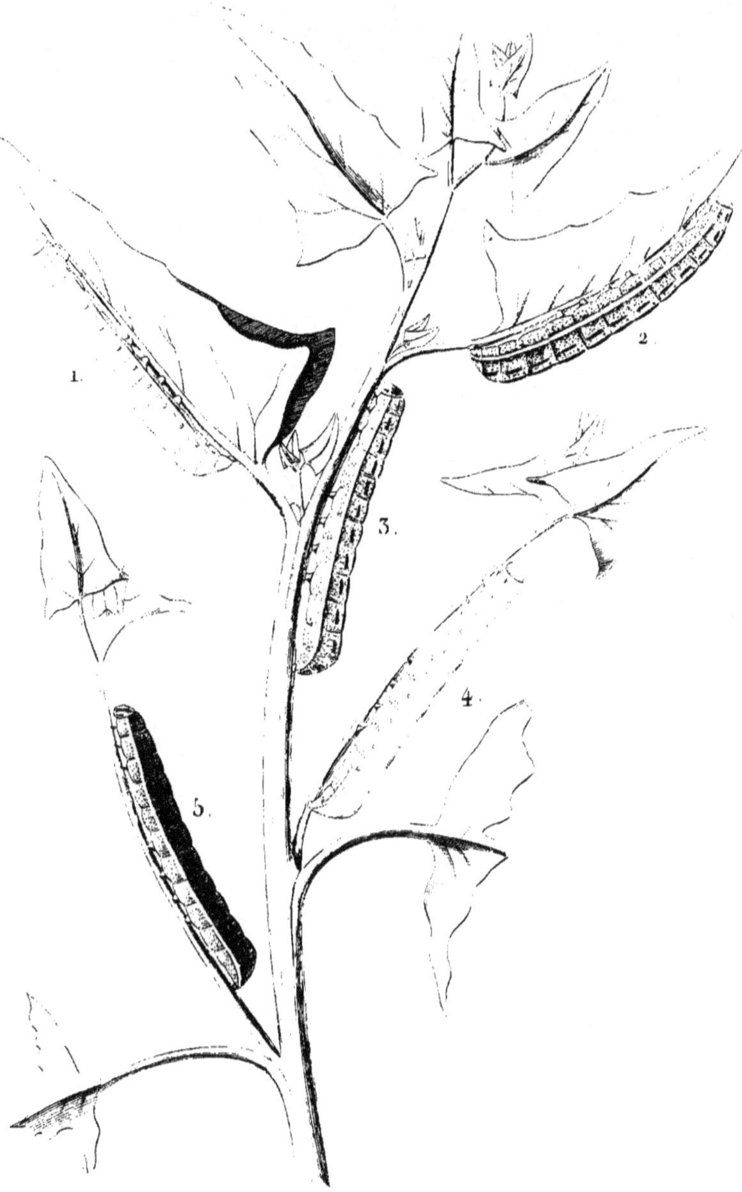

1. Mamestra Chenopodii.          4. Mamestra Brassicæ *variété*
2. —         Brassicæ          5. ——— *idem variété*
3. —         *idem variété*

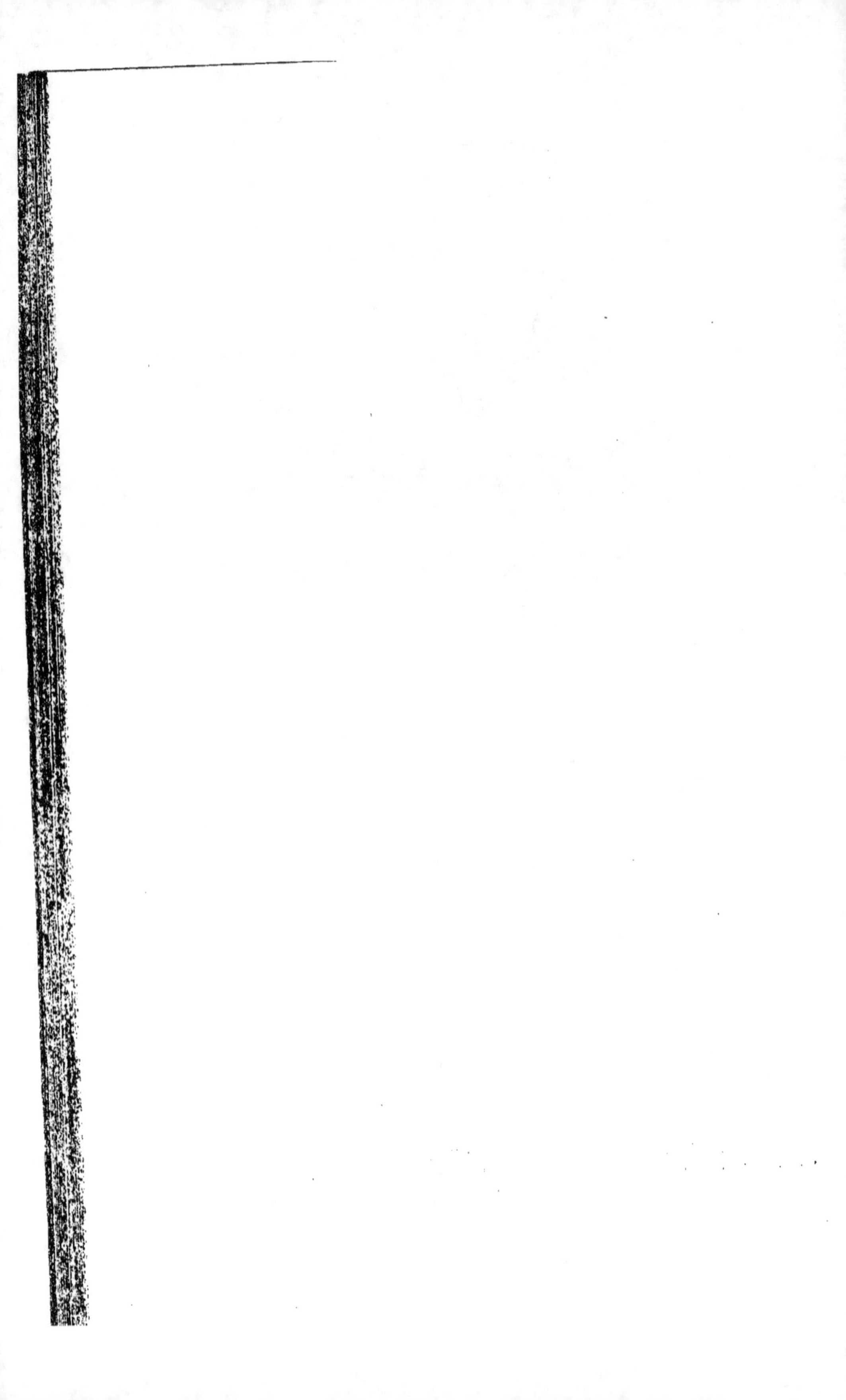

poudrer les choux qui en sont attaqués avec de la chaux dé-
litée et à les arroser légèrement quelques heures après.
Plusieurs jardiniers sont dans l'usage d'employer de la suie
au lieu de chaux; mais ce moyen est moins certain que le
premier.

Quoiqu'elle ne vive guère que sur les plantes basses, on la
rencontre aussi parfois sur les arbres. Nous l'avons trouvée
cette année ( 1832 ) abondamment sur le *robinia pseudo-aca-
cia* avec l'*Oleracea*. Cette circonstance est peut-être due à la
sécheresse de l'année.

Comme certaines variétés se confondent quelquefois avec
des *Pronuba*, qui ne sont pas encore parvenues à toute leur
taille, nous en donnons une figure en opposition avec cette
espéce.

## MAMESTRA CHENOPODII. Pl. 2, fig. 1.

*Viridis vel viridi-flavescens vitta substigmatali miniacea albido lim-*
*bata ; sæpe lineis duabus dorsalibus interruptis nigris.*

> TREITSCH.-OCHS., II, p. 44, n° 7.
> BOISD., *Ind. meth.*, p. 78.
> *Noctua chenopodii.* HUBN., tab. 18, fig. 86.—Larv. lepid., IV,
> Noct., II, F. *c, d*, fig. 2, *a, b.*
> —FAB., WIEN. VERZ., ESP., BORKH., SCHRANK, VIEW., etc.
> Noctuelle de l'ansérine. GOD., Pap. de France, pl. 102,
> fig. 5, p. 31.

Elle est un peu plus petite que *Mamestra Brassicæ*, dont
certaines variétés se rapprochent un peu. Le plus ordinairement elle est d'un beau vert-pomme, sans aucun dessin sur
le dos; souvent elle est d'un vert gai avec deux raies dorsales
noires, interrompues comme dans *Brassicæ*, mais les traits
placés sur les anneaux postérieurs ne sont point unis l'un
à l'autre par une liture; d'autres fois elle est d'un vert-obscur
un peu cuivreux avec des traits interrompus comme ci-dessus ; quelquefois elle est d'un vert presque jaune. Dans tous
les cas elle a entre les pattes et les stigmates une bande d'un
rouge de brique bordée de blanc sur les deux côtés. Les stigmates sont blancs, cerclés de noir, et ils s'appuient sur la partie supérieure de la bande sous-stigmatale et touchent seulement à la partie blanche. Le vaisseau dorsal est souvent
indiqué par une petite raie plus obscure que le fond. La tête
est d'un vert un peu jaunâtre avec la bouche bordée de
brun. Le dessous du corps est vert. Les pattes sont de la
même couleur avec la couronne plus pâle. Le premier anneau
est couvert d'une petite plaque carrée de la couleur de la tête
et très peu distincte.

Dans les individus qui sont jaunes, le vaisseau dorsal est
très apparent, et la tête est d'un jaune un peu roux. Cette
variété que l'on ne rencontre guère qu'en octobre est presque
toujours piquée des ichneumons.

Cette chenille vit sur plusieurs plantes basses, mais elle préfère les *chenopodium* et les *atriplex*. Elle se trouve dans une grande partie de l'Europe tempérée et méridionale. Elle est très commune aux environs de Paris sur le bord des chemins. On la rencontre souvent autour des arbres des boulevarts. Sur les bords de la Méditerranée et de l'Océan, elle se nourrit de *chenopodium* maritimes.

Elle paraît à deux époques, au commencement de l'été et en automne. Sa métamorphose a lieu dans la terre et quelquefois sous les écorces des arbres.

La chrysalide est assez petite pour la grosseur de la chenille ; elle est d'une teinte verdâtre, un peu transparente, avec les anneaux d'un jaune testacé, noirâtres dans les incisions, et divisés sur le ventre par une petite raie longitudinale d'un noir brun.

Les chenilles qui se transforment au commencement de l'été donnent leur papillon en août et septembre ; celles de l'automne restent sous l'état de nymphe jusqu'au mois de mai.

## NONAGRIA SPARGANII. Pl. 1, fig. 2 et 3.

*Viridis stigmatibus nigris; annulis primo ultimoque obscure viridi scutellatis.*

> TREITSCH.-OCHS., II, p. 323, n° 8.
> BOISD., *Ind. meth.*, p. 83.
> *Noctua sparganii.* HUBN., Noct., tab. 118.
> — ESP., tab. 148, Noct., 69, fig. 2, 3. — BORKH.
> Noctuelle du sparganium. GOD.-DUP., VI, pl. 106, p. 92.

Elle est d'un vert-pomme plus ou moins foncé, plus petite d'un tiers que celle de *Typhæ*, et à-peu-près de la taille de *Cannæ*. On aperçoit çà et là sur son corps quelques petits poils fins, très courts et très peu sensibles. Le vaisseau dorsal est indiqué par une raie tantôt un peu plus pâle que le fond et tantôt un peu plus obscure. Lorsqu'elle est prête à se chrysalider, on remarque souvent en outre, de chaque côté, une petite raie parallèle à celle-ci et de la même couleur. Les stigmates sont noirs. La tête est d'un vert pâle luisant, avec la bouche noirâtre. Sur le premier anneau il y a un écusson un peu corné, peu distinct de la couleur du fond. Le dessous du corps est quelquefois d'un vert un peu plus pâle que le dos. Les pattes sont d'un vert pâle avec l'extrémité grisâtre.

La chrysalide ressemble tout-à-fait pour la forme à celle de *Typhæ;* elle est plus petite d'un tiers et d'une couleur un peu plus claire.

Cette chenille a les mêmes mœurs que celle de *Typhæ;* elle vit dans les tiges du *sparganium erectum,* mais plus souvent encore dans celles du *typha angustifolia.*

Elle se métamorphose dans la dernière quinzaine de juillet, et le papillon paraît en août.

Pour se procurer la chrysalide, il faut la chercher dans les marais, au bord des fossés, à la queue des étangs, comme celle de *Typhæ,* dans les roseaux les plus languissants.

17

C'est aussi à nous qu'est due la découverte de cette chenille, qui n'est décrite ni figurée dans aucun auteur.

Elle est plus rare que celles de *Cannæ* et de *Typhæ*. Elle habite le centre et le nord de la France, la Hongrie, et une partie de l'Allemagne.

## NONAGRIA PALUDICOLA. Pl. 1, fig. 1.

*Lutescenti-albida capite fusco, punctis ordinatis nigro-fuscis.*

TREITSCH.-OCHS., II, p. 321, n° 7.
BOISD., *Ind. meth.*, p. 83.
HUBN., Noct., tab. 136, tab. 139.
Variét. *Noctua guttans.* HUBN., tab. 137.

Elle est plus petite d'un tiers que celle de *Sparganii* et à-peu-près de la taille de *Neurica*. Elle est entièrement d'un blanc-sale un peu jaunâtre, avec une petite raie un peu plus foncée sur le vaisseau dorsal. Sur lés second et troisième anneaux, il y a quatre petits points d'un brun noirâtre placés transversalement les uns au-dessus des autres, et deux autres un peu plus gros au-dessous, s'alignant avec les stigmates. Les anneaux suivants sont marqués en dessus de quatre points disposés par paires, et dont ceux de la paire antérieure sont plus rapprochés l'un de l'autre. Les points du onzième anneau sont placés l'un devant l'autre ; ceux du dernier sont au nombre de deux, et accompagnés d'une petite raie transverse noirâtre placée dans l'incision. Les stigmates paraissent noirs, mais à la loupe on aperçoit un centre blanchâtre ; ils sont accompagnés de deux petits points noirâtres alignés obliquement. La tête est d'un brun clair. Les pattes sont de la couleur du corps avec un petit point brun à leur base ; les écailleuses ont les crochets bruns, et les membraneuses qui ont la couronne d'un gris noirâtre sont marquées d'un très petit trait longitudinal noirâtre. A la loupe on aperçoit quelques petits poils très fins, dont chacun naît sur un des points bruns.

La chrysalide a la même forme que celle de *Cannæ* et de *Sparganii.* Elle est proportionnellement un peu plus alongée, et l'enveloppe des palpes forme de même une petite élévation en forme de capuchon. L'enveloppe des ailes est d'un brun rouge foncé tirant un peu sur le violet. Les anneaux sont d'un roux un peu testacé. L'extrémité est armée de deux petites épines comme dans les espéces voisines.

Cette chenille, qui n'a jamais été figurée, a été découverte en France, en 1829, par notre collaborateur, M. Adolphe Graslin, en cherchant la *Phragmitidis.*

Elle vit dans les tiges du roseau à balais, *arundo phragmites*, qui croît au bord des fossés et dans les lieux humides.

Nous pensons qu'au moment de l'éclosion elle vit en société, parceque nous avons trouvé des tiges de cette plante nouvellement poussée, rongées intérieurement et percées de beaucoup de petits trous, par lesquels ont dû sortir les chenilles lorsqu'elles se sont séparées. Pour entrer dans une autre tige, elle la perce à quelques pouces d'un nœud. Elle ne met qu'une demi-heure au plus pour faire l'ouverture arrondie qui doit lui donner passage, et elle la bouche aussitôt après son introduction. A mesure qu'elle avance en montant, elle ronge toute la substance médullaire, et elle remplit l'espace qui est derrière elle avec ses excréments. Lorsque l'on fend les roseaux ainsi mangés, il s'en exhale une odeur forte et désagréable. On reconnaît de suite sa présence dans une tige à l'aspect mort ou languissant que présente le sommet. Parvenue à toute sa grosseur dans les derniers jours de juin et dans les premiers du mois de juillet, elle sort de sa demeure, avertie par son instinct de conservation que la plante rongée et devenue trop faible se briserait au moindre coup de vent. Elle sort par le haut, et elle descend sur le même brin ou sur un autre à peu de distance qu'elle perce quelquefois à un nœud au-dessous de l'endroit qu'elle habitait, quelquefois à deux, et le plus ordinairement à trois. Après s'y être introduite, elle bouche l'ouverture qui lui a donné passage, pratique au-dessous une cloison en soie, monte un peu plus haut, ronge un des côtés intérieurement pour y faire une ouverture presque ovale, qui se trouve bouchée par la pellicule épidermoïde du roseau qu'elle a laissée intacte. C'est cet opercule qui doit s'ouvrir pour livrer pas-

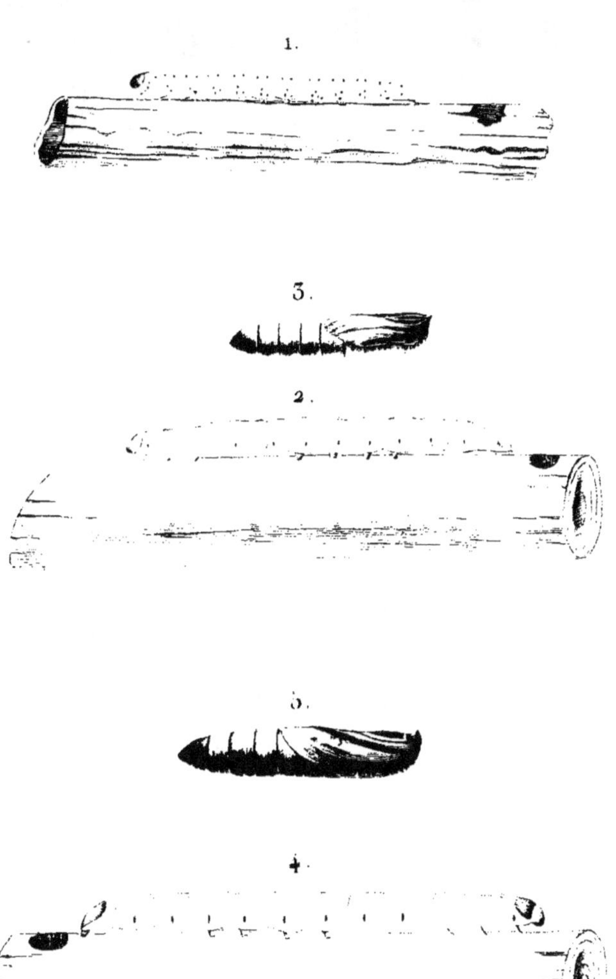



1. Nonagria Paludicola
2. __________ Sparganii
5. La Chrysalide.

4. Nonagria Typhæ
5. La Chrysalide

*P. Dumenil pinxit et direxit*

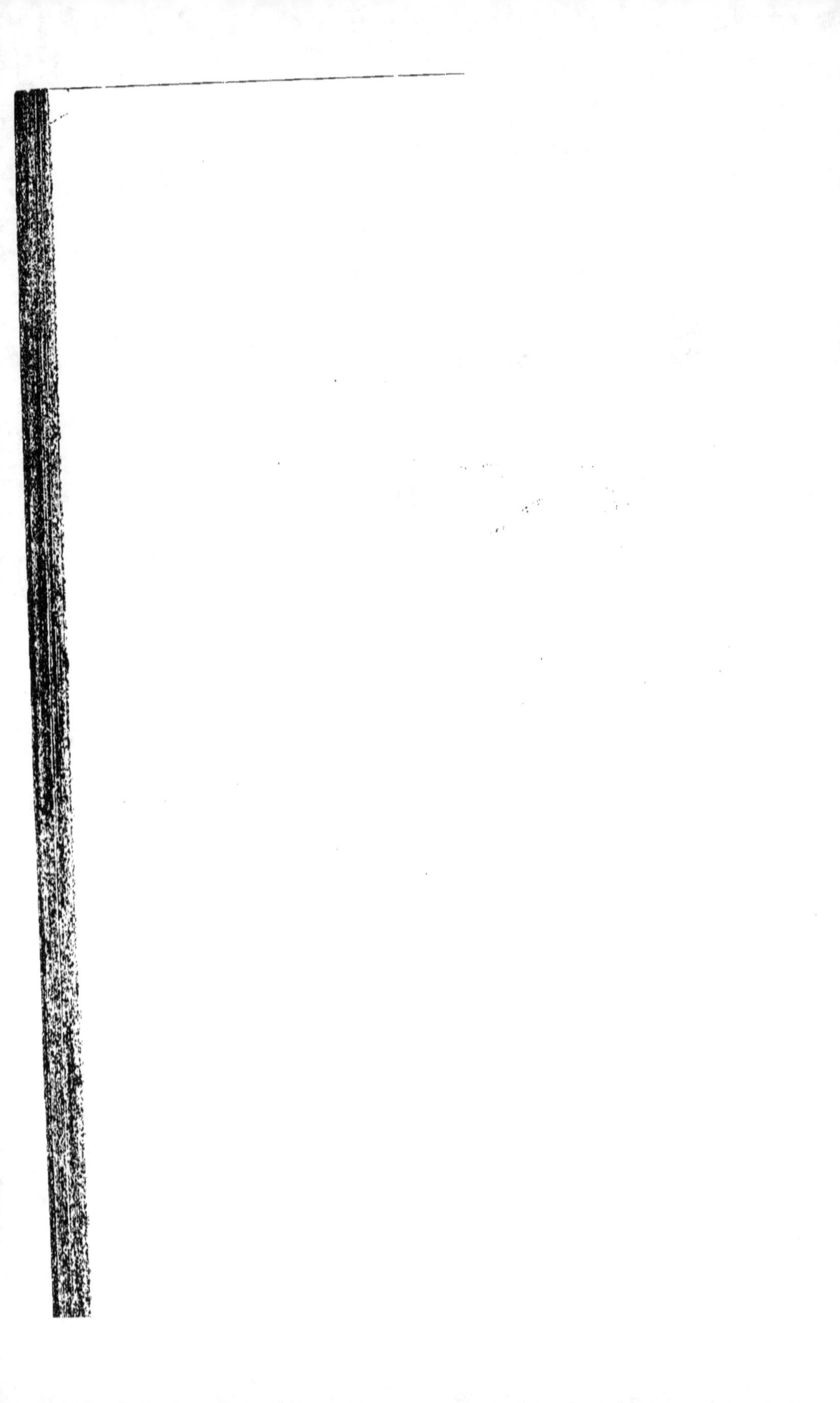

sage à l'insecte parfait. Elle fait encore au-dessus une autre cloison, puis elle se métamorphose.

M. Renard m'a assuré qu'il avait aussi rencontré cette chenille, dans les tiges de l'*iris pseudo-acorus*, en cherchant celle de la *Leucostigma*.

On trouve quelquefois trois chrysalides étagées sur le même roseau, séparées l'une de l'autre par les nœuds.

L'insecte parfait éclôt dans les premiers jours du mois d'août. Il habite le centre, l'ouest et le nord de la France. On le trouve aussi en Hongrie.

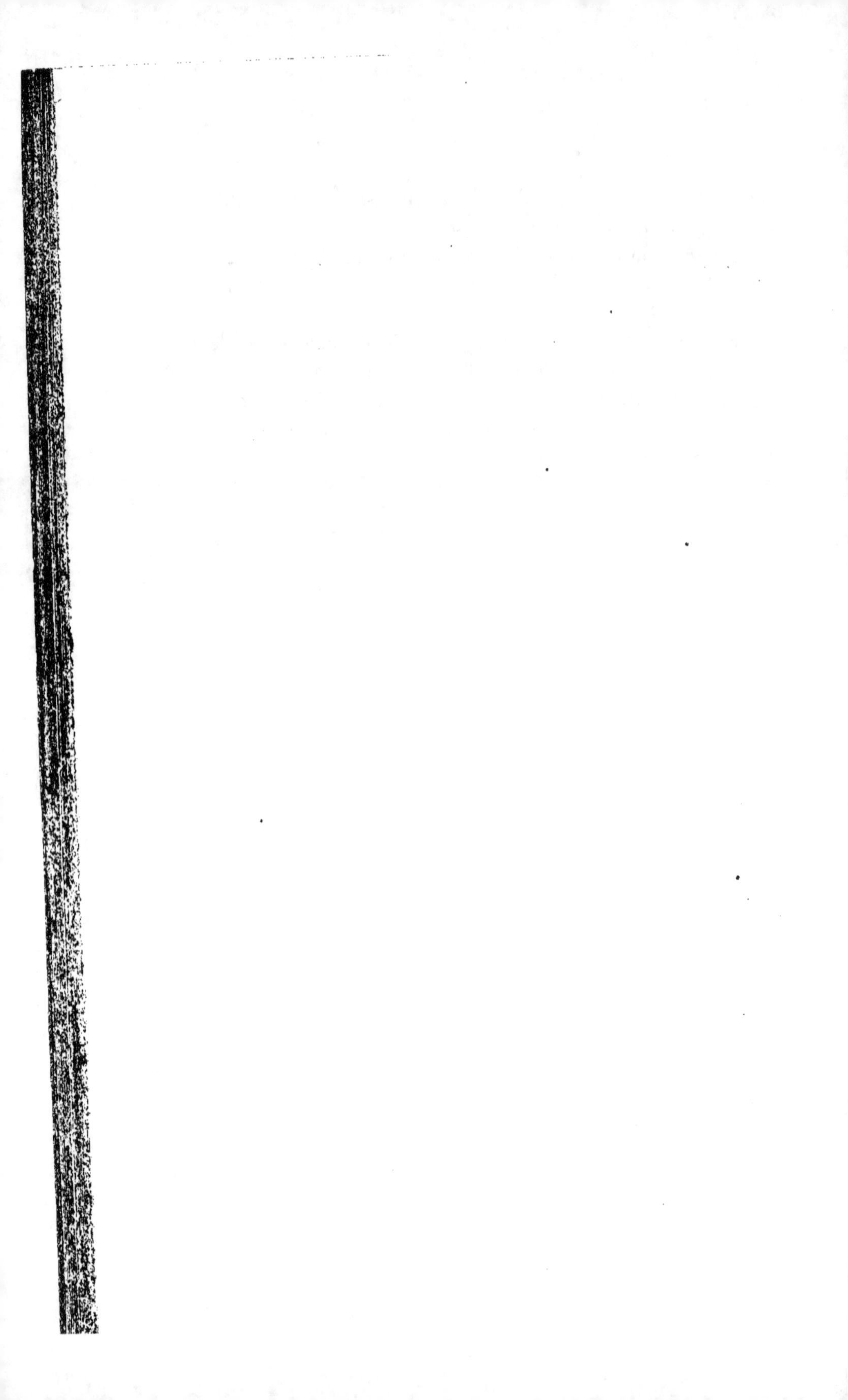

## NONAGRIA TYPHÆ. Pl. 1 , fig. 4 et 5.

*Sordide albida, lineis tribus pallidioribus; annulis primo ultimoque fusco scutellatis.*

> Treitsch.-Ochs., II, p. 327, n° 10.
> Boisd., *Ind. meth.*, p. 84.
> *Noctua typhæ.* Hubn., Noct., tab. 88. — Esper , Borkh.
> *Noctua arundinis.* Fab., *Ent. syst.*, III, 2, 30, 71. — Devill.
> La massette. Ernst, Pap. d'Europe, pl. 296, fig. 502.
> Noctuelle de la massette. God.-Dup., VI, pl. 106, p. 94.
> Duponch., Mém. de la Société linn. de Paris.

Elle est mince, très effilée, comme toutes celles du même genre, et d'un blanc sale couleur d'os, avec le dos le plus souvent d'une teinte rougeâtre. Sur le vaisseau dorsal est une raie peu sensible plus pâle que le fond, et de chaque côté de celle-ci une autre raie parallèle et mieux marquée. La tête est d'une couleur roussâtre pâle, avec la bouche d'un brun plus ou moins noir. Le premier anneau est garni en dessus d'un écusson corné de couleur brunâtre ou roussâtre. Le dernier anneau offre un écusson semblable, souvent un peu plus foncé. Les stigmates sont noirâtres et très apparents. Le dessous du corps est d'un blanc couleur d'os un peu sale, ainsi que les pattes.

Quelques individus ont tout le dos d'une couleur rougeâtre assez prononcée; d'autres sont d'un blanc-sale uniforme; mais dans tous les cas les trois lignes sont visibles.

La chrysalide est alongée, d'un brun-rougeâtre clair, avec les stigmates et le bord des anneaux plus foncés; l'enveloppe des palpes offre une petite élévation en forme de capuchon; la pointe de l'extrémité est peu prononcée.

La chenille vit exclusivement dans les tiges du *typha;* elle préfère le *latifolia;* mais elle se trouve aussi, quoique plus rarement, dans celles de l'*intermedia* et de l'*angustifolia*. C'est nous qui, les premiers, avons découvert cette espéce en France [1]; elle n'est pas rare, et nous croyons

[1] Voyez les Mémoires de la Société linnéenne de Paris.

qu'elle se trouve dans tous les marais où croissent les *typha*. Elle est assez difficile à élever, parcequ'on n'a pas toujours la plante à sa disposition. Il est donc préférable , lorsque l'on veut se procurer l'insecte parfait, de prendre la chrysalide dans les roseaux, dans les derniers jours de juillet et dans les premiers jours d'août. On choisit ceux qui ont un aspect languissant, et dont une partie des feuilles est morte. On les coupe par le pied, et si leur intérieur est creusé en tuyau cylindrique, on est assuré que la tige a été habitée par une chenille ; on la fend alors jusqu'à ce que l'on rencontre la chrysalide, qui tantôt a la tête en bas et tantôt en haut, près d'un trou que la chenille a pratiqué, et qui doit servir d'issue à l'insecte parfait. Il est à-peu-près inutile de couper les tiges fortes et vigoureuses, et de chercher la chenille dans celles qui portent une hampe.

Lorsque les lieux où croissent les *typha* se dessèchent, les chenilles descendent jusque dans la racine pour chercher de l'humidité. Il arrive alors souvent, comme cette chenille est fort longue, qu'on la divise en deux en coupant les tiges à ras de terre. Les chrysalides sont ordinairement placées au-dessus du niveau de l'eau ; mais lorsqu'il survient des inondations, elles peuvent se trouver au-dessous.

Quoique la chenille soit commune, nous n'avons jamais trouvé ni vu voler l'insecte parfait.

Hubner n'a pas connu cette chenille.

## CUCULLIA VERBASCI. Pl. 3, fig. 1, 2 et 3.

*Albida, punctis lineisque nigris, serie dorsali geminata aliaque late-*
*rali, macularum flavarum; capite flavo, nigro punctato.*

TREITSCH.-OCHS., *Schmett. von Europ.*, III, p. 127.
*Noctua verbasci.* HUBN., Noct., tab. 55, fig. 266. — Larv.
   lepid., IV, Noct. II, fig. 1, *a*, *b*.
LINN., FAB., etc.
La brèche. ERNST, Pap. d'Europe, pl. 246, fig. 364.
Cucullie du bouillon-blanc. GOD.-DUP., Pap. de France,
   VI, pl. 124, p. 392.

Cette chenille est d'un blanc très légèrement jaunâtre ou
verdâtre, avec des points et des lignes noirs, variables pour la
grandeur.

Elle a quatre points noirs sur le dos de chaque anneau; les
deux antérieurs sont arrondis; les postérieurs sont alongés
transversalement, et se prolongent quelquefois sur les côtés;
tantôt ces points sont tous séparés; d'autres fois les postérieurs s'unissent entre eux, ou sans s'unir, viennent se joindre aux antérieurs. Ils peuvent être plus ou moins larges. On
voit aussi sur les côtés quatre ou cinq points noirs selon les anneaux, au milieu desquels se trouvent les stigmates, qui sont
également noirs. Outre ces points, il existe un plus ou moins
grand nombre de petites lignes noires transverses, qui ne dé-
passent guère les stigmates. Sur les trois premiers anneaux les
points noirs sont placés dans un autre ordre que sur les autres.
Les anneaux sans pattes sont marqués en dessous de points
et de lignes noirs. On voit aussi quelques marques noires à
la base des pattes, qui quelquefois en s'élargissant, ainsi que
les points et les lignes, rendent le ventre presque tout noir.
On voit de plus sur le corps quatre séries longitudinales de
taches jaunes, dont deux dorsales et deux latérales. Ces deux
dernières ne descendent pas beaucoup plus bas que les stigmates.

Les taches dorsales sont souvent réunies en dessus dans toute la longueur du corps ; elles le sont toujours sur les premier, troisième et quatrième anneaux ; quelquefois toutes ces taches se réunissent et forment des bandes demi-circulaires. La tête est jaune, avec des points noirs placés sur deux rangs.

Les vraies pattes sont d'un jaune roux ; les autres sont jaunâtres, marquées d'un point et de deux traits noirs extérieurement.

Elle vit principalement sur les *verbascum*, et sur-tout sur le *verbascum thapsus*. On la rencontre parfois sur les *scrophularia canina* et *aquatica*.

Elle se trouve depuis le mois de mai jusque vers la fin d'août, presque sans interruption. Quand on touche cette chenille, elle se débat très vivement, et dégorge une liqueur rousse ou verdâtre.

Pour se métamorphoser, elle forme à la surface de la terre une coque épaisse, composée de grains de cette substance collés ensemble avec une soie blanchâtre, dont une forte couche tapisse l'intérieur. La chrysalide est d'un rouge obscur, un peu rousse sur l'enveloppe des ailes. La spiritrompe et les dernières pattes forment un prolongement qui s'avance jusqu'au dernier anneau du ventre.

L'insecte parfait éclôt en mai. Il est probable que quelques individus paraissent deux fois l'année, comme cela a lieu pour les *Cucullia Tanaceti*, *Lactucæ*, etc.

Cette espèce est commune dans toute l'Europe.

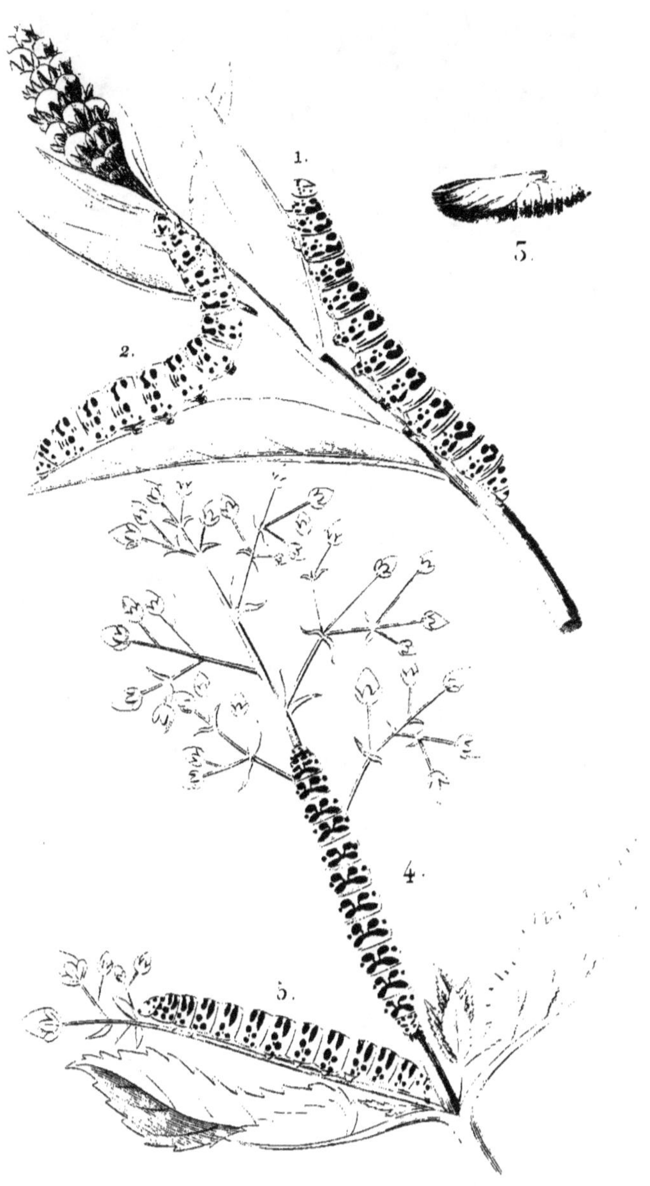

1. Cucullia Verbasci.
2. ———— idem variété.
3. La Chrysalide.
4. Cucullia Scrophulariæ.
5. ———— id. vue de côté.

## CUCULLIA SCROPHULARIÆ. Pl. 3, fig. 4 et 5.

*Subvirescenti-albida, serie dorsali macularum flavarum superjectis arcubus nexis nigris; lateribus nigro punctatis serieque punctorum flavorum.*

Ochs.-Treitsch., *Schmett. von Europ.*, p. 130, n° 19.

Cette chenille a été regardée à tort par quelques personnes comme une variété de *Verbasci*. Plusieurs auteurs allemands l'ont distinguée comme espéce; mais ils ont confondu l'insecte parfait avec les *Cucullia Caninæ* et *Lychnitis* qui s'en rapprochent extrêmement. La chenille figurée par Hubner sur la *scrophularia nodosa* est celle de la *Cucullia Caninæ*.

Elle est un peu moins alongée que celle de *Verbasci*. Le fond de sa couleur est d'un blanc mat, qui a quelque chose de bleuâtre ou de verdàtre. La téte est d'un jaune plus foncé que dans *Verbasci*, avec six ou huit points noirs, dont quatre sur le milieu disposés deux par deux. Le dessus du premier et du dernier anneau est jaune, divisé transversalement par deux rangs de points noirs. Souvent aussi le second anneau offre un dessin analogue à celui du premier. Sur chacun des autres anneaux, on remarque sur le dos une tache d'un jaune citron, et deux espéces d'arcs noirs se touchant par leur convexité, mais de manière que leur concavité regarde les stigmates. Par la réunion des arcs, la tache jaune est partagée en trois; une partie se trouve placée dans leur concavité de chaque côté, et l'autre sur la région antérieure de chaque anneau. Cette dernière a la forme d'un gros point carré jaune; elle touche les deux arcs noirs et forme avec ses semblables une raie dorsale jaune interrompue. Sur les parties latérales de chaque anneau, il y a quatre gros points noirs, au milieu desquels on voit le plus souvent un point jaune. Les stigmates sont noirs, beaucoup plus petits que les points, et ils s'appuient ordinairement sur le bord postérieur du point jaune lorsqu'il existe. Les pattes sont jaunes avec un point noir à la base de chacune. Sous les premier, deuxième, troisième, quatrième, cinquième, onzième et douzième anneaux, il y a une rangée transverse de points noirs rapprochés, plus nombreux sous les anneaux qui sont dépourvus de pattes.

Dans sa jeunesse elle est jaune avec des points noirs.

On la trouve en juillet sur les *scrophularia nodosa* et *aquatica*, dont elle mange de préférence les fruits. On la rencontre aussi quelquefois sur le *verbascum blattaria*.

Elle se métamorphose de la même manière que la *Verbasci*, et elle éclôt à la même époque.

La chrysalide est un peu plus petite que celle de *Verbasci*.

On distinguera facilement cette chenille de la *Verbasci*, en ce qu'elle n'a qu'une seule rangée dorsale de taches jaunes, tandis que la *Verbasci* en a deux.

## MEGASOMA REPANDUM. Boisd. Pl. 11, fig. 1, 2, 3 et 4.

*Pilosa, pallide cinerea, fascia dorsali utrinque angulata obscuriori tuberculis didymis fulvo auratis ; collaribus nigris duobus.*

*Bombyx repanda.* Hubn., *Europ. schmett.*, Bomb.

Immédiatement après sa sortie de l'œuf, cette chenille est noire, avec quelques points rougeâtres peu visibles, et deux bouquets de poils très longs sur le premier anneau. Plus tard le dessin commence à se prononcer, et à chaque mue il devient de plus en plus marqué. Parvenue à toute sa grosseur, elle a environ deux pouces et demi de longueur; elle est alors d'un gris-cendré bleuâtre ; tout son dos est couvert par une large bande plus obscure, bordée de blanchâtre, formant comme une suite de losanges, dont un par anneau. Sur chaque côté du losange il y a deux tubercules d'un orangé-vif, brillant au soleil comme un point d'or, et dont l'antérieur plus de moitié plus gros, et portant des poils bruns et noirs. Les trois premiers anneaux sont dépourvus de ces tubercules. Le second et le troisième ont une touffe épaisse de poils d'un blanc roussâtre, cachant dans le repos un collier d'un beau noir que la chenille laisse voir quand elle marche. L'intervalle qui sépare ces deux colliers est divisé longitudinalement par une petite raie d'un blanc roussâtre. La tête est grisâtre, recouverte de poils roussâtres. De chaque côté, on remarque des espèces de moustaches, partant du premier anneau, comme dans la plupart des *Lasiocampa* et le *Liparis Dispar.* Le ventre est noirâtre, avec un point blanc sur chaque anneau. Les pattes membraneuses sont noirâtres , tachées de roussâtre. Les appendices pédiformes sont très velus et roussâtres à leur extrémité. Les anneaux postérieurs sont garnis de quelques aigrettes de poils assez longs. Les stigmates sont noirs , surmontés d'un point noir alongé.

La coque est molle , blanchâtre , alongée , légèrement transparente.

La chrysalide est cylindrique, obtuse, d'un noir luisant, garnie de quelques aigrettes de poils roussâtres.

B<sup>on</sup> Feisthamel.

Cette description nous a été communiquée par M. Feisthamel, qui a élevé une famille entière de ces chenilles.

L'insecte parfait se trouve très fréquemment aux environs de Cadix. Il est extrêmement répandu sur toute la côte occidentale d'Afrique jusqu'au Sénégal. Il habite aussi la Syrie, où il a été découvert par Olivier.

L'individu figuré par Hubner a été pris, dit-on, aux environs de Rome.

La chenille vit sur différentes espèces de *spartium*, surtout sur les *monospermum* et *junceum*.

1. Megasoma Repandum.
2 idem, jeune.
3. le Cocon.
4. la Chrysalide.

P. Duménil pinxit et direxit

## ZYGÆNA FILIPENDULÆ. Pl. 1, fig. 1, 2 et 3.

*Pubescens, flavido-virescens, maculis dorsalibus biseriatis lateralibus-
que uniseriatis nigris ; punctis lateralibus luteis.*

Ochs., *Schmett. von Europ.*, II, p. 54.
Boisd., Monog. des Zygen., p. 59, pl. 4, fig. 1.
*Sphinx filipendulæ.* Linné, Fab., Scop., Illig., Vieweg,
    Schæff., Wien. Verz., etc.
Hubn., Sphing., tab. 5, fig. 31.—Larv. lepid., II, Sphing.,
    Pap., *b, c, f, 1, c, d.*
Zygène de la filipendule. God., Papillons de France, t. **III**,
    pl. 22, fig. 2, p. 127.
Le sphinx belier. Geoff., Hist. des Ins., II, p. 88, n° 13.
Le sphinx de la filipendule. Ernst, Pap. d'Europe, III, 97,
    fig. 137. *a—f.*

Elle est d'un vert jaunâtre ou d'un jaune verdâtre ; son corps
est garni de petits poils fins, assez courts, disposés par petites
touffes. Sur son dos sont deux rangées de taches noires, cou-
pées par les incisions, plus petites sur les deux premiers et
sur les deux derniers anneaux. Un peu au-dessus des stigmates est une autre rangée de taches noires plus petites, se
réunissant quelquefois en partie dans certains individus de
manière à former une raie noire sinueuse, à peine interrompue. Entre cette bande et la précédente, on observe une rangée de points jaunes, quelquefois réunis en une ligne continue. Les stigmates sont noirs et très petits. La partie qui les
supporte est tantôt du même ton que la couleur générale, et
tantôt d'un jaune assez vif jusqu'à la base des pattes. La tête
et les pattes écailleuses sont noires. Les pattes membraneuses
sont d'un vert plus ou moins jaunâtre, quelquefois marquées
d'une petite strie noire sur leur côté externe.

Les petites chenilles éclosent comme la plupart des espèces
congénères à la fin de l'été ; elles passent une partie de l'automne et l'hiver dans l'engourdissement jusqu'au mois d'avril.
A la fin de juin, ou même plus tôt, suivant les localités, par-

venues à toute leur grosseur, elles filent un cocon alongé, fusiforme, presque de la consistance du parchemin, un peu plissé ou ridé dans le sens de la longueur, d'un jaune-paille foncé dans sa moitié inférieure, et d'un blanc légèrement jaunâtre dans sa moitié supérieure, qu'elles attachent au chaume des graminées, des joncs, ou à la tige d'autres plantes basses.

La chrysalide est un peu molle comme toutes celles du genre, d'une couleur brune, avec les anneaux de l'abdomen d'une teinte jaunâtre plus ou moins foncée.

L'insecte parfait éclôt après quinze à dix-huit jours de métamorphose. Il est commun dans une grande partie de l'Europe.

## ZYGÆNA HIPPOCREPIDIS. Pl. 1, fig. 4, 5, 6 et 7.

*Pubescens, viridi-lutescens, lineis duabus maculariis dorsalibus nigris.*

Boid., Monog. des zygén., pl. 4, fig. 2, p. 76.
Ochs., *Schmett. von Europ.*, 2, p. 63.
*Sphinx hippocrepidis.* Hubn., Sphing., tab. 5, fig. 32.—*S. loti.*,
17, fig. 83.—Larv. lepid., 2, Sph., 1, fig. 2, *a*, *b*, *c*.
Zygène de l'hippocrèpe. God., Pap. de France.
Var. Zygène du cytise. God., Pap. de France, III, pl. 22,
fig. 6.

La couleur de cette chenille est d'un vert pâle, un peu jaunâtre, sur-tout en dessus. Elle a sur le dos deux séries longitudinales de taches noires, placées deux à deux sur chaque
anneau; l'une des taches est plus ou moins arrondie, l'autre
presque linéaire. Au-dessous de ces taches on voit une bande
jaune plus ou moins tranchée. Il existe sur les côtés une
ligne noire interrompue, plus ou moins marquée, manquant
quelquefois complétement, sur laquelle sont placés les stigmates qui sont petits, orbiculaires, à bordure épaisse noire,
envahissant parfois tout le stigmate, mais au centre de laquelle on aperçoit d'autres fois un petit point blanchâtre.

Au-dessous des stigmates, il existe quelquefois une autre
ligne noirâtre, qui manque le plus souvent.

Le corps porte de petites touffes de poils courts, peu
épaisses, rangées circulairement.

La tête est très petite, noire, avec une plaque blanchâtre
au-dessus de la lèvre supérieure; elle peut se cacher entièrement dans le premier anneau.

Les vraies pattes sont noires à leur face externe; les autres
sont jaunâtres.

Pour se métamorphoser, elle file le long des tiges une coque
jaune en forme de bateau, un peu plissée, plus courte que
celle de *Filipendulæ.*

La chrysalide est noirâtre.

Chez la femelle le corps de la chrysalide est beaucoup plus mince que l'abdomen, dont les anneaux sont immobiles dans les deux sexes.

Cette intéressante espéce n'est pas rare dans l'île de Corse.

La chrysalide passe l'hiver, et l'insecte parfait éclôt depuis la fin de mars jusqu'au commencement de mai. Le mâle vole, pendant l'ardeur du soleil, à la recherche de la femelle comme les *Orgya Antiqua*, *Gonostigma*, etc.

1. Trichosoma Corsicum.
2. idem variété.
3. idem jeune.
4. Chrysalide ♂
5. Chrysalide ♀
6. Aretia Fulginosa

P. Dumenil pinxit et direxit

## ARCTIA FULIGINOSA. Boisd. Pl. 4, fig. 6.

*Nigra aut griseo-fusca, linea dorsali sæpius interrupta, modo nulla,
lutescenti; pilis fasciculatis griseo-rufis.*

> *Chelonia fuliginosa.* Boisd., *Ind. method.*, p. 43.
> *Bombyx fuliginosa.* Linn., *S. N.*, I, 2, 386, 95, etc.
> Fab., E. S., 3, III, 1, 486, 246.
> *Noctua fuliginosa.* Esp., *Schmett.*, 4, tab. 86, Noct.; 7, fig. 1.
> L'écaille cramoisie. Ernst, Pap. d'Eur., t. 4, pl. 154, fig. 200,
>     *a — e;* pl. 155, fig. 200, *f — h,* p. 150.
> *Bombyx fuliginosa.* Hubn., Bomb., tab. 33, fig. 145.— Larv.
>     lepid., III, Bomb. II, fig. 2, *a.*
> *Eyprepia fuliginosa.* Ochs., *Schmett. von Europ.*, III, p. 346.
> L'écaille fuligineuse. God., Pap. de France.

Cette chenille est noirâtre ou d'un gris brun ; elle a sur le
dos une ligne longitudinale d'un jaunâtre sale, souvent interrompue, et quelquefois à peine sensible ou même tout-à-fait
nulle. Cette ligne s'arrête au premier anneau. Les stigmates
sont ovoïdes blancs avec la bordure noire; souvent ils sont
accompagnés d'une petite tache jaunâtre. Les touffes de poils
sont tantôt d'un brun roux, tantôt d'un gris roux ou même
cendrées; elles deviennent plus longues en approchant de
l'anus, et les poils qui les composent sont un peu dirigés de
ce côté.

La tête et les vraies pattes sont d'un noir luisant; les autres pattes sont noirâtres à la base, rousses à leur extrémité.

Elle file une coque ovoïde, lâche et molle, grise ou d'un
brun roux ; elle va très souvent la placer sous le rebord
des murs ou sous les écorces des vieux arbres.

Cette chenille est polyphage. Elle paraît deux fois dans
l'année, en été et à la fin de l'automne. On la rencontre
même pendant une partie de l'hiver.

On la trouve très souvent le long des murs, en écartant les
herbes ou en retournant les pierres.

Ces dernières se métamorphosent au printemps, et le papillon éclôt au commencement de mai ; tandis que celles que l'on trouve au mois d'août donnent leur papillon en septembre.

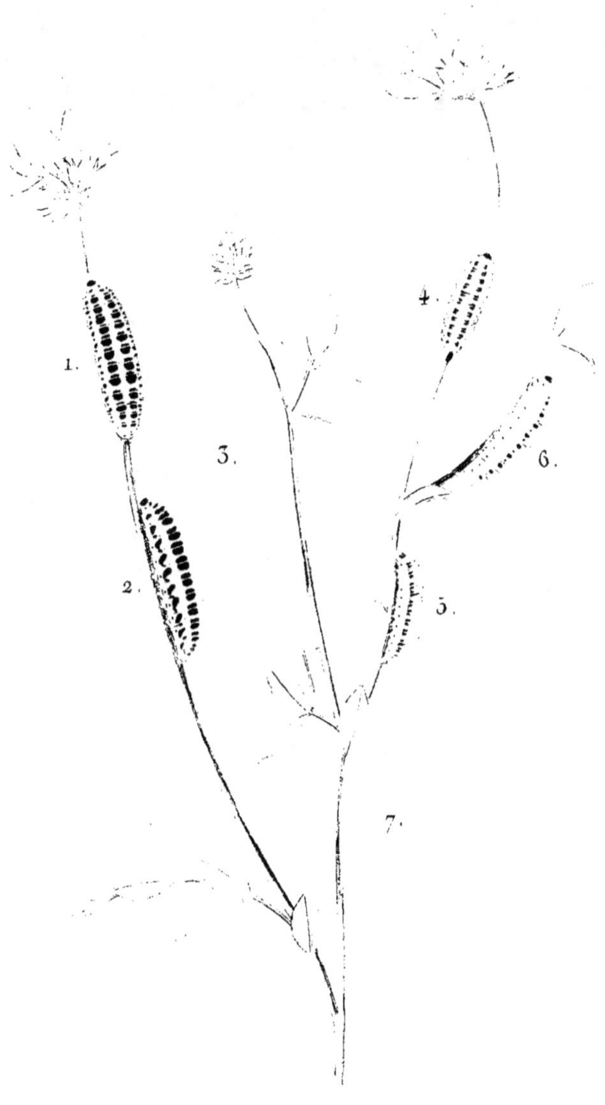

1. Zygæna Filipendulæ.
2. idem vue de côté.
3. le Cocon.

4. Zygæna Hippocrepidis.
5. idem vue de côté.
6. idem variété.
7. le Cocon.

## BOMBYX RUBI. Pl. 12, fig. 1, 2, 3 et 4.

*Nigra, pilis fuscis, dorso cinnamomeo incisuris atris ; junior nigra annulis luteis.*

> Boisd., *Index meth.*, p. 48.
> Linn., *S. N.* I, 2, 813, 21. — Fab., *Ent.*, S. — Scopol.,
>   Wien. Verz., Esp., Roes., Borkh., Schrank, etc.
> Hubn., Bomb., tab. 39, fig. 174.—Larv. lepid., III, Bomb.,
>   II, P. *b*, fig. 1, *a*, *b*.
> *Gastropacha. rubi.* Ochs., *Schmett. von Europ.*, III, p. 170,
>   n° 12.
> La polyphage. Ernst, Pap. d'Europ., pl. 173.
> Bombyx de la ronce. God., Pap. de France, III, pl. 32,
>   fig. 1, 2, p. 134.

Elle est au moins de la taille de celle du *Bombyx Quercus.* Les côtés sont d'un brun noir, avec des poils nombreux, assez serrés, et d'un châtain foncé. Sur le dos elle est d'un roux-cannelle plus ou moins foncé ; mais les longs poils sont également châtains. Les incisions sont d'un noir de velours, et on observe assez souvent un point ou espéce de tache fauve sur le bord des anneaux, près de la partie noirâtre latérale. La tête et les pattes sont noires. Les stigmates ne sont pas distincts.

Dans sa jeunesse, elle est d'un noir de velours avec les poils du dos d'un jaune un peu roux, et le bord de chaque anneau d'un jaune plus ou moins fauve, excepté l'avant-dernier, où cette couleur est très peu marquée. Après sa quatrième mue, elle commence à prendre la couleur de l'âge adulte, telle que nous l'avons représentée, *fig.* 3, en conservant une partie du dessin du premier âge.

Les petites chenilles naissent à la fin de mai ; vers la fin de septembre, ou dans le courant d'octobre, elles semblent être parvenues à toute leur grosseur, cependant elles ne se métamorphosent pas ; et si on cite un exemple d'une chenille de *B. Rubi* chrysalidée à la fin de l'automne, ce ne peut être qu'un cas exceptionnel et très rare que nous n'avons jamais vu. Elles passent l'hiver engourdies sous les mousses, les feuilles sèches, les pierrailles, etc. Dès les premiers beaux jours elles sortent de leur retraite, et prennent un peu de nourriture; mais, à cette époque, soit que le froid ou autres causes en aient fait périr une partie, elles sont aussi rares qu'elles étaient communes à l'automne. Dans le commencement d'avril, elles filent sous les plantes basses une coque grisâtre, molle, alongée, d'un tissu assez léger, dans lequel elles se changent en chrysalide.

Celle-ci est d'un noir bleuâtre, avec les incisions antérieures de l'abdomen jaunâtres, et quelques poils roussâtres à l'extrémité anale.

L'insecte parfait éclôt dans le commencement de mai.

La chenille est très commune en octobre dans une grande partie de l'Europe, sur le bord des bois, le long des fossés, dans les bruyères, etc. Elle se nourrit d'une foule de plantes basses et d'arbrisseaux, ce qui lui a fait donner par Ernst le nom de *Polyphage*. Elle est connue aussi sous le nom vulgaire d'*Anneau du diable*, parcequ'elle a plus qu'aucune autre espèce l'habitude de se mettre en anneau dès qu'on la touche. Quoi qu'en ait dit Godart, on parvient à la conserver vivante jusqu'au printemps, si on la tient en plein air dans de très grandes boîtes garnies de mousse, et couvertes d'une gaze métallique.

Dans sa jeunesse, au premier coup d'œil, on pourrait la confondre avec certaines variétés de *B. Lanestris*, et sur-tout avec la chenille d'*Euchelia Jacobeœ*.

Les poils de cette espèce produisent comme ceux du *Bombyx Quercus* de légères démangeaisons lorsqu'on touche un certain nombre de ces chenilles.

1. Bombyx Rubi.

2 idem jeune

3. Bombyx Rubi avant la dernière mue

4. idem roulée sur elle même

## SMERINTHUS OCELLATA. Pl. 7, fig. 2, 3 et 4.

*Rugulosa viridis vel thalassino-viridis, fasciis lateralibus obliquis alte-*
*r... longitudinali collari, albidis; cornu cœruleo apice nigro.*

Boisd., *Ind. meth.*, p. 34.
*Sphinx ocellata.* Linn., *Syst. Nat.*, I, 2, 796, 1.
Fab... *Syst.*, III, 1, 355, 1. — Illig., Schæff., Scop.,
    ...h., etc.
Esp., *Schmett.*, II th., tab. 1, S. 27.
*Sphinx salicis.* Hubn., Sphing., tab. 15, fig. 73. — Larv.
    lepid., II, Sph., III, D, *a*, fig. 2, *a*, *b*.
Le sphinx demi-paon. Geoff., Hist. des Ins., t. II, p. 79,
    n° 1.
Ernst, Pap. d'Europe, pl. 119, fig. 164.
Smérinthe ocellé. God., Pap. de France, pl. 20, fig. 2, p. 68.

Cette chenille, de même que toutes celles du même genre,
a la peau rugueuse et comme chagrinée, et la tête triangulaire.

Tantôt elle est d'un vert-pomme, et tantôt d'un vert glauque, pointillée de blanchâtre. Sur chaque côte, à partir du
quatrième anneau inclusivement, elle a sept bandes obliques
blanchâtres, dont la dernière vient se terminer à l'origine de
la queue. Elle a en outre sur les trois premiers anneaux deux
raies blanchâtres presque parallèles, finissant sur le milieu
du quatrième anneau. Ces deux lignes sont un peu plus rapprochées sur le premier anneau que sur les suivants. La tête
est d'un vert bleuâtre, bordée de jaune, et rugueuse. Les stigmates sont d'un blanc faiblement incarnat, bordés de pour-
pre-violâtre. La queue est chagrinée d'un bleu-ciel, avec l'extrémité noirâtre ou verdâtre. Le dessous du corps est d'un
vert glauque assez foncé, pointillé de blanc, ainsi que les
pattes membraneuses, qui ont la couronne violâtre. Les pattes
écailleuses sont un peu rougeâtres.

Dans les individus verts, les bandes sont ordinairement

d'un blanc jaunâtre ou presque jaune, et les stigmates sont plus violâtres.

Elle vit sur les saules, principalement sur le *saule pleureur, salix babylonica,* sur les *populus nigra, fastigiata* et *tremula,* sur le pommier, *malus communis,* et quelquefois sur le prunellier, *prunus spinosa,* l'amandier, *amygdalus communis.* Elle est ordinairement parvenue à toute sa grosseur dans le courant d'août ou même plus tôt.

La chrysalide est d'un noir-brun violâtre, cylindroïde, un peu renflée au milieu, arrondie à l'extrémité postérieure, et terminée par une pointe courte presque obtuse. Elle passe l'hiver et éclôt à la fin d'avril; mais dans certaines années il y a des individus hâtifs qui naissent à la fin d'août ou au commencement de septembre.

La chenille se trouve communément dans une grande partie de l'Europe. Pour se métamorphoser elle s'enfonce dans la terre. Lorsqu'elle se nourrit sur des saules dont l'intérieur est creux, le plus souvent elle ne descend pas à terre ; elle se chrysalide dans le *detritus* dont la tête de ces vieux arbres est ordinairement remplie.

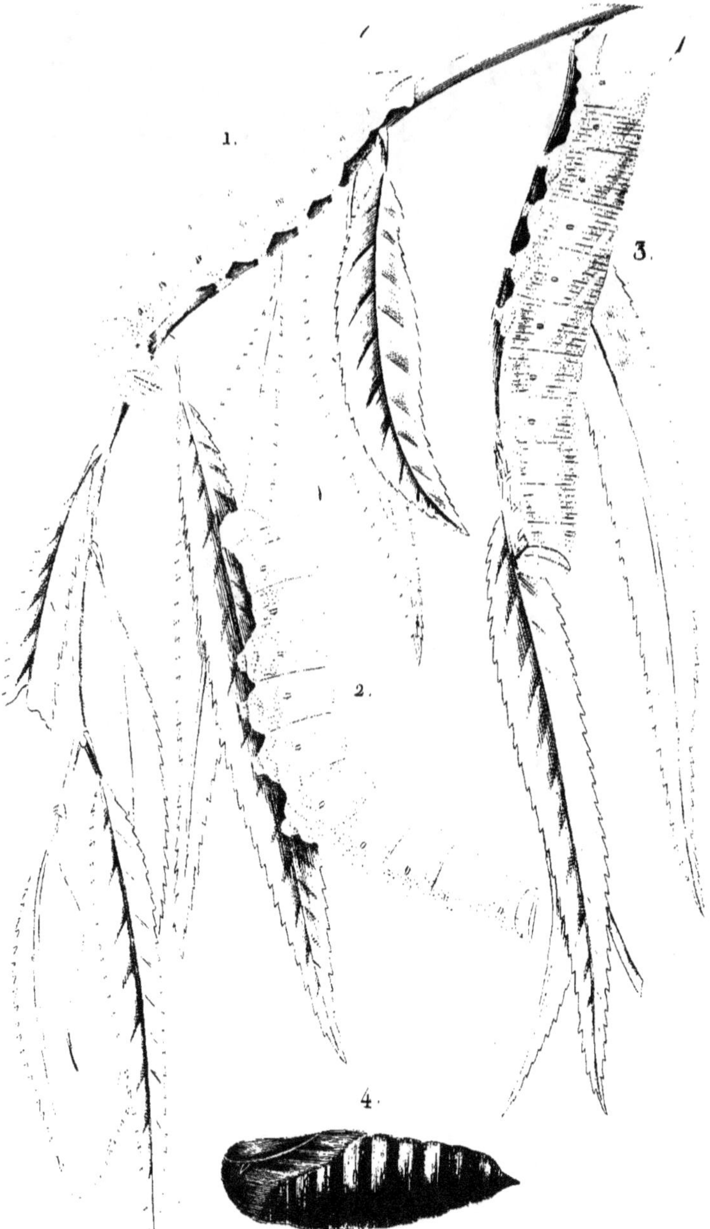


1. Smerinthus Populi *var*
2. ———— Ocellata
3. Smerinthus Ocellata *var*
4. *la Chrysalide*

*Blanchard pinxit*

## VANESSA IO. Pl. 1, fig. 1, 2 et 3.

*Atra, spinosa punctis minutis permultis albis; pedibus membranaceis ferrugineis.*

LINN., *Syst. Nat.*, I, 2, 769, n° 131.

FAB., *Ent. Syst.*, III, 1, 88, 276. — ILLIG., SCOPOL., WIEN. VERZ., BORKH., etc.

HUBN., Pap., tab. 16.—Larv. lepid., 1, Pap. 1, Nymph. C, a, fig. 1, a, b.

ROES., *Ins. bel.*, 1 th., tab. III, S. 13.

Le paon du jour. GEOFF., Ins., t. II, p. 36, n° 2.

ERNST, Pap. d'Europe, pl. 11, fig. 2, a.

Vanesse paon de jour. GOD., Pap. de France, pl. 5, fig. 2, p. 96.

Elle est d'un noir de velours foncé, ponctuée de blanc. Chaque anneau, excepté le premier, est muni de six épines noires, assez longues, plutôt velues que rameuses. Le premier est plus grêle que les autres et dépourvu d'épines. La tête et les pattes écailleuses sont d'un noir luisant. Les pattes membraneuses sont d'un jaune roussâtre, tirant sur le ferrugineux ainsi que leur base. Les stigmates sont noirâtres, peu visibles.

On la rencontre par familles nombreuses, dans une grande partie de l'Europe, en juillet et en septembre sur les *urtica dioica* et *pilufera*, et quelquefois sur le houblon *humulus lupulus*.

Pour se chrysalider elle s'écarte peu du berceau de son enfance; souvent elle se suspend aux feuilles d'orties ou aux plantes voisines.

La chrysalide est le plus ordinairement d'un jaune doré; quelquefois elle est grisâtre teinte de gris violâtre, avec quelques taches argentées sur la poitrine. Elle est un peu plus alongée que celle d'*Urticæ*, avec les pointes dorsales plus saillantes, la tête plus fortement bifide, et le ventre un peu plus convexe.

L'insecte parfait éclôt au bout de quinze à dix-huit jours, et même quelquefois plus tôt, suivant les localités.

## VANESSA URTICÆ. Pl. 1, fig. 4, 5 et 6.

*Spinosa, nigro-fusca flavo-subconspersa vittis tribus flavidis, dorsali linea nigra divisa.*

LINN., *Syst. Nat.*, I, 2, p. 777, n° 167.
FAB., *Ent. Syst.*, III, 1, p. 122, 374. — ILLIG., ESP., WIEN.
    VERZ., BORKH., SCHÆFF., etc.
HUBN., Pap., tab. 18, fig. 87-88.—ROESEL., DONOV., SEPP, etc.
La petite tortue. GEOFF., Hist. des Ins., t. II, p. 37, n° 4.
ERNST, Pap. d'Europe, pl. 4, fig. 4.
Vanesse de l'ortie. GOD., Papillons de France, I, pl. 5 *bis*.
    fig. 1, p. 91.

Elle est noirâtre, finement saupoudrée de jaune. Chaque anneau offre une rangée circulaire de sept épines rameuses, excepté les deuxième et troisième qui n'en ont que quatre, et le premier et le dernier qui en sont totalement dépourvus. Les épines dorsales sont noirâtres, plus claires à leur extrémité ; celles des deux rangées latérales sont un peu jaunâtres. Outre ces épines, le corps de la chenille offre çà et là quelques petits poils grisâtres peu sensibles. Sur le dos on remarque une raie dorsale d'un jaune-citron, plus ou moins large, plus ou moins bien arrêtée, et divisée longitudinalement par une ligne noire. Sur les côtés on voit une autre raie du même jaune, souvent géminée, et renfermant les stigmates qui sont noirâtres, petits, et peu visibles. La tête est noire, un peu échancrée, et légèrement hispide. Le dessous du corps est d'un gris jaunâtre ou d'un vert-jaunâtre livide. Les pattes écailleuses sont noires ; les autres sont d'un gris verdâtre. Entre ces dernières on observe ordinairement une raie ventrale d'un vert-noir obscur, interrompue.

Il y a des individus qui ont les bandes jaunes très prononcées, avec l'intervalle noirâtre qui les sépare fortement saupoudré de jaune. Il en est d'autres qui les ont étroites et peu marquées. La couleur de ces bandes varie aussi un peu, tantôt elles sont d'un beau jaune-citron , et tantôt d'un jaune qui tire plus ou moins sur le verdâtre.

Cette chenille est commune dans une grande partie de l'Europe. Elle vit en famille sur l'*ortie dioïque* (*urtica dioica*), et quelquefois sur la petite ortie (*urtica urens*), et sur l'ortie pilulifère (*urtica pilulifera*).

Dans sa jeunessse , elle a une teinte noirâtre ou d'un gris noirâtre. Après la seconde mue, elle prend le dessin qu'elle conserve jusqu'à sa métamorphose.

Lorsque ces chenilles sont sur le point de se chrysalider, elles se dispersent, grimpent le long des arbres, et le plus souvent le long des murs, où elles se suspendent pour subir leur transformation. Rarement elles s'attachent à la plante qui leur a servi de nourriture.

La chrysalide est ordinairement d'un gris-cendré violâtre ou d'un gris un peu incarnat, souvent marquée de taches dorées ou argentées sur sa partie antérieure , avec les pointes dorsales coniques et assez prononcées.

Elle éclôt au bout de quinze à dix-huit jours.

On rencontre parfois sous le rebord des murs des chrysalides qui sont entièrement d'un jaune-doré brillant ; mais ces dernières sont presque toujours piquées par des ichneumons, ou plutôt par des chalcidites.

La chenille de la *Vanessa Urticæ* se trouve depuis le mois de mai jusqu'à la fin de septembre.

1. Vanessa Io
2. la Chrysalide
3. idem variété

4. Vanessa Urticæ
5. idem variété
6. la Chrysalide

P. Duménil pinxit et direxit

## PIERIS NAPI. Pl. 5, fig. 3, 4 et 5.

*Viridis, pubescens subtus pallidior, maculis lateralibus flavis superpositis stigmatibus fuscis.*

LINN., *Syst. Nat.*, I, b, 760, 77.
FAB., *Ent. Syst.*, III, 1, 187, n° 576. — ESP., OCHS., WIEN. VERZ., SCOP., BORKH., SCHRANK, etc.
HUBN., Pap., tab. 81, fig. 406, 407. — Larv. lep., 1, Pap., II, C, b, fig. 2, a, b, c.
Le papillon blanc veiné de vert. GEOFF., Hist. des Ins., t. II, p. 70, n° 42.
ERNST, Pap. d'Europe, pl. 50, fig. 104.
Piéride du navet. GOD., Papillons de France, I, pl. 2 ter., fig. 3, p, o.

### VARIÉTÉ FEMELLE.

*Papilio napeæ.* ESP., tab. 66, cont. 71, fig. 5, S. 119.
HUBN., tab. 81, fig. 407.
Piéride de la Bryonne. GOD., Pap. de France, II, pl. 5, fig. 1, p. 39.

Elle est de la taille de la chenille *Rapæ.* En dessus elle est verte, plus pâle en dessous et sur les côtés. Elle est couverte de très petits tubercules noirs, saillants, différant beaucoup pour la grosseur. Outre ces tubercules, on en aperçoit çà et là quelques autres qui sont blanchâtres. Le corps, sur-tout en dessus, est couvert d'un léger duvet blanchâtre. Les stigmates sont presque circulaires, d'un roux très obscur, avec la bordure noirâtre, placés au milieu d'une petite tache arrondie d'un jaune-citron. Le dessous du ventre est d'un vert un peu blanchâtre. La tête est globuleuse, hérissée de petits poils noirâtres, parmi lesquels on en distingue quelques uns qui sont blanchâtres, et qui partent d'un petit tubercule de la même couleur. Les pattes écailleuses sont d'un vert un peu jaunâtre ; les autres sont de la couleur du ventre.

Cette chenille est un peu moins commune que celle de

*Rapæ.* Elle vit plutôt dans les champs et les bois que dans les jardins, sur différentes espéces de crucifères, telles que *rapha-nus raphanistrum, sinapis alba.* On la rencontre aussi quelque-fois sur le *brassica napus, turritis glabra* et *hirsuta,* la capucine, *tropæolum majus,* le *reseda lutea,* etc. Elle est assez commune dans les montagnes alpines sur la *dentaria pinnatifida.* On trouve cette chenille depuis le commencement de juin jusqu'à la fin de septembre.

La chrysalide est fortement anguleuse, d'un gris-cendré un peu roussâtre ou jaunâtre, plus ou moins variée de petits points et de petites taches brunes ; celles-ci sont sur-tout pla-cées le long du bord anguleux latéral. Elle est un peu rugueuse et couverte de points enfoncés. Très souvent la chrysalide est d'un vert un peu jaunâtre, avec des éclaircies jaunes sur l'en-veloppe des ailes et du corselet. Elle offre du reste à-peu-près le même dessin.

L'insecte parfait éclôt ordinairement au bout de quinze à dix-huit jours ; mais les chrysalides du mois de septembre passent l'hiver, et donnent leur papillon dans les mois d'avril et de mai.

## PIERIS TAGIS. Pl. 5, fig. 1 et 2.

*Viridis, subpubescens, subtus pallidior linea laterali coccinea albido intra marginata.*

Ochs., *Schmett. von Europ.*, I, 162, 10.
Hubn., *Pap.*, tab. 110, fig. 565-566.
Esp., *Schmett.*, tab. 117, cont. 72, fig. 5.
Boisd., *Icon. hist.*, pl. 5, fig. 1 et 2.
*Pieris bellezina*. Boisd., *Ind. meth.*, p. 9.

Cette chenille est encore une des découvertes de M. Donzel de Lyon. La description que nous en donnons est due à cet observateur.

La petite chenille en naissant est d'un jaune-souci pâle, puis elle devient d'un vert très pâle ; plus tard lorsqu'elle est adulte, elle est d'un beau vert à-peu-près comme celle de *Cardamines*, avec une petite bande blanche sur les stigmates, immédiatement au-dessus de laquelle on voit une autre bande d'un bel amaranthe vif. A l'œil simple cette chenille parait presque rase ; mais à la loupe on distingue de petits poils blanchâtres qui la font paraître pubescente. Sa tête est verte, globuleuse. Le dessous du ventre est d'un vert un peu plus pâle que le dessus. Les pattes sont de la même couleur. Les stigmates étant couverts par la bande blanche, sont à peine distincts. Sur le point de se métamorphoser, elle prend une teinte violâtre, et elle s'attache aux tiges de la plante sur laquelle elle se nourrit.

La chrysalide a une grande analogie avec celle de *Belia*, seulement elle est moins alongée et la pointe est plus aiguë. Elle est d'un gris incarnat, tirant sur le rose dans sa partie postérieure, avec une raie dorsale brune et une autre raie pareille sur le bord de l'enveloppe des ailes, si ce n'est que cette dernière n'atteint pas la pointe antérieure, et devient rosâtre sur les anneaux de l'abdomen ; cependant il en est qui ont cette raie brune d'un bout à l'autre.

Elle vit solitaire sur l'*iberis pinnata* dans les départements des Basses-Alpes et du Var. On la trouve en juin.

La chrysalide passe l'hiver comme celles des *Anthocharis Cardimines* et *Eupheno*.

L'insecte parfait éclôt en avril et mai. Il a d'abord été découvert dans le département du Var par M. de Saporta, et il a été retrouvé depuis en Corse par l'un de nous, et dans les Alpes de Provence par M. Donzel. Il habite aussi le Portugal et l'Espagne.

La femelle dépose un œuf d'un jaune souci sous le pétiole des feuilles.

1. Pieris Tagis.
2. la Chrysalide.
3. Pieris Napi.
4. la Chrysalide.

5. la Chrysalide de Napi var.
6. Anthocharis Cardamines.
7. la Chrysalide.

## ANTHOCHARIS CARDAMINES. Boisd. Pl. 5, fig. 6 et 7.

*Subpubescens, viridis, vitta laterali alba supra indeterminata sensim cum viridi fusa.*

> *Pieris cardamines.* Boisd., *Ind. meth.*, p. 9. — Schrank.
> *Papilio cardamines.* Linn., *Syst. Nat.*, I, 2, 761, n° 85.
> Fab., *Ent. Syst.*, III, 1, p. 193, n° 600. — Ocks., Wien.
>     Verz., Illig., Borkh., Esp., Schwarz, etc.
> Hubn., Pap., tab. 54, fig. 424, 425. — Larv. lepid., I,
>     Pap., II, C, *c*, fig. 2, *a*, *b*.
> L'aurore. Geoff., Hist. des Ins., t. II, p. 71, n° 44.
> Ernst, Pap. d'Europe, pl. 51, fig. 107.
> Piéride aurore. God., Pap. de France, I, pl. 2, fig. 2.

Elle est à-peu-près de la taille de la chenille *Rapæ*, mais elle a plus de ressemblance avec celle de *Napi*. Elle est verte, très légèrement pubescente ; tout son corps est couvert par une infinité de très petits tubercules noirs, parmi lesquels on en distingue quelques uns·qui sont blanchâtres ou grisâtres. De chaque côté au-dessus des stigmates, elle a une bande blanche, dont le bord supérieur est indéterminé, et se fond insensiblement avec la couleur verte du dos. Inférieurement cette même bande blanche est droite et assez arrêtée. De même que celle de *Napi*, elle n'a point de raie dorsale. La tête est verte, couverte de petits tubercules noirâtres et grisâtres très visibles à la loupe, et surmontés chacun d'un petit poil très court. Le dessous du ventre est vert, ainsi que les pattes.

On trouve cette chenille pendant les mois de juin et de juillet sur plusieurs espéces de crucifères, principalement sur les *arabis glabra* et *hirsuta*, le *thlaspi campestre*, l'*iberis amara*, la *lunaria annua*, le *brassica campestris*, et sur-tout sur le *sinapis nigra*. Il est rare que l'on en rencontre une seule sur un même pied ; il y en a presque toujours deux ou trois. Elles se tiennent alongées le long des siliques avec lesquelles elles se confondent par leur couleur, et dont elles se nourrissent de préférence.

La chrysalide a une forme très remarquable ; elle est longue, cymbiforme, arquée, et chaque extrémité est terminée par un long bec un peu courbé, dont l'antérieur est un peu plus pointu. Sa poitrine forme sur le milieu une gibbosité très saillante, comprimée latéralement. Comme dans toutes les *Anthocharis*, les anneaux de l'abdomen sont tout-à-fait immobiles et à peine visibles. Cette chrysalide est d'abord verte avec des stries blanchâtres de chaque côté de la partie gibbeuse. Au bout de quinze jours ou de trois semaines, elle prend une tout autre couleur ; elle devient d'un gris jaunâtre tirant plus ou moins sur le roussâtre ; mais les stries blanchâtres restent les mêmes. Elle passe l'hiver et éclôt au printemps.

L'insecte parfait se trouve dans toute l'Europe et la Sibérie.

## THECLA W. ALBUM. Pl. 1, fig. 1, 2, 3, 4, 5 et 6.

*Viridis rarius corticina, fasciis obliquis lineaque dorsali impressa, obscurioribus ; capite fusco.*
*Chrysalis pubescens, cinereo-fusca stigmatibus nigris.*

> HUBN., Pap., tab. 75, fig. 380, 381.
> OCHS., *Schmett. von Europ.*, II, p. 109, n° 9.
> BORKH., *Europ. schmett.*, II th., S. 216, n°s 5, 6. — BRAHM,
> LANG., ILLIG., KNOCH., DEVILL., etc.
> *Polyommatus W. album.* BOISD., *Ind. meth.*, p. 10.
> Polyommate W. blanc. GOD., Pap. de France, I, tab. 9 ter.,
> fig. 2.
> Le porte-queue brun à une ligne blanche. ERNST, Papillons
> d'Europe, Suppl., II, pl. 3, fig. 72.

Cette chenille, comme toutes celles de la tribu des Lycénides, est raccourcie et aplatie en forme d'écusson ou de cloporte. Elle est d'un vert-pomme plus ou moins clair, très légèrement pubescente, avec la tête brunâtre, assez rétractile pour qu'elle puisse la cacher dans le repos. Le vaisseau dorsal forme une raie plus obscure que le fond, un peu en creux comme dans toutes les espèces du même genre, lorsque la chenille se raccourcit. Sur chaque anneau on remarque un trait oblique d'avant en arrière et de haut en bas, un peu plus obscur que la couleur générale, et venant aboutir en haut près de la ligne dorsale, de chaque côté de laquelle les anneaux forment une rangée de petites saillies. Lorsque la chenille est au repos et qu'on l'examine de profil, ces petites crêtes dorsales deviennent plus sensibles. Près des pattes, on voit dans la plupart des individus une raie latérale un peu plus claire que le fond, très légèrement ombrée de vert foncé. Les stigmates sont très peu visibles. Les pattes et le dessous du corps sont d'un vert-pomme plus ou moins obscur. Dans quelques individus les raies obliques présentent sur un de leurs côtés une éclaircie d'un vert pâle ou d'un vert un peu jaunâtre. On rencontre parfois une variété qui est entièrement d'un brun très clair, avec les raies obliques et la raie dorsale d'une couleur plus foncée, quelquefois bordées d'un petit filet blanchâtre.

On trouve cette chenille dans la dernière quinzaine de mai, assez communément aux environs de Paris, sur l'orme (*ulmus campestris*), sur l'aubépine (*cratægus oxyacantha*), etc. On se la procure comme ses congénères, en battant les branches sur un drap.

Lorsqu'elle est sur le point de se métamorphoser, elle prend une couleur livide tirant sur le brun roussâtre.

La chrysalide est raccourcie, pubescente, à anneaux immobiles, comme celles des espèces du même genre, d'un gris brunâtre sombre, avec une rangée latérale de points noirs correspondants aux stigmates.

L'insecte parfait éclôt au bout de quinze à dix-huit jours.

1. Thecla W. Album.                6. la Chrysalide var.
2. idem vu de côté.                7. Thecla Spini.
3. idem variété                    8. idem vu de côté.
4. idem variété                    9. la Chrysalide.
5. la Chrysalide

## THECLA SPINI. Pl. 1, fig. 7, 8 et 9.

*Viridis, linea dorsali impressa obscuriori fasciisque obliquis lutescenti-viridibus viridi adumbratis, capite fusco.*
*Chrysalis cinereo-fusca punctis sparsis stigmatibusque nigris.*

> *Papilio spini.* Hubn., Pap., tab. 75. — Larv. lepid., I, Pap.
> II, A, *d*, fig. 1, *a*, *b*.
> Fab., *Ent. Syst.*, III, 1, 278, n° 71.
> Ochs., *Schmett. von Europ.*, II, 103, n° 5. — Wien. Verz.,
> Illig., Ross., Lang.
> *Papilio lynceus.* Esp., *Schmett.*, tab. 39, Suppl., XV, fig. 3.
> —Borkh., etc.
> *Polyommatus spini.* Boisd., *Index meth.*, p. 10.
> Polyommate du prunellier. God., II, pl. 21, fig. 8, 9, p. 167.
> Le porte-queue brun à taches bleues. Ernst, Pap. d'Europ.,
> pl. 36, fig. 74.

Elle a tout-à-fait la forme et presque le dessin de la chenille de *W. Album*. La tête est un peu plus brune. La raie dorsale est de même d'un vert plus obscur que le fond. Les raies obliques sont d'un vert jaunâtre en même nombre, ombrées sur un de leurs côtés de vert plus obscur. La raie latérale ou plutôt marginale est d'un vert un peu jaunâtre, souvent peu prononcée. Les deux rangées de petites saillies dorsales qui bordent la raie médiane sont teintées de rose tendre dans la plupart des individus. Le dessous du corps et les pattes sont d'un vert-pomme plus ou moins clair. Les stigmates sont très peu distincts. Le corps de la chenille est peut-être un peu plus pubescent que dans le *W. Album*.

On la trouve en juin sur l'aubépine (*cratægus oxyacantha*) et sur le prunellier (*prunus spinosa*).

Lorsqu'elle est sur le point de se métamorphoser, elle prend une couleur feuille-morte livide.

La chrysalide est légèrement velue comme celle de *W. Album*. Elle a la même forme et la même couleur ; mais elle en est très distincte, en ce que, outre la rangée de petites taches noires remplaçant les stigmates, elle offre plusieurs autres points épars de la même couleur et une petite tache noire alongée près de la tête.

L'insecte parfait éclôt au bout de quinze à dix-huit jours. Il se trouve en Allemagne, en Italie, dans l'est et le midi de la France.

## SATYRUS JANIRA. Pl. 2, fig. 3 et 4.

*Viridis, hirta, linea marginali flavescenti alteraque dorsali obscure viridi ; pilis sat numerosis postice decumbentibus.*

> Hubn., Pap., tab. 36, fig. 161, 162.—Larv. lep., I, Pap., I.
> F, a, fig. 2, a, b.
> God., Pap. de France, t. I, pl. 7, fig. 1.
> Ochs., *Schmett. von Europ.*, I, p. 218. n° 27. — Illig.,
> Wien. Verz., etc.
> Boisd., *Ind. meth.*, p. 26.
> *Papilio janira.* Linn., *S. N.*, I. 2, 774, 156 (le mâle). *P. jurtina*, 774, 155 (la femelle). — Scopoli, Muller, etc.
> *Papilio janira.* Fab., *Ent. Syst.*, III, 241. 752. Var. β. *P. jurtina.*
> Le mirtil. Geoff., Hist. des Ins., t. II, p. 49.
> Ernst, Pap. d'Europe, t. I, pl. 28, 66 et 67.

Elle a la forme des autres chenilles du même genre, et sa couleur est entièrement d'un vert-pomme foncé, avec des poils blanchâtres plus nombreux que dans la plupart des autres espèces. Ces poils sont tous courbés et dirigés vers l'anus. Le vaisseau dorsal forme une raie plus obscure que le fond. De chaque côté de cette raie, on en voit ordinairement une autre qui est plus étroite, moins marquée et légèrement sinuée. Entre les stigmates et les pattes, il y a en outre une ligne blanchâtre, ou d'un jaune un peu verdâtre, qui sépare la couleur du ventre de celle du reste du corps. Les stigmates sont un peu rousssâtres, et on ne distingue bien que celui du premier anneau. Le dessous du corps est un peu plus obscur que le dessus. Les pattes sont vertes avec la couronne plus pâle. La tête est de la couleur du corps, hispide, assez petite, un peu carrée, légèrement arrondie sur ses bords latéraux, très légèrement échancrée en dessus. Les deux petites pointes anales sont lavées de rose.

On rencontre quelquefois des individus qui sont d'un vert un peu jaunâtre, et d'autres d'un vert-mat à reflet blanchâtre.

Cette chenille passe l'hiver après avoir fait sa première mue. Au commencement du printemps, elle est encore très petite; à la fin de mai ou au commencement de juin, elle est ordinairement parvenue à toute sa taille, alors elle se suspend à une feuille de graminée ou à un brin d'herbe pour se métamorphoser.

La chrysalide au moment de sa transformation est d'un blanc-verdâtre presque transparent; plus tard elle devient d'un vert jaunâtre, avec le bord supérieur de l'aile marqué de brun, et avec une raie de la même couleur sur l'enveloppe de l'aile. Son dos est garni de petits tubercules bruns peu saillants, disposés sur deux rangs et environnés de jaunâtre. La tête est coupée presque carrément, très faiblement bifide. Quelquefois les chrysalides sont presque entièrement jaunâtres ou d'un jaune saupoudré de grisâtre, avec le dessin brun dont nous avons parlé.

L'insecte parfait éclôt après quinze jours de métamorphose. Il est commun dans toutes les prairies de l'Europe.

On trouve très facilement la chenille sur les graminées.

## SATYRUS MEGÆRA. Pl. 2, fig. 5, 6 et 7.

*Viridis, linea dorsali obscuriore, strigis duabus sinuatis obsoletis albi-*
*cantibus fascia laterali flavescente.*

> Papilio megœra. Ochs., *Schmett. von Europ.*, I, 235.
> Hubn., Pap., tab. 39, fig. 177, 178.—Larv. lep., I, Nymph.,
>   F, fig. 1, *a*, *b*.
> Linn., Fab., Wien. Verz., Illig., Sepp, Borkh., etc.
> Satyre mégère. God., *Encycl. méth.*, 2 p., p. 503, n° 87. —
>   Pap. de France, t. I, pl. 7, fig. 3.
> Le satyre. Engram., Pap. Europ., t. I, p. 118, pl. 26, fig. 50,
>   *a*, *b*, *c*, *d*.

Elle est verte, un peu blanchâtre sur le dos, qui est marqué dans sa longueur d'une ligne d'un vert obscur. Cette ligne
est bordée par un liséré blanchâtre. Au-dessous et en approchant
des stigmates, il existe deux lignes blanchâtres, sinuées,
sur-tout la seconde qui est peu visible ; elles sont bordées de
vert un peu plus obscur que le fond. Les stigmates sont fort petits, presque orbiculaires, d'un vert roussâtre, avec la bordure
plus foncée. Plus bas, on voit une raie longitudinale jaunâtre, sinuée, qui disparaît sur les deux premiers anneaux.
Le reste du corps est vert avec le milieu du ventre blanchâtre.
Les deux petites pointes anales sont vertes, marquées d'une
raie jaunâtre sur les côtés. Le corps est comme chagriné de
petits tubercules blanchâtres, saillants, se prolongeant en un
poil court, tantôt noirâtre, tantôt blanchâtre, placés par rangées transverses.

La tête est verte, arrondie, chagrinée et hérissée. Les vraies
pattes sont un peu rougeâtres ; les autres sont de la couleur
du corps avec leur crochet roux.

Cette chenille passe l'hiver sans prendre d'accroissement
bien sensible ; mais elle grossit vite à l'approche et au commencement du printemps, et parvient à toute sa taille dans le
courant d'avril. Elle paraît une seconde fois au mois de juin.
Elle a les plus grands rapports avec celle de *Mœra*.

Pour se transformer, elle se suspend par la queue. La chrysalide est un peu plus courte que celle du *S. Mœra*, à laquelle elle ressemble beaucoup. Elle est de même verte ou noire, légèrement anguleuse, avec deux rangées dorsale de tubercules jaunâtres.

Elle se nourrit de graminées.

L'insecte parfait paraît aux mois de mai, de juillet et d'août. Il se trouve dans une grande partie de l'Europe.

La chenille se rencontre particulièrement au bord des murs et des clôtures en bois. La chrysalide est aussi souvent suspendue le long des murailles.

## SATYRUS TIGELIUS. Pl. 2, fig. 8 et 9.

*Pallide viridis, striga dorsali aliaque laterali obscurioribus, lineola
flavescente marginatis ; linea stigmatibus subjacenti flaveola.*

> BONELLI, Mém. de l'Acad. de Turin, 30ᵉ vol., p. 181, tab. 1,
>   fig. 2.
> RAMBUR, Ann. de la Soc. entomol. de France, vol. I, p. 263.
> HUBN.-GEYER, Suppl.
> *Satyrus megæra.* Var. BOISD., *Ind. meth.*, p. 21.

Elle est d'un vert clair. Le vaisseau dorsal est couvert par
une petite raie d'un vert plus foncé, sinuée et bordée d'un
petit liséré jaunâtre. Entre cette raie et les stigmates, il en
existe une autre, à peine visible, fort sinueuse, très légèrement bordée de jaunâtre.

On voit au-dessus des stigmates une ligne longitudinale
pâle, d'un blanc jaunâtre ou verdâtre, qui disparaît antérieurement, et qui est bordée en dessus par une nuance plus
foncée.

Les stigmates, dont on ne distingue que le premier et le
neuvième, sont ovoïdes, avec la bordure ferrugineuse et le
disque plus pâle.

La tête est arrondie, rugueuse, verte et hérissée de petits
poils. Les pattes sont verdâtres avec les crochets un peu roussâtres.

Le corps est couvert de petits poils noirâtres, qui partent
de très petits tubercules blanchâtres. L'extrémité du dernier
anneau porte au-dessus de l'anus, comme dans les autres espèces, deux petites pointes horizontales et hérissées de petits
poils.

La chrysalide est tantôt verte, avec quelques atomes noirâtres, et, sur la face dorsale de l'abdomen, deux rangées de
six ou sept tubercules blanchâtres, noirs à l'extrémité ; tantôt elle est noire, comme chagrinée de très petits atomes
pâles, avec les deux rangées de tubercules, deux points à la

crête dorsale et à l'angle supérieur de l'enveloppe des ailes, roussâtres.

Elle est un peu plus courte que celle du *S. Megœra*.

Elle vit sur les graminées. Cette espèce particulière à la Corse et à la Sardaigne, se rencontre pendant une grande partie de l'année dans les plaines et sur les montagnes où elle parvient jusque sur des sommets élevés.

## SATYRUS SEMELE (Variét. ARISTEUS). Pl. 1, fig. 3 et 4.

*Sordide rufescens vel cinereo-fuscescens, lineis quinque nigris plus
minusve interruptis.*

> *Satyrus aristeus.* BONELLI, Mém. de l'Acad. de Turin, 30ᵉ vol.,
> p. 177, tab. 2, fig. 1.
> RAMBUR, Annal. de la Société entomol. de France, vol. 1,
> p. 262.

Elle est d'un roux-jaunâtre sombre et assez pâle. Sur le
vaisseau dorsal, il y a une ligne brune, alternativement plus
foncée sur chaque anneau. Au-dessous on voit une autre ligne
formée par un double liséré brunâtre, et plus bas une raie un
peu obscure avec ses bords noirâtres, et dont le supérieur est
interrompu à chaque anneau. Sur les deux espaces entre ces
lignes l'on aperçoit une raie rougeâtre très peu sensible.

La raie précédente est bordée inférieurement par un liséré pâle, bordé lui-même d'une ligne rougeâtre sur laquelle
sont les stigmates. Au-dessous règne une très légère éclaircie
bordée de brun, appuyée sur une raie jaunâtre, dont le
bord inférieur est brun; vient ensuite une légère teinte brunâtre. Le ventre est pâle. Les stigmates sont arrondis, avec la
bordure noire et le disque enfoncé.

La tête est roussâtre, avec trois lignes brunes, qui sont la
continuation de celle du corps; les pattes sont roussâtres.
Elle vit sur les graminées en avril et mai.

La chrysalide est courte, épaisse, avec le dos fortement en
carène. Sa couleur est d'un roux jaunâtre sur l'enveloppe des
ailes, plus obscure sur le reste, marquée d'atomes noirâtres
irrégulièrement disséminés. Elle se termine en une pointe
obtuse, canaliculée, un peu bifide.

L'insecte parfait éclôt en juin et juillet.

Cette variété du *S. Semele* se rencontre en Sardaigne, en
Corse, en Sicile, où elle semble être produite par la chaleur
du climat.

Cette chenille ne diffère pas sensiblement de celle du *Semele*
que l'on trouve dans le centre de l'Europe. Les autres figures
que nous donnons de cette espéce sont peintes sur des individus des environs de Paris.

## SATYRUS CORINNA. Pl. 1, fig. 1 et 2.

*Viridis, linea dorsali obscuriori, strigis duabus lateralibus flaves-
centibus.*

> *Papilio corinna.* Hubn., *Pap.*, tab. 105, fig. 536, 537.
> Illig., *Magaz.*, t. 3, p. 190.
> Ochs., *Schmett. von Europ.*, t. I, p. 223, n° 75.
> Boisd., *Index meth.*, p. 25.
> Satyre corinne. God., Pap. de France, t. II, pl. 20, fig. 7
>     et 8.
> *Satyrus corinnus.* God., *Encycl. méth.*, t. 9, p. 546, n° 173.
> *Satyrus norax.* Bonelli, *Descrizione di sei lepid. nuov.*, pl. 11,
>     fig. 2, p. 183.

Elle est verte. Le vaisseau dorsal forme une ligne plus obscure, bordée d'un liséré fin, plus pâle que le corps. Plus bas,
il existe une ligne longitudinale, pâle, bordée supérieurement d'une ligne plus foncée.

Les côtés sont marqués d'une ligne sinuée, jaunâtre. Le
ventre est vert. Les stigmates sont arrondis, très petits,
roussâtres. La tête est d'un vert obscur ; les pattes écailleuses
sont un peu roussâtres ; les membraneuses sont vertes, ainsi
que les deux petites pointes anales.

On la trouve en avril et en mai, puis en juillet et août,
sur le *carex gynomane* et le *triticum cespitosum*. Elle dédaigne
les graminées qui croissent dans les lieux frais.

Cette chenille, de même que celles des S. *Iphis, Arcanius,
Pamphilus, Hero*, et autres espéces voisines, est entièrement
rase, et forme avec ces dernières un petit groupe à part, dont
les espéces assez peu nombreuses ne se trouvent que dans
l'ancien continent.

La chrysalide, qui est suspendue par la queue, est courte
et épaisse, d'un gris rougeâtre ou roussâtre avec des parties
blanchâtres, plus ou moins bigarrées de noir ou de brun.

L'insecte parfait éclôt depuis la fin de mai jusqu'aux derniers jours de juin, puis il reparaît en août. Il se tient dans les lieux arides, sur les collines exposées au soleil.

Il a été découvert en Sicile; mais sa véritable patrie est la Sardaigne et la Corse.

1 . **Satyrus** Corinna.
2 . *la Chrysalide.*
3 . **Satyrus** Semele.
4 . *la Chrysalide.*

5 . **Satyrus** Ida.
6 . *la Chrysalide.*

*Blanchard pinxit  Dumenil direxit*

## SATYRUS IDA. Pl. 1 , fig. 5 et 6.

*Albido-rufescens vel cinerascens linea dorsali nigra, punctis sex atris; pilis brevibus bifidis.*

> Papilio ida. Fab., *Ent. Syst.*, t. III, pars 1, pag. 240, n° 749.
> Hubn., Esp., Illig., Ochs., Boisd., etc.
> Ernst, Pap. d'Eur., t. I, p. 524, 3ᵉ Suppl., pl. 5, fig. 53.
> Satyre ida. God., Pap. de France, t. II, pl. 18, fig. 4 et 5.

Sa couleur est d'un blanc un peu roussâtre, marqué de petits linéaments roux ou noirâtres, qui la font paraître un peu grise. Il y a sur le vaisseau dorsal une raie noirâtre plus ou moins foncée; à côté régne un espace en forme de bande, presque de la couleur du corps, devenant gris antérieurement, marqué vers son bord inférieur d'une ligne grise, tachée dans sa longueur de six ou sept points noirs qui se fondent presque avec elle. Au-dessous il existe une large raie grise, inégalement foncée, plus obscure supérieurement, formée comme les autres par de petits linéaments noirâtres : elle comprend les stigmates, à l'exception du premier. Ceux-ci sont arrondis, de la couleur du corps, avec la bordure noirâtre. Au-dessous l'on voit une ligne blanchâtre, bordée inférieurement d'une autre ligne d'un brun rougeâtre. Après cette ligne vient une raie roussâtre, puis une autre noirâtre qui s'étend sur la base des pattes. Le ventre est blanchâtre, finement strié de noirâtre.

Le corps est très finement chagriné de petits tubercules qui se prolongent en un poil court, de la couleur du corps, bifide à l'extrémité, où il est noirâtre. Ces poils sont penchés vers l'anus, excepté antérieurement où ils sont à-peu-près droits. Les deux pointes anales sont blanchâtres, hérissées. La tête est aplatie antérieurement, presque carrée, échancrée en cœur au sommet, chagrinée et hérissée. Elle est marquée de chaque côté de deux raies blanchâtres et de trois raies noires, dont les deux antérieures se joignent supérieurement.

La suture frontale forme un triangle noir. Pour se métamorphoser elle se suspend par la queue.

La chrysalide est courte, épaisse, d'un gris roussâtre, variée de brun.

La chenille vit sur les graminées, et mange sur-tout le *triticum cespitosum* dans les mois d'avril et de mai.

L'insecte parfait éclôt à la fin de mai et dans le mois de juin. Il habite le midi de l'Europe et le nord de l'Afrique.

## CLÉOPHANA OPALINA. Boisd. Pl. 4, fig. 1 et 2.

*Cinereo-albida, supra maculis cyaneis ordinatis, subtus lateraliterque cyaneo punctata; vittis tribus dorsalibus alteraque laterali obsoletissima, citrinis.*

> *Xylina opalina.* Treitsch.-Ochs., *Schmett. von Europ.*, III, p. 80, n° 33.
> Boisd., *Ind. method.*, p. 88.
> *Noctua opalina.* Hubn., tab. 81, fig. 376.
> God.-Dup., t. 7, pl. 115, fig. 3.
> Esp., tab. 182, Noct., 103, fig. 3.
> *Noctua casta.* Scriba, *Beytr.*, 3, H. S., 212, tab. 17. fig. 7.

Elle a les plus grands rapports pour le dessin avec la chenille de *Linariæ*. Le fond de la couleur est ordinairement d'un gris-blanchâtre clair, avec une bande dorsale d'un beau jaune. Au-dessous de cette bande, on voit une série de points d'un noir bleu, plus ou moins gros, irréguliers, placés les uns à côté des autres, et variant de quatre à dix sur chaque anneau. Plus bas, il y a une autre raie jaune, mais beaucoup moins marquée que celle qui couvre le vaisseau dorsal. A la base des pattes membraneuses, on remarque souvent, en outre, une très légère trace de la raie jaune qui est si bien marquée dans la *Linariæ*.

Le dessous du corps et une partie des côtés sont parsemés de points noirs inégaux. Les pattes sont de la même couleur. Les stigmates sont à peine visibles. La tête est plus claire que le reste du corps, avec une rangée de petits points noirs de chaque côté.

La chrysalide est de la même couleur et de la même forme que celle de *Linariæ*. Elle est renfermée de même dans une coque ovoïde, d'un tissu blanchâtre, très serré, et recouvert des fragments de la plante sur laquelle elle se nourrit.

Dans son jeune âge cette chenille est pubescente, avec une petite ligne jaune sur le dos. Ce n'est qu'à la troisième mue qu'elle prend ses belles couleurs.

On la trouve dans le midi de la France, l'Italie et l'Espagne, sur plusieurs espéces de *linaria* et sur le muflier (*antirrhinum majus*). Celles que l'on rencontre au commencement de l'été subissent toutes leurs métamorphoses en quarante jours, tandis que celles d'automne restent plus de trois mois à l'état de chenille, et passent l'hiver en chrysalide.

On trouve quelquefois des variétés où le fond est d'une belle couleur bleue foncée, avec trois raies jaunes, dont la dorsale seule est bien marquée. Il en est d'autres qui sont presque entièrement jaunâtres.

GUSTAVE DAUBE.

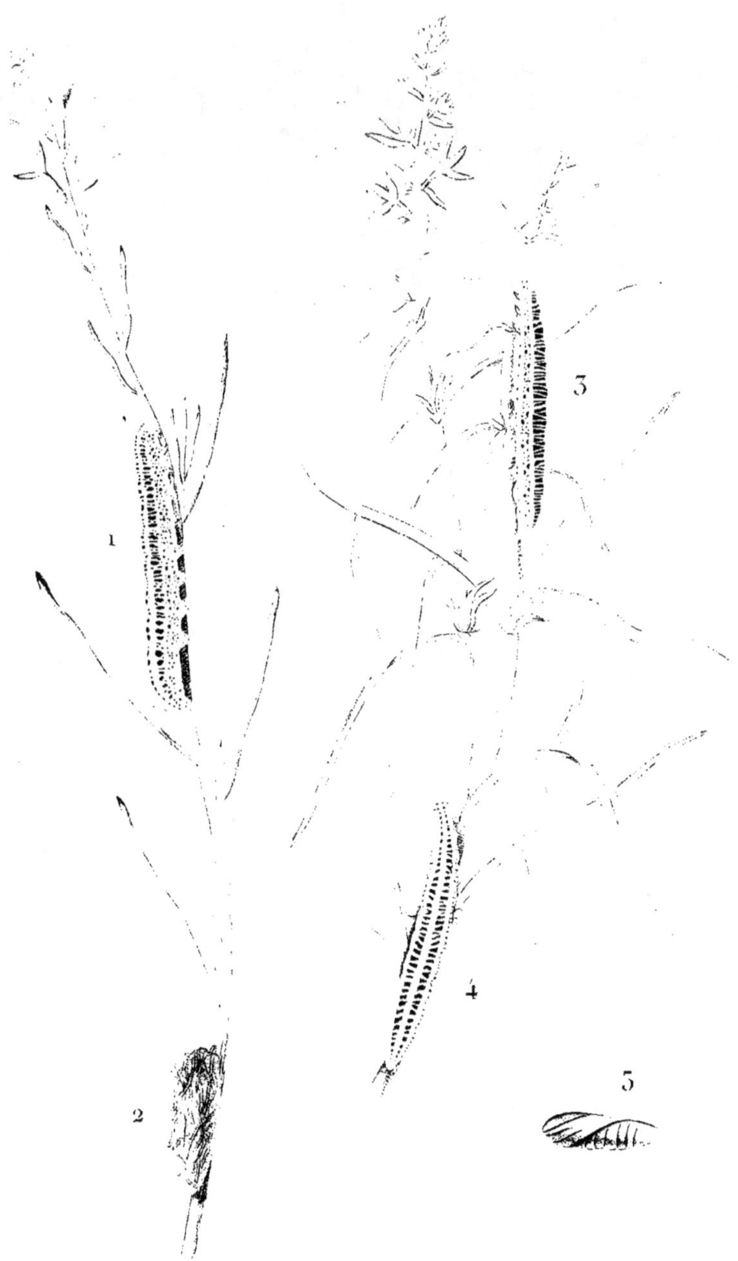



1 . Cleophana Opalina .
2 . le Cocon
3 . Cleophana Linariæ .
4 . idem vue sur le dos .
5 . la Chrysalide .

## CLEOPHANA LINARIÆ. Boisd. Pl. 4, fig. 3, 4 et 5.

*Supra nigro-cyanea, albido strigata, vittis tribus alteraque laterali flavis; subtus cinereo-albida, nigro punctata.*

> *Xylina linariæ.* Treitsch.-Ochs., *Schmett. von Europ.*, III, p. 77, n° 32.
> Boisd., *Ind. meth.*, p. 88.
> *Noctua linariæ.* Hubn., tab. 52, fig. 52. — Larv. lepid., IV, Noct., II, Genuin., U, *a*, fig. 1, *a*, *b*, *c*. — Wien. Verz., Illig., Borkh., etc.
> Fab., *Ent. Syst.*, III, 2, 92, 274.
> Esp., tab. 121, Noct., 42, fig. 4, 5.
> La linariette. Ernst, Papillons d'Europe, pl. 237, fig. 347, *a*, *b*, *c*, *d*.
> La sangsue de la linaire. Réaumur, *Mém.*, t. I, tab. 37, p. 536.
> Noctuelle de la linaire. God.-Dup., t. 7, pl. 100, fig. 6.

Cette chenille, lorsqu'elle se tient sur la tige ou sur une feuille de linaire, est très sensiblement atténuée aux deux extrémités; c'est sans doute ce qui est cause que Réaumur l'a comparée à une sangsue.

Elle a sur le dos trois bandes longitudinales d'un jaune-citron vif, dont la plus large couvre le vaisseau dorsal. Entre ces bandes, elle est d'un noir bleu, coupée transversalement sur chaque anneau par des stries d'un blanc teinté de bleuâtre, plus ou moins larges, et partageant souvent le fond en une suite de taches d'un noir bleu. A la base des pattes on voit une autre raie jaune, et le fond entre cette ligne et celle qui la précéde est d'un blanc un peu bleuâtre, tirant sur le gris de perle. Il est parsemé, ainsi que la partie située au-dessous de la raie, de points noirs de différentes grosseurs.

Le dessous du corps et les pattes sont d'un gris de perle très blanc, avec quelques petits points noirs. La tête est de la même couleur, ponctuée de noir, ainsi que le côté externe des pattes. Les stigmates se confondent avec les points.

La chrysalide est d'un brun clair, cylindrico-conique, avec la gaîne qui renferme les pattes postérieures, très prononcée, détachée, s'avançant jusqu'à l'extrémité du dernier anneau. Elle est renfermée dans une petite coque blanche ou d'un blanc grisâtre, en ovale alongé.

La chenille se trouve dans une grande partie de l'Europe sur les linaires, principalement sur les *L. vulgaris* et *repens*, depuis le commencement d'août jusqu'à la fin de septembre.

La chrysalide passe ordinairement l'hiver, et l'insecte parfait éclôt à la fin de mai ou au commencement de juin. On le trouve fréquemment en repos sur les têtes des scabieuses.

## OPHIUSA ILLUNARIS. Pl. 2, fig. 3 et 4.

*Cinerea, vel rubro - fusca, lineis tribus pallidis ; segmento quarto macula rotundata flava ; stigmatibus nigris.*

Treitsch.-Ochs., *Schmett. von Europ.*, III, p. 305, n° 9.
Boisd., *Ind. meth.*, p. 99.
*Noctua illunaris.* Hubn., *Noct.*, tab. 122, fig. 565, et tab. 124,
fig. 573.
God., t. 5, pl. 55, fig. 3 et 4.

Le fond de sa couleur est tantôt d'un cendré clair, et tantôt d'un rouge-vineux plus ou moins foncé, avec une raie dorsale plus claire que la couleur générale et d'un jaunâtre obscur. Sur les côtés au-dessous des stigmates, on voit une autre raie un peu sinueuse, de la même couleur, bien marquée le long des pattes membraneuses, et très faiblement indiquée sur les premiers anneaux. Immédiatement au-dessous de cette dernière raie sont les stigmates, qui sont noirs, environnés de quelques petits points blancs. Sur les bords de la bande dorsale, on voit aussi quelques petits points semblables mal alignés. Au point de réunion du onzième et du douzième anneau, il y a une tache jaunâtre de forme alongée, bordée de noir sur son côté postérieur, et par une petite ligne blanche sur son côté antérieur. Le quatrième anneau diffère aussi des autres, en ce qu'il offre de chaque côté, près de la bande dorsale, une tache jaune arrondie.

La tête est petite, de la couleur du corps, garnie en dessus de quelques petits poils blanchâtres, assez courts, et marquée de chaque côté d'une petite ligne jaune.

Le dessous du corps et les pattes sont à-peu-près de la même couleur que le dessus.

L'œuf est très petit, d'un gris blanchâtre, et de forme arrondie.

Les petites chenilles sont très minces, effilées, et ressemblent à des *Geometra ;* du reste, elles conservent toute leur vie la couleur et le dessin de leur jeunesse. Parvenues à toute leur grosseur, elles quittent l'arbuste sur lequel elles ont vécu, et elles filent à la surface du sol une coque d'un tissu assez serré, dans la composition de laquelle elles font entrer quelques grains de terre et des débris de plantes. Au bout de trois semaines elles passent à l'état de nymphe.

La chrysalide est cylindrico-conique, d'un brun foncé. Elle passe l'hiver, et l'insecte parfait éclôt au mois de juin de l'année suivante.

Cette chenille se trouve dans les environs de Montpellier sur les *tamarix*, particulièrement sur le *tamarix gallica*, depuis le commencement de septembre jusqu'à la fin d'octobre. Pendant le jour elle est très difficile à trouver, parcequ'elle se tient collée fortement contre les branches, et ce n'est qu'en frappant un coup bien sec qu'on réussit à la faire tomber. L'heure la plus favorable pour la prendre est le soir, un peu avant le coucher du soleil, parcequ'alors elle monte à l'extrémité des branches pour manger.

Souvent elle prend une forme un peu plus alongée que celle sous laquelle nous l'avons représentée.

Gustave Daube.

1. Ophiusa Tirrhæa.
2. la Chrysalide.

3. Ophiusa Illunaris.
4. la Chrysalide.

Daube pinxit.

## OPHIUSA TIRRHÆA. Pl. 2, fig. 1 et 2.

*Modo cinerea, modo fusco-cinerea, modo ferruginea, strigulis longitudinalibus obscurioribus, stigmatibus nigris; subtus maculis nigris; annulo penultimo tuberculo rubro didymo.*

TREITSCH.-OCHS., *Schmett. von Europ.*, p. 300, n° 7.
BOISD., *Ind. meth.*, p. 99. — Mém. de la Société linn., 1827,
    pl. 6, fig. 1.
*Noctua auricularis.* HUBN., tab. 65, fig. 321.
*Noctua tirrhæa.* GOD.-DUP., t. 5, pl. 5, fig. 1.
FAB., *Ent. Syst.*, III, 2, 18, 32.
CRAM., Pap. exot., 172, E.
*Noctua vesta.* ESP., tab. 141, Noct., 68, fig. 1.

Elle a tout-à-fait la forme de la chenille de *Lunaris*, mais elle est environ un cinquième plus grosse. Le dessus de son corps est tantôt d'un cendré grisâtre et tantôt d'une couleur brunâtre ; mais le plus ordinairement il est d'un rouge-vineux plus ou moins foncé. Dans tous les cas, il est finement strié longitudinalement de noirâtre.

Les stigmates sont noirs et très apparents, excepté ceux des premiers anneaux qui sont d'ordinaire peu marqués. Immédiatement au-dessus, on voit une raie sinueuse plus claire que le fond.

En dessous cette chenille est aplatie, un peu plus foncée qu'en dessus, et entre chaque patte membraneuse il y a une tache noire, arrondie, bordée de rougeâtre.

A l'extrémité du dernier anneau, sur le dos, on remarque deux petits tubercules rougeâtres rapprochés.

Les pattes membraneuses sont de la couleur du dessus, et les trois dernières paires sont marquées sur leur côté externe, à la base de la couronne, de deux petits points noirs. Les pattes écailleuses sont plus obscures, et participent de la couleur du ventre. La tête est à-peu-près de la couleur des vraies pattes.

L'œuf est ovoïde, d'un jaune clair, collé contre les petites pousses de l'année. Les petites chenilles en sortent au bout de quinze jours, et sont parvenues à toute leur grosseur dans le courant d'octobre.

On les trouve sur le *pistacia lentiscus*, le sumac, *rhus coriaria*, sur les térébinthes, le grenadier, et sur l'aubépine. Parvenues à leur entier développement, elles filent une coque d'un tissu lâche, très léger, de couleur brune, dans laquelle elles restent au moins trois semaines avant de se chrysalider.

La chrysalide est cylindrico-conique, brune, saupoudrée de bleuâtre. Elle passe l'hiver, et l'insecte parfait éclôt au mois de juin de l'année suivante.

Cette chenille se trouve dans le midi de la France, le long du littoral de la Méditerranée. Elle habite aussi l'Espagne, la côté de Barbarie et le cap de Bonne-Espérance. Elle a été découverte en 1826 par M. Solier de Marseille. Quoiqu'elle soit assez commune, on ne la trouve pas très facilement, parce-qu'elle a l'habitude de se tenir collée contre les branches qui sont à-peu-près de sa grosseur ; et comme sa couleur se confond avec celle du bois, il faut avoir l'œil exercé pour l'apercevoir.

GUSTAVE DAUBE.

## VANESSA ATALANTA. Pl. 2, fig. 1, 2, 3, 4, 5 et 6.

*Spinosa, cinerea, vel violascente-cinerea, vel flavescente-cinerea, linea laterali flava.*

> LINN., *Syst. Nat.*, I, 2, p. 779, 175. — FAB., WIEN. VERZ., BORKH., ILLIG., etc.
> OCHS., *Schmett. von Europ.*, I, p. 104, n° 2.
> HUBN., Pap., tab. 15, fig. 75, 76.
> Le vulcain. GEOFF., Hist. des Ins., t. II, p. 40, n° 6.
> ERNST, Pap. d'Europe, pl. 6.
> SEPP, *Neederl. Ins.*, I, B. tab. 1, fig. 1-11.
> Vanesse vulcain. GOD., Pap. de France, t. I, pl. 6, fig. 1.

Elle est épaisse, un peu raccourcie, le plus ordinairement d'un gris-jaunâtre sale en dessus, avec une raie latérale, sinuée, d'un jaune soufre, placée au-dessous des stigmates. Chaque anneau, excepté les deux premiers, portent sept épines rameuses, assez courtes, rangées circulairement, jaunes ou d'un jaune un peu roussâtre. Celles des premiers anneaux sont ordinairement noirâtres à l'extrémité. La tête est noire, rugueuse, très faiblement échancrée en dessus. Le dessous du corps est d'un gris jaunâtre ou un peu noirâtre, avec les pattes membraneuses violâtres, et les écailleuses noires. Les stigmates sont noirs.

Cette chenille varie beaucoup; souvent elle est comme saupoudrée de jaune; d'autres fois elle est grisâtre, saupoudrée de noir, avec la raie latérale d'un jaune blanchâtre, et le dessous du ventre violâtre, finement pointillé de blanc jaunâtre. Cette variété a presque toujours les ramifications des épines noirâtres. Beaucoup d'individus sont d'un noir violâtre, saupoudrés d'atomes blanchâtres, avec les épines d'un jaune pâle. Cette dernière variété, qui est fort commune, a une raie dorsale plus foncée, la base des épines un peu ferrugineuse, la raie latérale assez large et d'un jaune pâle, et le dessous d'un noir violâtre, avec les pattes membraneuses plus pâles.

Dans le jeune âge son corps est noirâtre, ainsi que la plupart des épines ; la raie jaune est interrompue, et le dessus du premier anneau est quelquefois jaunâtre.

La chrysalide est grosse, assez raccourcie, moins anguleuse que celle de ses congénères, d'un gris lavé de blanc, ou d'un gris-violâtre pâle, avec quelques taches dorées.

La chenille de l'*Atalanta* vit en Europe sur les *urtica dioica, urens* et *pilulifera*, presque solitairement. Elle se tient cachée dans une ou plusieurs feuilles de la plante, qu'elle réunit à l'aide de fils de soie, ce qui la rend difficile à trouver pour les personnes qui ne connaissent pas ses habitudes. Les feuilles d'orties liées par cette chenille seraient facilement prises pour le travail d'une araignée ou d'un *Botys*. En peu de temps elle a pris tout son accroissement ; alors elle quitte sa demeure, et vient s'attacher à la corniche des murs ou au tronc des arbres pour se changer en chrysalide. Cependant il arrive très souvent qu'elle se métamorphose dans les feuilles qui lui servaient d'abri. On la trouve pendant une partie de la belle saison ; mais ce n'est que depuis le mois d'août jusqu'au commencement d'octobre qu'elle est commune.

L'insecte parfait éclôt au bout de douze à quinze jours. Il habite toute l'Europe, la côte de Barbarie, l'Égypte, l'Asie-Mineure et l'Amérique septentrionale.

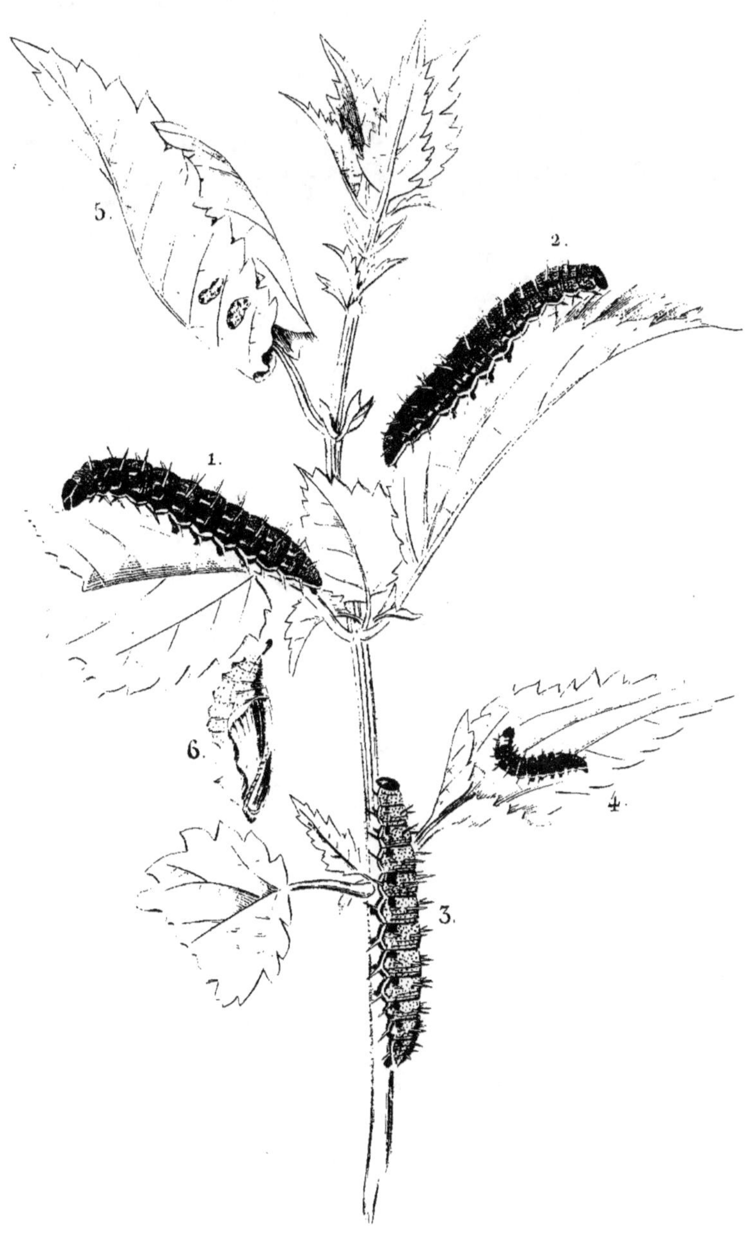

1. Vanessa Atalanta.
2. idem variété.
3. idem variété.
4. idem Jeune.
5. Feuille habitée par une Chenille.
6. la Chrysalide.

Blanchard pinxit

## BRACHYGLOSSA ATROPOS. Pl. 8, fig. 1, 2 et 3.

*Viridis, vel flavo-viridis, sæpius antice posticeque flava; dorso cæru-*
*leo nigro punctato fasciis obliquis lateralibus flavis; cornu granu-*
*lata apice uncinato.*

> *Sphinx atropos.* Linn., *S. N*, I, 2, 799, 9.—Fab., Ochs., etc.
> Hubn., Sphing., tab. 13, fig. 68.—Larv. lepid., II, Sphing.,
>   III, legit., C, *a*, fig. 1, *a*, *b*.
> Le sphinx à tête de mort. Geoff., Hist. des Ins., II, 85, 8.
> Ernst, Pap. d'Europe, pl. 105, 106 et 122.
> God., Papill. de France, III, pl. 14, fig. 1.

Cette belle chenille est la plus grande qui existe en Europe.
Ordinairement ses trois premiers anneaux sont entièrement
d'un jaune verdâtre. Le reste du corps est d'un vert un peu
jaunâtre, orné d'une suite de larges chevrons, dont la base
est placée à la partie antérieure de chaque anneau, et dont la
pointe atteint sur le dos le côté postérieur de l'anneau suivant, de sorte qu'ils entrent les uns dans les autres. Ces chevrons sont d'un beau bleu d'azur ou d'un violet foncé; mais
dans beaucoup d'individus ces deux couleurs se fondent l'une
avec l'autre. Chaque chevron est marqué de quelques plis
transversaux, et fortement ponctué de noir. Ces mêmes chevrons sont ordinairement lisérés sur leur côté interne par
une ligne blanche plus ou moins prononcée, qui les sépare
d'une bande oblique d'un beau jaune. La pointe du dernier
chevron atteint le sommet du onzième anneau, où est située
une grosse corne jaune couverte de petits tubercules semblables à de petits grains de millet. Cette corne est inclinée en
arrière, déliée à son extrémité, où elle se recourbe en dessus
en forme de crochet. Les stigmates sont noirs, ovales, cerclés
de blanc plus ou moins jaunâtre. Les pattes membraneuses
sont d'un vert jaune, avec la couronne d'un brun noir. Les
pattes écailleuses sont noires, marquées de points blancs,
d'où naissent de petits poils gris. La tête est de la couleur du
premier anneau, avec un large trait noir de chaque côté.

On rencontre très fréquemment une variété dont les trois premiers et les deux derniers anneaux sont presque jaunes. Dans une autre aussi fort commune, ces parties sont du même vert que le fond, et les chevrons sont d'un beau bleu d'azur à peine teintés de violet sur leurs bords. On trouve aussi des individus dont tout le fond est jaune, et dont les chevrons sont entièrement violets. Il en existe d'autres qui sont très remarquables, en ce que le fond est d'un gris brunâtre, pointillé de blanc, avec les chevrons d'une couleur plus obscure. Cette variété même offre quelquefois une sous-variété, dans laquelle les premiers anneaux sont presque blanchâtres. En un mot, cette chenille varie extrêmement.

En Europe cette chenille vit sur différentes espéces de solanées, mais particulièrement sur la pomme de terre, *solanum tuberosum*, le lyciet, *lycium barbarum* et *europæum,* et quelquefois sur le jasmin, et même sur les féves, *faba vulgaris*. On la trouve depuis la mi-juillet jusqu'en octobre. Parvenue à toute sa grosseur, elle entre dans la terre où elle se forme une coque agglutinée.

La chrysalide est cylindrico-conique, aplatie, d'un brun-marron luisant, avec les incisions des anneaux légèrement chagrinées et d'une couleur un peu plus obscure. L'anus est armé d'une pointe noire rugueuse, qui se bifurque à son extrémité. Les stigmates sont bruns ; les quatrième, cinquième et sixième sont précédés par une saillie coupante, transversale. Elle éclôt ordinairement au bout de trente à quarante jours. Les chenilles que l'on trouve à la fin de septembre et en octobre, et qui proviennent souvent d'une seconde génération, restent en chrysalide jusqu'à la fin de mai de l'année suivante. Quand les gelées viennent de bonne heure, il arrive très fréquemment qu'une partie de ces individus tardifs périt avant leur métamorphose.

L'insecte parfait se trouve dans une grande partie de l'Europe méridionale et tempérée. Il habite aussi toute l'Afrique et les Indes orientales.

1. **Brachyglossa** Atropos *vue sur le dos.*
2. *idem Adulte.*
3. *la Chrysalide.*

Blanchard pinxit   Dumenil direxit

## ORGYA PUDIBUNDA. Pl. 13, fig. 2 et 3.

*Flavo-viridis pilis concoloribus incisuris tribus atris, fasciculis quatuor dorsalibus ; penicillo anali roseo.*

OCHS., *Schmett. von Europ.*, III , p. 209, n° 1.
*Bombyx pudibunda.* LINN., *Syst. Nat.*, I, 2, 824, 54.
FAB., *Ent. Syst.*, III, 1, 438, 97. — WIEN. VERZ., SCOPOL., SCHÆFF., BORKH., MULL., ROSSI, etc.
SEPP, *Neederl. Ins.*, II th., tab. 17-18, fig. 1-13.
*Bombyx juglandis.* HUBN., Bomb., tab. 21, fig. 84, 85. — Larv. lepid., III, Bomb., II, ver. D, *b*, fig. 1, *a*.
La patte étendue. GEOFF., Hist. des Ins., t. II, p. 113, n° 15.
ERNST, Pap. d'Europe, pl. 160, fig. 207.
Bombyx pudibond. GOD., Pap. de France, t. IV, pl. 22, fig. 2 et 3.

Cette belle chenille est ordinairement d'un vert-pomme ou d'un vert jaunâtre. Son corps est garni de poils de la même couleur. Les quatrième, cinquième, sixième et septième anneaux portent chacun une brosse d'égale longueur. Entre ces brosses les incisions sont d'un beau noir de velours, et paraissent plus ou moins larges, selon la position que prend la chenille. L'incision placée en arrière du septième anneau est noire comme celles qui la précèdent, mais elle est très peu apparente. Les huitième, neuvième et dixième anneaux sont marqués de chaque côté du dos d'une raie noire, souvent bordée de jaunâtre en dessus, et interrompue à chaque anneau. Le onzième anneau porte un faisceau assez long de poils d'un rose plus ou moins violet. Les côtés sont garnis de poils aigrettés, implantés sur de petits tubercules de la couleur du fond. La tête est d'un jaune un peu verdâtre, marquée antérieurement d'une excavation en forme de A renversé. Les stigmates sont blancs, cerclés de noir. Le dessous du corps est d'un noir foncé, avec les pattes d'un vert plus ou moins jaunâtre.

On rencontre quelquefois une variété qui est d'un vert foncé.

Souvent on **en** trouve une autre dont tout le corps est d'un gris violâtre, ainsi que les poils, mais les incisions et la raie noire latérale restant les mêmes, on la reconnaît facilement. Dans cette variété, le pinceau du onzième anneau est d'un rose noirâtre ou d'un violet obscur, et les stigmates sont en partie dépourvus de bordure.

Cette chenille est assez commune à l'automne sur les pommiers, sur les chênes, le noisetier, l'orme, le peuplier, etc., et quelquefois sur le noyer (*juglans regia*). Lorsqu'elle est parvenue à son entier développement, elle file entre les feuilles, ou dans les bifurcations des branches, une coque légère, d'un jaune plus ou moins roussâtre, dans laquelle elle fait entrer ses poils.

La chrysalide est cylindrico-conique, un peu obtuse, d'un noir-brun luisant, avec les incisions plus claires, et les anneaux postérieurs rugueux et velus. Elle passe l'hiver, et l'insecte parfait éclôt en mai de l'année suivante. Les petites chenilles naissent en juin.

L'*Orgya pudibunda* est commune dans une grande partie de l'Europe.

1. Orgya Fascelina.
2. _______ Pudibunda.
3. Orgya Pudibunda var.

Blanchard pinxit

## ORGYA FASCELINA. Pl. 13, fig. 1.

*Fusca vel cinereo-fusca, pilis obscuris vel flavescentibus; fasciculis quinque nigris lateraliter albis; penicillo anali nigro.*

Ochs., *Schmett. von Europ.*, III, p. 214, n° 3.
*Bombyx fascelina.* Linn., *Syst. Nat.*, I, p. 825, 55.
Fab., *Ent. Syst.*, III, 2, 439, 98. — Degeer, Illig., Wien. Verz., Roesel, Borkh., Müll., etc.
Hubn., Bomb., tab. 21, fig. 81. — Larv. lepid., III, Bomb., II, ver. D, *a*, *b*, fig. 2, *a*.
La patte étendue agathe. Ernst, Papill. d'Europe, pl. 161, fig. 209.
Bombyx porte-brosse. God., Pap. de France, IV, pl. 23, fig. 1.

Elle a le port de la *Pudibunda*. Son corps est noirâtre, souvent un peu jaunâtre sur les côtés, garni d'aigrettes de poils jaunâtres, entremélés d'autres poils noirâtres plus longs. Ces aigrettes sont verticellées et implantées sur des tubercules plus clairs que le fond. Les quatrième, cinquième, sixième, septième et huitième anneaux portent chacun une brosse d'égale longueur. Les poils qui composent ces brosses sont blancs ou blanchâtres sur les côtés et noirs dans le milieu. Ils sont tous coupés de niveau comme dans les espéces congénères. Le onzième anneau est surmonté d'un pinceau de poils noirs plus court, moins long et moins pointu que dans *Pudibunda*. Le premier anneau porte de chaque côté, près de la tête, un petit faisceau de poils noirs, qui simule, lorsque la chenille marche, des espéces de cornes. Ces deux faisceaux sont plus ou moins prononcés, mais toujours beaucoup moins que dans les *Gonostigma*, *Rupes ris*, *Antiqua*, etc. Les stigmates sont d'un roux un peu briqueté. Le dessous du corps est noir, marqué de blanchâtre ou de blanc jaunâtre.

On trouve souvent une variété dont les aigrettes sont noirâtres, à peine entremélées de quelques poils jaunes.

Avant la dernière mue, les trois dernières brosses sont blanches. Les petites chenilles naissent au mois de septembre, et passent l'hiver. Elles commencent à prendre de la nourriture dès le premier printemps. Dans les premiers jours de juin, elles sont ordinairement parvenues au terme de leur accroissement; alors elles filent dans les feuilles une coque assez légère, d'un gris cendré, dans laquelle elles font entrer une partie de leurs poils.

La chrysalide est cylindrico-conique, d'un noir brun, avec les incisions ferrugineuses et les derniers anneaux de l'abdomen velus.

La chenille se trouve dans une grande partie de l'Europe méridionale et tempérée sur le genêt (*spartium scoparium*), le prunellier, l'aubépine, l'hippophaé (*hippophae rhamnoides*), la luzerne, le trèfle, etc.; mais elle semble préférer le genêt.

L'insecte parfait éclôt au mois d'août.

Aux environs de Grenoble nous avons trouvé cette chenille jusqu'à la fin de septembre.

## ACRONYCTA TRIDENS. Pl. 2, fig. 2 et 3.

*Villosa, supra fusca, pyramide anali verrucaque collari, breviori,
porrecta; vitta dorsali rubra subinterrupta; utrinque rubro alboque
punctata; subtus cinerea.*

> TREITS.-OCHS., I, p. 26, nº 8.
> BOISD., *Ind. meth.*, p. 60.
> *Noctua tridens.* FAB., *Ent. Syst.*, III, 2, 105, 314.
> BORKH., *Europ. schmett.*, IV th., S. 244, nº 107.—SCHRANK,
>    WIEN. VERZ., ILLIG., VIEW., ROSSI, etc.
> SEPP, *Neederl. Ins.*, II th., tab. 22, fig. 1-9.
> ESP., *Schm.*, IV, tab. 115. Noct., 36, fig. 5-8.
> *Noctua psi.* HUBN., Noct., tab. 1, fig. 5.— Larv. lepid., IV.
>    Noct., I, Bomb., B, *b*, fig. 2, *a*.
> Le trident. ERNST, Pap. d'Europe, VI, pl. 212, fig. 287.
>    Noctuelle trident. GOD.-DUP., Pap. de France, VI, pl. 87,
>    fig. 2.

Elle a le port de la chenille de *Psi*, mais elle paraît un peu
plus grosse. Le fond de sa couleur est plus noir, et elle a de
même sur le onzième anneau une gibbosité pyramidale, et sur
le quatrième une éminence conique; mais cette dernière est
plus courte et plus obtuse. Sur le dos, on voit d'une éminence
à l'autre une bande d'un rouge aurore, souvent interrompue
dans les incisions par un peu de jaune qui se fond avec elle.
En avant de la première éminence, les second et troisième
anneaux ont chacun une tache qui fait suite à la bande, mais
qui est ordinairement un peu plus rouge. Le premier anneau a
une raie jaune ou rougeâtre qui s'aligne avec ces deux taches.
De chaque côté de cette bande, le fond noir, dont les incisions
sont un peu plus pâles, est marqué sur chaque anneau d'une
tache et de deux petits points blancs. L'éminence ou bosse du
onzième anneau est d'un gris blanchâtre, et porte quatre tubercules noirs. La bande noire est aussi marquée sur chaque
anneau de deux petits traits rouges ou aurores, rapprochés,
rarement unis, placés en arrière des deux points blancs. Les

trois premiers anneaux sont dépourvus de ces petits traits, ainsi que de points blancs. La base du onzième anneau est entourée de rouge en arrière. Au-dessous de la partie noire, les côtés sont d'un gris un peu jaunâtre, avec une raie marginale jaune, lavée de rouge sur chaque anneau, tout-à-fait à la base des pattes. Sur le bord des premiers anneaux, le rouge est beaucoup plus marqué et plus large. Les stigmates sont noirs, placés au-dessus de la raie marginale. La tête est noire, garnie de poils d'un gris jaunâtre. Les poils du corps sont peu nombreux, longs, soyeux, et d'une couleur noirâtre.

Le dessous du corps et les pattes sont grisâtres, avec une raie ventrale jaunâtre ou blanchâtre, souvent nulle.

Dans quelques individus, la partie qui porte les stigmates est d'un gris blanchâtre, avec la bande dorsale d'un gris ardoisé, divisée sur chaque anneau entre les éminences, par une tache rouge ou aurore presque carrée.

Cette chenille moins commune que celle de *Psi*, au moins dans certaines localités, se trouve dans le nord et dans le centre de l'Europe, sur le prunier (*prunus*), les saules (*salix*), l'aubépine (*cratægus oxyacantha*), et sur-tout sur le pommier, depuis le commencement d'août jusqu'à la fin de septembre. Elle file une coque grisâtre, assez légère, dans laquelle la chrysalide passe l'hiver. Celle-ci est cylindrico-conique, d'un brun obscur. L'insecte parfait éclôt en mai et en juin.

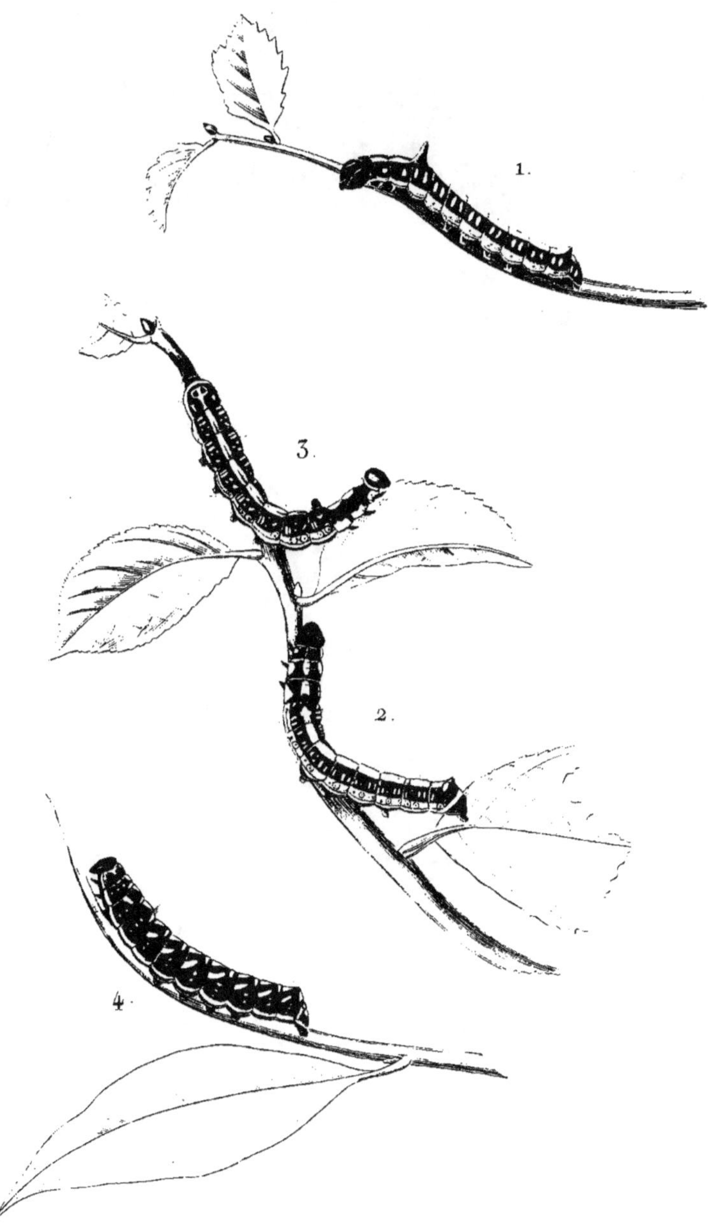

1. Acronycta Psi.
2. — — Tridens
3. Acronycta Tridens *var.*
4. ———— Rumicis.

Blanchard pinxit.

## ACRONYCTA PSI. Pl. 2, fig. 1.

*Villosa, supra fusca, pyramide anali verrucaque collari, porrecta; vitta dorsali flava; utrinque maculis rubris geminatis; subtus cinerea.*

TREITS.-OCHS. *Schmett. von Europ.*, I, p. 30, 9.
BOISD., *Ind. meth.*, p. 60.
*Noctua psi.* LINN., *Syst. Nat.*, I, 2. p. 846, 135.
FAB., *Ent. Syst.*, III, 2, 105, 315. — WIEN. VERZ., ILLIG.,
    DONOV., ROSSI, BORKH., SCHRANK, VIEW., SCAHWRZ, etc.
ESP., *Schmett.*, IV th., tab. 115, Noct., 36, fig. 1-4.
Le Psi. GEOFF., Hist. des Ins., t. II, p. 115, n° 91.
    ERNST, Pap. d'Europe, pl. 212, fig. 286.
*Noctua tridens.* HUBN., Noct., tab. 1, fig. 4. — Larv. lepid.,
    IV, Noct., I, Bomb., B, *b*, fig, *b*, *c*.
La chenille demi-velue de l'abricotier. RÉAUMUR, Mém.,
    t. I, p. 581 et 589, pl. 42.
Noctuelle psi. GOD.-DUP., Pap. de France, VI, pl. 87, fig. 1.

Elle est en dessus d'une couleur noirâtre, avec une éminence conique, longue, charnue, de la même couleur, placée sur le quatrième anneau, et une gibbosité pyramidale sur le onzième. Le long du dos régne une large bande, ordinairement d'un jaune citron, mais souvent d'un jaune-soufre pâle ou même blanchâtre. Cette bande est interrompue par l'éminence conique, en avant de laquelle elle se continue seulement sur le second et le troisième anneau. Le premier n'a qu'une petite raie jaunâtre, qui souvent disparaît totalement. Le dernier anneau offre aussi une tache jaune en arrière de la bosse du onzième. Au-dessous de la bande jaune, sur la partie noirâtre, on voit de petits tubercules noirs qui supportent les poils, et des traits rouges groupés deux à deux sur chaque anneau, et séparés l'un de l'autre par quelques petits atomes bleuâtres. Sur les trois premiers anneaux ces traits rouges sont peu sensibles, et quelquefois tout-à-fait nuls. Au-dessous de la partie noire les côtés sont d'un gris cendré, plus ou moins clair, quelquefois lavé d'une petite teinte rosée. Les stigmates sont noirs, placés sur le fond cendré. La tête est noire. Les poils sont peu nombreux, assez longs et soyeux ; ceux du dos sont bruns, les autres sont d'un brun grisâtre.

Le dessous du ventre et les pattes membraneuses sont grisâtres, souvent lavés de gris violâtre; les pattes écailleuses sont noires.

Cette chenille se trouve dans une grande partie de l'Europe, sur le tilleul ( *tilia* ), les peupliers ( *populus* ), le bouleau ( *betula alba* ), et sur-tout sur l'orme ( *ulmus campestris* ), depuis le mois d'août jusqu'à la fin de l'automne. Elle est extrêmement commune aux environs de Paris.

Lorsqu'elle est sur le point de se chrysalider, elle descend le long du tronc, et file sa coque dans les gerçures de l'écorce, et plus souvent encore sous les écorces mêmes si elle peut y pénétrer.

La coque est grisâtre, d'un tissu très léger.

La chrysalide est brune ou noirâtre, cylindrico-conique, et n'offre rien de particulier. Elle passe l'hiver, et l'insecte parfait éclôt depuis la fin de mai jusqu'au mois d'août.

## ACRONYCTA RUMICIS. Pl. 2, fig. 4.

*Fusca, pilis stellatis, tuberculatis; fascia dorsali rubra maculari; utrinque maculis octo, obliquis, albis; vitta marginali albida rubro maculata.*

> Treits.-Ochs., *Schmett. von Europ.*, I. p. 38, 13.
> Boisd., *Ind. method.*, p. 60.
> *Noctua rumicis.* Linn., *Syst. Nat.*, I, 2, 852, 164.
> Fab., *Ent. Syst.*, III, 2, 118, 358. — Wien. Verz., Illig., Borkh., Esp., Schrank, View., Rossi, etc.
> Hubn., *Noct.*, tab. 2, fig. 9. — Larv. lepid., IV, Noct., I, Bombyc., B, *b*, fig. 1, *a.*
> La cendrée noirâtre. Ernst, Pap. d'Europe, pl. 213, fig. 288.
> Noctuelle de la patience. God.-Dup., Pap. de France, t. VI, pl. 88, fig. 2.

Elle est d'un noir brun, avec des aigrettes de poils roux ou d'un brun roux, médiocrement longs. Son dos est marqué d'une rangée dorsale de taches d'un rouge minium, bordées de noir, au nombre de deux sur chaque anneau. Celle de ces deux taches qui est placée sur la partie postérieure des anneaux est un peu transversale. Sur chaque côté, on observe une rangée de taches blanches, presque carrées, un peu obliques d'avant en arrière et de bas en haut, au nombre de huit. Les deux premiers anneaux, le quatrième et le douzième en sont dépourvus. Tous les autres en ont chacun une. Au-dessous des stigmates près des pattes, il y a une raie ou bande sinuée, blanche, rouge ou rougeâtre sur les trois premiers anneaux, marquée sur chacun des autres d'une tache rouge qui se fond plus ou moins avec elle. Les stigmates sont d'un blanc pur. Les tubercules qui portent les aigrettes de poils sont un peu plus clairs que le fond, et quelquefois d'un brun rougeâtre. La tête est d'un noir brun. Le dessous du corps est d'une couleur noirâtre. Le onzième anneau est un peu relevé et comme gibbeux.

On rencontre souvent des individus dont les taches blanches et la bande latérale sont d'un blanc un peu soufré. Il en est d'autres dont les aigrettes sont d'un beau jaune roux comme dans *Auricom*.

Cette chenille se trouve communément dans toute l'Europe. Elle est polyphage ; cependant on la rencontre plus ordinairement sur les différentes espéces de ronces (*rubus*); sur la persicaire (*polygonum persicaria*); les *rumex*, les saules (*salix*); la renouée (*polygonum aviculare*); le fraisier (*fragaria vesca*).

On la trouve depuis le mois de juin jusqu'à la fin de l'automne. Elle file une coque d'une couleur grisâtre, entremêlée de quelques poils.

La chrysalide est d'un brun noir, cylindrico-conique.

Les chenilles que l'on trouve pendant l'automne passent l'hiver à l'état de nymphes, tandis que celles qui se métamorphosent en juillet donnent leur papillon en août.

## PIERIS CRATÆGI. Pl. 4, fig. 1, 2 et 3.

*Villosula, subtus cinerascenti-livida, supra nigra vittis duabus dorsa-*
*libus latioribus fulvis.*

> *Papilio cratœgi.* LINN., *Syst. Nat.*, 2, 758, 72. — WIEN.
> VERZ., BORKH., etc.
> FAB., *Ent. Syst.*, III, 1, 142, 563.
> OCHS., *Schmett. von Europ.*, I, p. 152, n° 1.
> HUBN., Pap., tab. 79, fig. 399, 400. — Larv. lep., I, Pap. II,
> C, *a*, *b*, fig. 1, *a*, *b*.
> Le gazé. GEOFF., Hist. des Ins., t. II, p. 71, n° 43.
> ERNST, Pap. d'Europe, pl. 48, fig. 101, *a-f.*
> Piéride gazée. GOD., Pap. de France, pl. 2 tert., fig. 3.

Elle est un peu plus velue que les espéces du même genre.
Ses poils sont fins, assez longs, et d'un blanc un peu jaunâtre.
Son dos est noir, avec deux bandes longitudinales assez larges,
d'un jaune fauve ou d'un roux un peu ferrugineux. Le dessus
du premier anneau et celui du dernier sont entièrement noirs.
Les côtés sont d'un gris-plombé livide, avec les poils plus pâles
que sur le dos. Les stigmates sont noirs ; la tête est noire et garnie de poils. Le dessous du corps et les pattes sont noirâtres.

La chrysalide est très jolie ; son fond est blanc ou d'un
blanc jaunâtre, très agréablement varié de noir. Le dos est
tout noir, et la gaîne de la trompe forme une pointe saillante.
Le ventre et tous les anneaux sont ponctués de noir. Sur
chaque côté, il y a ordinairement une raie jaune, plus ou
moins prononcée, qui se prolonge jusqu'à la queue. L'enveloppe des ailes est bordée et ponctuée de noir ; la carène du
corselet est noire. Le restant est ponctuée de noir, et séparé
des anneaux par une petite ligne jaune transverse.

La chenille vit en société sur une infinité d'arbres et d'arbustes de la famille des Rosacées, mais particulièrement sur
le prunellier, *prunus spinosa ;* le prunier, *prunus domestica ;*
l'aubépine, *cratægus oxyacantha ;* le cerisier, *prunus cerasus.*

26.

Les petites chenilles éclosent à l'automne ; elles passent l'hiver sous une tente soyeuse, dans laquelle elles pratiquent de petites cellules pour se mettre à l'abri des rigueurs de la saison. Au premier printemps, elles rompent cette toile, et, comme elles ne trouvent alors que des bourgeons, elles font quelquefois de grands dégâts dans les vergers. Dans la première quinzaine de mai, elles sont ordinairement parvenues à leur entier développement.

L'insecte parfait éclôt dans le courant de juin. Il est commun dans toute l'Europe.

Sa chenille est quelquefois si multipliée dans certaines contrées, que Linné l'a appelée dans sa *Fauna suecica*, *hortorum pestis*. On la détruit comme celles du *Bombyx Neustria* et du *Liparis Chrysorrhœa*.

## PIERIS BRASSICÆ. Pl. 4, fig. 1, 2 et 3.

*Pubescens, viridi-flavescens vel pallide flavescenti-viridis nigro punctata, vittis tribus flavis; capite cæsio nigro punctato.*

> Papilio brassicæ. LINN., *S. N.*, I, 2, 759, 75.—WIEN. VERZ.,
> BORKH., etc.
> FAB., *Ent. Syst.*, III, 1, 186, 574.
> OCHS., *Schmett. von Eur.*, I, p. 144, n° 2 (et par erreur n° 9).
> HUBN., Pap., tab. 80, fig. 401, 402 et 403.—Larv. lepid., I,
> Pap., II, C, *a*, *b*, fig. 2, *a*, *b*.
> Le grand papillon blanc du chou. GEOFF., Hist. des Ins.,
> t. II, p. 68, n° 40.
> Le grand papillon du chou. ERNST, Pap. d'Europe, pl. 49,
> fig. 102, *a-e*.
> Piéride du chou. GOD., Pap. de France, pl. 2 tert., fig. 1.

Elle est plus alongée et garnie de poils moins longs que celle de la *Cratægi*. Ceux-ci sont blancs et assez nombreux. Le fond de sa couleur est tantôt jaune, tantôt d'un jaune verdâtre, et tantôt d'un gris-cendré un peu jaunâtre, avec une raie dorsale d'un jaune plus ou moins vif, et une raie latérale plus large de la même couleur, supportant les stigmates et se fondant par son côté inférieur avec la couleur du ventre. Entre les raies jaunes, le fond est varié de taches et de points noirs de différentes formes et grandeurs, et plus ou moins rapprochés, dont les plus larges paraissent formés par l'évasement des tubercules pilifères. La raie latérale offre çà et là quelques petits points noirâtres plus ou moins marqués. Le dessous du corps et les pattes sont ordinairement jaunes. Les stigmates sont d'un gris-pâle, cerclés d'un peu de noir. La tête est grisâtre, ou d'un gris un peu bleuâtre, pointillée de noir, avec un V noir renversé renfermant une petite tache triangulaire blanchâtre.

Aucune chenille n'est aussi sujette à être piquée des ichneumons à coton jaune.

La chrysalide a l'extrémité antérieure plus pointue que

celle de la *Cratægi*. Elle est d'un gris pâle, agréablement émaillée de noir, lavée sur la partie antérieure des anneaux et sur la poitrine de blanc un peu jaunâtre, et marquée çà et là de quelques petites taches rousses.

On la trouve souvent attachée sous la corniche des murs.

La chenille vit en société sur une infinité de plantes de la famille des Crucifères, mais particulièrement sur le chou cultivé, *brassica oleracea;* le navet, *brassica napus;* la giroflée, *cheiranthus incanus;* les moutardes, *sinapis;* la roquette, *sisymbrium tenuifolium.* On la trouve aussi souvent sur les capucines, *tropæolum,* et sur les résédas. On la rencontre communément depuis la fin de mai jusqu'en octobre; mais celles qui se métamorphosent en automne passent l'hiver en chrysalide et éclosent en avril ou mai.

Cette chenille cause souvent de grands dégâts dans les potagers, et sur-tout dans les plantations de chou. On la détruit comme celle de *Rapæ.*

L'insecte parfait est commun dans toute l'Europe. Il se trouve jusqu'au Japon. Il habite aussi l'Asie-Mineure et le nord de l'Afrique.

La femelle dépose ses œufs par petits groupes sur les feuilles; ils sont oblongs et d'un blanc jaunâtre.

1. Pieris Cratægi.
2. idem vue de coté.
3. la Chrysalide.
4. Pieris Brassicæ.
5. idem vue sur le dos.

6. Chrysalide de Pieris Brassicæ
7. Pieris Rapæ
8. la Chrysalide.

## PIERIS RAPÆ. Pl. 4, fig. 7 et 8.

*Viridis linea dorsali alteraque laterali sæpius interrupta, flavis; stigmatibus fuscis.*

Linn., *S. N.* I, 2, p. 759, 76.—Wien. Verz., Borkh., etc.
Fab., *Ent. Syst.*, III, 1, 186, 575.
Ochs., *Schmett. von Europ.*, I, p. 146, n° 3.
Hubn., Pap., tab. 80, fig. 404, 405. — Larv. lep., Pap., II,
    C, *b*, fig. 1, *a*, *b*, *c*.
Le petit papillon blanc du chou. Geoff., Hist. des Ins., t. II,
    p. 69, n° 41.
Le petit papillon du chou. Ernst, Pap. d'Europ., pl. 49,
    fig. 103, *a-d*.
Piéride de la rave. God., Pap. de France, I, pl. 2 tert., fig. 2.

Elle est de la taille de la chenille de *Napi*, à laquelle elle
ressemble beaucoup. Elle est de même d'un vert un peu obscur, légèrement pubescente. A la loupe, et même à la vue
simple, son corps paraît couvert de petits tubercules, ou plutôt de petites granulations noirâtres, qui donnent naissance
chacune à un petit poil. Le vaisseau dorsal est couvert par une
petite raie étroite, d'un jaune citron. A la base des pattes, au
niveau même des stigmates, il y a aussi une raie étroite de la
même couleur, quelquefois continue, mais le plus ordinairement interrompue, à chaque incision. La tête est verte, garnie
de petites granulations noires qui supportent de petits poils
blanchâtres. Les stigmates sont bruns, un peu cerclés de
jaune. Le dessous du corps et les pattes sont d'un vert un peu
moins obscur que le dessus.

La chrysalide ressemble un peu par la forme à celle de la
*Brassicæ;* mais sa pointe antérieure est plus saillante, et la
poitrine est un peu plus anguleuse. Elle est d'un gris-cendré
plus ou moins clair, finement pointillée de noir, et souvent
lavée de gris rosé sur la partie antérieure des anneaux et sur
les portions anguleuses du corselet. On la trouve aussi très

fréquemment sous le rebord des murs de jardin ou des rues de village.

La chenille vit par petits groupes, ou presque solitaire, sur la plupart des crucifères potagères, sur les capucines, et sur le réséda odorant, *reseda odorata*.

Il est des contrées où elle fait plus de ravages dans les potagers que celle de la *Pieris Brassicæ*, et où ses dégâts sont comparables à ceux qu'occasione la *Mamestra Brassicæ*. On parvient aisément à la détruire en saupoudrant de chaux éteinte à l'air, les plantes qui en sont attaquées, et en les arrosant au bout de quelques heures. On emploie aussi avec succès de la suie délayée dans de l'eau, ou une forte infusion de feuilles de noyer. Quelques personnes font usage de cendres au lieu de chaux.

L'insecte parfait est très commun dans toute l'Europe.

La chenille se distingue facilement de la *Napi*, en ce que cette dernière n'a point de ligne dorsale ni de raie latérale jaunes, mais seulement les stigmates cerclés de jaune.

1. Deilephila Vespertilioides.      3. Deilephila Hippophaes.
2. ———— Epilobii.                   4. la Chrysalide.

## DEILEPHILA VESPERTILIOIDES. Pl. 9, fig. 1.

*Obscure viridis subtus pallidior, albo subpunctulata ; serie duplici macularum rubidarum, fascia maculari alba ; modo cornu abortivo , modo nullo.*

> *Sphinx vespertilioides.* Boisd. , Annales de la Société linn. de Paris , 6ᵉ vol. , pl. 6, fig. 1. ( 1827.)
> *Ind. meth.*, p. 33.

Cette chenille tient le milieu entre celles du *Vespertilio* et de l'*Hippophaes*. Sa couleur n'est qu'un mélange de celle de ces deux espèces, de sorte qu'elle n'a rien qui lui soit particulier.

La partie antérieure de son corps est un peu moins renflée que dans le *Vespertilio*. Elle est d'un vert plus obscur que celle de l'*Hippophaes*, et de même pointillée de blanc ; mais les points sont moins nombreux, plus gros, à peine sensibles en dessus sur la partie antérieure des anneaux. Les deux lignes dorsales sont à peine visibles, marquées comme dans le *Vespertilio* d'une série de taches rougeâtres, mais plus petites, et se fondant antérieurement avec les lignes. Ces taches sont enveloppées d'une teinte obscure, et au-dessous d'elles il y a un espace qui n'est pas marqué de petits points blancs. Les deux taches à côté de la queue sont comme dans l'*Hippophaes;* celle-ci est très petite, et peut même disparaître entièrement.

Les côtés offrent une bande longitudinale blanche.

La tête est d'un vert-obscur un peu roussâtre. Il y a une plaque de la même couleur sur le premier anneau comme dans les autres.

Les pattes sont rouges ou rougeâtres.

Cette chenille n'étant que le produit de l'accouplement de l'*Hippophaes* avec le *Vespertilio*, on conçoit qu'elle doit varier selon qu'elle tient plus ou moins de l'une ou de l'autre espèce.

Elle vit sur l'*epilobium angustifolium*.

Nous avons vu d'autres chenilles également hybrides vivant sur l'*hippophae*, et qui se rapprochaient beaucoup de celles de l'*Hippophaes*, sur-tout par la longueur de la queue.

La chrysalide ressemble presque complétement à celle de l'*Hippophaes*. Elle éclôt à la même époque.

Cette hybride a les mêmes mœurs que les espéces qui la produisent. Elle n'a été trouvée jusqu'à présent que sur les bords du Drac, aux environs de Grenoble, localité où le *Vespertilio* et l'*Hippophaes* sont très communs.

## DEILEPHILA EPILOBII. Pl. 9, fig. 2.

*Nigra flavo lateraliter punctulata, maculis seriatis, rotundatis, flavis ; fascia laterali interrupta vel subnulla rubra ; capite cornuque minuto, nigris.*

La grande rareté de cette chenille, sa couleur et son dessin prouvent évidemment qu'elle n'est qu'une hybride du *Vespertilio* et de l'*Euphorbiæ*.

Elle a la forme de l'*Euphorbiæ*, et elle est de même d'un noir foncé ; mais les petits points jaunâtres tendent à disparaître, et ne sont pas visibles en dessus.

Les trois premiers anneaux portent les rudiments d'une ligne dorsale rouge. Sur le dos et un peu latéralement, il y a une série de taches jaunes arrondies, au-dessous desquelles il en existe une ou deux autres très petites.

Les côtés, près des pattes, sont marqués d'une raie rouge, interrompue, qui tend à disparaître. Le ventre offre aussi des traces rougeâtres. Les stigmates sont ovoïdes, d'un blanc jaunâtre, avec la bordure noire. La queue est petite et noire. La tête est noire avec une partie des sutures rouges. Les pattes sont noirâtres à leur face externe, rouges sur le côté interne.

Elle vit sur l'*epilobium angustifolium,* aux environs de Lyon, d'où elle nous a été communiquée par M. Merk, naturaliste de cette ville.

Parmi les sphingides d'Europe, le *Vespertilio* est le seul jusqu'à présent, à notre connaissance, qui s'accouple avec les espèces voisines. Il est même probable qu'outre les deux hybrides dont nous donnons la chenille, il pourrait en exister plusieurs autres, si les *Deilephila Dahlii, Zygophylli* et *Galii,* si rapprochés de l'*Euphorbiæ* et de l'*Hippophaes,* habitaient les mêmes localités que cette espèce.

Les chenilles hybrides se trouvant presque constamment sur l'*epilobium angustifolium,* nous croyons que l'accouplement a lieu le plus souvent entre une femelle de *Vespertilio* et le mâle d'une espéce étrangère. Cependant le contraire paraît existe quelquefois , puisque l'on rencontre sur l'*hippophae rhamnoides* des chenilles hybrides.

1. Thyatyra Batis.
2. idem vue sur le dos.

3. Thyatyra Derasa.
4. idem variété.

## DEILEPHILA HIPPOPHAES. Pl. 9, fig. 3 et 4.

*Obscure viridis subtus pallidior, albido punctulata; lineis duabus dorsalibus flavescentibus ; fascia laterali alba; capite virescenti; cornu rubente antice nigro.*

> *Sphinx hippophaes.* Esp. , *Schmett.*, 2 th. , tab. 38, cont. 13, fig. 1 , 2.
> Hubn. , Sphing. , tab. 22 , fig. 109.
> Ochs. , *Schmett. von Europ.*, t. II, p. 221.
> God. , Pap. de France, Crépuscul. , pl. 17 *bis*, p. 173.
> Boisd. , *Ind. meth.*, p. 33.

Elle est d'un vert obscur en dessus, et blanchâtre en dessous. Le corps est couvert de petits points blancs ou d'un blanc jaunâtre, placés en séries transverses. Il y a sur le dos deux lignes longitudinales, qui s'arrêtent au premier anneau, et vont se terminer postérieurement sur les côtes de la queue, avant laquelle elles s'élargissent en deux taches oblongues. Ces lignes sont jaunâtres, un peu dilatées sur chaque anneau, où elles forment comme une tache d'une couleur un peu fauve, insensible, à la partie antérieure du corps. L'extrémité élargie près de la queue est plus ou moins rouge ou orangée.

Les côtés sont marqués d'une bande blanche, un peu sinuée inférieurement. Au-dessous de cette bande, la teinte, qui devient très pâle, offre encore quelques points blancs. Le milieu du ventre est blanchâtre. Les stigmates sont ovoïdes, jaunes, avec la bordure noire. La tête est petite, à-peu-près de la couleur du corps. Les pattes sont un peu rougeâtres. La queue est courbée vers l'anus, assez mince, rugueuse, noire antérieurement, rougeâtre dans le reste de sa longueur.

Cette chenille varie peu ; quelques unes présentent sur les lignes dorsales une série de taches rougeâtres, qui vont en diminuant de la queue à la tête, et disparaissent sur les premiers anneaux, où elles se divisent ordinairement en deux ou trois points de la même couleur.

Elle vit sur l'*hippophae rhamnoides,* où elle se tient à découvert, mange continuellement et grossit vite. Pour se métamorphoser, elle entre un peu en terre, ou forme à sa surface, avec des débris de plantes, une coque mince où il n'entre que peu de soie.

La chrysalide est d'un roux plus ou moins brunâtre, plus pâle sur l'enveloppe des ailes. Les anneaux du ventre sont couverts de petits points enfoncés, sur-tout sur la face dorsale où ils présentent quelques dépressions. Elle se termine par une pointe un peu bifide à son extrémité.

On trouve la chenille en juin et juillet, puis en septembre et octobre.

Cette espéce habite le Dauphiné, la Suisse et la Savoie.

Godart dit que l'insecte parfait a été pris à Siegberg, dans le grand duché du Rhin.

## THYATYRA BATIS. Pl. 5, fig. 1 et 2.

*Fusco-virescenti-violacea segmentis mediis subelevatis ; segmento se-
cundo producto capiteque bifidis.*

TREITSCH.-OCHS., *Schmett. von Europ.*, II, p. 162, n° 1.
BOISD., *Ind. meth.*, p. 79.
*Noctua batis.* LINN., *Syst. Nat.*, I, 2, 836, 97.—WIEN. VERZ.,
    BORKH., etc.
FAB., *Ent. S.*, III, 2, 30, 73.
HUBN., Noct., tab. 14, fig. 65.—Larv. lepid., IV ; Noct., II,
    gen. E, *f*, fig. 1, *a-e*.
La batis. ERNST, Pap. d'Europe, pl. 231, fig. 333.
RÉAUMUR, Mém., t. I, tab. 7, fig. 1, 2, p. 198.
Noctuelle batis. GOD.-DUP., Pap. de France, t. VII, pl. 103,
    fig. 3.

Cette chenille a une forme très extraordinaire qui la ferait
prendre au premier coup d'œil pour une espéce de *Notodonta*.
A partir du quatrième anneau jusqu'au onzième, son dos est
un peu relevé en bosse, et il présente une suite d'éminences
triangulaires, peu saillantes, formant des losanges quand on
la regarde de face, mais très sensibles si on la voit de profil,
et représentant un zigzag non interrompu. Le second anneau
est plus relevé que les précédents, et est surmonté par une
éminence fourchue. Le premier anneau est moins relevé, et
paraît presque carré ; cependant il est un peu échancré en
avant. Le onzième est élargi et un peu gibbeux. La tête
est presque carrée, échancrée en dessus, roussâtre, avec
quelques ondes plus obscures. Le fond de la couleur est
d'un brun-ferrugineux verdâtre ou bronzé, lavé de jaune et
de violâtre ; mais ces nuances se fondent souvent tellement
l'une avec l'autre, qu'il est difficile de les bien décrire. Le troisième et le quatrième anneau sont marqués en dessus de
deux ou trois petits points noirs. Les côtés, près des pattes,
sont teintés de rouge violâtre. Le zigzag vu de profil forme

des chevrons d'un bronzé verdâtre, bordés sur leur crête par une petite ligne noirâtre. Entre les pattes membraneuses et les stigmates, il y a une raie noirâtre ; ceux-ci sont d'une couleur pâle, peu apparents, avec le centre noirâtre. Le ventre est rougeâtre avec une ligne médiane blanche. Les pattes membraneuses sont piquées de jaunâtre sur leur côté externe.

Dans sa première jeunesse, elle est peu gibbeuse ; son dos est ordinairement d'un jaune pâle, avec une petite ligne dorsale noire.

Lorsque cette chenille est en repos, elle relève un peu sa dernière paire de pattes membraneuses comme la *Derasa*.

On la trouve en septembre sur plusieurs espéces de ronces, *rubus*, dans le nord et dans le centre de la France.

La chrysalide est cylindrico-conique, d'un brun-roux pâle, avec le ventre plus obscur, saupoudré de noirâtre. Elle éclôt en mai et juin.

## THYATYRA DERASA. Pl. 5, fig. 3 et 4.

*Fulvo-ferruginea, linea dorsali fusca punctisque duobus tribusve late-
ralibus, albidis, subocellatis.*

TREITSCH.-OCHS., *Schmett. von Europ.*, II, 165, 2.
BOISD., *Ind. meth.*, p. 79.
*Noctua derasa.* LINN., *S. N*, I, 2, 851, 158. — WIEN. VERZ.,
   BORKH., etc.
FAB., *Ent. Syst.*, III . 2, 85, 250.
HUBN., Noct., tab. 14, fig. 66. — Larv. lepid., IV, Noct., II,
   gen. E, *g*, fig. 1, *a*, *b*.
La ratissée. ERNST, Pap. d'Europe, pl. 307, fig. 530.
La décorcée de Villers. *Ent.*, LINN., t. II, p. 229, n° 220.
Noctuelle ratissée . GOD.-DUP., Papillons de France, t. VII,
   1<sup>re</sup> partie, pl. 103.

Elle est entièrement d'une belle couleur rousse un peu ferrugineuse, avec une ligne dorsale noirâtre, et quelques petits
poils fins assez rares et peu visibles. Sur le quatrième anneau, souvent sur le cinquième, et quelquefois même sur le
sixième et sur le onzième, il y a de chaque côté un point arrondi, assez gros, d'un blanc un peu jaune. Outre ces points,
on remarque sur les côtés de petits traits obliques noirâtres
peu sensibles, descendant à la base des pattes et se perdant
supérieurement dans une petite traînée obscure qui forme
une espèce de bande latérale peu prononcée. Les quatre premiers, et souvent les deux derniers anneaux, sont dépourvus
de ces traits obliques. Les stigmates sont noirs. La tête est
de la couleur du corps, presque carrée, un peu échancrée en
dessus. Le dessous du ventre est d'un gris blanchâtre. Les
pattes écailleuses sont rousses et les pattes membraneuses
d'un gris un peu roussâtre.

Elle varie un peu pour la couleur, qui est quelquefois d'un
brun-ferrugineux obscur. Nous avons vu aussi une variété
qui était complétement dépourvue de points latéraux.

Lorsque cette chenille est en repos sur une feuille ou sur une tige, elle reléve un peu ses derniers anneaux, et ne fait aucun usage de ses deux pattes postérieures.

On la trouve, mais assez rarement, en septembre, sur la ronce, *rubus cæsius* et *fruticosus;* le framboisier, *rubus idæus;* le peuplier blanc, *populus alba*, etc.

Pour se métamorphoser, elle réunit deux ou trois feuilles avec quelques fils de soie, ou bien elle se change presque à la surface de la terre.

La chrysalide est d'un brun roux, cylindrico-conique, terminée par une petite pointe conique rugueuse.

L'insecte parfait éclôt en juin et juillet. Il se trouve dans le nord et le centre de l'Europe, mais il n'est nulle part très commun.

Les individus que nous avons fait peindre nous ont été envoyés par M. Renard, de Saint-Quentin.

## CATOCALA FRAXINI. Pl. 3, fig. 1 et 2.

*Pallide cinerea , segmentis octavo undecimoque nigro punctulatis ne-*
*bulosisque ; stigmatibus nigris.*

> Treits.-Ochs. , *Schm. von Europ.*, III, p. 329, n° 1.— Boisd.
> *Noctua fraxini.* Linn. , *S. Nat.*, I, 2, 834, 125.
> Hubn. , Noct. , tab. 68, fig. 327.—Larv. lepid. , IV, Noct. III;
> Semigeom , II , *a*, fig. 1, *a*, *b*.
> Fab., *Ent. Syst.*, III, 2, 55, 152. — Wien. Verz. , Illig. ,
> Borkh. , Schrank , View. , etc.
> Esp. , *Schm.*, IV th. , tab. 101 , Noct. , 22, S. 132.
> Fuessly, *Schweiz Ins.*, S. 37, n° 713.— Archiv. , III , *h.* S. 1,
> tab. 15 ( la chenille).
> Naturfoscher, XIV. St. , S. 54, tab. 11, fig. 4 (la chenille).
> Sepp, *Neederl. Ins.*, tab. 18, 19 et 20.
> Phalène du frêne. Ernst, Pap. d'Europe, pl. 320 et 321.
> La likenée bleue. Geoff. , Ins. , t. II, p. 151, n° 83.
> Noctuelle du frêne. God. , Pap. de France, t. V, pl. 45, fig. 1.

Elle est ordinairement en dessus d'un gris-cendré presque
blanc, quelquefois faiblement teintée de gris bleuâtre , avec
les incisions un peu plus claires, très faiblement lavées de
verdâtre. Elle est souvent, en outre, très finement saupoudrée de quelques atomes noirâtres. Le huitième et le onzième
anneau sont un peu plus saillants que les autres , pointillés et
lavés de gris noirâtre, qui se fond insensiblement avec la couleur générale.

La tête est de la couleur du fond, un peu échancrée en
cœur, bordée de noir en dessus, et couverte d'un réseau noirâtre. Les stigmates sont noirâtres.

Les côtés sont garnis de cils blanchâtres. Le dessous du
corps est d'un blanc bleuâtre, avec sept gros points noirâtres
disposés ainsi :

Un entre la seconde et la troisième paire de pattes écailleuses, un autre entre chacune des quatre premières paires
membraneuses , et le septième placé sur l'intervalle qui sé-

pare ces dernières du onzième anneau. Les pattes sont de la couleur du corps.

La chrysalide est noire, entièrement couverte d'une efflorescence bleuâtre pruineuse. Elle se termine par un petit faisceau de poils roides. Elle est renfermée entre les feuilles dans un tissu arachnoïdien.

Cette chenille se trouve depuis les premiers jours de juillet jusqu'à la mi-août sur les peupliers, et sur-tout sur les *populus tremula* et *alba*, et quelquefois sur les saules. La plupart des auteurs disent qu'elle vit aussi sur le *frêne* et quelquefois sur l'*orme*. Jusqu'à présent nous ne l'avons pas rencontrée sur ces arbres.

L'insecte parfait paraît depuis le mois d'août jusqu'à la fin d'octobre. Il se trouve dans le nord et dans le centre d'une grande partie de l'Europe.

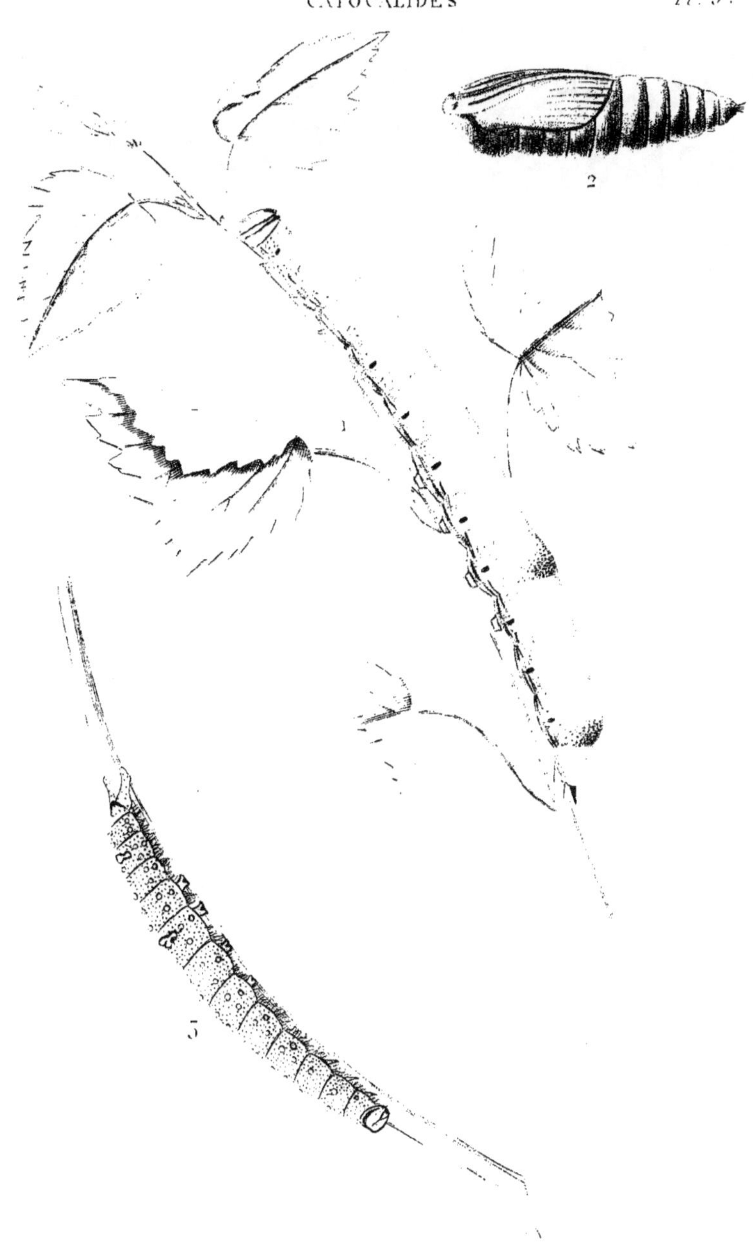



1. Catocala Fraxini.
2. la Chrysalide.
3. Catocala Pacta.

## CATOCALA PACTA. Pl. 3, fig. 3.

*Cinerea, nigredine tenue conspersa punctis fulvis biseriatis; segmentis octavo undecimoque fulvo-callosis.*

TREITS.-OCHS., *Schmett. von Europ.*, III, p. 352, n° 8.

BOISD., *Ind. meth.*, p. 98.

LINN., *Syst. Nat.* I, 2, p. 841, 120.

FAB., *Ent. Syst.*, III, 2, 54, 149. — BORKH., VIEWEG, MULLER, FUESSLY.

HUBN., Noct., tab. 70, fig. 332.

*Pacta suecia.* ESP., *Schmett.*, IV th., tab. 49, Noct. 20. — SCHRANK.

La fiancée. ERNST, Pap. d'Europ., pl. 234, 567.

Noctuelle accordée. GOD., Pap. de France, t. V, pl. 147, fig. 2.

Elle a la même forme que la *Promissa*, et elle se tient de même aplatie et collée le long des branches lorsqu'elle est en repos. Son corps est entièrement d'un gris cendré, très finement pointillé de noir. De chaque côté, elle est marquée d'une rangée de points fauves, qui sont autant de petits tubercules qui donnent naissance chacun à un petit poil court. Le premier anneau est dépourvu de ces points; le second et le troisième en ont chacun un, et tous les suivants en ont deux. Outre cela, le huitième anneau présente, comme dans quelques espèces analogues, une petite éminence ou renflement. Cette éminence est fauve, avec la base noirâtre. Le onzième anneau offre aussi une callosité à-peu-près semblable, mais plus petite.

La tête est grisâtre, un peu échancrée en cœur, bordée de noirâtre, avec deux points fauves sur le front. Le dessous du corps est plus pâle que le dessus, bordé de chaque côté par de petits cils fins et grisâtres. Il est marqué entre chaque patte d'une tache obscure, arrondie et assez grosse. Les pattes écailleuses sont d'un roux fauve; les pattes membraneuses sont de la couleur du corps, et à la base de chacune d'elles

on remarque une petite tache rousse peu apparente. Les stigmates sont grisâtres.

La chrysalide est, comme dans la plupart des espéces,
saupoudrée d'une poussière bleuâtre pruineuse. Elle est renfermée dans un tissu très léger.

On trouve cette chenille aux environs de Stockholm sur le
*salix cinerea*.

Le dessin et la description de cette rare chenille sont dus à
feu Dalman, entomologiste très distingué, et professeur de
zoologie au Musée de Stockholm. Dalman croyait que celle
dont nous possédons le dessin n'avait pas fait sa dernière
mue. Lorsqu'il la peignit, elle n'était parvenue qu'à la moitié
de sa taille, et comme il l'a grossie dans le dessin, il serait
possible qu'elle aurait offert plus tard une modification dans
sa couleur.

Nous devons des remerciements particuliers à M. Schoen-
herr, qui a eu l'extrême bonté de nous envoyer le dessin de
Dalman.

## VANESSA ICHNUSA. Pl. 3, fig. 1 et 2.

*Nigra, albo tenuissime punctulata subtus viridi-rufescens. linea late-rali fulva ; spinis ramulosis nigrescentibus.*

> BONELLI, Mém. de l'Acad. de Turin, 30ᵉ vol., p. 174, tab. 3, fig. 2.
>
> RAMBUR, Ann. de la Soc. entomol. de France, vol. I, p. 260, pl. 7, fig. 3.
>
> HUBN.-GEYER, *Schmett.*, Suppl.

La chenille est noire, très finement piquée de blanchâtre, et plus claire vers le pli des anneaux. Au-dessus des stigmates, il existe une raie rougeâtre, plus ou moins apparente, bordée inférieurement par une ligne brune, sinueuse, qui porte les stigmates ; ceux-ci sont ovoïdes, noirs, à disque peu visible, entourés d'une ligne pâle. Plus bas on voit une ligne d'un jaune obscur, de la couleur du ventre, dont elle est séparée par une autre ligne de couleur noire, tantôt maculaire, tantôt presque nulle.

La partie antérieure du ventre et les espaces compris entre les pattes sont noirs ; quelquefois cette couleur envahit presque tout le ventre.

Chaque anneau présente une rangée circulaire de sept épines rameuses, excepté les deuxième et troisième qui n'en ont que quatre. Ces épines sont noires en dessus, plus claires sur les parties claires. Leur base est très brillante et forme comme un point blanchâtre. Outre ces épines, dont les premier et douzième anneaux sont privés, le corps, principalement sur les côtes, est garni de petits poils blanchâtres.

La tête est échancrée en cœur supérieurement ; elle est très noire, avec de petits tubercules pilifères blanchâtres.

Les pattes écailleuses sont noires ; les autres sont verdâtres avec une tache noirâtre sur leur côté externe.

La chrysalide ressemble à celle de la *V. Urticæ.* Elle est brune ou noirâtre, quelquefois lavée d'un peu de rougeâtre, avec des parties plus claires. L'extrémité des pointes du corps est souvent rougeâtre, avec six taches argentées, qui manquent quelquefois.

Cette chenille vit exclusivement sur l'*urtica hispida*.

Elle habite les îles de Corse et de Sardaigne, et fut découverte dans cette dernière, en 1823, par M. de La Marmora.

Ses métamorphoses sont semblables à celles de la *V. Urticæ*; mais elles sont hâtées dans les parties chaudes.

## VANESSA PRORSA. Pl. 3, fig. 3, 4, 5 et 6.

*Nigra, albo tenue punctulata, spinis ramosis nigris vel flavis instructa, sæpius fascia laterali fulva; capite bispinosa.*

> *Vanessa prorsa.* Boisd., *Ind. method.*, p. 18.
> *Papilio prorsa.* Ochs., *Schmett. von Europ.*, I, p. 129, n° 12 ; et *Papilio levana*, Ochs, *loc. cit.*, 13.
> *Papilio prorsa.* Hubn., *Pap.*, tab. 20, fig. 94, 95, 96; *et Papilio levana*, Hubn., *loc. cit.*, fig. 97, 98. — *Larv. prorsæ*, larv. lepid., I, Pap., I, Nymph., C, *e*, fig. *larv. levanæ*, *loc cit.*, fig. 1, *a*, *b*.
> *Papilio prorsa.* Linn., *Syst. Nat.*, I, 2, 783, 202 ; et *Papilio levana*, *loc. cit.*, n° 201. — Idem (*prorsa* et *levana*), Fab., Wien. Verz., Roesel, Schæff., Borkh., Hufnag, Brahm, Schneid., Schwarz, etc.
> La carte géographique brune. Ernst, Pap. d'Europe, pl. 8, fig. 8 ; et la carte géographique fauve, même ouvrage, pl. 8, fig. 9.
> Vanesse carte géographique brune. God., Pap. de France, I, pl. 5 *bis*, fig. 3 ; vanesse carte géographique fauve même ouvrage, fig. 4.

Nous avons démontré, d'après des expériences précises dans un Mémoire que nous avons lu en 1827 à la Société philomatique, que les *Vanessa Prorsa* et *Levana* ne formaient qu'une seule et même espéce, et que l'on pouvait presque à volonté obtenir l'une ou l'autre de ces variétés. C'est un fait qui doit étre trop connu maintenant, pour qu'il soit besoin d'en parler de nouveau. Les chenilles dont nous donnons la figure sont peintes sur des individus recueillis en juin et à la fin de septembre.

Cette chenillé dans sa jeunesse est presque aussi noire que celle de l'*Io,* ordinairement avec les épines de la même couleur, et le corps très finement pointillé de blanc. Après sa dernière mue, les points blancs sont un peu plus marqués, mais toujours beaucoup moins que dans *Io.* Tantôt elle a le long des pattes une bande latérale rougeâtre, entière, ou interrompue, et plus ou moins large ; et tantôt elle en est complétement dépourvue. Les épines sont très rameuses, au nombre de sept sur chaque anneau, excepté le premier qui n'en a aucune. La tête est constamment d'un noir presque bronzé, portant deux épines garnies de quelques poils, et imitant des espèces de cornes. Le dessous du corps et les pattes sont noirs, avec l'extrémité des pattes membraneuses blanchâtre. Les stigmates sont à peine apparents.

Outre les variétés qui ont une bande fauve latérale, ou qui en sont dépourvues, on en rencontre souvent qui, au lieu d'avoir les épines noires, les ont d'un gris jaunâtre, excepté celles des premiers anneaux. On en trouve aussi fréquemment d'autres, dont le corps est presque grisâtre, pointillé de noir, sur-tout sur les côtés, avec toutes les épines, excepté les cornes, d'un gris jaunâtre ou jaunes. Le ventre est aussi d'un gris jaunâtre, avec une raie noire entre les pattes. Cette dernière variété est très rarement sans bande latérale fauve.

Notre description est faite d'après plus de deux cents individus recueillis en été ou en automne, et provenant de différentes pontes.

La chrysalide est petite, et ressemble un peu par sa forme à celle d'*Urticæ*. Elle est ordinairement d'un cendré-jaunâtre obscur, ou un peu roussâtre, sans taches métalliques, ou avec quelques petites marques argentées.

Cette chenille vit en famille sur l'*urtica dioica* (ortie commune), dans le nord et dans le centre d'une grande partie de l'Europe. Celles que l'on trouve en juin éclosent en juillet, et produisent la *Prorsa* des auteurs ; celles de la seconde ponte que l'on trouve en septembre et octobre passent l'hiver en chrysalide, éclosent à la fin d'avril ou au commencement de mai, et produisent la *Levana*. Enfin, celles que l'on fait éclore au milieu de l'hiver, à l'aide d'une chaleur artificielle, tiennent de l'une et de l'autre.

Elle est rare aux environs de Paris, cependant elle s'y trouve de temps en temps. M. Maxime Maillard, entomologiste zélé, a trouvé la chenille en 1832 aux environs de Versailles.

1. Vanessa Ichnusa.

2. la Chrysalide.

3. Vanessa Prorsa.

4. ———— idem variété.

5. ———— idem variété.

6. ———— la Chrysalide.

Blanchard pinxit, Dumenil direxit

## CUCULLIA CHAMOMILLÆ. Pl. 6, fig. 1.

*Flavescens vittis lateralibus sinuatis, alteraque dorsali albo punctata, olivaceis; annulatim roseo subfasciata.*

> TREITSCH.-OCHS., *Schmett. von Europ.*, III, p. 111, n° 12.
> BOISD., *Ind. meth.*, p. 89.
> *Noctua chamomillæ.* HUBN., Noct., tab. 54, fig. 261.— Larv.
>     lepid., Noct., II, genuin. V, *a-b*, fig. 2, *a*.
> FAB., *Ent. Syst.*, III, 2, 112, 365.
> WIEN. VERZ., S. 75, fam. I, M, 3.
> ESP., *Schmett.*, IV th., tab. 193, Noct., 114, fig. 1.
> BORKH., *Europ. schmett.*, IV th., S. 290, n° 122.
> Cucullie de la camomille? GOD.-DUP., t. VII, pl. 126, fig. 3.

Cette belle chenille est d'un jaune-paille clair, avec une bande transversale d'un rose pourpre sur le milieu de chaque anneau. De chaque côté est une bande longitudinale sinueuse, étranglée aux incisions, d'un vert-olivâtre clair, tirant un peu sur le rose pourpre, et légèrement bordée de brun roussâtre. Au-dessus de cette bande, on voit sur le milieu de chaque anneau une autre bande, courte, d'un vert-olivâtre plus foncé, bordée de brun, et qui monte, en s'arrondissant légèrement, se joindre sur l'anneau suivant à celle venue du côté opposé, de manière à former comme une suite de chevrons. Ces chevrons sont marqués à leur base d'un point blanc arrondi, qui donne naissance à un petit poil peu visible. Au-dessous de la bande longitudinale, on en voit une autre maculaire, très ondulée, interrompue sur le milieu de chaque anneau, bordée de brun, et de la couleur des chevrons. Les stigmates sont ovales, d'un blanc jaunâtre, cerclés de noir, et placés entre cette bande et un trait rose qui longe les pattes. La tête est d'une couleur de chair roussâtre, avec deux traits longitudinaux d'un brun roussâtre, placés antérieurement. Le dessous du ventre est d'un blanc verdâtre, avec cinq raies longitudinales blanches et quelques points verruqueux de la même couleur. Les pattes membraneuses sont blanchâtres avec la couronne rousse ; les écailleuses sont de la même couleur avec la pointe brune.

Cette chenille a les incisions rentrées, et elle est luisante et comme vernissée.

On en rencontre une variété qui diffère de celle-ci par les caractères suivants : le fond de sa couleur est d'un blanc très légèrement verdâtre ; les bandes sont moins bien écrites, et les chevrons sont dépourvus de points blancs à leur base. Elle n'a pas non plus de bande rose transversale. On en trouve d'autres au contraire qui sont plus colorées que celle que nous avons fait figurer. La bande rose transversale couvre presque chaque anneau , et les raies ventrales sont bordées de brun roux.

La chrysalide est cylindrico-conique, aplatie, d'un brun-roux luisant, avec l'enveloppe des yeux noire ; la gaîne de la trompe et des pattes est plus foncée que le corps. L'anus est terminé par une pointe brune obtuse et aplatie.

On trouve cette chenille pendant le mois de juillet et les premiers jours d'août sur les fleurs de la *matricaria chamomilla* et de l'*anthemis cotula* et *arvensis*.

L'insecte parfait éclôt en mai. Il se trouve en France, en Autriche et en Hongrie ; mais il est assez rare par-tout.

## CUCULLIA LACTUCÆ. Pl. 6, fig. 3 et 4.

TREITSCH.-OCHS., *Schmett. von Europ.*, III, p. 109, n° 11.
BOISD., *Ind. meth.*, p. 89.
*Noctua lactucæ.* HUBN., Pap., tab. 53, fig. 264. — LARV.
   lepid., IV, Noct., II, genuin. V, *b*, fig. 1, *a*.
FAB., *Ent. Syst.*, III, 2, 122, 367. — BORKH., WIEN. VERZ.,
   SCHRANK, etc.
ESPER, *Schmett.*, IV th., tab. 137, Noct. 58, fig. 4-6.
ROESEL, *Ins.*, I th., tab. 42, fig. 1-5, S. 241.
La laitue. ERNST, Pap. d'Europe, pl. 248, fig. 368.
Cucullie de la laitue. GOD.-DUP., t. VII, pl. 126, fig. 2.

Le fond de sa couleur est d'un blanc bleuâtre. Son dos est longé par une bande d'un jaune orangé, étranglée aux incisions ; ensuite vient immédiatement de chaque côté une large bande maculaire, noire, formée sur chaque anneau de deux taches transversales, dont l'antérieure est plus large, et la seconde élargie à sa base et située dans l'incision. Au-dessus des pattes, il y a une autre bande d'un jaune pâle, lavée d'orangé sur le milieu de chaque anneau. Les stigmates sont noirs et placés sur cette bande. Sur leur côté postérieur, on voit un point de la même couleur, et au-dessous d'eux un point semblable, suivi d'une tache noire assez large presque orbiculaire. En dessous, chaque anneau est marqué d'une bande noire transversale et de deux traits de la même couleur placés dans l'articulation. La tête est noire, avec deux lignes blanches formant un V renversé. Toutes les pattes sont noires.

Cette chenille est luisante, comme vernissée, et ses anneaux sont saillants, moniliformes. Elle vit sur les laiterons (*sonchus*), les *prenanthes*, et sur plusieurs espèces de laitue (*lactuca*). On en trouve qui sont parvenues à toute leur grosseur depuis la fin de juillet jusqu'au milieu de septembre.

Pour se métamorphoser, elle fait en terre une coque ovale, assez solide, comme la plupart des espèces du même genre.

La chrysalide est cylindrico-conique, alongée, un peu aplatie, d'un rouge presque briqueté ou d'un brun rouge, luisante, avec l'enveloppe des ailes plus claire. La gaîne de la trompe et des pattes postérieures est détachée comme dans les espèces du même genre et comme dans les Cléophanes. Les stigmates sont noirs ; la pointe anale est longue, très aplatie, et spatulée à son extrémité.

L'insecte parfait éclôt à la fin de mai ou au commencement de juin de l'année suivante. Il est des localités où il paraît deux fois. Il se trouve çà et là dans presque toute l'Europe, mais bien plus rarement que l'*Umbratica*. A peine si on peut le distinguer de la *Lucifuga*.

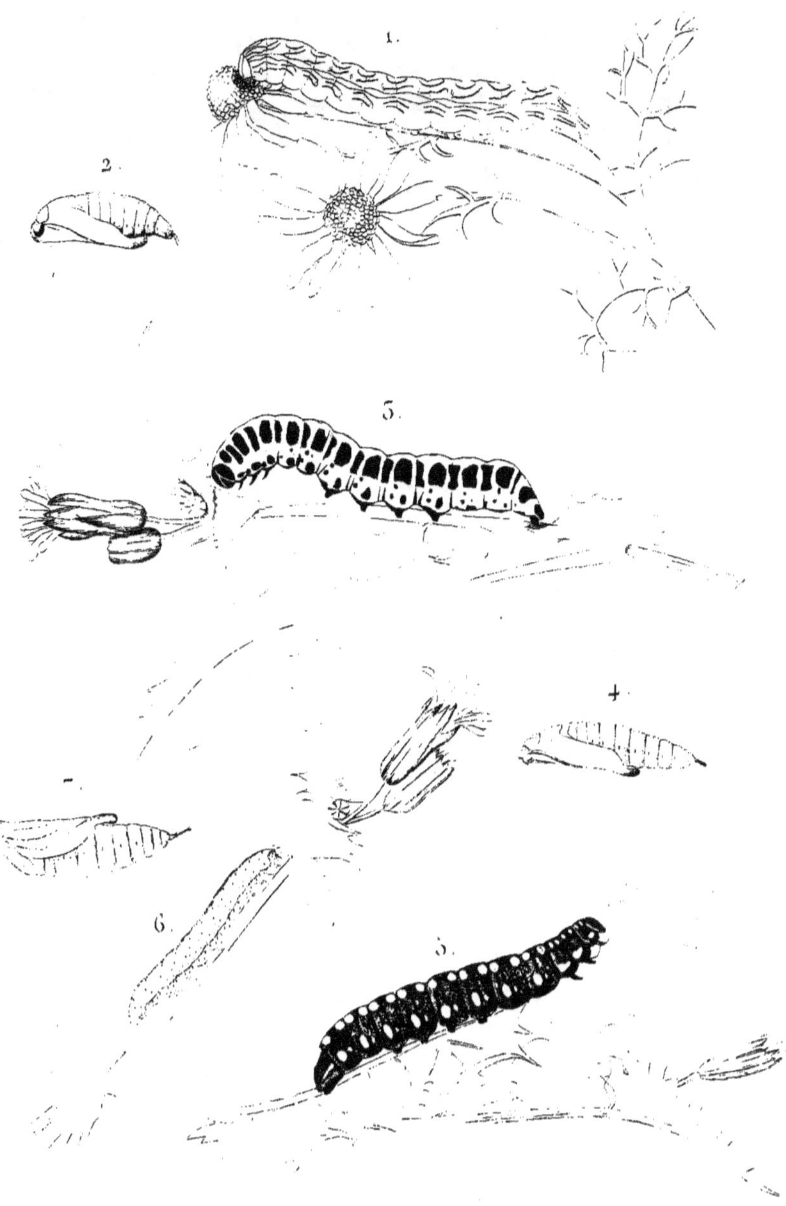

1. Cucullia Camomille.
2. la Chrysalide.
3. Cucullia Lactuca.
4. la Chrysalide.

5. Cucullia Lucifuga.
6. Idem, jeune.
7. la Chrysalide.

## CUCULLIA LUCIFUGA. Pl. 6, fig. 5, 6 et 7.

*Atra maculis rubro-fulvis triseriatis.*

TREITSCHK.-OCHS., *Schmett. von Eur.*, III, p. 116, n° 14.
*Noctua lucifuga.* HUBN., tab. 54, fig. 262. — Larv. lepid.,
   IV, Noct., II, genuin. V, *b*, fig. 1, *a, b* (sous le nom d'*Um-*
   *bratica*).
ROESEL., *Ins.*, I th., tab. 25, fig. 1, 2 et 5 (la fig. 4 appar-
   tient à *Umbratica*).
ESPER? *Schmett.*, IV th., tab. 178, Noct., 89, fig. 8.
WIEN. VERZ.? S. 312, fam. I, n° 11.
BORKH., *Europ. schmett.*, IV th., S. 295, n° 124.

Jusqu'à sa dernière mue elle est d'un rouge-brun obscur,
avec une bande dorsale et une bande latérale jaunâtres. La
bande latérale est plus large que la première et marquée de
petits points noirs. On en voit aussi quelques uns le long de
la bande dorsale, où la teinte rouge devient noirâtre. Le milieu du ventre est un peu jaunâtre.

La tête est jaunâtre ou d'un jaune roussâtre, et semée
d'atomes d'un brun rouge.

Après sa quatrième mue, elle devient d'un noir profond,
et sa peau est finement chagrinée. La bande dorsale est remplacée par une série de taches arrondies, d'un jaune-orangé
vif, placées deux à deux sur chaque anneau. Sur le deuxième
et le troisième, il y en a trois, et sur le dernier elles forment
une bande. La bande latérale est également remplacée par
une série de taches plus larges que les dorsales, de la même
couleur, dont une seule par anneau.

Les stigmates sont ovoïdes, complétement noirs ; la tête
est noire et rugueuse ; les pattes sont de la même couleur et
luisantes.

Cette espèce est au moins de la taille de la *Lactucæ*. Elle
n'est pas rare dans les Alpes, mais elle est presque toujours
piquée par des ichneumons. On la rencontre au mois d'août

sur le *prenanthes purpurea*, dont elle dévore sur-tout les fleurs ; mais elle vit probablement aussi sur d'autres espéces de *chicoracées*. Rœsel l'a trouvée sur des *sonchus*.

La plupart des auteurs se sont trompés en prenant cette chenille pour celle de l'*Umbratica*. Nous ne comprenons pas comment il se fait que M. Treitschke, qui cite la figure de Rœsel, pl. 25, rapporte la chenille, n° 3, qui est celle de l'*Umbratica*, à la figure n° 5, qui représente la *Lucifuga* à l'état d'insecte parfait.

Le papillon éclôt en mai, et reparaît peut-étre en août comme l'*Umbratica*. Il ressemble tellement à la *Cucullia Lactucæ* qu'il est souvent très difficile de l'en distinguer.

## CUCULLIA ASTERIS. Pl. 7, fig. 1, 2, 3 et 4.

*Modo viridis, modo violacea, fascia dorsali alteraque laterali citrinis;
vittis lateralibus longitudinalibus obscuris.*

TREITSCH.-OCHS., *Schmett. von Europ.*, III, p. 118, n° 15.
E. BOISD., *Ind. meth.*, p. 89.
*Noctua asteris.* HUBN., Noct., tab. 53, fig. 260; et tab. 108,
fig. 506. — Larv. lepid., IV, Noct., II, gen. V, *b, c.* fig. 1,
*a, b.*
FAB., *Ent. Syst.*, III, 2, 121, 346. — WIEN. VERZ., BORKH.,
ILLIG., etc.
ESP., *Schm.*, IV th., tab. 154, Noct., 75, fig. 2, 3.
L'astrée. ERNST, Pap. d'Europ., pl. 246, fig. 364, *a, b.*
Cucullie de l'aster. GOD.-DUP., t. VII, pl. 125, fig. 1.

Elle est un peu plus atténuée à ses extrémités que ses congénères, et ses anneaux sont moins renflés que dans la *Lactucæ.* Sur le milieu du dos, elle a une bande d'un jaune citron,
placée entre deux autres bandes d'égale largeur d'un vert foncé, quelquefois tirant sur la couleur ardoisée, et bordée en haut
et en bas par une ligne noire; vient ensuite une bande plus
étroite, d'un vert-jaunâtre pâle, suivie de deux autres d'un vert
un peu plus foncé. Immédiatement après est située une bande
d'un vert encore un peu plus obscur. Enfin, au-dessous de celle-
ci et près des pattes, on voit une dernière bande, plus large,
ondulée par en bas, de couleur blanche, lavée de jaune par
en haut, et quelquefois entièrement jaune. Les stigmates sont
jaunes, finement cerclés de noir, et placés à la partie supérieure de cette dernière bande. Outre cela, toutes ces différentes bandes sont séparées l'une de l'autre par un filet
noir. Le dessous du ventre est d'un vert légèrement roussâtre, avec cinq raies longitudinales blanches. La tête est d'un
vert-bleuâtre très pâle, pointillée de noir. Les pattes sont d'un
vert blanchâtre, avec les crochets bruns.

On rencontre une variété plus commune dans certaines localités, et beaucoup plus rare dans d'autres, qui diffère de

celle que nous venons de décrire par les caractères suivants : la bande jaune dorsale est suivie de bandes qui sont plus obscures, et quelquefois d'un brun violet ; celle qui vient après est d'un jaune pâle ; les deux suivantes sont d'un violet clair ; l'avant-dernière est d'un vert bleuâtre, et la dernière presque entièrement jaune. Le dessous du ventre est d'un rose violet, avec cinq raies blanches. Les pattes sont d'un rose pâle, ainsi que la tête. Du reste, le dessin est tout-à-fait semblable. Toutes les deux sont luisantes et comme vernissées, et elles ont quelques petits poils très fins répandus çà et là sur le corps et sur la tête.

On trouve cette chenille depuis le commencement de juillet jusqu'à la fin d'août sur la verge-d'or, *solidago virgaurea*, le long des allées et dans les clairières des bois. Elle se tient presque toujours à la cime des tiges, et il n'est pas très difficile de la découvrir. On la rencontre aussi quelquefois dans les jardins sur les *aster* et sur les verges-d'or étrangères que l'on cultive. Pour se métamorphoser, elle se forme une coque ovale, d'une consistance assez solide, avec un mélange de terre et de soie.

La chrysalide est cylindrico-conique, aplatie. Le corps est d'un fauve légèrement verdâtre, avec les incisions d'un brun roux. L'enveloppe du corselet et des ailes est d'un vert clair tirant sur le fauve. Les stigmates sont d'un brun noir. L'anus est terminé par une pointe aplatie obtuse, d'un brun foncé.

L'insecte parfait se trouve dans le centre d'une grande partie de l'Europe. Il éclôt ordinairement au mois de mai de l'année suivante. Cependant quelques individus hâtifs naissent au mois de septembre de la même année.

1. Cucullia Asteris.
2. Idem vue de profil.
3. Idem variété.
4. la Chrysalide.
5. Cucullia Gnaphalii.
6. la Chrysalide.

## CUCULLIA GNAPHALII. Pl. 7, fig. 5 et 6.

*Viridis, fascia dorsali utrinque sinuata, lineis obscuris nexis notata maculisque lateralibus, stigmatiferis, cinereo-purpureis.*

Treitsch.-Ochs., *Schmett. von Europ.*, III, p. 87, n° 2.
Boisd., *Ind. meth.*, p. 89. — Cantener, catalogue du département du Var, p. 91.
*Noctua gnaphalii.* Hubn., Noct, tab. 126, fig. 582, 583.
Cucullie du gnaphalium. God.-Dup., t. VII, pl. 125, fig. 4.

Elle est atténuée antérieurement et postérieurement. Le fond de sa couleur est d'un vert-pomme légèrement roussâtre. Sur le dos est une large bande longitudinale, amincie à ses deux extrémités, d'un gris-foncé roussâtre ou violâtre, suivant les individus. Cette bande est sinueuse sur ses bords, encadrée d'une ligne brune, et elle s'élargit en pointe à chaque incision. Elle est en outre marquée d'une suite de taches un peu plus claires, alternativement rondes et carrées, qui sont dessinées par des lignes d'un gris noirâtre, et qui sont liées entre elles. Ces taches sont quelquefois absorbées par la couleur de la bande ; mais on distingue toujours les lignes d'un gris brun qui les entourent. En général l'antérieure, qui est presque carrée, est la plus claire. Au-dessous de cette bande sont placées trois lignes longitudinales d'un vert foncé, dont les deux inférieures sont moins apparentes, et seulement bien distinctes aux incisions. Les côtés sont marqués sur chaque anneau d'une large tache d'un violet ou d'un pourpre grisâtre. Ces taches ont un point brun à leur sommet, et deux points semblables placés obliquement en arrière. Les stigmates sont d'un blanc-jaunâtre sale, cerclés de brun, et placés sur le milieu des taches latérales. Le dessous du ventre est d'un vert-clair bleuâtre, avec cinq raies blanches longitudinales peu apparentes. Toutes les pattes sont de la couleur du corps. La tête est d'un vert pomme, roussâtre à sa partie supérieure. Outre cela, on voit çà et là quelques petits poils fins sur le corps et sur la tête.

30.

Cette chenille vit solitairement sur la verge-d'or, *solidago virgaurea*. On la trouve dans le courant de juillet et dans le commencement du mois d'août. Elle se tient ordinairement collée le long d'une tige de la plante, la tête tournée par en bas, quelquefois même sur une autre plante à peu de distance. Dans cette position elle n'est pas facile à apercevoir, parceque la couleur de la bande dorsale se confond avec celle des tiges de la verge-d'or. Elle est extrêmement vive ; dès qu'elle sent qu'on la touche, elle se laisse tomber, et s'agite vivement et très brusquement.

Elle se forme une coque ovale, d'une consistance solide, avec un mélange de soie et de terre.

La chrysalide ressemble beaucoup à celle de l'*Asteris*. Son corps est d'un jaune-pâle verdâtre, avec les incisions d'un brun rouge, et l'enveloppe des ailes et du corselet d'un vert-jaunâtre pâle très transparent. La pointe anale est d'un brun foncé, aplatie et spatulée à son extrémité. Les stigmates sont d'un brun noir.

L'insecte parfait éclôt dans les derniers jours de mai et dans le courant de juin. Il se trouve, mais assez rarement, dans le centre et dans le nord de la France et de l'Allemagne. Il a été très rare dans les collections jusqu'en 1825, que l'un de nous le trouva aux environs de Paris. C'est notre collaborateur, M. de Graslin, qui a le premier découvert sa chenille en France.

## HADENA CONTIGUA. Pl. 8, fig. 1, 2, 3, 4, 5 et 6.

*Modo viridis, modo flavo-subviridis, modo rufescens lineis duabus nigris aut ferrugineis annulatim interruptis et postice subobliquis, interjacentibus punctis quatuor concoloribus.*

TREITSH.-OCHS., *Schmett. von Europ.*, I, p. 352, n° 18.
BOISD., *Index meth.*, p. 72.
*Noctua contigua.* HUBN., Noct., tab. 18, fig. 85, et tab. 133, fig. 609. — Larv. lepid., IV, Noct., II, F, *d*, fig. 1, *a, b, c.*
FAB., *Ent. Syst.*, III, 2, 69, 194.
KLEMANN, *Beytr.*, S. 352, tab. 42.
*Noctua spartii.* BORKH., *Europ. schm.*, IV th., S. 352, n° 147.
*Noctua ariæ.* ESP., *Schmett.*, IV th., tab. 160, fig. 8, S. 547.
La tache rousse. ERNST, Pap. d'Europe, 285, fig. 472.
Noctuelle contiguë. GOD.-DUP., Pap. de France, t. VI, pl. 91, fig. 2.

Elle est à-peu-près de la taille de la *Brassicæ*. Le plus ordinairement le fond de sa couleur est d'un vert jaunâtre ou presque jaune. Elle a sur le dos deux rangs de traits bruns presque alignés, un peu obliques en dedans et en arrière. Ces traits sont un peu plus courts que les anneaux, et renferment entre eux et sur chaque anneau, quatre points de la même couleur disposés par paires, et dont les deux plus éloignés sont en avant. Outre cela, on remarque sur le vaisseau dorsal, dans chaque incision, un point également brun, alongé ou irrégulier, et formant une petite tache brune. Le dessus du premier anneau est lavé de brun pourpre et marqué de six points blanchâtres alignés sur deux rangs. Le long des pattes, il y a une raie blanchâtre ou d'un blanc jaunâtre, supportant les stigmates. Ceux-ci sont blancs, cerclés de noir. La tête est verte, avec quelques petits traits bruns plus ou moins apparents.

Le dessous du corps est vert, finement pointillé de jaune. Les pattes sont vertes, avec la couronne plus pâle. La dernière paire des membraneuses est ordinairement bordée de blanc extérieurement. Outre ces caractères, tout le corps de la chenille est très finement pointillé de jaune, et les incisions sont un peu plus jaunes que la couleur générale.

On rencontre souvent une variété d'un brun-tanné clair, avec le même dessin ; mais chez elle les traits obliques se prolongent davantage et viennent quelquefois se réunir au point qui est dans l'incision, de manière à former une suite de V, dont la pointe est dirigée en arrière. Tout le corps est en outre très finement sablé de brun, et les trois premiers anneaux sont souvent lavés d'un peu de gris verdâtre. La bande qui porte les stigmates est jaunâtre, lavée de roussâtre et pointillée de blanc jaunâtre. Les pattes sont d'une couleur presque incarnate. La tête est roussâtre, avec un réseau plus obscur.

On en trouve une autre qui est d'un vert jaunâtre, avec les traits obliques d'un vert obscur, peu prononcés, ainsi que la tache des incisions. Chez cette dernière, les points du dessus des anneaux disparaissent souvent.

Dans sa jeunesse elle est d'un vert obscur, avec le même dessin que la variété que nous avons décrite la première.

Vers la fin de septembre, cette chenille est parvenue à toute sa grosseur. Elle vit sur une infinité de plantes et d'arbustes. Elle est parfois assez commune sur les jeunes pousses du noisetier, *corylus avellana*. M. Renard, de Saint-Quentin, nous en a envoyé un grand nombre qu'il avait recueillies sur cet arbre. Elle entre en terre pour se métamorphoser.

La chrysalide est d'un brun-marron clair, et elle ressemble beaucoup à celle de la *Mamestra Brassicæ*.

L'insecte parfait éclôt en mai et juin de l'année suivante. Il est commun dans le nord et dans le centre d'une grande partie de l'Europe.

1. Hadena Contigua.
2. Vue de dos.
3. Idem variété.
4. Idem variété.
5. Idem jeune.
6. la Chrysalide.

Blanchard pinxit Dumenil Sculp.

## GEOMETRA DENTARIA. Pl. 1, fig. 1, 2, 3, 4 et 5.

*Variabilis, modo griseo-fusca, modo virescens, lineis nigris; callo bifido in penultimo segmento, nigro marginato.*

> *Ennomos dentaria.* TREITSCH., *Schmett. von Europ.*, t. VI,
> p. 76, n° 29.
> *Geometra dentaria.* HUBN., tab. 5, fig. 12. — Larv. lepid., 5,
> Geom., I, a-d, fig. 2, a. b.
> *Geometra bidentata.* LIN., *Faun. Succ.*, ed. 2, n° 1255. —
> FAB., *Ent. Syst.*, III, 2, 133, 15. — BORKH.
> *Geometra dentaria.* ESP., SCHRANK.
> La rongée. DEVILLERS. t. II, p. 299, n° 412.
> Ennomos dentelée. GOD.-DUP., Hist. des Lépid. de France,
> t. VII, p. 150, pl. 143, fig. 5, 6.

Cette chenille a quatorze pattes, dont quatre rudimentaires; elle est cylindrique, alongée. Ses côtés sont un peu bosselés et plissés, et quelques uns des tubercules pilifères sont plus prononcés que les autres. On en voit sur-tout deux en dessus, sur la plupart des anneaux.

Elle varie extrêmement pour la teinte, qui peut être grise, brune, rousse, d'un brun rougeâtre, noirâtre, ou même verte, avec des dessins et des lignes qui souvent sont à peine sensibles; d'autres fois elle est blanchâtre ou brunâtre, agréablement marbrée de noir; quelquefois aussi plusieurs des anneaux sont bordés d'un cercle noir. Cette dernière variété vit ordinairement sur le sapin.

Le dessin forme sur le dos des espèces de losanges qui se touchent par leurs extrémités, et qui sont entourées de lignes noires; plus bas, on voit une double ligne noire, plus foncée au milieu des anneaux, et sur les côtés, des raies ou lignes irrégulières noirâtres. Le ventre est moiré de brunâtre, très pâle à sa partie postérieure.

Cette espèce est sur-tout reconnaissable à une proéminence placée sur le pénultième anneau, surmontée de deux tubercules, et toujours bordée d'une ligne noire sur ses côtés.

Le quatrième anneau est souvent un peu renflé en dessus, avec deux tubercules arrondis, plus gros que les autres, qui quelquefois sont à peine sensibles.

Les stigmates sont presque circulaires, de la couleur du corps, avec la bordure noire. La tête est un peu échancrée, sur-tout à sa face antérieure qui est aplatie et creusée ; elle est de la couleur du corps, avec une large tache noire qui couvre l'excavation antérieure.

Les vraies pattes sont grises ; les deux dernières paires sont de la couleur du corps extérieurement, avec leur côté interne verdâtre, ainsi que la partie du ventre comprise entre elles.

Les deux autres paires sont cylindriques, rudimentaires, armées de crochets, sans cependant servir à la marche.

On la rencontre sur presque tous les arbres et même sur les sapins (*abies excelsa et pectinata*) au mois d'août et de septembre.

Pour se métamorphoser, elle forme à la surface de la terre une légère coque, dans laquelle elle se change en une chrysalide d'un ferrugineux obscur, noirâtre sur les ailes et le dos. Celle-ci se termine par une extrémité rugueuse, armée de deux pointes longues, éloignées à leur base, puis conniventes, accompagnées de six soies crochues.

Cette espéce habite sur-tout le nord de la France. Elle est aussi fort commune dans les parties alpines.

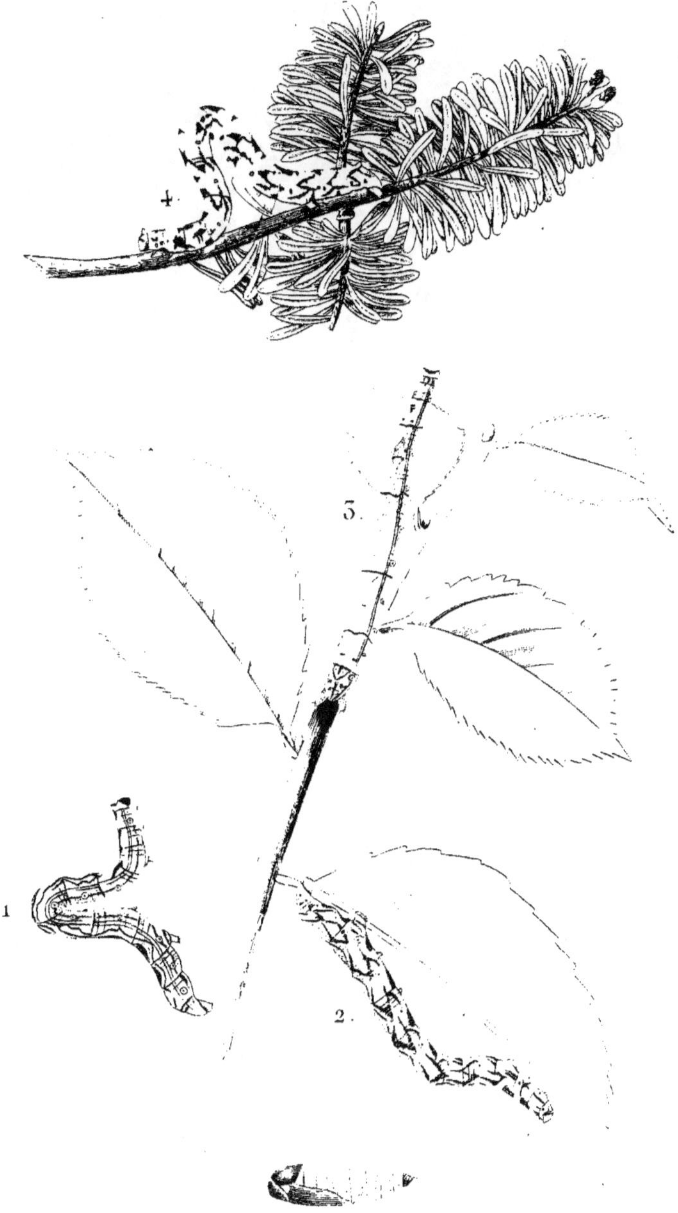

1. Geometra Dentaria.
2. Idem variété.
3. Idem variété.
4. Idem variété.
5. la Chrysalide.

## BOMBYX DUMETI. Pl. 15, fig. 1, 2, 3 et 4.

*Fusca, pilis fulvis instructa, dorso sœpius subcinerascenti-fusco fasciis
annulatim transversis, interruptis, nigris.*

BOISD., *Ind. meth.*, p. 48.
*Gastropacha dumeti.* OCHS., *Schmett. von Europ.*, III, p. 273,
   n° 14.
*Bombyx dumeti.* HUBN., Bomb., tab. 37. fig. 164. — Larv.
   lepid., Bomb., II, N, *b*, fig. 1, *a*.
LINN., *Syst. Nat.*, I, 2, 815, 26.
FAB., *Ent. Syst.*, III, 1, 427, 63. — WIEN. VERZ., ILLIG.,
   SULZ., BORKH., etc.
ESP., *Schmett.*, III th., tab. 14, fig. 3.
*Lasiocampa dumeti.* SCHRANK, *Faun. Boic.*, 2, B. 1 abth.,
   S. 274, n° 1459.
La brune du pissenlit. ERNST, Papillons d'Europe, pl. 177,
   fig. 227, *a-g*.
Bombyx des buissons. GOD., Pap. de France, IV, pl. 10, fig. 1.

Elle a le port et un peu le *facies* de la chenille de *Quercus*,
mais elle est beaucoup moins velue. Le fond de sa couleur
est d'un brunâtre obscur, quelquefois avec un reflet ardoisé
un peu violâtre, et souvent avec le dos lavé d'un grisâtre
plus ou moins sale. Ses poils sont peu nombreux, assez soyeux,
assez courts, d'un blond rouge, entremêlés de quelques autres très rares et d'un blond pâle. Chaque segment est marqué
de quatre taches noires, transversales, alongées, placées dans
les incisions, au commencement et à la fin de chaque anneau.
Les deux qui sont situées sur le bord postérieur des anneaux
sont le plus ordinairement marquées d'un point d'un blanc
grisâtre, et elles deviennent bien visibles lorsque la chenille se
roule sur elle-même; celles au contraire qui sont placées sur le
bord antérieur sont presque toujours bordées en avant par une
bande transverse, d'un gris-blanchâtre sale. Les côtés, le dessous du corps et les pattes sont d'un noir-plombé livide. Les
stigmates sont noirs et assez petits. La tête est noirâtre, velue,

assez petite, et un peu échancrée en cœur. Outre ces caractères, le dessus des anneaux offre quelques plis transversaux noirâtres, et les incisions ont un reflet d'un bleuâtre plombé.

Avant la dernière mue, les taches antérieures ne sont pas bordées en avant par du blanc grisâtre, et le dessus des anneaux est moins grisâtre.

La chrysalide est d'un brun-rougeâtre clair, ou noirâtre; le dernier anneau est terminé par une large pointe lancéolée, noire, dentée des deux côtés. Le dessous de la poitrine est marqué de deux mamelons noirs assez saillants. Les stigmates sont noirâtres.

Cette chenille est parvenue à toute sa taille dans les premiers jours de juin. Il est difficile de la trouver lorsqu'on ne sait pas qu'elle a l'habitude de se tenir cachée. C'est dans les parcs, les allées des bois et dans les prairies voisines des forêts qu'il faut la chercher. Elle vit sur plusieurs chicoracées, particulièrement sur le pissenlit, *leontodon taraxacum*, l'*hipochœris radicata*, le *hieracium pilosella*. Lorsque l'on aperçoit des feuilles rongées, on est à-peu-près certain de la rencontrer ; mais pour cela il faut chercher sous les plantes basses à quelque distance de la plante mangée jusqu'à ce que l'on trouve ses crottes.

Pour se chrysalider, elle entre en terre à une certaine profondeur dans une galerie qu'elle se creuse à la manière des taupes. Elle ne fait pas de coque proprement dite.

L'insecte parfait éclôt dans le courant d'octobre. Le mâle vole en plein jour comme celui de *Quercus*. Il se trouve dans le centre et dans le midi de l'Europe.

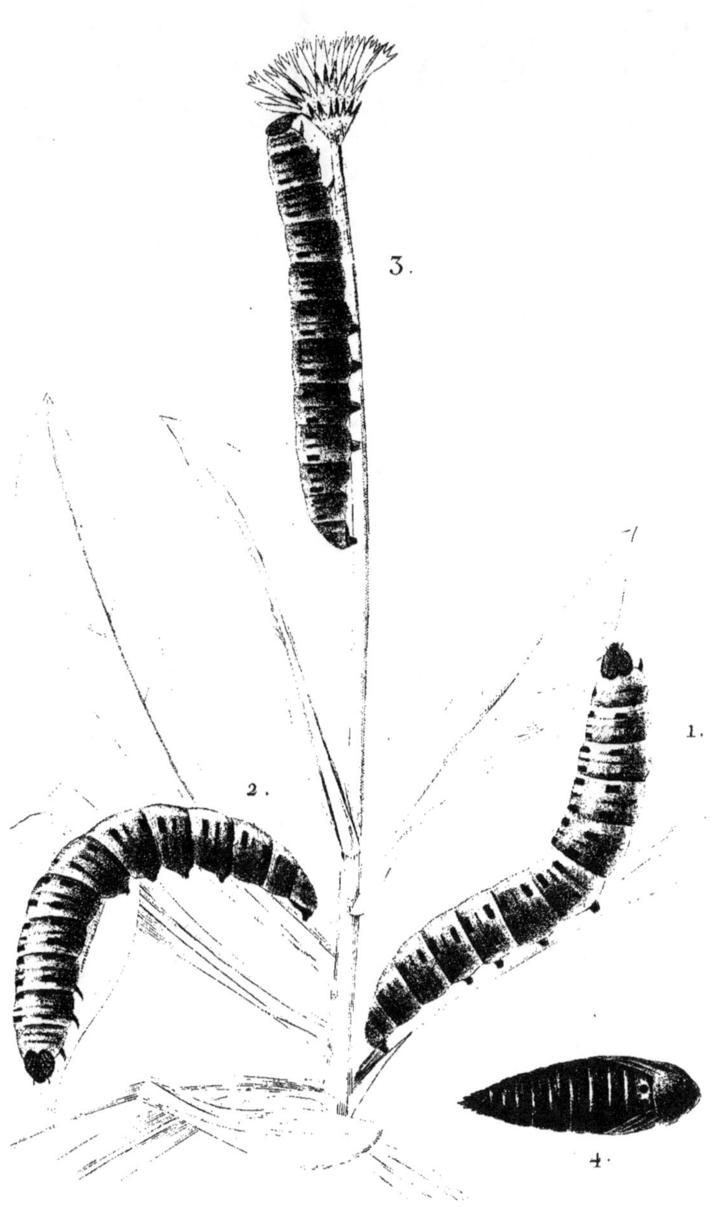

1. Bombyx Dumeti.
2. idem variété.
3. ———— idem avant sa derniere mue.
4. ———— la Chrysalide.

Blanchard pinxit.Duménil direxit.

## TRIPHÆNA PRONUBA. Pl. 9, fig. 4, 5 et 6.

*Variabilis, modo fusco-rufescens, modo flavo-virescens lineis duabus lutescentibus serie macularum nigrarum marginatis.*

> *Triphœna pronuba.* Tteitsch. - Ochs. , I, p. 260, n° 4. — Boisd. , etc.
> *Noctua pronuba.* Hubn., Noct., tab. 22, fig. 103. — Larv. lepid., Noct., II, G. *b*, fig. 2, *a*, *b*.
> Linn., *Syst. Nat.*, I, 2, 842, 112. — Fab., Illig., Borkh., Esp. , etc.
> La phalène hibou. Geoff.,Hist. des Ins. , t. II , p. 146, n° 76.
> La fiancée. Ernst, Papillons d'Europe , pl. 260 et 261.
> Noctuelle pronuba. God. , Pap. de France, V, pl. 58.

Elle varie beaucoup pour la couleur. Le plus souvent elle est d'un gris-roussâtre pâle ou d'un gris terreux ; tantôt elle est verdâtre, tantôt jaunâtre ou d'un vert jaunâtre. Elle a sur le dos une ligne jaunâtre très étroite , un peu ombrée de brun sur ses côtés. On voit au-dessous d'elle une série longitudinale de taches noires, oblongues, appuyées sur une ligne jaune plus ou moins apparente, plus visible sous les taches. Les taches et la ligne ne sont pas sensibles sur le premier anneau , et peuvent même quelquefois disparaître sur tout le corps Sur les côtés, la couleur brune du dessus fait subitement place à la teinte du dessous, qui est plus pâle, roussâtre ou jaunâtre, et teinté de rougeâtre. Quelquefois les côtés sont marqués, près des pattes, d'une légère bande jaunâtre. Les stigmates sont ovoïdes, d'un blanc jaunâtre avec la bordure noire.

La tête est rousse, marquée de deux lignes noires, qui, du sommet, descendent vers la bouche. Les côtés de celle-ci présentent deux petites lignes rousses.

On trouve quelquefois des individus parvenus à la moitié de leur grosseur, qui, au premier aspect, ressemblent un peu à l'*Exoleta*, en ce qu'ils ont le long des pattes une bande d'un rouge presque briqueté, au lieu d'être jaune ou même presque nulle.

On en trouve d'autres qui sont d'un gris noirâtre, avec deux rangs de traits dorsaux noirs, à partir du quatrième anneau. Chez cette variété, les stigmates sont d'un blanc un peu incarnat, cerclés de noirâtre.

Cette chenille est très vorace ; elle se nourrit indifféremment de presque toutes les plantes herbacées, et elle fait quelquefois des dégâts dans les potagers, sur-tout dans les plantations de choux. Elle ronge l'intérieur, et se tient cachée entre les feuilles ; ce qui lui a fait donner par les jardiniers le nom de *ver du cœur*. Elle est très commune dans les lieux frais ; mais il faut pour la trouver chercher sous les plantes basses, parcequ'elle a l'habitude de rester cachée pendant tout le jour. Elle passe l'hiver, et elle acquiert toute sa grosseur dans les mois d'avril et de mai, et quelquefois même plus tôt.

Pour se métamorphoser, elle s'enfonce dans la terre sans former de coque bien sensible.

La chrysalide est épaisse, d'un brun-marron clair.

L'insecte parfait éclôt en juin et juillet. Il est commun dans presque toute l'Europe jusque sur les hautes montagnes.

1. Mamestra Brassicæ.      4. Triphæna Pronuba
2. _________ Chenopodii *variété*.      5. _______ *idem variété*.
3. _________ *idem variété*.      6. _______ *idem variété*.

*Blanchard pinxit. Duménil direxit.*

## PYGÆRA RECLUSA. Pl. 14, fig. 1 et 2.

*Subvillosa, luteo-rufescens, fascia lata laterali nigricanti ; segmentis
quarto undecimoque tuberculo minuto, nigro instructis : capite nigro.*

Ochs., *Schmett. von Europ.*, III, p. 228, n° 3.
Boisd., *Ind. meth.*, p. 47.
*Bombyx reclusa.* Hubn., *Europ. von Schmett.* Bomb., tab. 22,
    fig. 90. — Larv. lepid., III, Bomb., II, E, B, fig. 2, *a*.
Fab., *Ent. Syst.*, III, 1, 447, 124. — Borkh., Wien. Verz.,
    Illig., View., etc.
Roes., *Ins. bel.*, IV, tab. XI, fig. 1-6.
Esper, *Schmett.*, III, tab. 51, fig. 6, 7.
*Laria reclusa.* Schrank, *Faun. Boic.*, 2, B. I abth., S. 269,
    n° 1452.
*Bombyx anastomosis.* Donov., *Nat. Hist.*, vol. IV, pl. 124
    et 129.
Scopoli, *Ent. Carn.*, 201, 502.
La hausse-queue brune. Ernst, Papill. d'Europe, pl. 165,
    fig. 216.
Bombyx reclus. God., Pap. de France, IV, pl. 21, fig. 4.

Elle est légèrement velue, courte et épaisse comme ses
congénères. Elle est d'un jaune roux, avec une large bande latérale noire ou noirâtre. Sur le dos, on remarque quelques petites lignes et quelques petits tubercules d'une teinte grisâtre,
l'un et l'autre peu visibles, se fondant presque avec la couleur générale. Le quatrième anneau offre sur le milieu du dos
un petit tubercule noir peu saillant ; sur le onzième, on voit
deux petits tubercules de la même couleur. Entre les pattes
et la bande noire, la couleur est orangée, et elle porte les
stigmates qui sont noirs. La bande noirâtre est marquée, près
de la couleur fauve qui longe les pattes, d'une petite tache
noire, formant un petit relief sur chaque anneau. La tête est
noire. Le dessous du corps et les pattes sont brunâtres.

Dans son premier âge, elle est d'une teinte plus sale.

Pour se chrysalider, elle file entre les feuilles, et quelquefois sous les écorces, une petite coque grisâtre presque semblable à celle de l'*Anachoreta* pour la forme.

La chrysalide est brune, plus petite que celle de *Curtula*, et terminée de même par une pointe en T.

L'insecte parfait éclôt aux mêmes époques que l'*Anachoreta*.

La chenille est assez rare aux environs de Paris et dans le centre de la France ; mais elle est commune dans le nord, dans une grande partie de l'Allemagne, en Suisse et en Russie. Ainsi que l'indique son nom, elle se tient renfermée entre les feuilles des saules ou des peupliers, qu'elle lie comme ses congénères avec des fils de soie.

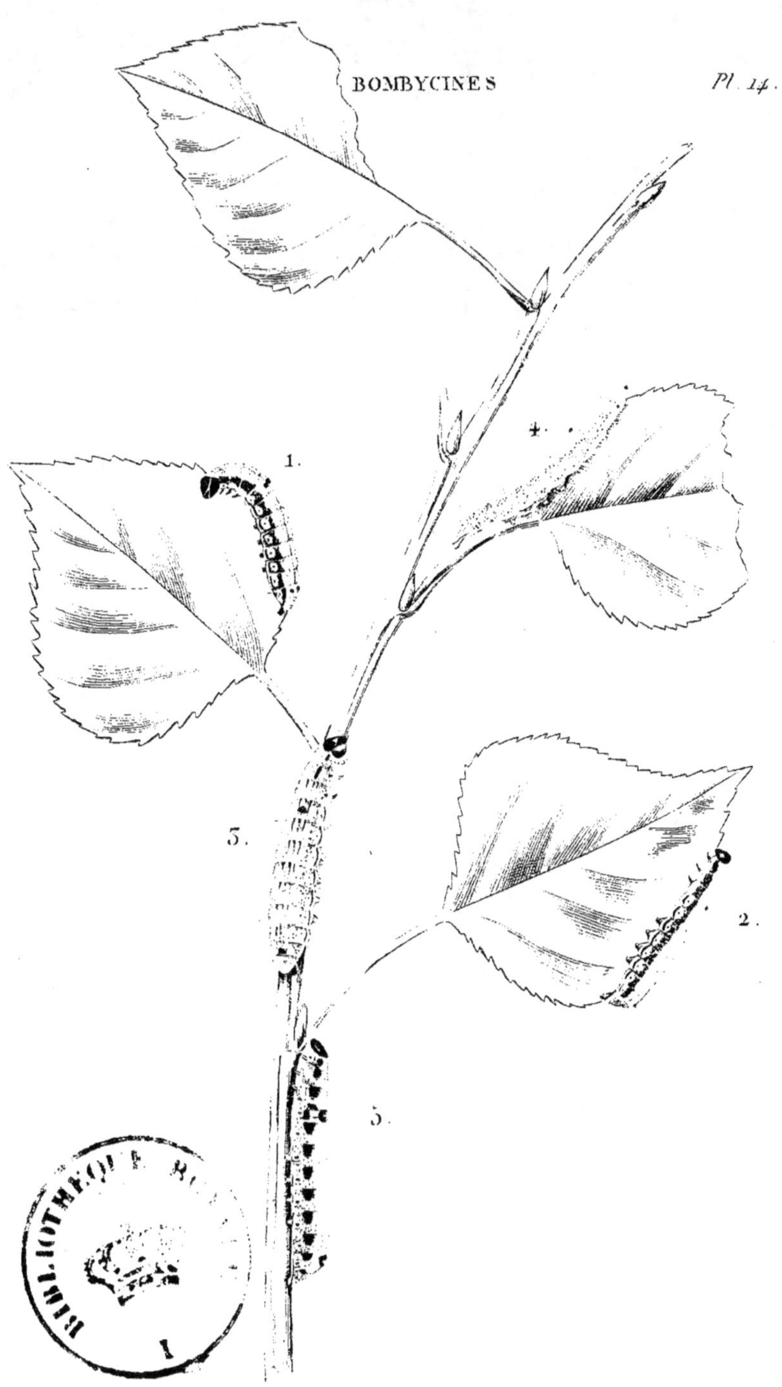

1. Pygæra Reclusa.
2. ———— idem vue de profil.
3. ———— Curtula.

4. Pygæra Curtula *variété*.
5. ———— Anachoreta.

Blanchard pinxt. Duménil direxit.

## PYGÆRA CURTULA. Pl. 14, fig. 3 et 4.

*Subvillosa, albida vel cinerea, tenuissime nigro conspersa maculis utrin-*
*que flavis vel fulvis triseriatis; segmentis quarto undecimoque tu-*
*berculo nigro, minuto, instructis.*

Ochs., *Schmett. von Europ.*, III, p. 232, fig. 5.
Boisd., *Ind. meth.*, p. 47.
*Bombyx curtula.* Hubn., Bomb., tab. 22, fig. 86. — Larv.
    lepid., Bomb., II, E, *b*, fig. 1, *a*.
Fab., *Ent. Syst.*, III, 1, 447, 123.
Linn., *Syst. Nat.*, I, 2, 823, 52. — Borkh., Wien. Verz.,
    Illig., Schwarz, etc.
*Bombyx anachoreta.* Esp., *Schmett.*, III th., tab. 51, fig. 5,
    et tab. 86, cont. 7, fig. 6-8.
Rossi, *Faun. etr. mant.*, II, p. 18, n° 374.
*Laria curtula.* Schrank, *Faun. Boic.*, 2, B., 2 abth., S. 115,
    n° 14.
La hausse-queue blanche. Ernst, Pap. d'Europe, pl. 165,
    fig. 215, *a*; et pl. 5, Suppl., C. L. 1ʳᵉ, fig. 215.
Bombyx courtaud. God., Pap. de France, IV, pl. 21, fig. 5.

Elle est épaisse, légèrement velue; tout son corps est d'un
cendré blanchâtre ou d'un gris cendré, finement sablé de
noirâtre, avec de petites lignes noirâtres longitudinales, mal
arrêtées, se fondant souvent avec le petit sablé noir. Chaque
côté est marqué de trois rangées de taches d'un jaune citron,
de manière que chaque anneau offre six taches, excepté le
premier et le dernier. Le quatrième anneau présente sur le
milieu du dos un petit tubercule noirâtre plus ou moins marqué et très peu saillant. Le onzième anneau porte un petit
tubercule à-peu-près semblable, mais qui est le plus souvent
de la couleur du fond. Les stigmates sont noirs. La tête est
rousse, velue, marquée d'une excavation en forme de V renversé. Le dessous du ventre est blanchâtre, avec des teintes
un peu roussâtres, souvent nulles. Les pattes sont un peu plus
colorées que le dessous du corps. Dans la plupart des indivi-

dus, on voit en outre des taches jaunes peu marquées à la base des pattes, qui forment une quatrième rangée latérale.

Lorsque cette chenille est prête à se métamorphoser, elle prend une teinte plus livide, les taches jaunes passent au roux, et la tête devient souvent noirâtre.

Elle file entre les feuilles une coque d'un gris blanc.

La chrysalide est d'un brun marron, avec les incisions plus claires et une pointe anale en forme de **T**.

On la trouve en juin et en septembre sur les peupliers, et quelquefois sur les saules. Elle a aussi l'habitude de se tenir entre deux ou trois feuilles qu'elle réunit avec des fils de soie, de sorte qu'il est assez difficile de la faire tomber. Celles que l'on trouve en juin éclosent en juillet, après trois semaines de métamorphoses; tandis que celles que l'on trouve en septembre passent l'hiver en chrysalide et éclosent en mai.

L'insecte parfait est assez commun dans le centre et dans le nord de l'Europe.

## PYGÆRA ANACHORETA. Pl. 14, fig. 1 et 2.

*Subvillosa, dorso cinereo, lateribus obscuris nigro maculatis fulvoque
tuberculatis; segmento quarto verruca instructo utrinque ad basin
albo maculata.*

> OCHS., *Schmett. von Europ.*, III, p. 230, n° 4.
> BOISD., *Ind. method.*, p. 47.
> *Bombyx reclusa.* HUBN., Bomb., tab. 22, fig. 88. — Larv.
> lepid., III, Bomb., E, a, fig. 1, a.
> FAB., *Ent. Syst.*, III, 1, 447, 125. — BORKH., WIEN. VERZ.,
> ILLIG., SCHÆFFER, etc.
> SEPP, *Neederl. Ins.*, II, B. tab. 1, fig. 12-18.
> BRAHM, *Ins. Kal.*, S. 110, n° 49.
> *Laria anachoreta.* SCHRANK, *Faun. Boic.*, 2, B. 2 abth. S. 151,
> n° 15.
> *Bombyx curtula.* ESP., *Schmett.*, III th., tab. 51, fig. 1-4. —
> LANG, VIEWEG.
> La hausse-queue fourchue. ERNST, Pap. d'Europe, pl. 165,
> fig. 214.
> Bombyx anachorète. GOD., Pap. de France, IV, pl. 21, fig. 6.

Elle est légèrement velue, un peu livide, avec le dos d'un
gris cendré, qui a quelque chose de jaunâtre ou de roussâtre. Le dessus du quatrième anneau est noir, marqué de
deux gros points d'un blanc pur, séparés par une verrue d'un
brun pourpre, surmontée elle-même de deux petits tubercules
pilifères. Le onzième anneau offre une petite éminence semblable, portant aussi deux petits tubercules pilifères, mais
il est dépourvu de points blancs. Le premier anneau est
d'un brun noirâtre, avec quelques petites stries grisâtres,
lavé de fauve antérieurement sur ses côtés. Le second et
le troisième sont divisés parallèlement au vaisseau dorsal
par une ligne noire, qui ordinairement n'atteint pas la verrue. Les côtés de la chenille sont d'un gris noirâtre, avec
des tubercules fauves portant des poils rares et fins d'un
gris jaune. Près de la partie grisâtre qui couvre le dos, on

remarque de chaque côté, et sur chacun des anneaux situés entre les deux verrues, une tache noire presque carrée. Les stigmates sont noirâtres, peu apparents, avec le centre d'un gris blanchâtre. Le dernier anneau est d'un jaune roussâtre. La tête est velue, noirâtre, marquée d'un **V** renversé jaunâtre. Le dessous du corps est d'un blanc grisâtre, avec les pattes membraneuses un peu jaunâtres, et les écailleuses un peu plus foncées.

On la trouve en juin, juillet, août et septembre sur les peupliers, mais plus particulièrement sur les saules (*salix*). Elle vit solitairement entre des feuilles qu'elle attache avec des fils de soie. C'est sans doute à cause de cette particularité qu'elle a reçu le nom d'*Anachoreta*. Quoiqu'elle soit souvent très commune, on parvient assez difficilement à la faire tomber.

Elle se métamorphose ordinairement entre les feuilles, mais plus souvent encore sous les écorces.

La chrysalide est brune avec les incisions un peu rougeâtres, et l'anus terminé par une pointe en forme de T. Elle est renfermée dans une coque d'un gris roussâtre, qui ressemble un peu à celle de la *Chelonia Mendica*.

L'insecte parfait éclôt en avril et mai, et reparaît pour la seconde fois en juillet et août. Il habite une grande partie de l'Europe.

## ARGE GALATEA. Boisd. Pl. 2, fig. 1, 2, et pl. 3, fig. 4, 5 et 6.

*Pubescens, modo rufa, modo rufo-virescens, vel viridis lineis fasciisque fuscis, strigaque laterali luteo-rufescente.*

> *Papilio galatea.* Ochs., *Schmett. von Europ.*, I, p. 242.
> Hubn., Pap., tab. 41, fig. 183, 184, 185. -- Larv. lepid., I,
>     Pap., I, Nymph., F. B. fig. 2, *a*, *b*.
> *Galathea.* Wien. Verz., Linn., Fab., Scopol., Esp., Herbst.
> Le demi-deuil. Geoff., Hist. des Ins., t. II, p. 74, n° 46,
>     pl. 11, fig. 3, 4.
> Ernst, Pap. d'Europe, t. I, pl. 30, fig. 60, *a-d*.
> Satyre demi-deuil. God., Pap. de France, I, pl. 8, fig. 2.

Elle est tantôt verte, tantôt roussâtre, et tantôt d'un vert roussâtre, avec le vaisseau dorsal marqué d'une raie d'un brun verdâtre, ou d'un vert foncé dans la variété verte, bordée par un liséré un peu plus clair que le fond. Vient après un espace assez large, sur lequel on voit deux lignes sinueuses longitudinales brunâtres, dont l'inférieure est plus foncée, et la supérieure souvent presque nulle. Après la seconde ligne, la teinte est pâle, et forme comme une bande, au-dessous de laquelle règne une raie brune, dont le bord supérieur forme une ligne plus foncée. Cette raie est séparée d'une autre plus claire par une ligne pâle. Plus bas, on voit encore une ligne longitudinale roussâtre ou d'un roux jaunâtre, bordée inférieurement par une teinte un peu obscure. Enfin, au-dessus de la base des pattes, règne une ligne un peu rougeâtre, le plus souvent presque insensible.

Dans la variété verte, tout ce qui est brun ou brunâtre dans les autres variétés, est d'un vert foncé.

Les stigmates sont ovoïdes, roux, en partie couverts par un large point noir.

Tout le corps est hérissé de poils courts, épais, en forme d'aiguillons, penchés vers l'anus, partant de petits tubercules blanchâtres. Les deux pointes anales sont roussâtres, marquées d'une ligne rougeâtre.

32.

La tête est roussâtre, chagrinée et hérissée ; elle est arrondie et à peine sensiblement échancrée au sommet. Les vraies pattes sont rousses ; les autres sont de la couleur du corps.

Elle passe l'hiver très petite, et parvient à sa grosseur dans le courant de mai. Elle vit de graminées, et pour se métamorphoser, elle se cache sous les herbes. Sa chrysalide n'est pas suspendue ; elle est épaisse, courte, ventrue, avec le corps et l'enveloppe des ailes d'un blanc un peu sale, et le ventre roussâtre. Il y a antérieurement un gros stigmate noir offrant un bord très saillant, et formant de chaque côté une petite tache noire très sensible.

L'insecte parfait éclôt en juin et juillet, et il est commun dans le nord et dans le centre de l'Europe.

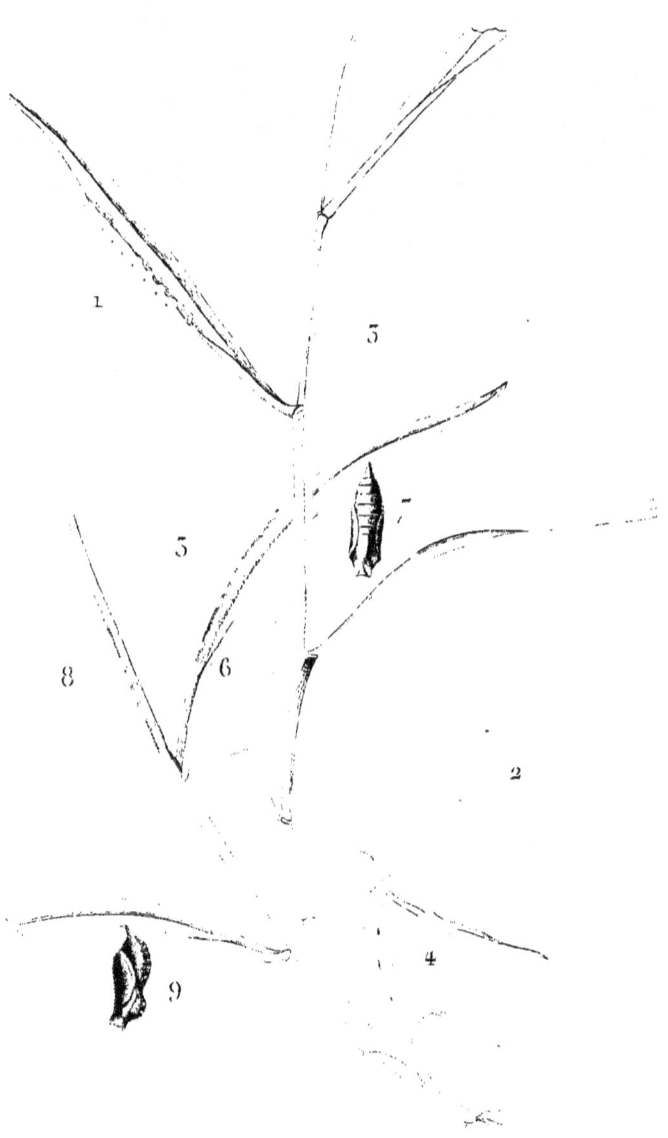

1. Arge Galatea.
2. la Chrysalide.
3. Satyrus Janira.
4. la Chrysalide.

5. Satyrus Megæra.
6. la Chrysalide.
7. idem variété.
8. Satyrus Tigelius.
9. la Chrysalide.

## SATYRUS HYPERANTHUS. Pl. 3, fig. 1, 2 et 3.

*Pubescens, griseo-rufescens, vitta dorsali inæqualiter infuscata, striga-
que laterali albida.*

Papilio *hyperanthus*. Ochs., *Schmett. von Eur.*, I, p. 225. —
    Wien. Verz., Illig., Linn., Fab., Esp., Boisd.
Papilio *polymeda*. Hubn., Pap., tab. 38, fig. 172, 173. —
    Larv. lepid., I, Pap., I, fig. 2, *a, b*.
Le tristan. Geoff., Hist. des Ins., t. II, p. 47, n° 14.
Ernst, Pap. d'Europe, t. I, pl. 27, fig. 52, *a-f*.
Satyre tristan. God., Pap. de France, t. I, pl. 7, fig. 3.

Elle est assez courte, d'un gris roussâtre ou d'un cendré
rougeâtre, avec une raie brune dorsale, plus foncée près des
incisions, et formant comme une série de traits alongés. Les
côtés offrent au-dessus des pattes une ligne blanchâtre ou
d'un blanc roussâtre, et l'espace entre cette ligne et la raie
dorsale est séparé en deux par une ligne longitudinale plus
pâle que le fond, souvent à peine visible, comme interrompue,
bordée, sur-tout supérieurement, par de petits traits bruns,
alignés, peu marqués. La ligne latérale est aussi bordée par
un liséré d'un brun rougeâtre ; la teinte au-dessous d'elle est un
peu rougeâtre ; puis après on voit une raie d'un brun un peu
violâtre. Le ventre offre sur son milieu un filet brunâtre.

Les stigmates sont saillants, noirâtres, et ressemblent à
de petits tubercules, leur disque n'étant point visible.

Le corps de cette chenille est fortement chagriné de petits
tubercules, d'où naissent des poils courts, épais, en forme
d'aiguillons, d'une couleur rousse. Les deux pointes anales
sont courtes, roussâtres, légèrement hérissées.

La tête est aplatie antérieurement, un peu échancrée en
cœur au sommet, très fortement chagrinée, hérissée de poils
moins longs que ceux du corps, avec trois lignes de petits
points noirs enfoncés.

Cette espéce passe l'hiver, et parvient à sa grosseur dans le courant de mai. Elle vit sur les graminées, et se métamorphose sous les herbes, sans se suspendre.

La chrysalide est très courte, épaisse et ventrue, d'une couleur roussâtre très pâle ou blanc-jaunâtre sale, avec l'enveloppe des ailes un peu blanchâtre, marquée de quelques traits d'un brun roux qui partent de la base. Il y a sur le corps de petites taches et sur le ventre des atomes de la même couleur. Celui-ci est très court, un peu fléchi en avant, ainsi que son extrémité qui forme une pointe tronquée assez prolongée, convexe supérieurement, creusée inférieurement par un sillon profond.

L'insecte parfait éclôt en juin, et il est très commun dans une grande partie de l'Europe.

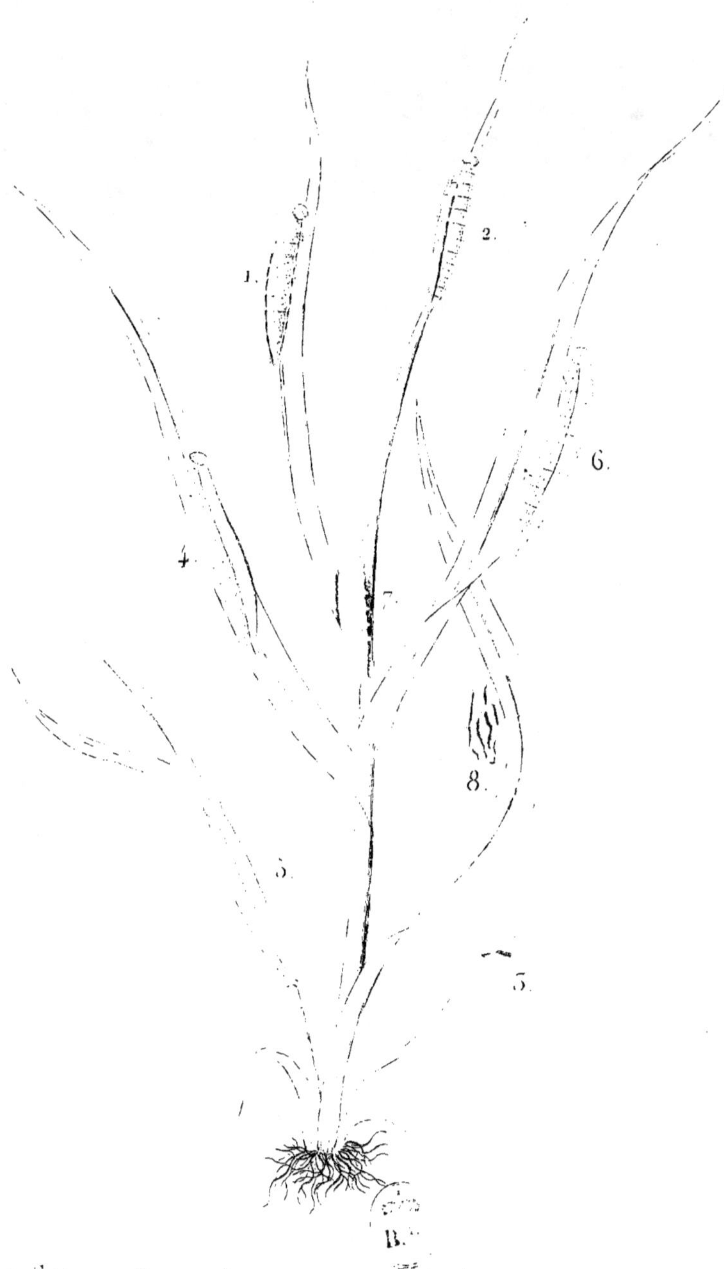

1. Satyrus Hyperanthus.
2. ———— idem vue sur le dos.
3. la Chrysalide.
4. Arge Galatea.

5. Arge Galatea variété.
6. idem variété.
7. Satyrus Arcanius variété.
8. la Chrysalide variété.

Blanchard pinx.et Dumenil direxit

## SATYRUS ARCANIUS. Pl. 3 , fig. 7 et 8, et pl. 4, fig. 4, 5, 6 et 7.

*Levissima, viridi-flavescens, linea dorsali aliaque inferiori obscuriori-*
*bus flavo marginatis, strigaque laterali flavescente.*

> *Papilio arcanius.* Linn., *Syst. Nat.*, I, 2, 791, 242.
> Fab., *Ent. Syst.*, III, 1, 221, 692.
> De Geer, Esper, Herbst, Schrank.
> *Papilio arcania.* Hubn., Pap., tab. 51, fig. 240, 241, 242. —
>     Larv. lepid., I, Pap., I, Nymph., F. C., fig. 1, *a*.
> Ochs., *Schmett. von Europ.*, I, p. 317.
> Le céphale. Geoff., Hist. des Ins., t. II, p. 53, n° 22.
> Ernst, Pap. d'Europe, t. I, pl. 29, fig. 57, *a*, *b*, *c*.
> Satyre céphale. God., Pap. de France, I, pl. 8, fig. 3.

Elle est toute verte ou d'un vert un peu jaunâtre, légèrement luisante. Le vaisseau dorsal forme une ligne plus obscure, bordée d'un léger liséré jaunâtre. L'espace entre la ligne
dorsale et les côtés est divisé par une ligne d'un vert obscur,
bordée inférieurement d'une autre ligne jaunâtre.

Les côtés offrent au-dessus des pattes une raie longitudinale jaune ou d'un blanc jaunâtre, au-dessus de laquelle la
teinte est un peu plus foncée que le fond, et l'espace entre
elle et la précédente divisé par une ligne pâle, à peine sensible, bordée de vert obscur. Les stigmates sont roussâtres.
Les pointes anales sont jaunâtres et rougeâtres.

Tout le corps est lisse ; il porte de très petits tubercules
pointus, seulement un peu visibles à la loupe.

La tête est arrondie, très légèrement échancrée.

Cette chenille vit de graminées, et elle atteint toute sa taille
dans le mois de mai. Pour se métamorphoser, elle se suspend
par la queue. Sa chrysalide est courte, d'un blanc jaunâtre ou
d'un vert jaunâtre, tantôt marquée sur l'enveloppe des ailes
et sur le ventre de bandes longitudinales noires un peu sinuées, tantôt ayant seulement la partie antérieure de cette

même enveloppe bordée de noir, et souvent sans aucune trace de raies noires.

L'insecte parfait éclôt à la fin de juin et dans le courant de juillet. Il est commun dans les bois d'une grande partie de l'Europe tempérée.

## TITHONUS. Pl. 4, fig. 1, 2 et 3.

*Variabilis, pubescens, modo viridis, modo rufa, modo rubescens, linea dorsali aliisque lateralibus rufis, strigaque laterali flavo-albida; pilis brevibus bifidis.*

*Papilio tithonus.* Ochs., *Schmett. von Europ.*, I, p. 210.
*Tithonus.* Linn., *Syst. Nat.*, mant. I, 537.
*Papilio herse.* Hubn., Pap., tab. 35, fig. 156, 157. — Larv.
    lepid., I, Pap., I, Nymph., fig. 1, *a*, *b*. — Wien. Verz.,
    Illig., Lang, etc.
*Papilio pilosellæ.* Fab., *Ent. Syst.*, III, 1, 240, 746.
L'amaryllis. Geoff., Hist. des Ins., t. II, p. 52, n° 20.
Ernst, Pap. d'Europe, t. I, p. 66; Suppl. 12, pl. 53, fig. 9.
Satyre amaryllis. God., Pap. de France, I, pl. 7, fig. 2.

Cette chenille est assez courte, hérissée de petits poils blanchâtres ou un peu roussâtres, assez épais, bifides à leur extrémité, rangés par séries transverses.

Elle varie pour la couleur, qui est tantôt rousse, tantôt rougeâtre, tantôt verte ou d'un vert jaunâtre. Elle a sur le dos une raie rousse amincie à ses extrémités, au-dessous de laquelle l'on en voit deux autres de la même couleur, un peu sinueuses. Entre ces raies, la teinte du corps forme comme une bande un peu plus pâle que le fond. Plus bas, on voit encore une ligne rousse, bordant une raie latérale jaunâtre. Souvent les espaces entre ces diverses raies sont plus ou moins sablés d'atomes rougeâtres, sur-tout au-dessus de la plus inférieure, où ils semblent presque former une espèce de bande. La raie latérale est bordée inférieurement par un liséré rougeâtre, et il règne le long de la base des pattes une petite ligne d'un brun roux. Les stigmates sont ovoïdes, d'un brun roux, avec le centre noir.

La tête est aplatie antérieurement, un peu échancrée en cœur; elle est rugueuse, hérissée de poils bifides, de la couleur du corps, avec six lignes brunes, peu marquées, formées par de petits points ou atomes noirs.

Les pattes sont de la couleur du corps, ainsi que les deux pointes anales qui sont assez courtes.

Elle est parvenue à toute sa grosseur vers la fin de juin. Elle vit de graminées, et pour se métamorphoser, elle se suspend par la queue. Sa chrysalide est courte, épaisse et ventrue, roussâtre ou grisâtre, avec quelques lignes brunes sur l'enveloppe des ailes, et des marques et des atomes de la même couleur sur le corps.

L'insecte parfait éclôt en juillet et août, et il se trouve dans presque toute l'Europe.

1. Satyrus Tithonus.
2. idem variété.
3. la Chrysalide.
4. ————— Arcanius.
5. la Chrysalide.

6. Satyrus Arcanius variété.
7. la Chrysalide.
8. ————— Semele.
9. idem variété.

Blanchard pinxit. Dumenil direxit.

## LEUCANIA VITELLINA. Pl. 12, fig. 1.

*Albido - cinereo - lutescens, lineis quatuor albidis fusco marginatis,*
*fasciisque duabus fuscis annulatim interruptis.*

> Xanthia vitellina. TREITS.-OCHS., *Schmett. von Europ.*, t. V,
> p. 356.
> BOISD., *Ind. meth.*, p. 84.
> *Noctua vitellina.* HUBN., Noct., tab. 81, fig. 379. — Noct.,
> tab. 128, fig. 589.
> La délicate. ERNST, *Pap. d'Europe*, t. VII, pl. 298, fig. 506.
> Xanthie vitelline. GOD.-DUP., Pap. de France, VII, 1ʳᵉ par-
> tie, pl. 130, fig. 4.

Elle est d'un roux très pâle un peu brunâtre. Sur le vaisseau dorsal, elle a un filet blanchâtre plus ou moins visible,
qui s'élargit au-dessus de l'anus, et qui est bordé par une
raie brune. Au-dessous il existe un espace assez large de la
couleur du fond, plus ou moins obscurci par des atomes li-
néaires, bruns, qui quelquefois forment une espèce de bande.
Cet espace est limité par une bande d'un brun noirâtre, interrompue à chaque anneau, bordée inférieurement par une
ligne blanche, qui s'élargit aussi un peu sur le dessus de l'anus.
Au-dessous de cette bande, on en voit une autre plus pâle, et
qui quelquefois diffère peu de la couleur du fond. Ses bords
forment deux lignes plus foncées, et elle est lisérée inférieurement par une ligne blanche plus ou moins visible. Après
cette dernière vient une bande brune, la plus large de toutes,
sur le bord inférieur de laquelle sont appuyés les stigmates.
Au-dessous de ceux-ci, on remarque une bande de la couleur du fond, mais un peu plus brillante, et qui descend sur
la face externe des dernières pattes. Le ventre est plus pâle
que le dessus.

Le premier et le dernier anneau sont écailleux en dessus,
d'une couleur roussâtre, et les trois lignes blanches supérieures y sont plus marquées.

La tête est d'un roux brunâtre, avec un léger réseau brun et une raie noire. Les pattes écailleuses sont roussâtres, leur base est entourée en partie par deux lignes noirâtres ; les autres sont de la couleur du corps ; les intermédiaires sont un peu luisantes sur leur côté externe, où elles sont marquées de deux points noirs ; les postérieures ont aussi sur ce côté quelques points noirs et une ligne brune, et la continuation de la bande latérale qui là est plus blanche.

Elle se trouve pendant l'hiver et au commencement du printemps sur les graminées. Sa métamorphose a lieu depuis le mois de février jusqu'en avril ; elle s'enfonce en terre sans produire de coque sensible.

La chrysalide est d'un rouge-obscur testacé, munie à son extrémité de quelques soies crochues, dont deux plus fortes éloignées l'une de l'autre, parallèles.

L'insecte parfait éclôt au bout de trois semaines. Il se trouve dans le centre, et sur-tout dans le midi de la France et en Italie.

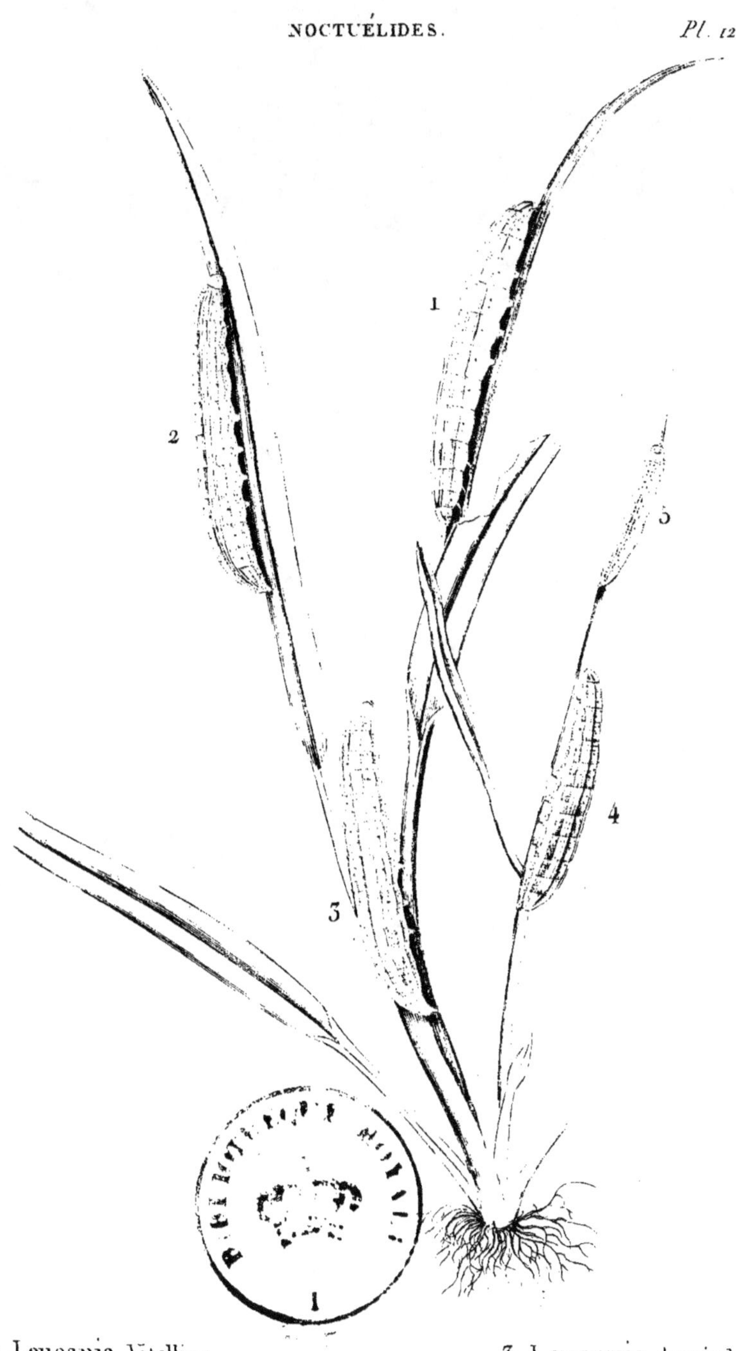

1. Leucania Vitellina.

2. ———— Lithargyria *variété*.

3. Leucania Amnicola.

4. ———— impura.

5. *Idem Jeune*.

## LEUCANIA AMNICOLA. Pl. 12, fig. 3.

*Albido-luteo-rufescens, lineis albidis fusco marginatis, vittaque late-rali luteola.*

RAMBUR, *Ann. des Scienc. d'observ.*, t. II, pl. 6, fig. 5.
— *Ann. de la Soc. entomol. de France*, t. I, p. 289, pl. 9,
fig. 2.

Avant sa dernière mue, elle est d'une couleur très pâle un peu jaunâtre ; lorsqu'elle est adulte, sa teinte est un peu plus foncée, d'un blanc jaunâtre tirant un peu sur le roussâtre.

Elle a sur le dos un filet blanchâtre, bordé par une ligne brune, dont le bord inférieur mal arrêté se fond presque avec la teinte générale. Plus bas, on voit un autre filet blanchâtre, bordé supérieurement par une bande brune, étroite, et inférieurement par une ligne d'un brun rougeâtre. L'espace entre ces lignes est marqué, par anneau, de deux petits points noirs, peu sensibles. Au-dessous, il existe encore une ligne blanchâtre, peu visible, bordée supérieurement par une raie d'un brun rougeâtre, et inférieurement par une nuance formée d'atomes bruns, au-dessous de laquelle il en existe une semblable. Ces nuances sont les restes d'une bande brune, remplacée dans son milieu par la teinte du fond. C'est sur son bord inférieur que sont appuyés les stigmates. Immédiatement après vient une raie blanchâtre, plus claire que le fond, qui se prolonge sur le côté externe des pattes postérieures. Après cette bande, la teinte est obscure, et forme comme une bande brune. Le ventre est d'une couleur pâle.

Les stigmates sont ovoïdes, roussâtres, avec la bordure noire. La tête est roussâtre avec deux ou trois lignes brunes. Les pattes sont de la couleur du corps.

Cette chenille se rencontre dans les prairies et les endroits herbeux du midi de la France. On la trouve communément à la fin de l'automne, encore très petite, sur les tiges de maïs, où elle se tient cachée entre les feuilles.

Pour se métamorphoser, elle entre en terre dans les mois de mai et d'avril. La chrysalide est d'un rouge-obscur testacé, luisante ; son extrémité est obtuse, munie de plusieurs soies crochues, dont deux beaucoup plus fortes, distantes à leur base, rapprochées à leur extrémité.

Cette chenille reparaît dans le courant de l'été, et l'insecte parfait se montre en mai, puis en août, septembre et octobre ; il se trouve aussi dans l'île de Corse.

## LEUCANIA IMPURA. Pl. 12, fig. 4 et 5.

*Albido-cinereo-lutescens, lineis tribus albidis fusco marginatis, vitta lateral rufescente fasciaque fusca subjacente.*

> *Leucania impura.* TREITS-.OCHS., *Schm. von Europ.*, V, 2 p., p. 294.
> BOISD., *Ind. meth.*, p. 83.
> *Noctua impura.* HUBN., Noct., tab. 85, fig. 296. — Larv. lep., IV, Noct., 2, fig. 2, *a, b.*

Cette espéce a un certain rapport avec la *Vitellina*, mais elle est plus petite et plus mince. Sa couleur est d'un gris-roux pâle, légèrement jaunâtre ou rougeâtre. Dans sa jeunesse, le filet blanc dorsal est bordé d'une nuance brune assez large, qui forme comme une bande dorsale, mais qui, à sa dernière mue, se réduit à une simple ligne. Au-dessous de celle-ci, il existe une raie blanchâtre, bordée supérieurement par une nuance brune en forme de raie. L'espace entre elle et le vaisseau dorsal est occupé par une infinité de petits linéaments un peu rougeâtres, qui tendent à former une ligne longitudinale. Au-dessous de la ligne blanchâtre sont deux lignes rougeâtres, et plus bas une bande brune, plus claire dans son milieu, sur le bord inférieur de laquelle sont placés les stigmates. Cette bande brune borde une autre bande peu distincte du fond, chargée de linéaments rougeâtres, blanchâtre sur ses bords. Le ventre est pâle, un peu verdâtre. Le premier anneau offre en dessus une plaque écailleuse. Les stigmates sont ovoïdes, roussâtres, avec la bordure très épaisse et noire. La tête est roussâtre, avec un réseau et six lignes plus foncées.

Les petits tubercules pilifères du corps sont noirs, peu sensibles. Les vraies pattes sont un peu roussâtres ; les intermédiaires sont de la couleur du ventre, avec deux points noirs et une nuance brune sur leur côté externe. Les deux dernières sont marquées d'une raie brune et de quelques petits points noirs.

Elle a à-peu-près les mêmes mœurs que les espèces du même genre.

La chrysalide est d'un rouge foncé, un peu rousse sur le ventre, noirâtre à son extrémité, laquelle est terminée par deux soies crochues, longues, très distantes à leur base, parallèles et se rapprochant un peu à leur sommet; elles sont accompagnées de quelques autres plus petites.

L'insecte parfait paraît à la même époque que ses congénères. Il habite, ainsi que la chenille, les bois humides, les prairies marécageuses et le bord des étangs.

## LEUCANIA LITHARGYRIA. Pl. 12, fig. 2. Var., et pl. 13, fig. 3 et 4.

*Albido-rufescens, lineis pallidioribus fusco-marginatis strigisque dua-
bus fuscis annulatim subinterruptis.*

Mythimna lithargyria. TREITS. -OCHS., *Schmett. von Europ.*,
  t. V, 2 part., p. 183.
Boisd., *Ind. meth.*, p. 79.
Noctua lithargyria. HÜBN., Noct., tab. 49, fig. 225. — Larv.
  lepid., IV, Noct., II, 1, *a, b.* — ESPER, BORKH., LANG, etc.
Noctua ferrago. FAB., *Ent. Syst.*, III, 2, 76, 217.
L'argentée. ERNST, Pap. d'Europe, t. VII, pl. 295, fig. 499.
Noctuelle lithargyrée. GOD.-DUP., Pap. de France, t. VII,
  1ʳᵉ part., pl. 107, fig. 1.

Elle est d'un roux jaunâtre ou d'un gris blanchâtre, sur-tout
en dessus. Elle a sur le vaisseau dorsal une raie brune ou noirâtre, séparée en deux par un filet jaunâtre. Cette raie est un peu
plus marquée, et étrangle un peu le liséré sur le milieu de chaque anneau : plus bas on voit une autre bandelette noirâtre, qui
est élargie sur le milieu des anneaux par des linéaments noirs
plus ou moins étendus, et près desquels il existe sur chaque segment un petit point noir. Il y a au-dessus d'elle une
ligne d'un jaune roux, et elle est bordée inférieurement par
un liséré fin d'un blanc jaunâtre. Au-dessous de ce liséré il y
a deux lignes rousses, puis après une espéce de bande d'un
roux brunâtre, dont les bords plus foncés forment comme
deux lignes ; celle-ci est bordée inférieurement par une bande
d'un jaune roussâtre, lavée de rougeâtre dans son milieu. On
voit au-dessus de ces dernières deux rangées de petits points
noirs placées sur deux des lignes brunes. Tout le corps est couvert de stries très fines ou de linéaments, qui, en devenant plus
foncés et plus serrés, produisent les lignes et les raies brunes.
Souvent les lignes brunes prennent une teinte rousse, et les
petits points noirs du dessus sont un peu moins marqués. La
teinte générale est plus pâle sous le ventre.

Les stigmates sont ovoïdes, comprimés, blanchâtres, avec la bordure noire ; le premier et le dernier sont beaucoup plus grands que les autres. Le premier et le dernier anneau présentent en dessus une plaque écailleuse, luisante, rousse, sur laquelle les lignes du corps sont plus apparentes ; l'on y voit aussi plusieurs petits points noirs. L'on aperçoit en outre sur tout le corps quelques petits poils à peine visibles.

La tête est couverte d'un réseau d'un roux foncé, avec une ligne antérieure brune, et une ou deux autres de la même couleur placées latéralement.

Les pattes sont pâles ; les antérieures sont marquées de quelques petits points noirs. On en voit deux ou trois à la face externe des intermédiaires, et plusieurs aux postérieures, avec un trait jaunâtre qui est le prolongement de la bande latérale.

Cette chenille éclôt dans l'automne, passe la saison froide de l'hiver presque sans manger, grossit rapidement dans les premiers jours du printemps, et prend sa croissance dans le mois d'avril ; elle reparait de nouveau dans le courant de l'été. Elle habite les bois, et vit au milieu des touffes de graminées, entre les feuilles sèches desquelles elle se tient cachée quelquefois à plus d'un pied du sol. Elle aime les espèces à feuilles rudes, telles que le *bromus pinnatus*, *calamagrostis epigeios*, et quelques autres.

Elle se métamorphose en terre sans faire de coque bien sensible, dans une petite cavité ovale.

Sa chrysalide est assez courte, d'un rouge-foncé un peu obscur ; son extrémité est obtuse, et munie de deux grosses soies crochues distantes à leur base, un peu divergente, accompagnées de quelques autres plus petites.

L'insecte parfait se montre au mois de mai et au commencement de juin. Il reparaît ensuite en août et septembre. Les individus du midi de la France sont remarquables par leur teinte blanchâtre. Cette espèce est assez commune par-tout, mais sur-tout dans le midi de l'Europe.

## LEUCANIA PUDORINA. Pl. 13, fig. 1 et 2.

*Cinereo-albida: lineis tribus albidis nigro marginatis, strigisque duabus annulatim infuscatis.*

> *Leucania pudorina.* TREITS.-OCHS., *Schmett. von Europ.*, V, 2 part., p. 299.
> BOISD., *Ind. meth.*, p. 83.
> *Noctua pudorina.* HUBN., *Noct.*, tab. 86, fig. 401. — *N. Impudens*, tab. 47, fig. 229; tab. 106, fig. 495. — Larv. lepid., IV, Noct., 2, fig. 1, *a*, b. — WILN. VERZ., ILLIG.
> La blême. ERNST, Pap. d'Europe, t. VII, pl. 298, fig. 505, *a*, *b*, *c*.
> Noctuelle pudorine. GOD.-DUP., Pap. de France, VII, 1ʳᵉ p., pl. 105, fig. 4.

Cette espèce ressemble beaucoup à la *Lithargyria*, mais sa teinte est d'un gris blanchâtre, tandis qu'elle est d'un jaune roussâtre dans l'autre.

Avant sa dernière mue, elle est blanchâtre, tandis que la *Lithargyria* conserve à-peu-près la même couleur aux différentes époques de sa vie.

La raie dorsale est ici également séparée en deux par un filet jaunâtre, souvent un peu plus large ; la raie qui est au-dessous forme presque une bande étroite, plus foncée dans le milieu de chaque anneau, quelquefois plus uniforme, et assez pâle. La ligne jaunâtre, qui est au-dessus de cette bande, n'est pas bien sensible, et le liséré qui la borde inférieurement est blanchâtre et plus large. L'espace entre elle et la ligne dorsale n'offre pas de série de points noirs bien sensibles, et la ligne sur laquelle elle est placée est plus apparente.

Les deux raies rousses qui sont au-dessous sont semblables, souvent un peu moins bien déterminées ; l'inférieure est bordée d'un liséré blanchâtre, à peine sensible, et la bande qui vient après a ses bords bruns, plus foncés, et sur-tout plus larges, formant deux lignes très rapprochées ou comme deux raies très étroites.

34.

La raie qui est au-dessous est d'un jaunâtre un peu roussâtre ; ensuite la couleur pâlit jusque sous le ventre, mais elle est sablée d'atomes bruns, beaucoup plus denses, plus marqués que chez l'autre, et rendant cette partie un peu plus grise ; quelquefois même ce sablé forme comme une bande grisâtre placée au-dessus des pattes. Ces atomes se répandent sur tout le ventre. Les stigmates sont ovoïdes, bruns ou noirâtres, avec la bordure noire.

La tête est semblable, mais plus grosse ; le réseau et les lignes sont aussi plus marqués. Les pattes sont à-peu-près semblables ; mais les intermédiaires ont une tache brune sur le côté externe, qui est un peu luisant.

Elle vit de graminées et offre les mêmes mœurs. Pour se métamorphoser elle entre en terre, où elle forme une cavité à peine tapissée de soie. La chrysalide est d'un rouge-foncé obscur, un peu plus alongée, avec l'extrémité un peu moins obtuse, et munie de deux soies crochues partant du même point, droites et parallèles.

L'insecte parfait paraît aux mêmes époques. Il est moins répandu, et semble ne pas s'étendre autant vers le midi.

1. Leucania Pudorina.
2. Idem Jeune.
3. ______ Lithargyria.
4. ______ Idem vue de dos.
5. Leucania Albipuncta.
6. Idem vue de dos.
7. La Chrysalide.

Blanchard pinxit. Dumenil direxit.

## LEUCANIA ALBIPUNCTA. Pl. 13, fig. 5, 6 et 7.

*Albido-rufescens, lineis pallidioribus strigisque duabus nigricantibus annulatim omnino interruptis.*

> *Mythimna albipuncta.* Treits.-Ochs. . *Schmett. von Europ.*,
>  t. V, 2 p., p. 187.
> Boisd., *Ind. meth.*, p. 79.
> *Noctua albipuncta.* Hubn., *Europ. von Schm.* Noct., tab. 46,
>  fig. 223. — Larv. lepid., IV, Noct., 2, fig. 1, *a*. — Wien.
>  Verz., Illig., Fab., Borkh., Devill., etc.
> Fab., *Ent. Syst.*, III, 2, 114, 342.
> Le point blanc. Ernst, Pap. d'Europe, t. VII, pl. 274, fig. 498.
> Noctuelle point blanc. God.-Dup., Pap. de France, pl. 80,
>  fig. 1.

Quoique cette espéce ait de grands rapports avec la *Lithargyria* à l'état d'insecte parfait, la chenille en est très distincte, et se rapproche davantage de la *Pudorina*.

Elle est d'un roux-grisàtre pàle ou d'un blanc sale. Il y a sur son dos une raie obscure, divisée par un filet jaunàtre et enveloppée d'une nuance brunàtre qui vient se fondre avec elle. Un peu après on voit une série de très petits points noirs, peu sensibles, placés sur les rudiments d'une ligne très mince. Plus bas est une bande d'un noir brunàtre, interrompue, qui sur la moitié antérieure de chaque anneau est plus foncée, noire ou noiràtre, formant comme une série de gros traits alignés, partant du bord antérieur de chaque anneau. Cette bande est bordée inférieurement par un liséré jaunàtre. Au-dessous, les deux raies rousses que l'on voit sur les autres espéces, sont vagues, quelquefois tout-à-fait fondues, et formant comme une bande roussàtre. Plus bas on voit une bande brune formée de deux lignes larges, et dont le bord inférieur porte les stigmates, qui sont ovoïdes, noiràtres ou noirs. Au-dessous de ceux-ci vient une bande d'un roux jaunàtre sur ses bords. La teinte devient ensuite un peu brunàtre, puis elle pàlit sous le ventre.

La plaque du premier et du dernier anneau est d'un roux brunâtre. La téte et les pattes sont comme dans la *Pudorina*.

Cette chenille diffère beaucoup par ses mœurs de celle de la *Lithargyria*. Elle se tient cachée pendant le jour sous les plantes basses et les touffes d'herbes. Elle habite de préférence les champs et les lieux humides. Elle aime les graminées à feuilles molles, telles que le *bromus mollis,* dans les touffes duquel on la trouve fréquemment. Elle paraît aux mêmes époques que les autres.

La chrysalide est d'un rouge obscur, et porte à son extrémité deux soies crochues, longues, convergentes, distantes à leur base, où elles sont accompagnées de quelques autres plus petites.

L'insecte parfait est commun par-tout. Il éclôt en juin, et reparaît pour la seconde fois en août et septembre.

## TRIPHÆNA ORBONA. Pl. 10, fig. 4.

*Variabilis, modo rufescens, modo pallide cinereo-ochracea, sæpius cinereo vel fusco-vinosa; maculis binis, posticis, nigris, cuneiformibus, albido marginatis, fasciaque laterali luteo-subaurantiaca.*

Boisd., *Index meth.*, p. 68.
    *Noctua orbona.* Fab., *Ent. Syst.*, III, 2, 57, 158.
*Berlin Magaz.*, III th., S. 304, n° 57.
*Triphæna comes.* Treits. - Ochs., *Schmett. von Europ.*, I, p. 254, n° 2.
*Noctua comes.* Hubn., Noct., tab. 111, fig. 521. — *Larv. lepid.*, IV, Noct., II, gen. G, *b*, fig. 1, *a*.
*Noctua subsequa.* Esp., *Schmett.*, IV th., tab. 104, Noct., 25, fig. 1-3, S. 149.
Borkh., *Europ. schmett.*, IV th., S. 102, n° 40.
*Noctua pronuba minor.* Devillers, *Ent. linn.*, t. II, p. 279, n° 361.
*Noctua orbona.* Devillers, *loc. cit.*, t. IV, p. 462.
La suivante. Ernst, Pap. d'Europ., pl. 272, fig. 435, *c*, *f*, *g*.
Noctuelle orbone. God. - Dup., Pap. de France, V, pl. 59, fig. 2, 3 et 4.

Elle a la même forme et à-peu-près le même dessin que celle de la *Noctua C. Nigrum*, à laquelle elle ressemble beaucoup. Elle varie pour la couleur du fond, qui est tantôt d'un gris-brun vineux, tantôt d'un gris roussâtre et tantôt d'un gris rougeâtre, avec le dos ordinairement plus foncé. Elle a sur le vaisseau dorsal une ligne blanchâtre, peu apparente, interrompue aux incisions, et de chaque côté une autre ligne d'un blanc jaunâtre, bordée de noirâtre à sa partie supérieure, seulement bien visible à partir du quatrième anneau. Une tache ou espéce de bande d'un blanc jaunâtre ou grisâtre, demi-circulaire, part de celle-ci sur le milieu de chaque anneau et atteint le commencement du suivant, et ainsi de suite à commencer du quatrième. Sur les dixième et onzième, elles sont remplacées par deux taches noires en forme de coin, liées chacune carrément par leur partie postérieure avec celles du côté opposé. Celle du onzième anneau est en outre bordée de blanchâtre en arrière. Entre les pattes et les stigmates, il y a une bande d'un jaune-orangé plus ou moins pâle, d'une teinte plus vive à la partie antérieure, amincie à ses deux extrémités, ondulée par en bas, marquée dans son milieu de quelques petits points bruns. Au-dessus de cette bande, il y en a une autre d'un gris-brun noirâtre, ondulée par en haut, et sur laquelle on voit une petite éclaircie blanchâtre, au milieu de chaque anneau, depuis le quatrième jusqu'au dixième. Les stigmates sont d'un blanc jaunâtre, finement cerclés de brun noir, et placés à la partie inférieure de cette bande. Les sept du milieu sont accolés par leur partie postérieure à une petite tache noire. Le ventre est d'un gris jaunâtre, finement pointillé de brun. Les pattes membraneuses sont un peu plus pâles ; les écailleuses sont d'un gris-fauve clair. La tête est d'un gris couleur de chair, recouverte d'un léger réseau brun, et marquée de quatre traits noirs longitudinaux, dont les deux internes sont les plus gros. L'écusson du premier anneau est d'un jaune brunâtre, marqué de trois lignes jaunâtres. Le dessus du dernier anneau offre une tache carrée d'un fauve brun, bordée de jaunâtre de chaque côté. Il y a encore dans l'incision du troisième anneau un petit point blanc arrondi.

Cette chenille est polyphage, et elle vit sur une multitude de plantes herbacées. Pendant le jour, elle se tient cachée sous les feuilles ou les débris de végétaux. Elle passe l'hiver très petite, change quatre fois de peau, et parvient à toute sa grosseur dans le courant de mars ou d'avril. Elle entre alors en terre, et se change en chrysalide dans une cavité ovoïde.

La chrysalide est d'un rouge-brun luisant, avec un point noir entre les yeux. Les anneaux sont très légèrement chagrinés sur le dos près des incisions. L'anus se termine par deux petites pointes accolées l'une à l'autre, un peu crochues à leur extrémité, et accompagnées de quatre soies rudes.

L'insecte parfait éclôt en juin et juillet. Il est assez commun dans presque toute l'Europe, mais particulièrement dans le midi et dans le centre.

## TRIPHÆNA FIMBRIA. Pl. 10, fig. 1, 2 et 3.

*Fusco-ochracea vel cinereo-ochracea, crassa, lineis tribus fasciaque
lateruli lutescentibus, fasciisque obsoletis, obliquis, subobscuris; stigmatibus albis nigro circumdatis.*

> Boisd., *Ind. meth.*, p. 68.
> Treits.-Ochs., *Schmett. von Europ.*, p. 266, n°. 6.
> *Noctua fimbria.* Hubn., Noct., tab. 22, fig. 102; et tab. 119,
> fig. 551, 552. — Larv. lepid., IV, Noct. II, gen. G, b,
> fig. 1, a. — Fab., Wien. Verz., Vieweg., Devill., Goeze,
> Borkh, etc.
> Linn., *Syst. Nat.*, 842, 123.
> *Noctua solani.* Fab., *Ent. Syst.*, III. 2, 57, 159. — Devill.,
> loc. cit.
> La frangée. Ernst, Pap. d'Europe, pl. 269, fig. 432.
> Noctuelle frange. God., Pap. de France, V, pl. 60, fig. 1 et 2.

Elle a le même port et en partie le même dessin que la plupart des chenilles de *Noctua* et de *Triphæna*. Le fond de sa
couleur est d'un jaune-d'ocre sale ou d'un cendré-jaunâtre
tirant sur le fauve, recouvert d'atomes bruns. Elle a sur le dos
une raie dorsale jaunâtre, très fine, et de chaque côté une autre raie fine de la même couleur, bordée de brun par en haut.
A partir du quatrième anneau, on voit descendre obliquement
entre les deux raies susmentionnées un chevron plus obscur
que le fond, et dont ceux qui sont placés sur le dixième et l'onzième anneau sont d'un brun plus foncé, coupés carrément
et bordés de jaunâtre en arrière. La bande qui est au-dessus
des pattes est jaune, ondulée, amincie à ses extrémités, finement striée de brun transversalement, ponctuée de noir sur
le milieu des anneaux, et bordée supérieurement par une autre bande, également ondulée, plus obscure que le fond, à la
base de laquelle sont placés les stigmates. Ceux-ci sont d'un
blanc jaunâtre, cerclés de brun, ayant tous, excepté le premier et le dernier, une petite tache noire accolée à leur côté
postérieur. De chaque côté du dos, il y a encore sur chaque

anneau deux petits points bruns bordés de jaunâtre par en bas, et dont le postérieur est le plus rapproché de la raie dorsale. On voit aussi ordinairement un point semblable au-dessus des stigmates. Le ventre est d'un gris-pâle jaunâtre, sablé de brunâtre. Les pattes membraneuses sont de la couleur du ventre, mais d'une teinte un peu plus pâle, et marquées sur le côté de quelques points noirâtres ; les écailleuses sont d'un fauve pâle. La tête est de la même couleur, avec un léger réseau brunâtre et quatre traits bruns longitudinaux. Sur le premier anneau il y a un écusson testacé marqué de trois raies jaunes, et sur le dernier une tache presque carrée, plus colorée que le fond et bordée de jaunâtre. Dans l'incision des deuxième et troisième anneaux , on voit en outre de chaque côté un petit point blanc.

Elle est polyphage, et vit dans les bois sur une infinité de plantes basses , telles que pissenlit, *leontodon taraxacum ,* mâche, *valerianella locusta;* primevère, *primula officinalis,* etc. Pendant le jour , elle se tient cachée sous les feuilles sèches , sous les pierres, ou les plantes herbacées. Elle passe l'hiver très petite, sortant la nuit pour manger quand la température le permet. Elle change quatre fois de peau, et elle a ordinairement acquis toute sa grosseur à la fin de mars ou au commencement d'avril. Elle entre peu profondément dans la terre pour se métamorphoser.

La chrysalide est cylindrico-conique, d'un brun rouge foncé, luisant, avec le dessus des anneaux un peu plus obscur et légèrement chagriné. Elle se termine par deux épines noires, accolées, recourbées en crochet à leur extrémité, et accompagnées de quatre soies crochues.

L'insecte parfait éclôt en juin, juillet et août. Il se trouve çà et là dans les bois de l'Europe méridionale et tempérée.

C'est à tort que quelques auteurs ont prétendu que les chenilles de cette espèce se dévoraient entre elles.

## TRIPHÆNA LINOGRISEA. Pl. 10, fig. 5 et 6.

*Fusco-vinosa, linea dorsali lutescenti lateribus punctatis, oblique obscuriori bifasciatis, annulis decimo undecimoque maculis cuneiformibus nigris.*

> Boisd., *Index meth.*, p. 68.
> Treits.-Ochs., *Schmett. von Europ.*, I, p. 272, n° 8.
> *Noctua linogrisea*. Hubn., Noct., tab. 21, fig. 101 ; tab. 114, fig. 531. — Larv. lepid., IV, Noct., II, gen. G, *b*, fig. 1, *a*.
> Fab., *Ent. Syst.*, III, 2, 58, 160. — Borkh., Illig., Devill., Ross., Esp., etc.
> *Noctua agilis*. Devill., *Ent. Linn.*, t. II, p. 285, n° 384.
> La lignée. Ernst, Pap. d'Europe, pl. 272, fig. 436.
> Noctuelle gris-de-lin. God., Pap. de France, V, pl. 57, fig. 5.

Elle est d'un brun vineux, avec une raie dorsale blanchâtre, fine, interrompue et très peu apparente. De chaque côté du dos il y a une raie jaunâtre, fine, légèrement ondulée, naissant au commencement du quatrième anneau, et allant expirer sur le douzième. Un chevron d'un brun plus foncé que la teinte générale descend obliquement du sommet postérieur de chaque anneau jusqu'à sa partie antérieure, où il atteint la raie jaunâtre. Le bas de ces chevrons est finement liséré de jaunâtre en arrière. Sur les dixième et onzième anneaux, les chevrons sont remplacés par deux taches d'un noir de velours en forme de coin, dont la pointe est dirigée en avant. En arrière de la tache du onzième anneau est un espace demi-circulaire d'un jaune d'ocre, dont la partie convexe est tournée vers l'anus. Le ventre est d'un gris vineux, finement pointillé de brun. Entre les pattes et les chevrons, on voit sur chaque anneau une espèce de tache brune, qui descend obliquement en sens opposé des chevrons, en croisant leur direction. On voit en outre quatre petits points blanchâtres, peu apparents, rangés circulairement dans la partie interne des chevrons, et un point blanc arrondi dans l'incision de chaque côté, entre le troisième et le quatrième anneau. Il

35.

y a encore deux gros points rougeâtres sur chacun des trois premiers anneaux.

Sa tête est couleur de chair, couverte sur les côtés d'un réseau brun ; sa partie antérieure est marquée de deux traits noirs longitudinaux, entre lesquels elle est d'un brun noir.

Les pattes écailleuses sont d'un gris jaunâtre ; les autres sont de la couleur du ventre, avec un point noirâtre sur leur côté. Les stigmates sont petits, noirâtres, et placés sur les taches obliques qui descendent des côtés.

Cette chenille est polyphage. Elle vit dans les champs et le long des haies, sur une infinité de plantes basses, particulièrement sur la mâche, *valerianella locusta* ; la paquerette, *bellis perennis* ; la primevère, *primula officinalis* ; l'oseille sauvage, *rumex acetosella*, etc.

Les petites chenilles éclosent au commencement de l'automne. Elles mangent pendant une partie de l'hiver, et sont ordinairement parvenues à leur grosseur à la fin de février ou au commencement de mars. Dans leur jeune âge, les chevrons et les taches obliques sont peu apparents, et les taches en forme de coin sont brunes. Le fond de la couleur est à cette époque d'un gris vineux et le ventre est d'une couleur de chair rougeâtre.

La chrysalide est cylindrico-conique, d'un brun-rouge foncé, luisant, avec le bord extérieur de l'enveloppe des ailes et le milieu des anneaux d'une couleur plus claire. Elle se termine par quatre petites épines noires, placées à côté l'une de l'autre ; les deux internes sont conniventes à l'extrémité, et les deux autres qui sont plus petites sont oncinées à leur sommet.

L'insecte parfait éclôt en juin et juillet, et il se trouve çà et là dans une grande partie de l'Europe tempérée, sans être nulle part très commun.

## XYLINA VETUSTA. Pl. 14, fig. 3.

*Viridis fasciis lateralibus duabus flavis, inferiori supra fusco tenue marginata, superiori annulatim punctis tribus albis præcessa; linea tenui dorsali flavescenti.*

> Boisd., *Ind. method.*, p. 86.
> Treistch.-Ochs., *Schmett. von Europ.*, III, p. 4, n° 1.
> *Noctua vestusta*. Hubn., Noct., tab. 97, fig. 459. — Larv.
> lepid., IV, Noct., II, gen., fig. 2, *a*.
> Roesel, *Ins.*, I th., tab. 24, fig. S. 145.
> Ernst, Pap. d'Europe, pl. 249, fig. 370, *h*, *d*, *e*. (Confondue avec l'antique.)
> Noctuelle ancienne. God.-Dup., Papillons de France, VII,
> 1ʳᵉ part., pl. 111, fig. 1.

Elle est à-peu-près de la taille de l'*Exoleta*, et elle est de même d'un vert-pomme, avec une raie jaune de chaque côté du dos. Le vaisseau dorsal est couvert par une troisième ligne jaune, un peu moins marquée et souvent un peu plus verdâtre. Le long du bord supérieur de la raie jaune on observe sur chaque anneau, trois points blancs cerclés de noirâtre, et un peu disposés en échiquier. Le premier anneau en est ordinairement dépourvu ; le second et quelquefois le troisième n'en ont que deux, et le douzième n'en a qu'un, qui peut même disparaître. Le long des pattes il y a une raie latérale jaune, ordinairement lisérée de brun ou de vert obscur sur son côté supérieur. Les stigmates sont ovales, d'une couleur orangée, finement cerclés de noir, et placés sur cette raie. Le premier anneau est ordinairement en dessus d'un vert-pomme un peu roussâtre.

Les côtés du ventre et les pattes membraneuses sont d'un vert-pomme. Le dessous du corps est d'un vert blanchâtre. La tête est d'un roux plus ou moins verdâtre. Les pattes écailleuses sont d'un fauve roux.

Cette description est faite sur plusieurs individus du midi de la France, et entre autres sur quelques uns qui nous ont été envoyés d'Hyères par M. Meissonnier, dont l'obligeance est connue de tous les entomologistes, et dont nous aurons souvent occasion de citer les observations et les découvertes.

Les chenilles de cette même espèce, telles qu'on les trouve le plus souvent dans le centre et le nord de la France, et dont nous donnons la figure sur une autre planche, ont une teinte assez différente. Toute la partie du dos comprise entre les deux raies jaunes et divisée par la ligne dorsale est d'un vert-brun olivâtre. Le liséré qui borde la raie jaune latérale est d'un vert obscur, et se fond par son bord supérieur avec une bande d'un vert-pomme obscur. Toutes les raies jaunes sont en outre plus verdâtres. Le premier anneau est d'un vert-pomme roussâtre, divisé par le commencement des trois lignes jaunes.

On rencontre aussi une autre variété entièrement d'un vert-pomme, à travers lequel on aperçoit à peine l'apparence des diverses bandes et raies que nous avons décrites dans la précédente ; seulement les points blancs et la ligne noire qui supporte le bord supérieur des stigmates ne s'effacent jamais. Dans le midi de la France, on la trouve sur la scabieuse, et au bord de la mer sur le *statice limonium*. Dans le centre de l'Europe, elle habite d'ordinaire les prairies marécageuses, et vit de plantes basses, particulièrement de *carex*. Elle mange aussi des *lotus,* des trèfles, etc.

On la trouve très petite dans le courant de mai en fauchant dans les prairies basses. Elle acquiert toute sa grosseur dans le courant de juin, et elle se forme une coque en réunissant des grains de terre avec quelques fils de soie.

La chrysalide ressemble beaucoup à celle d'*Exoleta*. Elle est cylindrico-conique, d'un brun-testacé luisant, avec une pointe anale, noire, obtuse, déprimée, armée de deux épines rapprochées, de la même couleur.

L'insecte parfait éclôt ordinairement à la fin d'août et dans le courant de septembre ; quelquefois cependant la chrysalide ne se développe qu'au printemps.

Il se trouve dans une grande partie de la France, de l'Allemagne et de l'Italie ; mais il n'est nulle part très commun.

Pl. 14

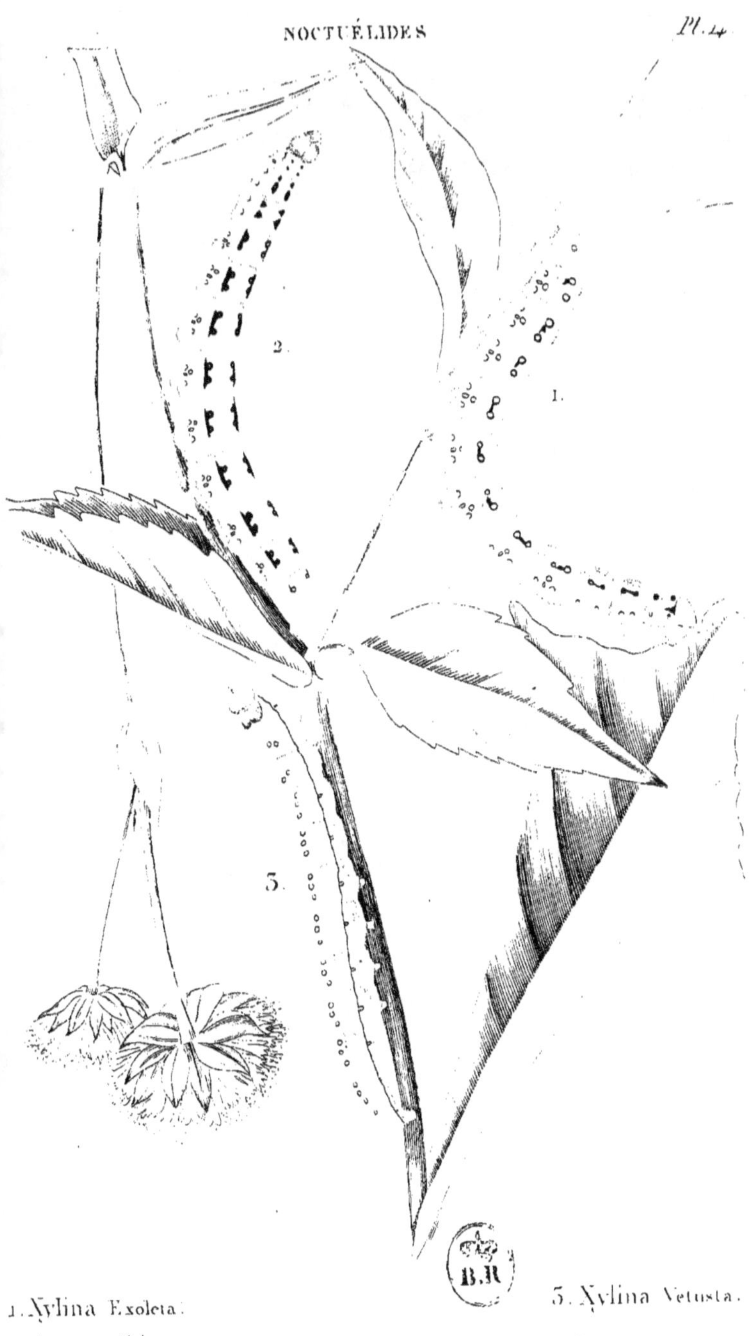


1. Xylina Exoleta.

2. idem variété.

3. Xylina Vetusta.

## XYLINA EXOLETA. Pl. 14, fig. 1 et 2.

*Læte viridis vel glauco-viridis, fascia sublaterali flava maculis nigris adnexis alteraque inferiori rubra, albo marginata.*

Boisd., *Ind. method.*, p. 86.

Treits.-Ochs., *Schmett. von Europ.*, III, p. 7, n° 2.

*Noctua exoleta.* Hubn., Noct., tab. 50, fig. 244. — Larv. lepid., IV, Noct., II, gen. T, c, fig. 1, *a, b.*

Linn., *Syst. Nat.*, I, 2, p. 849, 151.

Fab., *Ent. Syst.*, III, 2, 119, 361. — Borkh., Wien. Verz.; Esp., Devill., Fuessl., Schrank, Ross., Brahm, View., etc.

Roesel, *Ins. Bel.*, I th., tab. 24, fig. 2-5.

De Geer, II th.. S. 290, n° 2, tab. 7, fig. 1-4.

L'antique. Ernst, Pap. d'Europe, pl. 249, fig. 370, *a, c, f, g, h.*

Noctuelle antique. God.-Dup., Pap. de France, VII, 1<sup>re</sup> part., pl. 111, fig. 2.

Cette belle chenille est tantôt d'un vert-pomme, faiblement jaunâtre, et tantôt d'un beau vert glauque, avec une raie jaune de chaque côté du dos. Le vaisseau dorsal par ses battemens alternatifs forme aussi une raie dorsale un peu plus obscure que le fond, et plus ou moins sensible selon que cet organe se dilate ou se contracte. Sur le bord supérieur de la raie jaune, on observe sur chaque anneau, un trait noir plus ou moins bien écrit, qui lui est adhérent et qui est marqué d'un point blanc à chaque extrémité. Ce trait est quelquefois interrompu dans son milieu; mais il l'est toujours, ou au moins le plus souvent, sur le premier anneau. Le long des pattes il y a une large raie ou bande d'un rouge minium, quelquefois un peu briquetée, bordée par une ligne blanche, tantôt en dessous seulement et tantôt des deux côtés. Dans quelques individus, la raie rouge est interrompue, et forme une suite de taches rouges alongées. On voit en outre sur tous les anneaux, depuis le second jusqu'au douzième, trois points blancs cerclés de noir, placés en trépied ou en échiquier près de la raie latérale. Les stigmates ressemblent à ces points , mais ils sont plus ovales et touchent ordinairement la raie briquetée.

Le ventre et les pattes membraneuses sont d'une couleur plus pâle que le reste du corps. La tête et les pattes écailleuses sont d'un vert jaunâtre, tirant plus ou moins sur le roux. On la trouve depuis le commencement de juin jusqu'à la mi-juillet sur une infinité de plantes, particulièrement sur l'œillet des jardins, *dianthus caryophyllus ;* la scabieuse des champs, *scabiosa arvensis ;* le *silene otites ;* le cucubale, *silene inflata ;* les pavots, *papaver somniferum* et *rhœas ;* la laitue, *lactuca sativa ;* le genêt commun, *genista scoparia ;* l'arrête-bœuf, *ononis arvensis ;* le pois cultivé, *pisum sativum,* etc.

Il est à remarquer que celles qui vivent sur l'œillet et le cucubale prennent ordinairement la teinte glauque de la plante dont elles se nourrissent.

La chrysalide est cylindrico-conique, d'un brun luisant, terminée par une pointe obtuse déprimée, armée de deux petites épines.

L'insecte parfait éclôt ordinairement vers la fin d'août ou dans le courant de septembre ; mais il arrive souvent que la chrysalide passe l'hiver, et que le papillon paraît au printemps.

Il se trouve dans une grande partie de l'Europe ; mais il est plus commun dans le midi que dans le nord.

## CYMATOPHORA RIDENS. Pl. 11, fig. 1 et 2.

*Flava vel subviridi-citrina punctis albis transversim seriatis lineisque lateralibus, viridibus, sæpe obsoletissimis vel nullis; cap ite fulvo.*

Boisd., *Ind. meth.*, p. 58.
*Noctua ridens.* Fab., *Ent. Syst.*, III, 2, 119, 360.
*Cymatophora xanthoceros.* Treits.-Ochs., I, p. 86. n° 5.
*Noctua xanthoceros.* Hubn., *Noct.*, tab. 43, fig. 205. — Larv.
    lepid., IV, Noct., II, gen. P, *a*, fig. 1, *a*, *b*, *c*, *d*.—Borkh.
*Noctua erythrocephala.* Esp., *Schm.*, IV th., tab. 121, Noct.
    42, fig. 1.
Brahm, *Ins. Kal.*, II, 1, 67, 28.
*Noctua flavicornis.* Wien. Verz., S. 72, fam. H, n° 6. —
    Lang., Illig.
La tête rouge. Ernst, Pap d'Europe, pl. 214, fig. 291.
Noctuelle rieuse. God.-Dup., Pap. de France, VI, pl. 82.

Elle est d'un jaune citron ou d'un jaune un peu verdâtre, avec le dessin plus ou moins prononcé, et quelquefois presque entièrement effacé. Dans les individus les plus ordinaires, on remarque entre les stigmates et le dos trois lignes d'un vert obscur, parallèles, continues ou un peu étranglées, et interrompues aux incisions. Outre cela, il y a sur chaque anneau une rangée circulaire de points blancs, quelquefois interrompue sur le milieu du dos. Les stigmates sont orangés; au-dessous d'eux, il y a une rangée de points blancs, au nombre de trois, sur chaque anneau. La tête est fauve ou d'un fauve roux, marquée d'un point noir de chaque côté de la bouche, et de plusieurs autres petits points de la même couleur sur le bord de la lèvre supérieure. Le dessous du ventre est grisâtre ou d'un blanc-verdâtre terne, avec le côté extérieur des pattes un peu lavé de jaune.

On rencontre souvent une variété dans laquelle on distingue à peine les traces des raies vertes. Les points blancs sont très apparents, et l'on voit souvent entre eux quelques points verdâtres, qui sont les restes des lignes parallèles.

On trouve une autre variété chez laquelle les lignes vertes parallèles ont presque entièrement envahi la couleur du fond, qui est alors verdâtre ou d'un vert obscur, avec une raie jaune sur le dos et le long des pattes, et les incisions d'un jaune verdâtre.

Il est à remarquer que dans toutes les variétés les points ne disparaissent jamais; seulement dans quelques unes, au lieu d'une rangée transversale il y en a deux par anneau.

Cette chenille vit sur différentes espéces de chênes; elle se tient repliée sur elle-même, comme celles du même genre, entre deux feuilles qu'elle lie avec quelques fils de soie, ce qui la rend assez difficile à faire tomber lorsque l'on bat les arbres.

Elle se métamorphose ordinairement entre les feuilles.

La chrysalide est cylindrico-conique, d'un brun-marron assez clair, terminée par deux petites pointes rapprochées et recourbées en crochet à leur extrémité.

L'insecte parfait éclôt en avril. Il est assez commun dans les bois du centre et du nord de l'Europe.

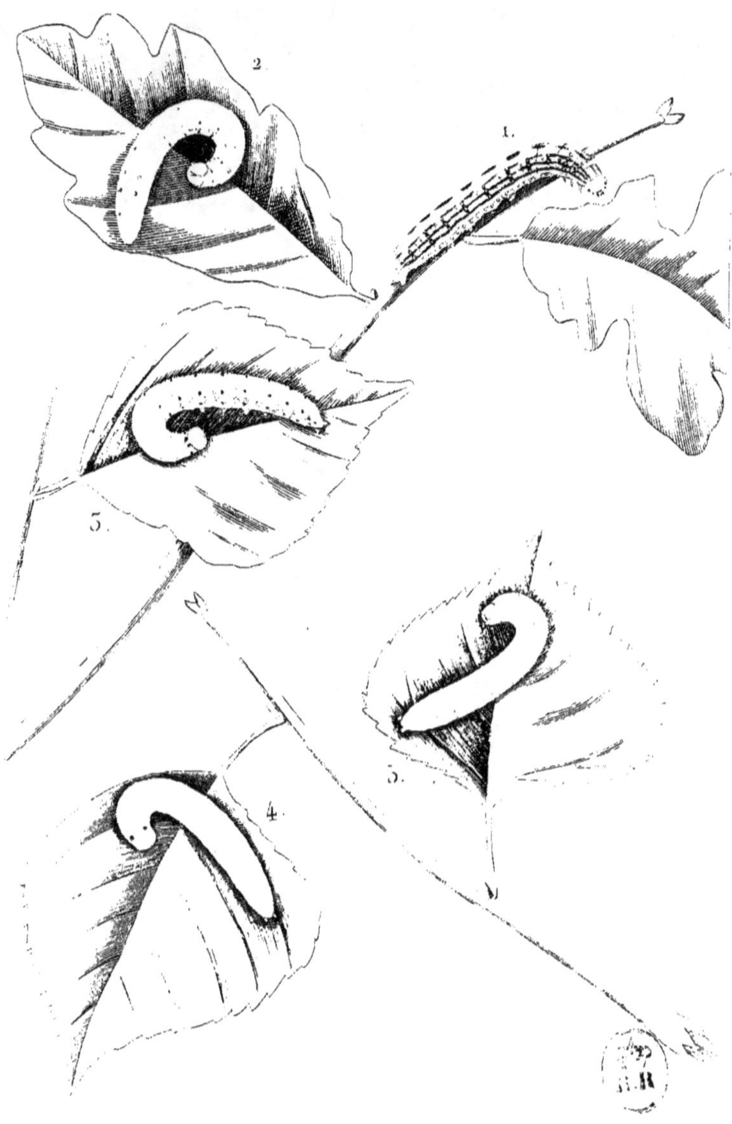

1. Cymatophora Ridens.
2. Idem variété.
3. Cymatophora Flavicornis.
4. ———————— Or.
5. ———————— Idem variété.

Blanchard pinxit Dumenil direxit

## CYMATOPHORA FLAVICORNIS. Pl. 11, fig. 3.

*Albido plumbea vel cinereo-albida albo punctata punctisque nigris lineatis ; capite fulvo.*

BOISD., *Ind. meth.*, p. 58.

TREITS.-OCHS., *Schmett. von Europ.*, I, p. 100, n° 12.

*Noctua flavicornis.* HUBN., Noct., tab. 43, fig. 208. — BEYT.,
II, B. I th., tab. 3, fig. 9, S. 22. — Larv. lepid., IV,
Noct., II, gen. P. c, fig. 2, a, b.

LINN., *Syst. Nat.*, I, 2, 836, 182.

FAB., *Ent. Syst.*, III, 2, 116, 352. — ESP., BRAHM, FUESSL.,
SCHRANK, SCRIB.

DEVILLERS, *Ent. Linn.*, t. II, p. 242, n° 244.

*Noctua sulphureomaculata.* DEVILL., *loc. cit.*, 250, 261.

DE GEER, II th., tab. 7, fig. 19.

La flavicorne. ERNST, Pap. d'Europe, pl. 243, fig. 359.

Noctuelle flavicorne. GOD.-DUP., Pap. de France, VI, pl. 83.

Elle est de la taille de la *Ridens,* dont elle a le port. Sa couleur est d'un gris-jaunâtre un peu plombé, ou d'un jaunâtre plus ou moins sale et légèrement transparent, avec les incisions un peu plus claires. Elle a sur chaque côté, à partir du quatrième anneau, deux rangs de points noirs. Au-dessous du dernier rang sont les stigmates, qui sont assez petits et d'une couleur noirâtre. On voit souvent le premier rang et quelquefois le second rang de points noirs se prolonger jusque sur les premiers anneaux. Sur la partie antérieure du premier anneau près de la tête, il y a une rangée transverse de six points noirs, dont les deux du milieu sont un peu plus gros que les autres. A-peu-près au niveau du premier rang de points noirs, est une rangée de points blanchâtres, au nombre de deux par anneau, et dont l'antérieur touche ordinairement le point noir. Sur les trois premiers anneaux, les points blancs sont alignés transversalement. La tête est d'un roux très clair, avec un point noir de chaque côté près de la bouche, et la lèvre supérieure d'une couleur brunâtre.

Le dessous du ventre et les pattes sont blanchâtres ou d'un blanc sale.

On rencontre quelquefois une variété qui est verte, avec une ligne pâle sur le vaisseau dorsal. Dans une autre variété de couleur ordinaire, les points blancs sont beaucoup plus nombreux. Il y en a jusqu'à deux rangées transversales sur tous les anneaux.

On la trouve en mai sur le chêne et sur le bouleau.

Pour se métamorphoser, elle réunit quelques feuilles à l'aide de fils de soie, et produit une chrysalide d'une couleur brune, cylindrico-conique, assez pointue, terminée par deux petites pointes rapprochées, scabres et noirâtres, et terminées en crochet.

L'insecte parfait éclôt depuis la fin de février jusqu'au commencement d'avril. Il est assez commun dans le nord et dans le centre de l'Europe.

Cette chenille, comme celles du même genre, a l'habitude de se tenir renfermée entre deux ou trois feuilles attachées avec des fils de soie, et il est difficile de la faire tomber en battant les arbres. Aussi est-elle beaucoup plus rare que l'insecte parfait.

## CYMATOPHORA OR. Pl. 11, fig. 4 et 5.

*Viridis vel albido-lutescenti-viridis linea dorsali obscuriori, capite rufo.*

Boisd., *Ind. meth.*, p. 58.

Treits.-Ochs., *Schmett. von Europ.*, I, p. 98, n° 11.

*Noctua or.* Hubn., Noct., tab. 43, fig. 210. — Larv. lepid.,
   IV, Noct., II, gen. *p*, *b*, fig. 2, *a*.

Fab., *Ent. Syst*, III, 2, 86, 253. — Wien. Verz., Illig.,
   Devillers, etc.

*Noctua consobrina.* Borkh., *Europ. schmett.*, IV th., S. 623,
   n° 261.

Scriba, *Beyt.*, I. II. S. 67, tab. 6, fig. 4, *b*. — Brahm.

*Noctua octogena.* Esp., *Schmett.*, IV th., tab. 128, Noct. 49.

*Noctua 8 græcum.* Devill., *Ent. Linn.*, t. II, p. 251, n° 262.

Clerk, *Icon. Ins.*, tab. 6, fig. 9.

La double bande brune. Ernst. Pap. d'Europe, pl. 308,
   fig. 533.

Noctuelle or. Gon.-Dup., Pap. de France, VI, pl. 83, fig. 4.

Elle est un peu aplatie, d'un vert-blanchâtre glauque ou
d'un vert jaunâtre un peu sale légèrement transparent. Le
vaisseau dorsal forme une raie d'un vert sale plus ou moins
visible selon que la chenille marche ou se repose. On remarque sur le bord du premier anneau une petite plaque d'un
roux clair, et à la base des pattes une raie un peu jaunâtre
peu distincte et supportant les stigmates. Ceux-ci sont d'un
roussâtre pâle. La tête est plate, transversale, d'un roux très
clair. Le dessous du corps est un peu plus pâle que le dessus.
Cette chenille se tient constamment enfermée entre les feuilles
qu'elle lie avec quelques fils de soie, repliée sur elle-même ou
contournée en serpent. Quoiqu'elle soit assez commune, il
est rare qu'on la fasse tomber en secouant les arbres. C'est ce
qui explique pourquoi on trouve assez communément au printemps l'insecte parfait sur de petits peupliers qui ont été battus
et secoués une cinquantaine de fois dans la même année.

Elle se change entre les feuilles, et produit une chrysalide d'un brun un peu rougeâtre presque semblable à celle de la *Ridens*, mais un peu plus courte.

La chenille se trouve en juin et en septembre sur les peupliers et sur les trembles. Celles de la première époque donnent leur papillon en août, et celles du mois de septembre au mois de mai de l'année suivante.

L'insecte parfait est assez commun dans le nord et dans le centre de la France.

*Observation.* Nous donnons sur la même planche une chenille qui ne diffère de celle-ci que parcequ'elle a deux points noirs sur le bord antérieur du premier anneau; nous la regardons comme une variété, mais cependant il serait possible qu'elle appartînt à l'*octogesima;* elle est plus rare que l'autre, et jamais nous n'en avons eu une assez grande quantité à-la-fois pour obtenir l'insecte parfait.

## NOTODONTA ZICZAC. Pl. 5, fig. 1 et 2.

*Modo cinereo-violascens, modo violacca vel rosea gibbis duobus mediis pyramydeque anali, strigis lateralibus obliquis dilutioribus obso-letis.*

> Boisd., *Index meth.*, p. 55.
> Ochs., *Schmett. von Europ.*, IV, p. 49, n° 2.
> Linn., *Syst. Nat.*, I, 2, 827, 61.
> Hubn., Bomb., tab. 6, fig. 26. — Larv. lepid., III, Bomb., I,
>     Sphing. C, *e*, fig. 1, *a*.
> Fab., *Ent. Syst.*, III, 1, 442, 107.
> Roesel, *Ins. Bel.*, I th., nacht. 2, tab. XX, fig. 1-8.
> Sepp, *Neederl. Ins.*, tab. 12, fig. 1-10.
> De Geer, tab. 6, fig. 1-10, 4. — Esper, Illig., Wien. Verz.,
>     Borkh., Rossi, Schrank, Vieweg, Brahm, etc.
> Le bois veiné. Geoff., Hist. des Ins., t. II, p. 123, n° 29.
> Ernst, Pap. d'Europe, pl. 200, fig. 266, *a*, *b*, *c*.
> Bombyx ziczac. God., Pap. de France, IV, pl. 17, fig. 3 et 4.

Cette chenille a, comme celles de *Torva*, *Tritophus* et *Dromedarius*, une forme très bizarre, et lorsqu'elle est en repos, elle a de même l'habitude de tenir la partie postérieure de son corps relevée, et sa tête plus ou moins renversée sur le dos.

Elle varie beaucoup pour la couleur, qui est tantôt d'un gris-cendré blanchâtre, tantôt d'un gris violâtre ou rosé, souvent d'une couleur violette ou rose, et plus rarement verte ou d'un noir olivâtre. Dans beaucoup d'individus, les trois derniers anneaux, ou seulement le dixième et le onzième, sont presque entièrement d'un jaune ferrugineux : quelquefois le dessin est peu lisible ; mais souvent on distingue sur chaque côté trois raies formées de traits longitudinaux un peu obliques, et le long des pattes une quatrième raie plus claire que le fond. Le onzième anneau est relevé en pyramide ; le cinquième et le sixième ont chacun une bosse un peu renversée en arrière, et dont la première est ordinairement plus prononcée que la seconde. Les trois premiers anneaux sont souvent couverts par une bande dorsale brune, qui reparaît sur la bosse du cinquième. Sur l'avant-dernière paire de pattes membraneuses, on remarque ordinairement un trait longitudinal d'un blanc jaunâtre. Les stigmates sont noirs avec le centre blanc. Le dessous du corps et les pattes varient beaucoup pour la teinte, qui est plus ou moins en rapport avec celle du corps. La tête est triangulaire, un peu échancrée en dessus, un peu plus obscure que le fond, et très légèrement pointillée.

Malgré toutes les variations de teintes et de dessin que nous avons signalées, cette chenille est toujours très reconnaissable au premier aspect, par les deux bosses qu'elle a au milieu du dos, et par la pyramide ou troisième bosse qui surmonte le onzième anneau.

On la trouve presque dans toute l'Europe, depuis la fin de juin jusqu'au commencement d'octobre, sur les saules et sur différentes espèces de peupliers, et quelquefois sur le bouleau.

Pour se métamorphoser, elle file entre les feuilles une coque assez légère, d'une couleur grisâtre.

La chrysalide est d'un noir-brun assez luisant, obtuse, terminée par deux petites pointes courtes.

L'insecte parfait éclôt en août et septembre, lorsque les chenilles ont subi leur métamorphose en juillet et août ; et au mois de mai de l'année suivante, lorsqu'elle a eu lieu en automne. Il arrive cependant que parmi des chenilles provenant d'une même ponte, il y en a qui produisent leur papillon en août, tandis que d'autres ne le donnent qu'en mai.

## NOTODONTA TRITOPHUS[1]. Pl. 5, fig. 3, 4 et 5.

*Modo fusco-olivacea, modo albido-purpurascens, modo rosea, gibbis tribus pyramideque anali instructa, linea laterali obsoleta dilutiori.*

Boisd., *Ind. meth.*, p. 54.
Ochs., *Schmett. von Europ.*, IV, p. 46, n° 1.
*Bombyx tritophus.* Fab., *Ent. Syst.*, III, 1, 442, 108.
Schrank, *Faun. Boic.*, 2, B., 1 abth., S. 289.—Wien. Verz., Illig.
*Bombyx torva.* Hubn., Bomb., tab. 7, fig. 27. — Larv. lepid., III, Bomb., I, Sphingoid., C, e, fig. 2.
*Bombyx tremula.* Borkh., *Europ. schm.*, III th., S. 396, n° 147.
Brahm, *Ins. Kal.*, S. 259, n° 154.
Schwarz, *Raupenkal*, S. 230 et 668.
Le dromadaire. Ernst, Pap. d'Europe, pl. 202, fig. 68.
*Bombyx tritophus.* God., Pap. de France, IV, fig. 1 et 2.

Cette chenille a beaucoup de rapport avec celle de *Ziczac*; mais elle est ordinairement un peu plus grosse. Elle varie autant pour la couleur, qui est tantôt d'un cendré blanchâtre, tantôt d'un gris pâle, tantôt d'un rose vineux, quelquefois d'un vert-pomme assez sale, et très souvent d'un noir-olivâtre obscur. Dans beaucoup d'individus le dessin n'est pas très visible, cependant sur le vaisseau dorsal on voit ordinairement une raie un peu plus obscure que le fond, et sur chaque côté une autre raie, formée de traits obliques assez mal alignés, un peu plus pâles, et souvent très peu marqués. Entre les pattes et les stigmates, il y a une légère trace de raie pâle, qui est beaucoup plus sensible sur les trois premiers anneaux. Sur l'avant-dernière paire de pattes membraneuses, on voit ordi-

---

[1] Nous avons déjà figuré et décrit cette espèce sous le nom de *Torva;* mais le nom de *Tritophus* étant plus généralement adopté, nous avons cru devoir le rétablir. D'un autre côté, notre première description, ayant été faite d'après une variété, elle se trouve être incomplète. Il faut la supprimer et la remplacer par celle-ci.

nairement, comme dans celle de *Ziczac*, un trait longitudinal d'un blanc jaunâtre. Les cinquième, sixième et septième anneaux portent chacun une bosse conique, et le onzième une éminence pyramidale. Ces différentes élévations sont quelquefois d'un roux ferrugineux à leur sommet. D'autres fois les trois derniers anneaux sont lavés de roux ou de jaune ferrugineux. La tête est pointillée de brun et d'une couleur plus pâle que le corps. Les stigmates sont blancs, ou d'un blanc-sale un peu rougeâtre, cerclés de noir ou de brun. Le dessous du corps et les pattes sont ordinairement un peu plus pâles que le dessus. Dans les individus noirâtres, la ligne dorsale forme en arrière de l'éminence pyramidale une espéce de V.

Au premier coup d'œil on pourrait confondre cette chenille avec celle de *Ziczac*, d'autant plus que la teinte et le dessin n'offrent souvent aucune différence bien sensible ; mais on la distinguera facilement, en ce qu'elle a trois bosses sur le milieu du dos, tandis que celle de *Ziczac* n'en a que deux.

On la trouve aussi dans une grande partie de l'Europe, plus rarement cependant, sur différentes espéces de peupliers, sur le tremble, et quelquefois sur le bouleau ou sur le saule. On la rencontre de même depuis la fin de juin jusqu'au commencement d'octobre.

La chrysalide est un peu plus grosse et un peu plus obscure. Pour le reste, elle est presque complétement semblable.

L'insecte parfait éclôt aux mêmes époques.

Lorsque cette chenille, de même que celles des espéces voisines, est sur le point de se métamorphoser, ses bosses s'absorbent et disparaissent presque entièrement.

1. Notodonta Ziczac.                    3. Notodonta Tritophus.

2. Idem variété.                         4. Idem variété.

                                        5. Idem variété.

Blanchard pinxt. Dumenil diraxit

## CUCULLIA LYCHNITIS. Pl. 15, fig. 1, 2, 3 et 4.

*Subflavescenti vel subvirescenti-albida, annulatim flavo fasciata su-
perjectis punctis, nigris modo dissitis, modo in fasciam undulatam,
transversam confluentibus. Variat colore toto flavo punctis minutis
plus minusve conspicuis nigris.*

> RAMBUR, *Lépid. de Corse*, in ann. *de la Société ent.*, 1832,
> t. II, pl. 1, fig. 3 et 3 *e*.
> *Cucullia scrophulariæ.* TREITS.-OCHS., *Schmett. von Europ.*,
> III, p. 130, 19.
> Cucullie de la scrophulaire. GOD.-DUP., Pap. de France,
> t. VII, 1ʳᵉ part., pl. 124, fig. 363.
> La brechette? ERNST, Pap. d'Europe, pl. 147, fig. 363.

Elle est ordinairement plus petite que la *Verbasci*. Le fond
de sa couleur est d'un blanc mat, comme de la cire, ou
d'un blanc qui a quelque chose de jaunâtre ou de verdâtre.
La tête est jaunâtre, avec cinq ou six points noirs sur chaque
côté, et quelques autres plus petits sur le milieu. Chaque anneau est traversé au milieu par une raie noire, se terminant
de chaque côté par un point noir lié ou interrompu, et précédée par deux autres points noirs qui touchent ou ne touchent pas à la susdite bande, qui est en outre bordée en avant
par une bande traverse jaune, interrompue plus ou moins par
les points noirs. Le premier anneau a, au lieu de la raie noire
transverse, deux rangées également transverses de petits
points noirs, séparées l'une de l'autre par la bande jaune. Sur le
second et le troisième anneau, les points antérieurs ne touchent pas ordinairement à la bande transverse, qui du reste
est souvent interrompue sur ces anneaux. Le onzième et le
douzième ressemblent beaucoup au premier et au second
comme dans toutes les chenilles de ce groupe. Sur chaque
côté et sur chaque anneau, on remarque quatre points noirs,
en comptant celui qui termine la bande transverse. Au milieu
de ce groupe est le stigmate qui est brun, et placé sur un gros
point jaune. Il y a en outre un point noir à la base de chaque

patte. Les pattes sont d'un jaune-blond transparent ; les membraneuses sont blanchâtres. Le ventre est de la couleur du fond, et il est traversé, sur chacun des anneaux dépourvus de pattes, par un rang de petits points noirs.

On rencontre souvent, et même quelquefois plus communément, une variété où la bande transverse est interrompue et remplacée par des points alongés, dont les deux postérieurs, souvent joints ensemble, sont plus alongés et plus minces que dans la *Scrophulariæ*; mais elle est toujours reconnaissable, en ce qu'elle a sur chaque anneau une bande transverse jaune, demi-circulaire, sur laquelle sont placées les taches noires. Cette variété est sans doute le type normal de l'espéce.

On en trouve de temps en temps une autre, qui est entièrement d'un jaune citron, avec les incisions un peu plus pâles, et quelques petits points noirs plus ou moins distincts qui indiquent les traces du dessin : chez cette dernière les bandes jaunes transverses ont envahi toute la couleur du fond.

Dans leur jeunesse les petites chenilles ont ordinairement le fond de la couleur jaune ou jaunâtre.

La chrysalide ressemble à celle de *Verbasci*, mais la gaine est beaucoup plus courte, et ne se prolonge pas jusqu'au dernier anneau.

La chenille vit sur tous les *verbascum* rameux, tels que *lychnitis*, *pulverulentum*, *nigrum*, *sinuatum*, *phlomoides*, *phœniceum*, etc., dont elle mange les fleurs et les fruits. Elle est plus tardive que les autres. On la trouve en juillet et août. L'insecte parfait éclôt en mai et juin de l'année suivante. Il se trouve dans toute l'Europe tempérée et méridionale. On le confond généralement en Allemagne avec la *Scrophulariæ*, et M. Treitschke lui-même nous a envoyé tout récemment, sous ce dernier nom, quatre individus élevés par lui de la chenille.

1. Cucullia Lychnitis.
2. idem vue de dos.
3. idem variété.
4. idem variété.
5. Cucullia Blattariæ.
6. la Chrysalide.

## CUCULLIA BLATTARIÆ. Pl. 15, fig. 5 et 6.

*Pallide flavescenti-albida, vitta utrinque flava superne punctis duobus nigris majoribus, sœpius in X dorso nexis, prœcessa; lateribus nigro punctatis serieque punctorum flavorum.*

TREITS.-OCHS.? III, 125, n° 17.
*Noctua blattariœ?* ESP., *Schm.*, IV th., tab. 154, Noct., 75, fig. 4.
BORKH.? *Eur. schm.*, IV th., S. 312, n° 131.
*Cucullia scrophulariphaga.* RAMBUR, *Lépid. de Corse, in ann. de la Société ent.*, 1832, t. II, pl. 1, fig. 4 et 4 d.

Elle est à-peu-près de la taille de la *Caninœ*, quelquefois même plus petite. Elle est d'un blanc mat un peu verdâtre, souvent un peu plus obscur. Sa tête est d'un jaune un peu roussâtre, avec quatre petits points noirs au sommet, et quelques autres moins prononcés et placés plus bas. De chaque côté du dos, il y a une raie jaune longitudinale, quelquefois interrompue, renfermant entre elles sur la plupart des anneaux quatre points noirs placés carrément, dont les deux antérieurs sont plus rapprochés, et les postérieurs s'alongent souvent de manière à se toucher; quelquefois ils se réunissent en s'entre-croisant par un prolongement grêle, de manière à former des espèces de X. Sur les trois premiers anneaux, les points sont plus petits, plus nombreux, et placés circulairement. Les côtés offrent, comme dans les espèces analogues, une rangée de taches jaunes supportant les stigmates et entourées de quatre points noirs. On remarque aussi au-dessous des anneaux dépourvus de pattes un certain nombre de petits points noirs. Les pattes écailleuses sont de la couleur de la tête; les autres sont de la couleur du corps, avec un point noir sur le côté externe des intermédiaires, et deux ou trois autres plus petits sur les postérieures.

La métamorphose a lieu dans la terre comme pour les es-

pèces du même genre, et la chrysalide ressemble complète-
ment à celle de la *Caninæ*.

L'insecte parfait éclôt en mars, avril et mai. Il se trouve
dans l'île de Corse, en Sardaigne, et probablement dans plusieurs localités de l'Europe méridionale.

La chenille vit sur la *scrophularia ramosissima*. L'insecte
parfait a peut-être été confondu avec la *Caninæ* ; c'est pourquoi nous ne rapportons qu'avec doute la *Blattariæ* de Treitschke à cette espèce.

## CUCULLIA THAPSIPHAGA. Pl. 16, fig. 1, 2 et 3.

*Flavescenti-albida strigis longitudinalibus duabus, dorsalibus, cine-*
*reo-obscuris, obsoletis, vitta undulata intermedia flava; lateribus*
*nigro tenue punctatis vitta obsoleta cinerea.*

> TREITS.-OCHS., III, p. 121, n° 16.
> GOD.-DUP., Pap. de France, t. VII, 1ʳᵉ part., pl. 124, fig. 4.
> BOISD., *Ind. meth.*, p. 90.
> RAMBUR, *Lépid. de Corse, in ann. de la Société ent.*, 1832,
> t. II, pl. 1, fig. 1 et 26.

Elle est de la taille de la *Verbasci*, et le fond de sa couleur est d'un blanc plus ou moins teinté de jaunâtre. Elle a
sur le dos deux bandes longitudinales obscures, plus pâles au
milieu des anneaux, mal arrêtées sur leur bord inférieur, et
séparées l'une de l'autre par une bande jaune, ou d'un jaune
pâle, qui se rétrécit et s'élargit alternativement deux ou trois
fois sur chaque anneau. Les trois premiers anneaux ont deux
ou trois rangées circulaires de petits points noirs. Sur les autres anneaux, il y a quatre points placés tout près de la bande
dorsale, et quelquefois entre eux il existe de chaque côté
deux petites lignes noires, situées transversalement et obliquement, et qui tendent à se réunir sur les bords de la bande
jaune du dos. Au-dessus des stigmates, on voit une bande
obscure blanchâtre dans son milieu, ce qui la fait paraître
comme séparée en deux raies. Son bord inférieur est appuyé
sur les stigmates, qui sont ovoïdes, roussâtres et cerclés de
noir. Au-dessous et à côté de ceux-ci, on aperçoit plusieurs
petits points noirs, quelquefois assez nombreux et accompagnés de quelques petites lignes de la même couleur ; entre
eux et la base des pattes, il en existe encore quelques uns.
La téte est blanchâtre, moirée de brunâtre, avec de très petits tubercules pilifères noirs. Les pattes écailleuses sont roussâtres ; les autres sont de la couleur du corps, avec un ou
deux points noirs à leur côté externe. Le ventre est un peu
teinté de verdâtre.

Il arrive souvent que les bandes longitudinales obscures et les points noirs sont à peine sensibles ; alors toute la chenille est blanchâtre.

Cette chenille, déja très différente des espéces du même groupe par son dessin et par ses couleurs, en diffère beaucoup aussi par ses mœurs. Elle vit sur le *verbascum lychnitis,* et quelques autres espéces rameuses ; mais nous ne l'avons jamais rencontrée sur le *verbascum thapsus,* quoiqu'elle fût souvent très commune dans les mêmes localités.

Dans sa jeunesse, elle habite à la base des feuilles et aux embranchements des rameaux de fleurs qu'elle ronge, à l'abri d'une toile qu'elle se fabrique, et qui l'enveloppe et la cache complétement. Plus tard, elle se tient à découvert, ronge les fleurs de la plante, ou se tient sous les feuilles qu'elle mange également ; mais c'est sur-tout lorsqu'elle est arrivée à toute sa grosseur qu'elle descend souvent à la base des tiges pour se cacher sous les feuilles inférieures.

Elle est quelquefois si abondante dans certaines localités, que nous avons vu des *verbascum* de six ou huit pieds de hauteur totalement privés de feuilles et de fleurs par cette chenille.

Elle se trouve au mois de juin en Corse, dans les montagnes de l'Isère, en Provence et en Autriche.

Sa métamorphose ressemble à celle des espèces voisines.

La chrysalide est aussi grosse que celle de *Verbasci ;* elle est verdâtre et transparente sur l'enveloppe des ailes ; la gaîne est très longue, et arrive presque à l'extrémité du dernier anneau.

L'insecte parfait éclôt au printemps de l'année suivante.

## CUCULLIA CANINÆ. Pl. 16, fig. 4, 5 et 6.

*Subvirescenti-albida maculis dorsalibus flavis intra duos arcus nigros annulatim locatis; lateribus nigro punctatis serieque punctorum flavorum.*

RAMBUR, *Lépid. de Corse, in annal. de la Sociét. ent.*, 1832, t. II, pl. 1, fig. 5 et 5 *e.*

Cette chenille est plus voisine de la *Scrophulariæ* que d'aucune autre. Le fond de sa couleur est d'un blanc-mat un peu verdâtre. La tête est jaune, un peu plus foncée que dans la *Verbasci*, avec de petits points noirs. Les taches noires qui sont sur le dos, et qui constituent le dessin, ont un grand rapport avec celles que l'on observe dans la *Scrophulariæ*. Les quatre taches ou points noirs du dessus de chaque anneau sont toujours longitudinaux, et les antérieurs sont très souvent unis aux postérieurs par une petite liture. Les postérieurs ne sont pas très alongés, sur quelques anneaux ils sont bifides à leur extrémité inférieure; mais le principal caractère de cette espéce est d'avoir les taches jaunes dorsales, étroites, alongées longitudinalement, bordées par deux points noirs de droite et de gauche, entre lesquels elles ne *s'engagent jamais,* lors même qu'ils sont séparés, tandis que dans la *Scrophulariæ*, dans chacun des fers à cheval formés par la réunion des points antérieurs avec les postérieurs, il y a un point jaune. C'est pourquoi nous sommes portés à croire que la chenille, figurée par Hubner sous le nom de *Scrophulariæ* sur la *scrophularia aquatica,* pourrait bien appartenir à l'espéce en question. Le points des côtés sont comme dans la *Scrophulariæ* et la *Lychnitis.*

La chrysalide est semblable à celles du même groupe; la gaîne n'atteint jamais le dernier anneau.

Elle vit presque exclusivement sur les *scrophularia canina* et *ramosissima,* et quelquefois sur l'*aquatica;* cependant nous ne l'avons jamais rencontrée dans les lieux où ne croît pas

l'une ou l'autre des deux premières espèces. Elle aime sur-
tout les fleurs et les fruits, et se tient à découvert.

L'insecte parfait éclôt à-peu-près à la même époque que les
espèces analogues, et il est souvent très difficile de le distinguer des *Cucullia Blattariæ* et *Thapsiphaga.*

Il se trouve dans le midi de l'Europe, et probablement dans
toutes les localités où croissent les deux plantes qui lui sont
propres.

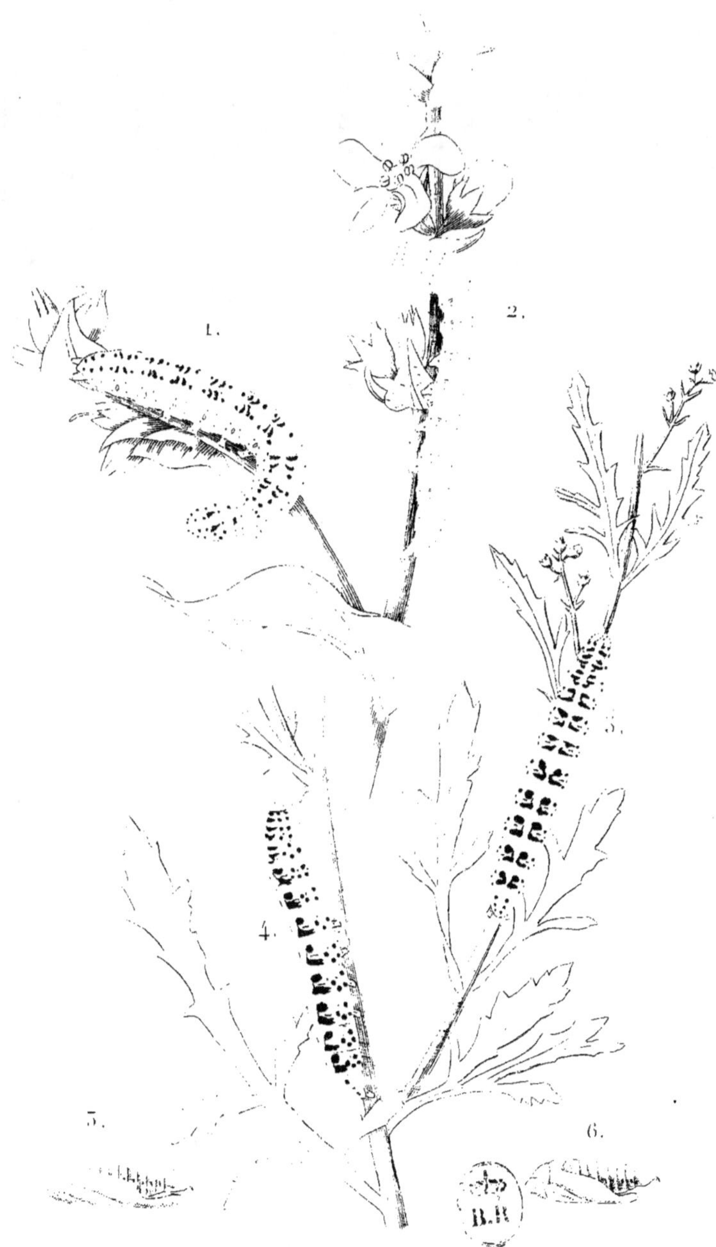

1. Cucullia Thapsiphaga.
2.   idem variété.
3.   la Chrysalide.
4. Cucullia Caninæ.
5.   idem vue de dos.
6.   la Chrysalide.

Blanchard pinx.    L. Dumenil dir.

## BRYOPHILA GLANDIFERA Pl. 3, fig. 6 et 7.

*Cinereo-fusca linea dorsali punctisque lateralibus, biseriatis, albis; capite nigro lucido.*

BOISD., *Ind. meth.*, p. 61.
TREITS.-OCHS., *Schmett. von Europ.*, I, p. 58, n° 1.
*Noctua glandifera.* HUBN., Noct., tab. 5, fig. 24.— Larv. lep.,
    IV, Noct., I, Bombyc., C., c, fig. 2, a. — WIEN. VERZ.,
    ILLIG.
*Noctua lichenis.* FAB., ESP., DEVILL., BORKH., etc.
Noctuelle du lichen. GOD.-DUP., Pap. de France, t. VI,
    pl. 86, fig. 1, 2 et 3.
La perle. ERNST, Pap. d'Europe, pl. 226, fig. 322.

Elle est d'une couleur grisâtre obscure, un peu plus foncée en dessus jusqu'aux stigmates. Le reste est d'un brun-roussâtre pâle. Elle a sur le dos, parallélement au vaisseau dorsal, une ligne blanche, un peu interrompue postérieurement, alternativement élargie et rétrécie sur chaque anneau, principalement vers l'extrémité anale. L'espace compris depuis cette ligne jusqu'aux stigmates est marqué de deux séries de petits traits blancs, mais ceux de la rangée inférieure sont placés obliquement, et tendent plus ou moins à se réunir et à former une ligne continue. Cet espace est limité inférieurement par de petits atomes formant comme un liséré blanchâtre. Les stigmates sont un peu ovoïdes, pâles, avec la bordure noire. Les tubercules pilifères sont en partie de la couleur du corps et en partie blancs, et ils sont surmontés par des poils très blancs. La tête est noire, luisante. Les pattes sont de la couleur du ventre.

La chrysalide est d'une couleur testacée, mince, alongée, cylindrico-conique. Son extrémité est très obtuse, noire et ridée, et porte latéralement trois épines dirigées obliquement et qui vont en s'alongeant de la première à la dernière.

L'insecte parfait éclôt depuis juillet jusqu'au commencement de septembre. Il se trouve dans le centre et dans le midi d'une grande partie de l'Europe.

Cette chenille se trouve mélangée avec celles de *Perla* et de *Raptricula* sur les murailles, sur-tout sur les quais et les parapets des ponts. Elle a les mêmes mœurs, et elle est aussi difficile à élever en captivité.

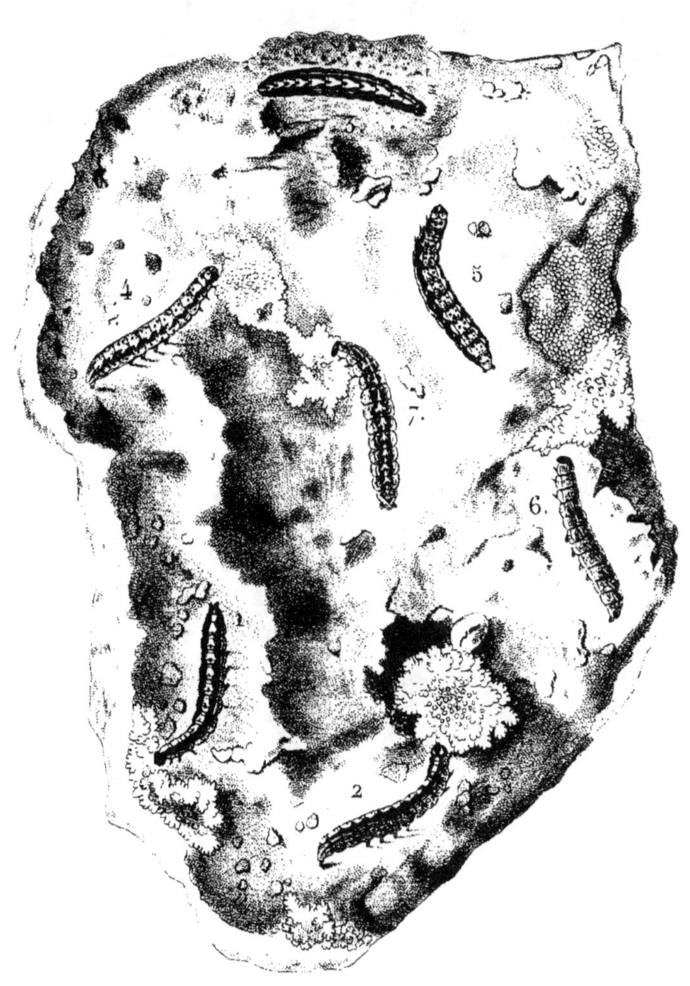

1. Bryophila Raptricula.      4. Bryophila Perla.
2.           idem.            5.      idem vue de dos
3.           idem.            6.           Glandifera.
                             7.      idem vue de dos.

Blanchard pinx        P. Dumenil dir.

## BRYOPHILA RAPTRICULA. Pl. 3, fig. 1, 2 et 3.

*Nigrescens villa dorsali rubro-aurantiana e maculis ovato-quadran-
gulis conflata ; capite nigro lucido.*

> Boisd., *Ind. method.*, p. 62.
> Treistch.-Ochs., *Schmett. von Europ.*, I, p. 71, n° 8.
> *Noctua raptricula.* Hubn., Noct., tab. 6, fig. 29.
> *Noctua lupula.* God.-Dup. (non Hubn.), Pap. de France, t. VII,
>     1re part., pl. 122, fig. 6.
> *Noctua pomula.* Borkh., *Europ. schm.*, IV th., S. 183, n° 79.
> La pomule. Ernst, Pap. d'Europe, pl. 242, fig. 317.

Elle est d'un noirâtre-ardoisé obscur jusqu'aux stigmates,
avec une bande dorsale, sinuée, d'un rouge orangé, formée
comme par une suite de losanges contigues, et marquée sur
chaque anneau d'un point brun alongé postérieurement. L'espace compris entre la bande dorsale et les stigmates est traversé dans sa longueur par deux petites lignes sinueuses blanchâtres, plus ou moins interrompues, et limité inférieurement
par un liséré très sinueux également blanchâtre, et plus ou
moins marqué. Le reste est d'une teinte pâle ou ardoisé blanchâtre. Les tubercules pilifères sont d'un noir luisant, surmontés par des poils blanchâtres. Les stigmates sont presque
ronds, avec la bordure noire très épaisse et le disque enfoncé.
La tête est d'un noir luisant, avec la pièce antérieure de la lèvre
supérieure, la base des palpes et les parties inférieures de la
bouche blanchâtres. Les pattes sont de la couleur du ventre.

Cette chenille est commune aux environs de Paris et au milieu de la ville même, sur les murailles, sur les parapets des
quais et des ponts, etc. Elle préfère le côté exposé au soleil et
les endroits où les lichens, dont elle fait sa nourriture, ne
sont pas trop épais ; aussi est-elle assez rare sur les vieux
murs. Elle mange le soir, et sur-tout le matin au lever du soleil. Plus tard, elle ne se montre guère ; elle cherche un petit
trou ou une crevasse, et, après s'y être logée, elle se recou-

vre d'une coque formée de soie et de lichen, et qui ne diffère
point de la couleur du reste de la pierre. Elle supporte ainsi
renfermée, la haute température que le soleil communique à
la pierre pendant le jour. Elle ne mange que les lichens pul-
vérulents ramollis par la rosée de la nuit ; et, quoique les
mêmes espèces croissent sur les arbres et les cloisons en bois,
on ne la rencontre jamais que sur les murailles, les rochers
et les grosses pierres. Son accroissement est très long, et il
est assez rare qu'on parvienne à l'élever en captivité.

Pour se transformer, elle fait une coque semblable à celle
qui lui sert d'abri. La chrysalide est cylindrico-conique,
assez mince, alongée, d'une couleur testacée rougeâtre, terminée par un prolongement ridé, muni de plusieurs soies
crochues, dont deux plus longues, distantes à leur base, puis
convergentes.

Quoique la plupart des individus aient acquis leur grosseur dans le mois de mai, on en rencontre cependant quelques uns en juin et juillet, et même plus tard.

L'insecte parfait éclôt en août et septembre. Il se trouve
dans une grande partie du centre et du midi de l'Europe, jusque dans l'île de Corse.

## BRYOPHILA PERLA. Pl. 3, fig. 4 et 5.

*Nigrescens dorso cœruleo-violascente utrinque maculis aurantiacis seriatim nexis marginato; capite cœruleo nigro punctato.*

Boisd., *Index meth.*, p. 61.

Treits.-Ochs., *Schmett. von Europ.*, 1, p. 61, n° 3.

*Noctua perla.* Hubn., Noct., tab. 5, fig. 25. Fab., Esp., Rossi, Wien. Verz., Illig., etc.

*Noctua glandifera.* Borkh., *Europ. schmett.*, IV th., S. 128, n° 52.

La glandifère. Ernst, Pap. d'Europe, pl. 225, fig. 321.

Noctuelle perle. God.-Dup.. Pap. de France, t. VI, pl. 86, fig. 4.

Elle est plus épaisse, sur-tout antérieurement, que la plupart des espèces précédentes. Son dos est couvert par une large bande d'un ardoisé bleu ou un peu violâtre, marquée d'une série médiane de points bruns, et en outre de six autres points par anneau, dont les quatre antérieurs luisants et les deux premiers plus gros. Cette bande dorsale est bordée de chaque côté par une série de petites taches orangées, liées l'une à l'autre par un petit trait jaunâtre. L'espace compris entre cette série de taches et les pattes est noir ou noirâtre, plus foncé supérieurement, marqué antérieurement d'une petite ligne blanchâtre, et dans sa longueur d'une rangée de petits points de la même couleur, qui ne sont que l'extrémité des taches orangées, séparées par un petit tubercule. Les tubercules pilifères sont noirs, luisants, assez prononcés. Les stigmates sont ovoïdes, noirs, à disque enfoncé. Le dessous du corps est d'une teinte pâle un peu verdâtre. La tête est bleuâtre, noire au sommet et sur son contour, ponctuée de noir antérieurement. Les pattes sont de la couleur du corps; les écailleuses sont marquées à leur face externe de trois petits points noirs.

La chrysalide est rousse ou d'une couleur testacée, surtout sur les ailes et le corps, couverte d'une poussière blanchâtre. Son extrémité est cannelée, et porte latéralement trois épines dirigées obliquement et en haut, dont deux très petites et la troisième trois fois plus grande.

Elle se trouve dans les mêmes localités que la *Raptricula*. Elle a les mêmes mœurs, mais elle est un peu plus rare, quoique l'insecte parfait soit plus commun.

Celui-ci éclôt en juillet et août, et se trouve dans le centre et le midi d'une grande partie de l'Europe.

## PLUSIA IOTA. Pl. 1, fig. 5 et 6.

*Viridis lineis sex tenuibus, flexuosis, albidis, stigmatibus albidis nigro
cinctis; capite litura utrinque gnira.*

Boisd., *Ind. meth.*, p. 92.
Treits.-Ochs., *Schmett. von Europ.*, III, p. 181, n° 20.
God.-Dup., Pap. de France, t. VII, 2ᵉ part., pl. 136, fig. 2
et 3.
*Noctua iota.* Hubn., Noct., tab. 58, fig. 282. — Linn., Fab.,
Borkh., Devill., Vieweg, Ross., etc.
*Noctua iota, interrogationis et inscripta.* Esp., tab. 113.
Le V. d'or. Ernst, Pap. d'Europe, pl. 337, fig. 592.

Le corps de cette chenille est effilé antérieurement, comme
celui de la plupart des *Plusia*, jusqu'aux pattes membraneuses. Elle ressemble beaucoup à celle de *Gamma*, et elle est
de même d'un beau vert pomme, avec six lignes longitudinales d'un blanc jaunâtre, sinuées, placées sur le dos. Au-
dessus des stigmates, elle a une raie fine, longitudinale, d'un
jaune clair. Ceux-ci sont très petits, peu visibles, d'un blanc
jaunâtre, finement cerclés de noir. Au-dessus de la raie latérale, entre les pattes écailleuses et les pattes membraneuses,
le corps devient plus foncé lorsque la chenille prend certaines attitudes. Les pattes écailleuses et les trois paires de
pattes membraneuses sont d'un vert un peu plus pâle que le
corps. La tête est d'un vert pomme avec un trait noir de
chaque côté. On aperçoit en outre sur tout le corps de la
chenille de petits tubercules blanchâtres répandus çà et là,
et qui donnent naissance à autant de petits poils gris.

Pour se métamorphoser, elle se file une coque légère en
soie, jaunâtre ou blanche, entre les feuilles de la plante dont
elle se nourrit.

La chrysalide est alongée, d'un noir luisant, avec les incisions des anneaux d'un vert-brun jaunâtre sous le ventre.
L'enveloppe des ailes forme une protubérance alongée qui

s'avance sous les anneaux du ventre. L'extrémité est terminée par un bouton noir, saillant, muni à son extrémité de six petites épines très courtes placées à côté l'une de l'autre ; les deux du milieu, qui sont recourbées en hameçon, sont rapprochées et plus longues que les autres. Les stigmates sont rougeâtres.

Cette chenille vit dans les jardins, et sur-tout dans les clairières des grands bois, sur les chèvrefeuilles, *lonicera periclymenum* et *caprifolium*. Elle se tient immobile sur les tiges ou les feuilles de cet arbrisseau, et, quoiqu'elle ne se cache pas, elle est difficile à découvrir, parceque sa couleur se confond entièrement avec celle des feuilles qui l'environnent. Suivant M. Treitschke, elle vit aussi sur les *urtica*, la bardane, *arctium lappa*, et l'ortie blanche, *lamium album ;* mais nous ne l'avons jamais trouvée que sur le chèvrefeuille.

Il faut la chercher dans la première quinzaine d'avril et de juin.

L'insecte parfait éclôt en mai pour la première époque, et en juillet pour la seconde.

Il se trouve çà et là dans une grande partie du nord et du centre de l'Europe, mais plus rarement que *Chrysitis*.

## PLUSIA GAMMA. Pl. 1 , fig. 4.

*Viridis lineis sex tenuibus, flexuosis, albidis, sæpius nigro marginatis; stigmatibus albidis viridicinctis.*

Boisd., *Ind. meth.*, p. 93.
Treits.-Ochs., *Schmett. von Eur.*, III, p. 185, n° 21.
God.-Dup., Pap. de France, t. VII, 2ᵉ part., pl. 136, fig. 4.
*Noctua gamma.* Hubn., Noct., tab. 58, fig. 283. — Larv.
lepid., IV, Noct., III, *Semig.*, A, c, fig. 1, a, b.— Linné,
Fab., Esp., Borkh., Schrank, etc., etc.
Le lambda. Geoff., Hist. des Ins., t. II, p. 156, n° 92.
Ernst, Pap. d'Europe, pl. 338, fig. 594.

Cette chenille varie beaucoup pour la teinte, qui est tantôt d'un beau vert pomme, tantôt d'un vert pâle, souvent d'un vert foncé, et quelquefois d'un vert noir. Elle a sur le dos six lignes fines, très sinueuses, blanches ou d'un blanc jaunâtre, plus ou moins apparentes et quelquefois un peu effacées. A la hauteur des stigmates, il y a une raie fine, longitudinale, d'un jaune blanchâtre, beaucoup plus sensible que celles du dos, et bordée supérieurement par une teinte plus foncée. Tout le reste est vert. Les stigmates sont ovoïdes, blanchâtres, cerclés de vert pâle, et placés sur la ligne latérale. Les pattes membraneuses sont vertes ; les écailleuses sont d'un vert un peu roussâtre. La tête est entièrement verte ; cependant on trouve parfois une variété qui a un trait latéral noir sur chaque joue.

On rencontre souvent des individus chez lesquels la raie latérale est bordée supérieurement par une raie noire, qui n'est pas toujours visible dans toute sa longueur. Chez d'autres, les espaces compris entre les lignes flexueuses sont plus ou moins noirâtres. Le corps offre çà et là, comme dans les espéces congénères, de petits tubercules grisâtres ou blanchâtres, qui donnent naissance à un petit poil grisâtre.

Pour se métamorphoser, elle file entre les feuilles une coque très légère, blanche ou grisâtre. La chrysalide est noirâtre ou noire, luisante, avec l'enveloppe des ailes prolongée comme dans l'*Iota*, et l'extrémité terminée à-peu-près de la même manière.

L'insecte parfait paraît presque sans interruption depuis le milieu du printemps jusqu'en octobre, et il se développe quelquefois dans l'espace de trois ou quatre jours. Rœsel dit même l'avoir vu éclore le lendemain du jour où il s'était chrysalidé. Il est très commun dans toute l'Europe, jusqu'en Sibérie. Il habite aussi l'Amérique septentrionale.

La chenille vit sur presque toutes les plantes basses. Réaumur rapporte qu'elle fut si commune en 1735, qu'elle occasiona de grands dégâts dans les jardins potagers.

1. Plusia Chrysitis.
2.    item vue de dos.
3.    la Chrysalide.
4. Plusia Gamma.
5.    id.    Iota.
6.    la Chrysalide.

Blanchard père                P. Dumenil dir.

## PLUSIA CHRYSITIS. Pl. 1, fig. 1, 2 et 3.

*Viridis lineis latiusculis, obliquis annulatim interruptis lineaque late-*
*rali albis; stigmatibus albidis nigro cinctis.*

> Boisd., *Ind. meth.*, p. 92.
> Treits.-Ochs., *Schmett. von Europ.*, III, p. 169, n° 15.
> God.-Dup., Pap. de Fr, t. VII, 2ᵉ part., pl. 134, fig. 3 et 4.
> *Noctua chrysitis.* Hubn., Noct., tab. 145, fig. 662-663 ; et
> tab. 26, fig. 272. — Larv. lepid., IV, Noct., III, *Semig.*,
> A, *a*, *b*, fig. 1, *a*, *b*.
> *Noctua chrysitis.* Linn., Fab., Illig., Esp., Borkh., Schrank,
> Wien. Verz., Ross., Scopol., etc., etc.
> Le vert doré. Geoff., Hist. des Ins., t. II, p. 149, n° 181.
> Ernst, Pap. d'Europe, pl. 335, fig. 588.

Elle est de la taille de celle de *Gamma*, et elle est d'un vert
pomme plus ou moins glauque ou plus ou moins jaune. De
chaque côté du vaisseau dorsal, elle a trois raies blanches plus
larges que dans les autres espèces, interrompues à chaque anneau, et formées par des traits un peu obliques, souvent un
peu plus larges à leur partie antérieure. Dans quelques individus les traits ne sont point interrompus par les incisions, et
ils forment des raies continues très sinueuses. Dans d'autres,
la seconde raie se fond avec la première ou avec la troisième.
Souvent aussi la seconde et la troisième sont unies au milieu de
chaque anneau par une petite liture transversale, de manière à
former une suite de taches qui ressemblent plus ou moins à la
lettre H. La raie latérale est blanche, placée immédiatement
au-dessus des stigmates ; ceux-ci sont petits, ovoïdes, noirs,
avec le disque blanc enfoncé. Le ventre, les pattes et la tête
sont d'un vert un peu plus pâle que le dos. Le corps de la chenille offre çà et là de petits tubercules blancs, qui donnent
naissance chacun à un petit poil gris.

Pour se métamorphoser, elle file dans les feuilles une coque
légère d'un gris blanchâtre.

La chrysalide est noire comme celle de *Gamma*, avec

l'enveloppe des ailes prolongée comme dans *Iota*, mais plus convexe. L'extrémité est terminée en pointe comme dans *Gamma* et *Festucæ*.

L'insecte parfait éclôt en mai et juin quand la chrysalide a passé l'hiver, et en juillet et août quand elle provient de la seconde époque.

La chenille se trouve en juin, juillet et septembre sur une infinité de plantes basses, particulièrement sur la grande or- tie, *urtica dioica;* l'ortie blanche, *lamium album;* la bardane, *arctium lappa;* et beaucoup de graminées et de cypéracées. Elle se plaît dans les lieux frais et humides.

## CHELONIA MENDICA. Pl. 5 , fig. 1 et 2.

*Albido-cinerea, dorso late obscuriori linea media, pallida, diviso, pilis-*
*que fasciculato-stellatis rufis vel albido-rufis ; stigmatibus minutis*
*albis.*

> BOISD., *Ind. meth.*, p. 43.
> *Eyprepia mendica.* OCHS., *Schm. von Eur.*, IV, 351 , n° 27.
> *Bombyx mendica.* LINNÉ, FAB., ILLIG., WIEN. VERZ., BORKH.,
>    PANZ., NATURF., ROSSI, VIEWEG, KNOCH., ESP., etc.
> HUBN., Bomb., tab. 34 , fig. 148, 149.
> *Arctia mendica.* SCHRANK, *Faun. Boic.*, 2, B. 2 abth. S. 153 ,
>    n° 16.
> Écaille mendiante. GOD., Pap. de France, t. IV, pl. 27, fig. 1
>    et 2.
> La mendiante. ERNST, Pap. d'Europe, pl. 159, fig. 205.

Elle est d'un blanc sale un peu jaunâtre ou d'un blanc grisâtre, avec tout le dos couvert par une large bande, d'un gris
cendré un peu noirâtre, divisée sur le vaisseau dorsal par
une ligne de la couleur du fond. Les poils dont elle est couverte sont blonds ou rougeâtres, à-peu-près d'égale longueur, aigrettés, et implantés sur des tubercules médiocrement saillants. Sur chaque côté on remarque ordinairement,
entre chaque anneau, de petits traits obliques paraissant
plus foncés, formés par les replis de la peau. La tête est luisante et d'un roux clair. Les pattes sont de la couleur du
fond, c'est-à-dire d'un blanc sale. Les stigmates sont petits
et blanchâtres.

Dans sa jeunesse, elle est d'un blanc un peu jaunâtre,
presque couleur d'os, avec les tubercules plus colorés. Après
la troisième mue, le dos prend une couleur grisâtre, et cette
teinte remplace les deux rangées de tubercules noirâtres du
premier âge. A la dernière mue, les poils deviennent fauves
et plus fasciculés.

La chrysalide est renfermée dans une coque lâche, grisâtre, entremêlée de poils. Elle est d'un brun luisant, à anneaux immobiles, avec les stigmates grisâtres. Elle passe l'hiver et éclôt en mai.

La chenille se trouve en juillet et août dans une grande partie de l'Europe. Elle est polyphage, et se trouve sur presque toutes les plantes basses. Elle aime les décombres, le voisinage des murs et les lieux cultivés. Elle se métamorphose sous les pierres ou dans les crevasses des murailles.

## CHELONIA MENTHASTRI. Pl. 5, fig. 3, 4 et 5.

*Nigra vel fusca, pilis stellato-fasciculatis nigro-fuscis vel rufescentibus; stigmatibus albis.*

Boisd., *Ind. meth.*, p. 43.

*Eyprepia menthastri.* Ochs., *Schmett. von Europ.*, IV, p. 354, n° 28.

*Bombyx menthastri.* Linné, Fab., Wien. Verz., Illig., Scopol., Schæff., Esp., Borkh., Lang., Vieweg, etc.

Hubn., Bomb., tab. 35, fig. 152, 153. — Larv. lepid., III, Bomb., II. *Veræ*, L, *b*, fig. 1, *a*.

*Arctia menthastri.* Schrank, *Faun. Boic.*, 2, B. 1 abth. S. 263, n° 1442.

Écaille de la menthe. God., Pap. de France, t. IV, pl. 27, fig. 5 et 6.

La phalène tigre. Geoff., Hist. des Ins., t. II, p. 118, n° 21.

Ernst, Pap. d'Europe, pl. 157, fig. 204, et pl. 158, fig. 204.

Elle est de la taille de la *Mendica,* mais ses poils sont plus longs et plus nombreux. Le fond de sa couleur est d'un brun noirâtre plus ou moins obscur, mais ordinairement moins intense que dans *Urticæ.* Le dos est souvent un peu plus foncé que les côtés, et il est divisé parallèlement au vaisseau dorsal par une raie d'un blanc grisâtre, mais plus ordinairement jaunâtre, souvent teintée de rouge ou d'orangé, particulièrement sur le milieu des anneaux. Les poils sont presque toujours noirs ou d'un brun noirâtre ; cependant ils sont quelquefois d'un roux très vif ou d'un brun-roussâtre, fasciculés, implantés sur des tubercules noirs. Les stigmates sont blancs, et la rangée de tubercules qui est placée au-dessus d'eux est parfois entourée d'une teinte jaunâtre ou un peu fauve, qui peut devenir assez prononcée pour former une raie latérale interrompue, ou même non interrompue, aussi prononcée que la dorsale. La tête est d'un noir luisant, marquée de brun ferrugineux au milieu et sur les côtés. Le dessous du corps est d'un noir-grisâtre obscur et livide, avec les pattes membraneuses

40

plus pâles et un peu rosées sur leur couronne, et les pattes écailleuses brunes.

Dans le jeune âge, elle est blanchâtre avec les tubercules noirs, et la raie dorsale marquée, souvent lavée de rouge, ainsi que le premier et les deux derniers anneaux. De chaque côté de cette dernière, il y a deux rangées de tubercules noirs bien distincts. Plus âgée, elle est d'un grisâtre obscur ou olivâtre ; et enfin, à la dernière mue, elle prend sa couleur ordinaire et devient beaucoup plus velue.

La chrysalide est renfermée dans une coque molle d'un gris obscur ; elle est d'un noir-brun luisant, avec les stigmates blanchâtres et les anneaux immobiles.

L'insecte parfait éclôt en mai et juin.

La chenille se trouve dans presque toute l'Europe depuis la fin de juillet jusqu'à la fin de septembre. Elle vit dans les décombres, dans les lieux cultivés, dans les fossés des bois et le long des murs, etc., sur presque toutes les plantes basses. On la rencontre souvent courant le long des chemins.

1. Chelonia Mendica.
2. idem jeune.
3. Chelonia Menthastri.
4. idem variété.
5. idem jeune.

## ORGYA GONOSTIGMA. Pl. 16, fig. 2 et 3.

*Fusca vittis quatuor aurantiacis pilis cinereis; penicillis antennæ-formibus analique nigris; fasciculis quatuor dorsalibus fulvis.*

Boisd., *Ind. meth.*, p. 46.

Ochs., *Schm. von Europ.*, IV, p. 218, n° 5.

*Bombyx gonostisma.* Fab., Illig., Scopol., Esp., Borkh., Vieweg, Brahm, etc.

Hubn., Bomb., tab. 20, fig. 78, et tab. 59, fig. 253.— Larv. lepid., III, Bomb., II, *veræ* D, *a*, fig. 2, *a*.

*Laria gonostigma.* Schrank, *Faun. Boic.*, 2, B. 2 abth., S. 151, n° 12.

Bombyx gonostigma. God., Pap. de France, t. IV, pl. 24, fig. 3 et 4.

La soucieuse. Ernst, Pap. d'Europe, pl. 163, fig. 212.

Elle est souvent un peu plus grande que celle de l'*Antiqua*. Le fond de sa couleur est brunâtre ou noir, avec quatre bandes longitudinales d'un rouge aurore, dont deux dorsales et une latérale. Entre les bandes dorsales et latérale, les anneaux présentent quelques plis rouges plus ou moins apparents. Les poils sont d'un gris roussâtre, implantés sur des tubercules d'un gris noirâtre. La tête est noire, luisante, marquée d'une impression en forme de V, d'un jaune brun, et garnie de poils roussâtres. Les quatrième, cinquième, sixième et septième anneaux portent chacun une brosse d'un jaune fauve ou rousse, coupée d'égale longueur. Le premier anneau a de chaque côté un long faisceau de poils noirs, dirigés en avant, dilatés à leur extrémité, et imitant des espèces d'antennes. Le onzième anneau offre un faisceau semblable, incliné en arrière. Outre ces caractères, les raies dorsales ne se continuent pas ordinairement sur les premiers anneaux en avant des brosses. Ces mêmes anneaux sont marqués de plis d'un rouge aurore. On remarque encore sur les raies dorsales une rangée de petites aigrettes d'un jaune pâle ou d'un blanc pur. La raie latérale est plus ou moins sinuée selon les positions que prend la chenille. Le dessous du ventre est d'un noir olivâtre, avec les pattes jaunâtres, marquées de brun sur leur face externe. Au-dessous de l'aigrette postérieure, les onzième et douzième anneaux sont marqués d'une raie transversale de la couleur des bandes.

Pour se métamorphoser, elle file une coque lâche d'un gris jaunâtre, qu'elle place dans les feuilles ou dans les gerçures des écorces.

La chrysalide est d'un noir brun luisant, avec les incisions jaunâtres ; elle est garnie de poils d'un gris plus ou moins jaune. Chacun des trois derniers anneaux est marqué de deux taches blanchâtres.

L'insecte parfait éclôt pour la première fois à la fin de mai et au commencement de juin, et pour la seconde en août, septembre et octobre.

La chenille se trouve dans le centre et dans le nord de l'Europe, en mai, août et septembre, sur beaucoup d'arbres et arbrisseaux, particulièrement sur le pommier, le prunier, le prunellier, la ronce, le framboisier, l'églantier, le tilleul, le chêne, le peuplier, etc.

1. Orgya Trigotephras.
2. id. Gonostigma.
3. idem variété.
4. Orgya Antiqua.
5. idem variété.

## ORGYA ANTIQUA. Pl. 16, fig. 4 et 5.

*Modo pallide cinerascens, modo fusca, maculis coccineis lateraliter
biseriatis; penicillis duobus antenna-formibus, duobus mediis alte-
roque anali nigris; fasciculis quatuor dorsalibus flavis vel cinereis.*

> Boisd., *Ind. meth.*, p. 46.
> Ochs., *Schmett. von Europ.*, IV, p. 221, n° 6.
> *Bombyx antiqua.* Linn., Fab., Wien. Verz., Illig., de Geer,
>    Esp., Borkh., Mull., Ross., Vieweg, Brahm, Lang, etc.
> Hubn., Bomb., tab. 20, fig. 77, et tab. 54, fig. 235.—Larv.
>    lepid., III, Bomb., II. *Verœ* D, *a*, fig. 1, *a*.
> Bombyx antique. God., Pap. de France, t. IV, pl. 24, fig. 1
>    et 2.
> L'étoilée. Geoff., Hist. des Ins., t. II, p. 119, n° 23.
> Ernst, Pap. d'Europe, pl. 162, fig. 211, et pl. 163, fig. 221.
> *Laria antiqua.* Schrank, *Faun. Boic.*, 2, B. 2 abth., S. 151.
> D. 11.

Le fond de sa couleur est tantôt d'un gris-bleuâtre très
pâle, tantôt brun, tantôt noirâtre, et quelquefois blanchâtre,
avec des poils aigrettés grisâtres, implantés sur des tubercules. Le premier anneau offre de chaque côté un long faisceau de poils inégaux, dirigés en avant, dilatés à leur extrémité, et imitant des espèces d'antennes. Le onzième anneau
a un faisceau semblable incliné en arrière ; le cinquième en
présente aussi un de chaque côté. Les quatrième, cinquième, sixième et septième portent chacun une brosse d'é-
gale longueur, qui est tantôt blanche, tantôt grise, tantôt
jaune, souvent rousse, et quelquefois noirâtre. Sur chaque
côté du corps, on remarque une rangée de tubercules rouges
ou d'un rouge rose, supportant de petites aigrettes. Au-
dessous de cette rangée, on en voit une autre, composée
de tubercules rougeâtres ou d'un gris rougeâtre, donnant
naissance à des aigrettes plus fournies. Le dos entre chaque
brosse a les incisions noires ; et depuis la dernière brosse jusqu'à la queue le fond devient plus obscur, et présente sur

chaque anneau deux tubercules rouges qui , en s'alignant avec ceux de la rangée latérale, forment une bande demi-circulaire. Les trois premiers anneaux ont aussi chacun une rangée demi-circulaire de tubercules rouges ou rougeâtres. La tête est noire ; les stigmates ne sont pas distincts. Quelquefois vers les pattes il y a une raie jaunâtre, interrompue par les tubercules de la seconde rangée. Tout-à-fait à la base des pattes, il y a une troisième rangée de tubercules grisâtres portant des poils aigrettés. Le dessous du corps est d'un gris noirâtre, avec les pattes plus pâles, lavées de brun sur leur côté externe.

Pour se métamorphoser, elle file une coque blanchâtre, lâche, entremêlée de ses poils.

La chrysalide est noirâtre, velue, avec les anneaux du ventre d'un blanc jaunâtre ou verdâtre en dessous.

L'insecte parfait éclôt en juin pour la première époque, et en août, septembre et octobre pour la seconde ; mais il est à croire qu'il y a plusieurs générations pendant l'automne. Linné assure que le mâle porte la femelle d'arbre en arbre.

On trouve la chenille depuis le mois de mai jusqu'en octobre, dans une grande partie de l'Europe, sur presque tous les arbres et les arbrisseaux. Elle est quelquefois si commune qu'elle dépouille certains arbres de leurs feuilles.

Les œufs passent l'hiver et éclosent au printemps. Après la première mue les petites chenilles se dispersent.

## ORGYA TRIGOTEPHRAS . Pl. 16, fig. 1.

*Nigra pilis flavescentibus, tuberculis incisurisque rubris ; fasciculis
quatuor dorsalibus luteis ; penicillis antennæ-formibus analique
nigris.*

BOISD., *Ind. meth.*, p. 46.
CANTENER , *Pap. du Var*, p. 80 , *in Revue entom.*, t. I.
*Orgya ericæ.* LEFEBV., *Ann. de la Soc. linn. de Paris.*

Elle est ordinairement un peu plus petite que celle d'*Antu-
qua*. Le fond de sa couleur est noir ou brunâtre, avec les poils
jaunes. La tête est noire, garnie de poils jaunes. Le premier
anneau porte de chaque côté près de la tête, comme dans les
espéces du même genre, un petit tubercule roussâtre, surmonté d'une longue aigrette ou pinceau de poils noirâtres dilatés à leur sommet. Le onzième anneau offre une aigrette de
poils semblables. Tous les anneaux ont en outre une rangée
demi-circulaire de tubercules rouges ou rougeâtres, surmontés chacun d'une petite étoile de poils jaunes. Les incisions
sont aussi marquées d'une petite bande transversale de la
même couleur. Les quatrième, cinquième, sixième et septième anneaux portent chacun une brosse jaune, d'égale longueur. Dans quelques individus, les tubercules rouges de la
rangée inférieure tendent à se réunir et forment quelquefois
une raie latérale rouge. Le dessous du corps est d'une couleur livide.

Pour se métamorphoser, elle file une coque grisâtre, molle,
entremêlée de soie et de poils.

La chrysalide est d'un noir assez brillant, garnie de quelques poils sur le dos. Son extrémité se termine par une pointe
armée de soies crochues. La chrysalide de la femelle est plus
grosse que celle du mâle, plus épaisse, et n'offre point de
marques d'ailes.

L'insecte parfait éclôt au bout de quinze jours de métamorphose.

La chenille vit sur plusieurs plantes très différentes, telles que le chêne vert, *quercus ilex;* le chêne liége, *quercus suber;* les genêts, etc. On la trouve au printemps et dans l'été.

MEISSONNIER.

Cette espéce a été découverte en Provence, aux environs de Saint-Maximin, par M. le comte de Saporta. Elle a aussi été trouvée aux environs d'Hyères par MM. Meissonnier, Donzel, Cantener et Auran. M. Alexandre Lefebvre l'a rapportée de Sicile, et il en a le premier donné la description dans les *Annales de la Société Linnéenne,* sous le nom d'*Orgya Ericæ.*

## CATOCALA ELECTA. Pl. 4, fig. 4 et 5.

*Cinereo-rufescens, tuberculis minutis, dorsalibus, biseriatis, fulvis; segmento octavo luteo plagiato; tuberculis duobus geminis, posticis, brevibus, conicis, fulvis.*

BOISD., *Ind. meth.*, p. 98.
TREITS.-OCHS., *Schmett. von Europ.*, III, p. 355, n° 9.
*Noctua electa.* HUBN., *Noct.*, tab. 70, fig. 331.
BORKH., *Europ. schmett.*, IV th., S. 26, n° 8.
*Noctua pacta.* WIEN. VERZ., ILLIGER, ESPER, FUESSL., SCHRANK, etc.
Noctuelle choisie. GOD., Papillons de France, t. V, pl. 46, fig. 1.
L'accordée. ERNST, Pap. d'Europe, pl. 324, fig. 566.

Elle a la forme propre aux espèces du même genre. Le fond de sa couleur est d'un gris-jaunâtre pâle, très finement pointillé de brun roussâtre, ou de gris brunâtre, suivant les individus. De chaque côté du dos, elle a une raie sinueuse peu apparente, un peu plus obscure que la couleur du fond, finement lisérée de jaunâtre pâle, bordée extérieurement d'une rangée de très petits tubercules orangés, alignés, disposés deux par deux sur chaque anneau, et donnant naissance à de petits poils gris presque imperceptibles. Sur le huitième anneau, entre les deux tubercules postérieurs de la rangée en question, il en existe un beaucoup plus gros de couleur fauve, marqué sur son milieu d'une tache ovale d'un jaune un peu orangé, cerclée de noir, et placée transversalement. Les deux autres petits tubercules de cet anneau, qui accompagnent le gros dont nous venons de parler, sont placés entre deux petits traits noirâtres. Outre ces caractères, le huitième anneau est couvert dans sa moitié postérieure par un espace jaunâtre, divisé longitudinalement par six lignes plus foncées. Le onzième anneau porte à sa partie postérieure deux petits tubercules coniques plus forts que les autres; de leur base, il part un trait oblique noirâtre dirigé en avant.

Les côtés du premier anneau offrent aussi un trait noir. Au-dessus des pattes, il y a une raie longitudinale semblable à celle du dos supportant les stigmates ; ceux-ci sont ovales, noirs, cerclés de jaune-pâle grisâtre. Près des pattes, le corps offre une frange de poils courts, raides, d'une couleur de chair pâle. Le dessous du ventre est d'un blanc bleuâtre, avec une bande longitudinale, fauve, médiane, marquée d'une large tache noire sur le milieu de chaque anneau. La tête est un peu échancrée en dessus, d'une couleur de chair jaunâtre, avec un réseau d'un fauve rougeâtre, et un trait latéral d'un rouge-ferrugineux noir près de la bouche. Les pattes écailleuses sont d'une couleur de chair roussâtre, et les membraneuses de la couleur du corps avec la couronne très large.

La chrysalide est alongée, cylindrico-conique, d'un brun-violet foncé, presque entièrement recouverte par une efflorescence d'un blanc bleuâtre. L'extrémité est terminée par un bouton rugueux, noir, armé de six soies noires, crochues, dont les deux du milieu sont plus longues.

La chenille vit sur les saules, particulièrement sur l'osier, *salix viminea*. Les auteurs lui donnent aussi pour nourriture différentes espèces de peupliers, mais nous ne l'avons jamais rencontrée sur ces arbres. On la trouve depuis le commencement de juin jusqu'à la mi-juillet ; mais le plus grand nombre arrive à toute sa grosseur dans les premiers jours de ce dernier mois. Elle file alors une coque peu solide, entre plusieurs feuilles qu'elle attache ensemble ou entre des pierres.

L'insecte parfait éclôt depuis la fin de juillet jusqu'à la fin de septembre.

Il se trouve dans plusieurs contrées du centre de l'Europe, mais il n'est nulle part très commun.

1. Catocala Nupta. *Var.*        4. Catocala Electa.
2.      *idem variété.*          5.      *la Chrysalide.*
3.      *la Chrysalide.*

Blanchard pin.                    P. Dumenil dir.

## POLIA DYSODEA. Pl. 17, fig. 1, 2 et 5.

*Modo viridis, modo rufa lineis tribus obscurioribus; stigmatibus atris.*

BOISD., *Ind. meth.*, p. 74.
TREITS.-OCHS., *Schmett. von Europ.*, II, p. 16, n° 4.
*Noctua dysodea.* HÜBN., *Noct.*, tab. 10, fig. 47. — Larv. lep.,
  IV, Noct., II, gen. D, *a*, fig. 2, *a*. —WIEN. VERZ., ILLIG.,
  GOETZE, BRAHM, etc.
*Noctua flavicincta minor.* ESP., *Schmett.*, IV th., tab. 153,
  Noct., 74.
*Noctua chrysozona.* BORKH., *Europ. schmett.*, IV th., S. 274,
  n° 13.
La cerisière. ERNST, *Pap. d'Europe*, pl. 229, fig. 350.
Noctuelle dysodée. GOD.-DUP., *Pap. de France*, t. VI, pl. 98,
  fig. 2.

Elle est tantôt d'un vert pâle, tantôt d'un vert foncé, quelquefois d'un vert roussâtre ou entièrement roussâtre jusqu'aux stigmates, avec le dessous d'une teinte très pâle. Elle
a sur le vaisseau dorsal une raie brunâtre formée de deux
lignes très fines plus ou moins apparentes. La partie comprise
depuis cette raie jusqu'aux stigmates est divisée dans son
milieu par une double ligne longitudinale peu sensible, qui
disparaît souvent complétement, mais qui est toujours visible
dans le jeune âge; l'intervalle étroit renfermé entre ces deux
lignes forme alors une petite raie blanchâtre ou jaunâtre, qui,
par la suite, ne se distingue pas du fond dans la plupart des
individus. Les stigmates sont d'un noir profond, avec le bord
épais. Au-dessous d'eux, on voit quelquefois une raie latérale
pâle; mais le plus souvent cette dernière est confondue avec
la couleur du ventre. La tête et les pattes écailleuses sont roussâtres, les autres sont de la couleur du ventre.

On la trouve en juillet et août sur la laitue vivace, *lactuca
perennis;* la laitue cultivée, *lactuca sativa*, et autres chicoracées. Elle mange sur-tout les fleurs, et se tient à découvert,

appliquée et alongée sur les rameaux de la plante. On la rencontre aussi quelquefois sur d'autres plantes basses.

Elle entre en terre, et se change en une chrysalide assez alongée, d'un rouge ferrugineux, et dont les anneaux du ventre sont marqués de points enfoncés, sur-tout vers le bord antérieur. L'extrémité se termine par une pointe épaisse, striée, rugueuse, prolongée en deux soies longues, crochues, et appliquées l'une contre l'autre.

L'insecte parfait se trouve dans toute la France, en Italie, en Sicile, en Morée, en Allemagne, en Autriche, etc. Il éclôt en juin et quelquefois en septembre.

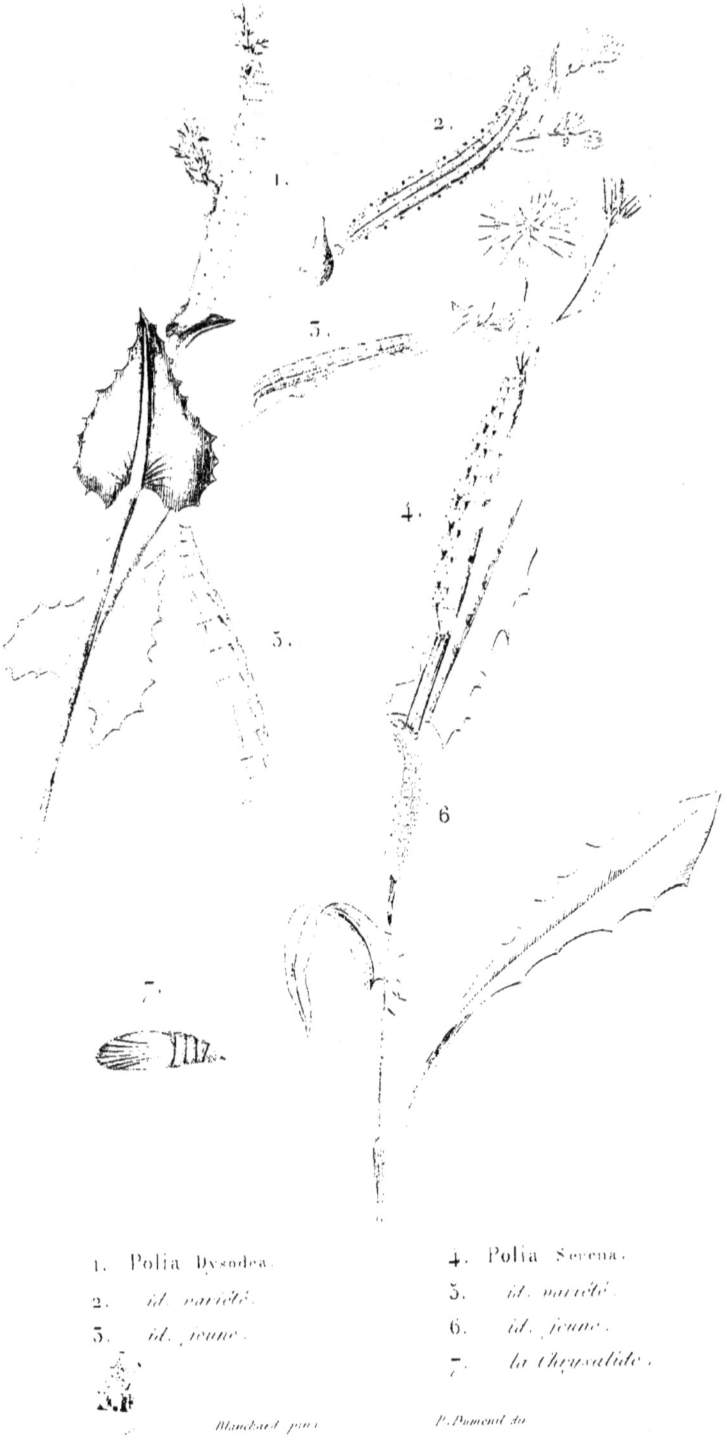

1. Polia Dysodea.
2. id. variété.
3. id. jeune.

4. Polia Serena.
5. id. variété.
6. id. jeune.
7. la chrysalide.

Blanchard pinx.　　P. Dumenil du.

## POLIA SERENA. Pl. 17, fig. 4, 5, 6 et 7.

*Modo viridis, modo rufescens vel griseo-virescens, vitta dorsali regulariter dilatata obscuriori ; stigmatibus fuscis.*

BOISD., *Ind. meth.*, p. 74.
TREITS.-OCHS., *Schmett. von Europ.*, II, p. 12, n° 3
*Noctua serena.* HUBN., Noct., tab. 11, fig. 54.— Larv. lepid.,
    IV, Noct., II, gen. E, *a*, fig. 1, *a*, *b*, *c*. — FAB., ILLIG.,
    WIEN. VERZ., ESP., BORKH., etc.
La joconde. ERNST, Pap d'Europe, pl. 240, fig. 352, *c*, *d*, *e*.
La grisaille. ERNST, *loc. cit.*, *ibid.*, fig. 353.
Noctuelle sereine. GOD.-DUP., Pap. de France, t. VI, pl. 98.
    fig. 3.

Cette chenille varie beaucoup pour la teinte, qui est tantôt d'un gris-verdâtre obscur, tantôt verte, et souvent roussâtre ou même rougeâtre. Dans son premier âge, elle est le plus souvent d'un brun plus ou moins roux ou d'une teinte jaunâtre. Arrivée à sa grosseur, lorsque le dessin est bien apparent, elle offre les caractères suivants. Le vaisseau dorsal est couvert par une raie plus obscure que le fond, étranglée aux incisions, dilatée au milieu des anneaux, et envoyant obliquement et en avant un prolongement latéral sur chaque anneau. La raie dorsale est plus ou moins large, et se dilate souvent de manière à former une série de losanges unis entre eux, et dont les angles latéraux communiquent avec la raie qui est au-dessous. Cette dernière est irrégulière, de la même couleur, souvent presque insensible, et se confond presque avec une autre raie qui vient après, qui est aussi assez peu marquée, et dont le bord inférieur supporte les stigmates. Immédiatement au-dessous de celle-ci est une raie latérale blanchâtre ou d'un blanc verdâtre, quelquefois confondue en grande partie avec la couleur du ventre. Très souvent l'intervalle compris entre la raie dorsale et le prolongement latéral est rempli par des atomes et des linéaments obscurs ; mais, dans tous les cas, on distingue sur chaque anneau quatre petits points brunâtres. Les stigmates sont ovoïdes, bruns ou d'un brun rougeâtre, avec la bordure noire. La tête est roussâtre, marquée de quatre à six séries de points noirâtres. Le ventre est d'un jaune-roussâtre plus ou moins clair, avec les pattes écailleuses de la même couleur, et les autres de la teinte du corps.

Elle se trouve en juin et en août sur les fleurs des plantes composées, et particulièrement sur celles des chicoracées, telles que *hieracium umbellatum*, laitue vivace, *lactuca perennis*, *crepis biennis* et *tectorum*, *hipochœris radicata*, *leontodon hispidum* et *hirtum*, etc. ; dans les champs et dans les allées des bois. Elle se tient à découvert.

Pour se métamorphoser, elle construit en terre une coque mince. La chrysalide est d'un brun testacé, saupoudrée d'une efflorescence d'un blanc violâtre, avec l'extrémité anale noire et munie de deux soies crochues assez longues et rapprochées.

L'insecte parfait éclôt à la fin d'avril et au commencement de mai, quand la chenille s'est chrysalidée en automne ; et au bout de trois semaines, quand la métamorphose a lieu en été. Il se trouve dans presque toute l'Europe centrale.

## PSYCHE APIFORMIS. Pl. 1, fig. 4, 5, 6 et 7.

*Cinerea vel albido-cinerea nigro annulatim strigata, capite nigro punctato; involucro ovato paleis transversis composito.*

Boisd., *Ind. meth.*, p. 44.
Ochs., *Schmett. von Europ.*, IV, p. 177, n° 11.
Rossi, *Faun. Etrusc.*, t, II, tab. 6, fig. 11, p. 178, n° 1105.
Fab., *Ent. Syst.*, III, 1, 435, 87.
Coqueb., *Illust. Iconog.*, dec. 1, tab. 7, fig. 4.
Esp., *Schmett.*, III th., tab. 88, cont. 9, fig. 5, 6.
*Tinea fucella.* Hubn., tab. 44, fig. 305.
Bombyx apif rme. God., Pap. de France, t. IV, pl. 19, fig. 7.

Elle ressemble à la *Graminella*, mais elle est un tiers plus petite. Le fond de sa couleur, c'est-à-dire celle des trois anneaux qu'elle laisse sortir de son fourreau, est d'un gris-cendré pâle ou d'un blanc un peu roussâtre. La tête est marquée de petites lignes et de points noirs, avec la bouche de la même couleur. Les trois anneaux suivants ont chacun de petites lignes noires longitudinales un peu irrégulières, presque confluentes sur le troisième. Les pattes écailleuses sont noires.

Le fourreau est en ovale alongé, et formé de petits brins de bois ou d'herbes disposés en travers et presque tous d'égale longueur. La chenille, comme celles de toutes les espéces congénères et de plusieurs Tinéides, le transporte par-tout avec elle. Lorsqu'elle est sur le point de se métamorphoser, elle le fixe à une tige, et le recouvre entièrement d'un léger tissu blanchâtre.

La chrysalide du mâle est cylindrico-conique, brune, avec les anneaux et le bord des ailes d'un roux doré, et le dernier anneau recourbé en dessus.

Celle de la femelle est renflée en barillet comme la nymphe d'une muscide, avec les anneaux d'un roux doré et les incisions noires.

Cette chenille se trouve dans le midi de la France, en Italie, en Corse, en Espagne, et même aux environs de Paris, sur plusieurs espéces de graminées, aux mois de mai et de juin.

L'insecte parfait éclôt après trois semaines de métamorphose. Il est rare dans toutes les collections.

## PSYCHE GRAMINELLA. Pl. 1, fig. 1, 2 et 3.

*Cinerea, vel abido-rufescens, longitudinaliter annulatim nigro strigata, capite nigro punctato; involucro amplo, foliaceo, paleis longitudinaliter superpositis.*

> Boisd., *Ind. meth.*, p. 44.
> Ochs., *Schmett. von Europ.*, IV, p. 181, n° 14.
> *Tinea graminella.* Hubn., Tin., tab. 1, fig. 1.—Wien. Verz., Illig., etc.
> *Bombyx vestita.* Fab., *Ent. Syst.*, III, 1, 481, 232. — Esp., Vieweg.
> *Tenthredo hirsuta.* Pod., *Mus. Græc.*, p. 102, n° 2.
> *Phryganea dubia.* Scopol., *Ent. Carn.*, 268, 699.
> *Psyche graminum.* Schrank, *Faun. Boic.*, 2, B. 2 abth. S. 87, n° 1779.
> Bombyx du gramen. God., Pap. de France, t. IV, pl. 28, fig. 5, 6 et 2.
> La teigne à fourreau de paille composé. Geoff., Hist. des Ins., t. II, p. 203, n° 51.

Cette chenille, ainsi que toutes celles du même genre, vit dans un fourreau portatif qui lui sert d'abri, et ne laisse jamais sortir que les trois anneaux qui portent les vraies pattes, les seules qui lui soient indispensables pour se transporter d'un lieu à un autre. Dès qu'elle est inquiétée, elle rentre dans sa demeure, et ne laisse en dehors que l'extrémité de sa tête et ses deux pattes antérieures qui servent à la maintenir sur les tiges. Les trois premiers anneaux sont seuls colorés; les autres, étant constamment renfermés, n'offrent aucun dessin, et à partir du quatrième le corps de la chenille devient tout-à-fait vermiforme. Dans les différentes espèces que nous avons été à même d'observer, la couleur et le dessin des premiers anneaux se ressemblent beaucoup; mais la forme et la composition des fourreaux offrent des caractères qui serviront à les bien distinguer.

La chenille de *Graminella* est d'un blanc sale ou un peu

roussâtre, et chacun de ses trois premiers anneaux est marqué longitudinalement de quatre lignes noires, dont les deux du milieu sont plus longues et plus prononcées. La tête est ponctuée de noir. Les pattes écailleuses sont d'un brun noirâtre.

Son fourreau est grand, cylindroïde, long de quinze à dix-huit lignes, formé de petits morceaux de feuilles sèches, à-peu-près d'égale grandeur, imbriqués les uns sur les autres, et couronnés le plus souvent près de l'ouverture antérieure, par une ou deux rangées de petits brins de bois ou d'herbes placés longitudinalement et aussi longs que les deux tiers du fourreau lui-même. Ces petits brins longitudinaux sont du genêt, de la bruyère, des graminées, etc. : l'intérieur est blanc, très soyeux, formé d'un tissu serré et difficile à déchirer. La partie postérieure est flexible, élastique, uniquement formée de soie, et entr'ouverte pour la sortie des excréments et de l'insecte parfait. Lorsque la chenille est sur le point de se transformer, elle fixe son fourreau à une tige, à un rocher ou à une muraille ; bouche l'ouverture antérieure avec de la soie, puis se retourne en sens inverse pour se changer en chrysalide.

Celle-ci est cylindrico-conique, d'un brun-marron clair, avec le dernier anneau recourbé en dessus, et muni de deux petites pointes. Le dessous des anneaux est un peu rugueux et garni de petits cils raides visibles à la loupe.

La chrysalide de la femelle est renflée en barillet.

L'insecte parfait éclôt après trois semaines de métamorphose.

La chenille se trouve en mai dans les bois, sur les bruyères, etc., dans une grande partie de l'Europe, sur les graminées et autres plantes basses.

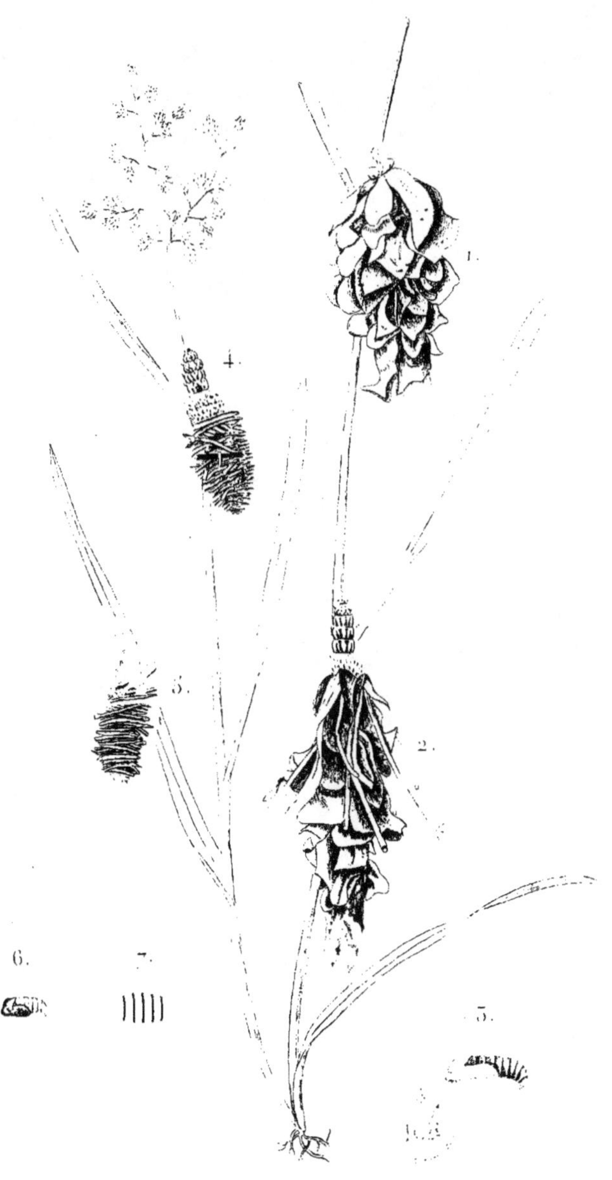

1. Psyche Graminella.
2. — — id. variété
3. La Chrysalide du mâle.
4. Psyche Apiformis.
5. Le Cocon.
6. La Chrysalide du mâle.
7. La Chrysalide de la femelle.

## ZYGÆNA LONICERÆ. Pl. 2, fig. 4 et 5.

*Pubescens glauce subflavo-virescens, pilis longioribus, maculis dorsali-
bus biseriatis, lateralibus uniseriatis, linea ad basin pedum obsoleta
interruptaque, nigris; punctis lateralibus luteis.*

> Boisd., *Monog.*, pl. 111, fig. 8. Var.
> Ochs., *Schmett. von Eur.*, II, p. 50.
> God., Pap. de France, t. III, pl. 22, fig. 4.
> *Zygæna loti.* Fab., *Ent. Syst.*, III, 1, 137, 3.
> *Sphinx loniceræ.* Hubn., Sphing., tab. 11, fig. 7. — Larv.
>     lepid., II, Sphing., I, Pap., B, C, fig. 1, *a, b.*
> Sphinx des graminées. Ernst, Pap. d'Europe, III, pl. 48,
>     fig. 138, *a-d.*

Elle est à-peu-près de la taille de la *Filipendulæ*, à laquelle
elle ressemble beaucoup pour le dessin; mais elle est ordinairement d'un vert-jaunâtre terne ou d'un vert un peu glauque.
Son corps est garni de petits poils noirâtres beaucoup plus
longs et plus fournis que dans la *Filipendulæ*, et disposés de
même par petites touffes. Sur son dos sont deux rangées de
taches noires plus grandes, plus carrées que dans la *Filipendulæ*, placées de même deux par deux sur chaque anneau. Sur
les parties latérales, un peu au-dessus des stigmates, est une
autre rangée de taches noires plus étroites, quelquefois un
peu crochues par en bas, se regardant par leur concavité, de
manière à se réunir inférieurement pour former sur chaque
anneau une espèce de fer à cheval. Entre cette bande et la précédente, il y a comme dans la *Filipendulæ* une rangée de points
jaunes. Les stigmates sont noirâtres, très petits et à peine visibles. Entre eux et la base des pattes, il y a une raie noire
interrompue et plus ou moins marquée. Cette raie manque
presque constamment dans la *Filipendulæ*, ou, lorsqu'elle
existe, elle est à peine distincte. La tête et les pattes écailleuses
sont noires; les pattes membraneuses sont d'un jaune verdâtre. Le ventre est un peu plus pâle que la couleur du fond.

Elle vit dans les prairies humides et dans les allées ombragées des bois, sur les *trifolium* et sur les *lotus ;* et on la trouve très rarement dans les lieux arides et les prairies élevées, que recherchent de préférence la *Filipendulæ* et l'*Hippocrepidis*.

Les chenilles éclosent en été, et passent l'hiver très petites dans l'engourdissement. Elles commencent à se montrer en avril et acquièrent leur accroissement en mai ; alors elles filent un cocon fusiforme, moins alongé que celui de la *Filipendulæ,* de la même consistance, et entièrement d'un jaune paille. Elles attachent ce cocon aux tiges des joncs ou des graminées.

La chrysalide est à-peu-près comme celle de la *Filipendulæ.*

L'insecte parfait éclôt après quinze à dix-huit jours de métamorphose. Il est commun dans une grande partie du centre et du nord de l'Europe.

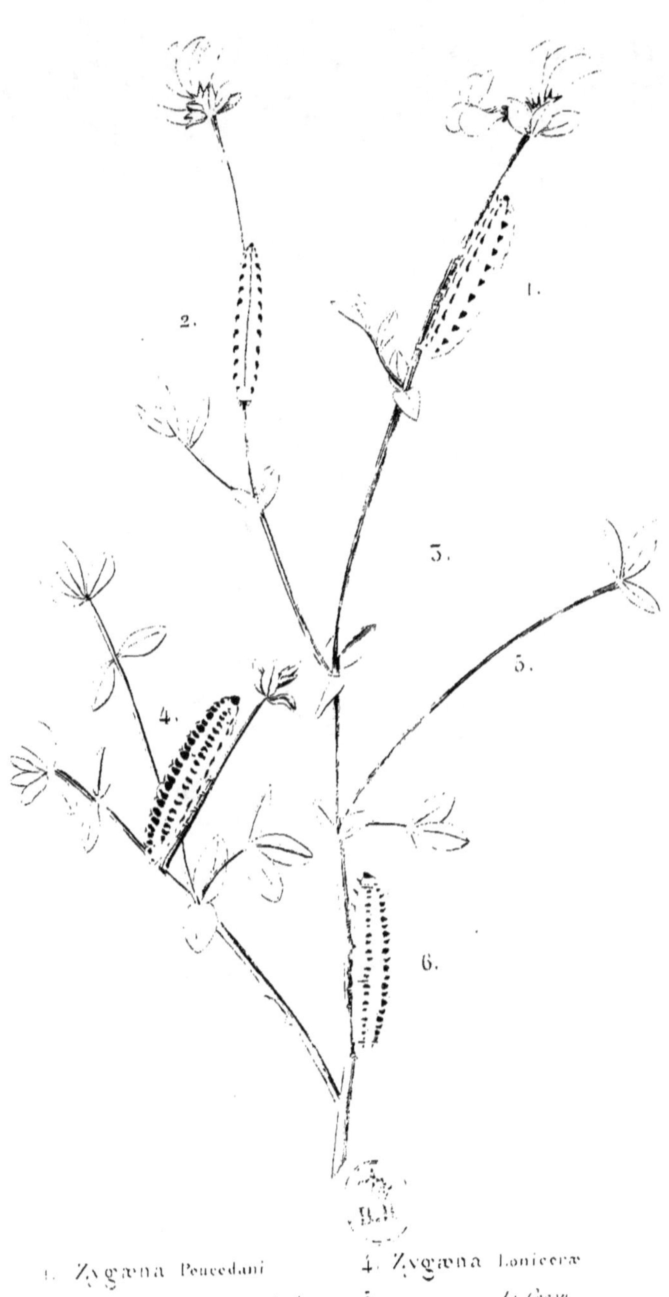



1. Zygæna Peucedani
2.          id. vue sur le dos.
3.          le Cocon.
4. Zygæna Loniceræ
5.          le Cocon.
6.          Filipendulæ.

Blanchard pinx.　　　P. Dumenil sc.

## ZYGÆNA PEUCEDANI. Pl. 2, fig. 1, 2 et 3.

*Pubescens flava, linea media, maculis dorsalibus biseriatis, lineisque lateralibus duabus, interruptis, nigris.*

Boisd., *Monog.*, pl. 4, fig. 6.
Ochs., *Schmett. von Europ.*, II, p. 70, n° 20.
God., Pap. de France, t. III, pl. 22, fig. 3.
*Sphinx peucedani.* Hubn., Sphing., tab. 16, fig. 75, 76. —
    *Sphinx æacus*, tab. 3, fig. 18.
*Zygæna filipendulæ.* Var. Fab., *Ent. Syst.*, III, 1, p. 286, 1.
Sphinx du peucedan. Ernst, Pap. d'Europe, pl. 48, fig. 139,
    *a, e.* — Sphinx éaque, pl. 212, fig. 148, *a, b.*

Elle est un peu plus grosse que la *Filipendulæ*, et entièrement d'un jaune-pâle ou d'un jaune tirant un peu sur le vert. Son corps est garni de petits poils blanchâtres, peu nombreux et disposés par petites touffes. Sur le vaisseau dorsal, elle a une raie longitudinale noire, ordinairement interrompue sur le premier anneau, et peu marquée sur les deux derniers. De chaque côté de cette raie, est une rangée de douze taches noires assez grosses, placées au commencement de chaque anneau. Au-dessus des stigmates, on voit une seconde rangée de taches semblables, mais plus petites et plus alongées, et formant presque une raie interrompue. Les stigmates ne sont visibles qu'à la loupe, et au-dessous d'eux, près de la base des pattes, il y a ordinairement une raie, étroite, noire, interrompue. La tête est noire avec la lèvre supérieure blanchâtre. Les points noirs du premier anneau sont plus petits que les autres, et peuvent même disparaître. Les pattes écailleuses sont noires. Le dessous du ventre et les pattes membraneuses sont de la couleur du fond.

Elle vit, comme la plupart des espèces congénères, sur le trèfle des prés, *trifolium pratense;* l'hippocrèpe vulgaire, *hippocrepis comosa;* les lotiers, *lotus corniculatus* et *siliquosus;* la coronille variée, *coronilla varia.* On la trouve à la fin de mai dans les prairies élevées et dans les clairières des bois.

Elle se métamorphose comme les espèces voisines, en fixant son cocon aux tiges des herbes. Celui-ci est d'un blanc satiné, luisant, aplati sur son milieu, et relevé par quatre petits angles saillants.

La chrysalide est à-peu-près comme celle de la *Filipendulæ*.

L'insecte parfait éclôt à la fin de juin, et il se trouve çà et là dans le centre d'une grande partie de l'Europe.

La figure qu'Esper a donnée de cette chenille ne lui ressemble en rien. Celle que nous avons fait figurer a été trouvée en 1833 par M. Pierret fils, entomologiste non moins instruit que zélé.

## ZYGÆNA SAPORTÆ. Pl. 3 , fig. 1.

*Viridis pilis densioribus substellatis, maculis dorsalibus biseriatis capi-
teque nigris, utrinque punctis flavis lineatim digestis ; stigmatibus
nigris.*

Boisd., *Ind. meth.* , Suppl. , p. 2.
*Monog. des Zyg.*, errata et addenda, p. 1.
*Zygæna minos.* Var. Boisd., *Monog.*, pl. 1 , fig. 7.
*Zygæna erytrhus?* Ochs., *Schmett. von Europ.*, II, p. 21, n° 1.
*Sphinx erythrus.* Hubn., *Sphing.*, tab. 18 , fig. 87.

Elle est d'un tiers plus grande que le *Filipendulæ*, et elle
est d'un vert plus ou moins glauque, ou plus ou moins intense, avec les incisions un peu plus claires. Son dos est marqué de deux rangées de points noirs, disposés un à un au
commencement de chaque anneau. De chaque côté, au-dessous de cette rangée, est une série de points jaunes en relief,
placés un à un près du bord postérieur des anneaux, excepté sur les trois premiers et les deux derniers qui en sont
très souvent dépourvus. Les stigmates sont noirs, à rebord
épais et à disque enfoncé. Outre cela, tout le corps est garni
de petits bouquets de poils d'un blanc jaunâtre, étoilés et disposés circulairement. Le dessous du ventre est un peu plus
pâle que le fond. Les pattes membraneuses sont de la couleur
du ventre ; les écailleuses et la tête sont noires.

Elle se trouve au printemps sur le chardon-roland , *eryngium campestre*. Lorsqu'elle est parvenue à toute sa taille , elle
file une coque fusiforme qu'elle attache, soit à la plante sur
laquelle elle a vécu, soit aux tiges voisines.

L'insecte parfait éclôt après quinze jours de métamorphose.
Il se trouve en Provence, en Calabre et en Sicile.

Cette chenille a été découverte par M. le comte de Saporta
aux environs de Saint-Maximin, et à Hyères par M. Meis-

sonnier, qui a eu l'obligeance de nous l'envoyer en nature.

Elle est sur-tout remarquable par ses poils plus longs et plus hérissés que dans aucune autre espéce.

## ZYGÆNA CORSICA. Pl. 3, fig. 4 et 5.

*Cinerea pubescens linea dorsali maculisque lateralibus lineatis, obso-
letis, albidis, maculis nigris luteisque alternis dorsalibus biseriatis ;
collari luteo.*

    Boisd., *Monog.*, pl. 5, fig. 2.
    Boisd., *Ind. meth.*, p. 36.
    Rambur, *Lépid. de Corse*, *in Annal. de la Sociét. ent.*, 1832,
       pl. 7, fig. 5 et 6.

Elle est d'un gris-foncé un peu bleuâtre, et à la loupe son
corps paraît très finement pointillé de noir. Sur le vaisseau
dorsal, elle a une ligne blanchâtre peu marquée, qui n'est
quelquefois sensible que sur le bord postérieur des anneaux. De chaque côté de cette ligne, est une série longitudinale de taches triangulaires d'un noir profond, disposées
une à une sur le bord antérieur de chaque anneau, et alter-
nant avec des taches jaunes placées sur la partie postérieure
des segments. Cependant ces dernières sont souvent un peu
plus basses que les premières. Les stigmates sont arrondis,
un peu brunâtres, avec la bordure noire et saillante. Les petits tubercules pilifères qui sont au-dessus, et ceux qui sont
à la base des pattes membraneuses, forment des groupes saillants comme dans les *Chelonia*, mais plus larges, et surmontés
comme ceux qui sont sur le reste du corps, par de petits bouquets de poils blanchâtres ou brunâtres. Les pattes membraneuses sont de la couleur du corps. Les pattes écailleuses et
la tête sont noires. Le premier anneau qui est un peu rétractile, et qui dans le repos se cache dans le deuxième, est bordé
antérieurement de jaune.

Cette chenille vit au printemps dans certaines parties de
l'île de Corse sur la santoline blanchâtre, *santolina incana*.
Pour se métamorphoser, elle file le long d'une tige une coque
presque ovoïde, un peu comprimée, d'un roux pâle, luisante,
d'une consistance papyracée, ayant plusieurs plis longitudinaux,

43

La chrysalide est courte, assez épaisse, noirâtre, plus foncée sur l'enveloppe des ailes. Sa face dorsale est elliptique,
avec les antennes si saillantes qu'elles paraissent n'être qu'appliquées sur la nymphe. Les pattes postérieures s'avancent
jusqu'au dernier anneau. L'enveloppe des ailes est d'un rouge
très obscur. Les anneaux du ventre sont d'un roussâtre pâle.

L'insecte parfait éclôt en juin. Il n'a encore été trouvé que
dans l'île de Corse.

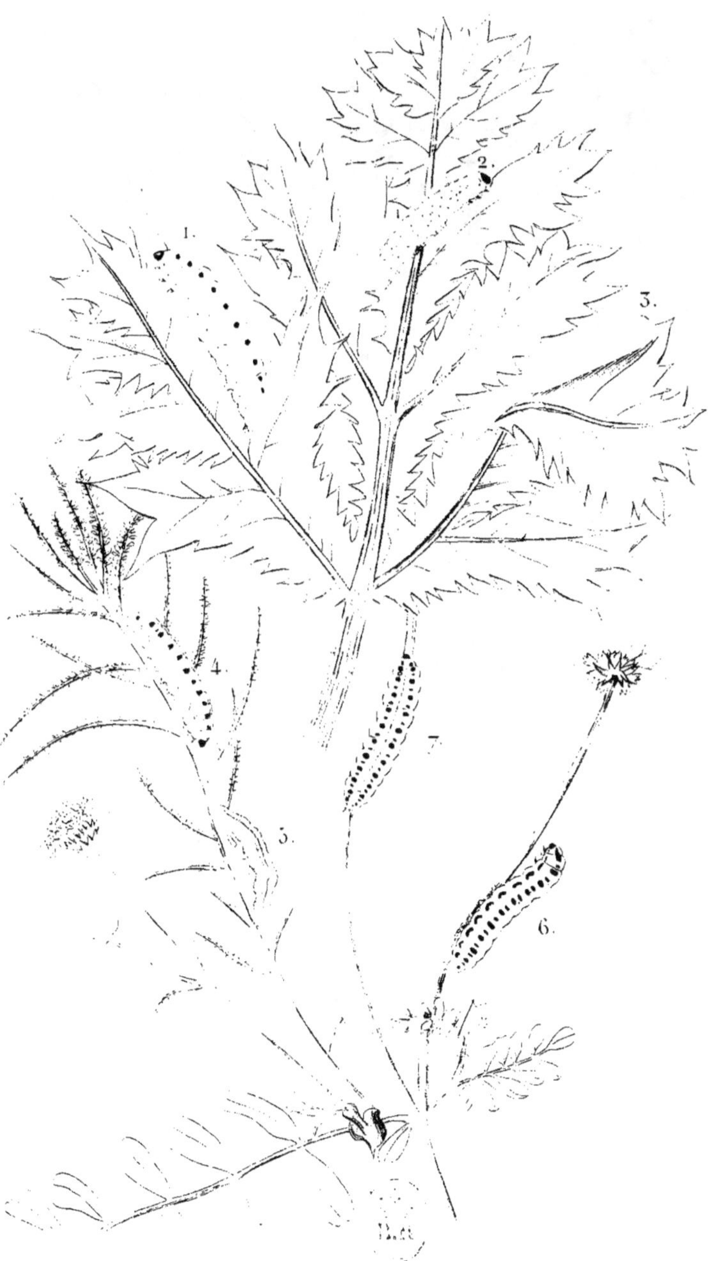

| | | | |
|---|---|---|---|
| 1. Zygæna Saportæ. | 5. Zygæna Corsica. le Cocon. |
| 2. ____ Sarpedon. | 6. ____ Minos. |
| 5. ____ le Cocon. | 7. ____ id. vue sur le dos. |
| 4. ____ Corsica. | |

Blanchard pinx     P. Dumenil sc.

## ZYGÆNA SARPEDON. Pl. 3 , fig. 2 et 3.

*Pubescens albido-viridi-glaucescens lineis tribus dorsalibus albidis vel rufescentibus flavido annulatim punctatis ; punctis minutis utrinque uniseriatis, stigmatibus capiteque nigris ; collari rubro-roseo.*

Boisd., *Monog.*, pl. 2 , fig. 7 et 8.
Ochs., *Schmett. von Europ.*, II, p. 38 , n° 8.
God., Pap. de France, III, pl. 22 , fig. 8. — *Zygæna Cynaræ*, ibid., fig. 7.
*Sphinx sarpedon.* Hubn., Sphing., tab. 11 , fig. 9.
*Sphinx trimaculata.* Esp.. *Schmett.*, II th. , tab. 40 , cont. 15 . fig. 7 et 8.

Elle est de la taille de la *Meliloti*, à laquelle elle ressemble un peu par la couleur du fond, qui est le plus souvent d'un vert-glauque un peu blanchâtre. Elle a sur le dos une raie blanche, quelquefois jaunâtre ou roussâtre, marquée d'une rangée de points jaunes. Un peu plus bas, on remarque une rangée de petits points noirs, dont un par anneau. Au-dessous de ceux-ci, il y a une raie pareille à la dorsale et marquée de même de points jaunes. Les stigmates forment près des pattes une rangée de petits points noirs ; ils sont saillants, à bordure épaisse, et ils ont quelquefois une petite éclaircie au centre. Le premier anneau a sur son bord antérieur un collier d'un rouge-rose, jaunâtre en dessous. Chaque anneau offre en outre de très petits tubercules noirs, d'où naissent de petits bouquets de poils blanchâtres, rangés circulairement comme dans les espèces analogues. La tête est noire. Les pattes écailleuses sont en grande partie noires ; les membraneuses sont jaunâtres.

Cette chenille vit par petits groupes en mai et juin, sur le chardon-roland, *eryngium campestre*.

Lorsqu'elle est pour se métamorphoser, elle forme au pied de la plante, sous les feuilles de l'*eryngium*, une coque oblonque, d'un jaune roussâtre, comprimée, avec deux côtes saillantes et quelques bosselures.

La chrysalide est rousse, avec le ventre d'un jaune verdâtre.

L'insecte parfait éclôt en juin et juillet, et se trouve sur les collines arides du centre et du midi de la France, de l'Italie et de l'Espagne.

Il ne faut pas confondre cette chenille avec celle d'une autre espéce très voisine, que nous avons fait représenter dans notre *Icones des Lépidopières nouveaux*, sous le nom de *Zygæna Contaminei*, qui vit dans les Pyrénées sur l'*eryngium amethystinum*.

## POLYOMMATUS XANTHE. Pl. 2, fig. 6 et 7 ; et pl. 3, fig. 5, 6, 7 et 8.

*Viridis subpubescens, maculis triangulis strigaque marginali, modo pallidioribus, modo flavo-viridibus, modo flavis, capite fusco, stigmatibus rufis. Chrysalis brunnea pilosa immaculata.*

> Boisd., *Index meth.*, p. 11.
> God., *Pap. de France*, t. I, pl. 9 et 10 secund., fig. 3 et 1.
> *Papilio xanthe.* Fab., *Ent. Syst.*, III, 1, 312, 182. — Ross', etc.
> *Papilio circe.* Fab., *loc. cit.*, 312, 183.
> Hubn., *Pap.*, tab. 67, fig. 334-336. — Wien. Verz., etc.
> Ochs., *Schmett. von Europ.*, II, p. 70, n° 2.
> *Papilio phocas.* Esp., *Schmett.*, tab. 63, cont. 13, fig. 6.
> L'argus myope. Geoff., Hist. des Ins., t. II, p. 64, n° 33.
> Ernst, Pap. d'Europe, pl. 43, fig. 89, *a, b, c, d.*

Elle est d'une forme triangulaire, un peu plus alongée que celle des *Argus* et des *Thecla*, avec les anneaux bombés, et relevés en crête, à l'exception des deux derniers qui sont aplatis. Le vaisseau dorsal est un peu enfoncé, mais moins que dans les *Argus;* de sorte que les saillies dorsales sont un peu moins prononcées. Tout le corps est d'un vert-pomme à-peuprès de la même teinte que dans *Argus Alexis,* hérissé de petits poils bruns, plus alongés sur les parties saillantes. Les crêtes dorsales sont marquées chacune d'une tache triangulaire jaune, ou d'un jaune verdâtre, plus ou moins tranchée, disparaissant quelquefois complétement, sur-tout lorsque la chenille approche du moment de sa métamorphose. Il résulte de leur alignement deux séries dorsales de taches, séparées par le vaisseau médian. Les taches paraissent un peu obliques, surtout lorsque, disparaissant en partie, elles prennent une forme linéaire. Les deux premiers et les deux derniers anneaux en sont toujours dépourvus. Les côtés sont saillants et offrent une ligne marginale jaunâtre, interrompue par les incisions, nulle ou presque nulle sur les deux premiers anneaux, et se prolongeant sur les derniers jusqu'au-dessus de l'anus, sans cependant s'unir avec celle du côté opposé. Les stigmates sont arrondis, roussâtres, avec la bordure rousse. La tête est roussâtre, ainsi que les pattes écailleuses ; les autres sont vertes comme le ventre.

Elle vit sur le genêt commun, *genista scoparia*, en juin et en septembre.

Pour se métamorphoser, elle s'attache par la queue et par un fil transversal aux tiges des genêts ou des plantes voisines.

La chrysalide est rousse ou d'un roux brun, hérissée de petits poils de la même couleur.

L'insecte parfait éclôt en juillet, lorsque les chenilles se sont métamorphosées en juin ; et en mai de l'année suivante, lorsqu'elles se sont chrysalidées en septembre. Il se trouve dans le centre et le midi d'une grande partie de l'Europe.

## ARGUS CYLLARUS. Pl. 3, fig. 1, 2, 3 et 4.

*Albida, vel carnea linea media maculisque dorsalibus biseriatis rubris, capite fusco, stigmatibus albidis. Chrysalis cinerea maculis dorsalibus triseriatis fuscis.*

> *Polyommatus cyllarus.* Boisp., *Ind. meth.*, p. 13.
> God., Pap. de France, t. I, pl. 11 quart., fig. 3.
> *Papillio cyllarus.* Ochs., *Schmett. von Europ.*, II, p. 12, n° 5.
> Fab., *Ent. Syst.*, III, 1, 294, 122.—Esp., Schneid., Borkh., etc.
> *Papilio damœtas.* Hubn., Pap., tab. 56, fig. 266-268.— Larv.
>     lepid., I, Pap., II, gens A, *a*, fig. 1, *a*, *b*.
> Suite de l'argus bleu. Ernst, pl. 41, fig. 86.

Elle varie beaucoup pour la couleur, qui est tantôt blanche, tantôt d'un blanc grisâtre, souvent couleur de chair, et quelquefois d'un blanc-jaunâtre lavé de rose. Les anneaux, à l'exception des trois derniers, sont bombés, relevés en crêtes, séparées par le vaisseau dorsal, qui, dans toutes les variétés, forme une raie enfoncée rouge ou d'un rouge rosé, s'étendant jusqu'au-dessus de l'anus. Chacune des crêtes est marquée d'une tache un peu triangulaire plus pâle que le fond, divisée le plus ordinairement par un petit trait longitudinal rose ou rouge, un peu oblique. Ces petits traits, malgré leur obliquité, forment presque dans certaines variétés une ligne continue, mais un peu sinuée, de sorte que cette chenille paraît avoir trois lignes dorsales rouges. Les côtés sont saillants, et offrent une raie marginale plus pâle que le fond et un peu interrompue par les incisions. Les stigmates sont blancs et très petits, mais distincts à l'œil nu. La tête est d'un brun noir et peut se retirer sous le premier anneau. Outre cela, tout le corps offre une légère pubescence due à de petits poils fins et assez courts.

Elle vit sur les luzernes, *medicago sativa, falcata, lupulina ;* sur les tréfles, *trifolium repens, pratense,* etc., le sainfoin, *hedysarum onobrychis,* et sans doute sur d'autres légumineuses herbacées.

Les petites chenilles éclosent à la fin de mai, et sont parvenues à leur taille dans le courant de juillet; alors elles s'attachent par la queue et par un fil transversal aux tiges des plantes basses pour se métamorphoser.

La chrysalide est d'un gris-cendré pâle, ventrue, un peu étranglée en arrière du corselet. Elle est marquée sur le dos d'une raie médiane brune, un peu interrompue, et de deux rangées de taches de la même couleur.

Elle passe l'hiver, et l'insecte parfait éclôt au printemps. Il se trouve dans les prairies et dans les champs de luzernes, dans une grande partie du centre de l'Europe.

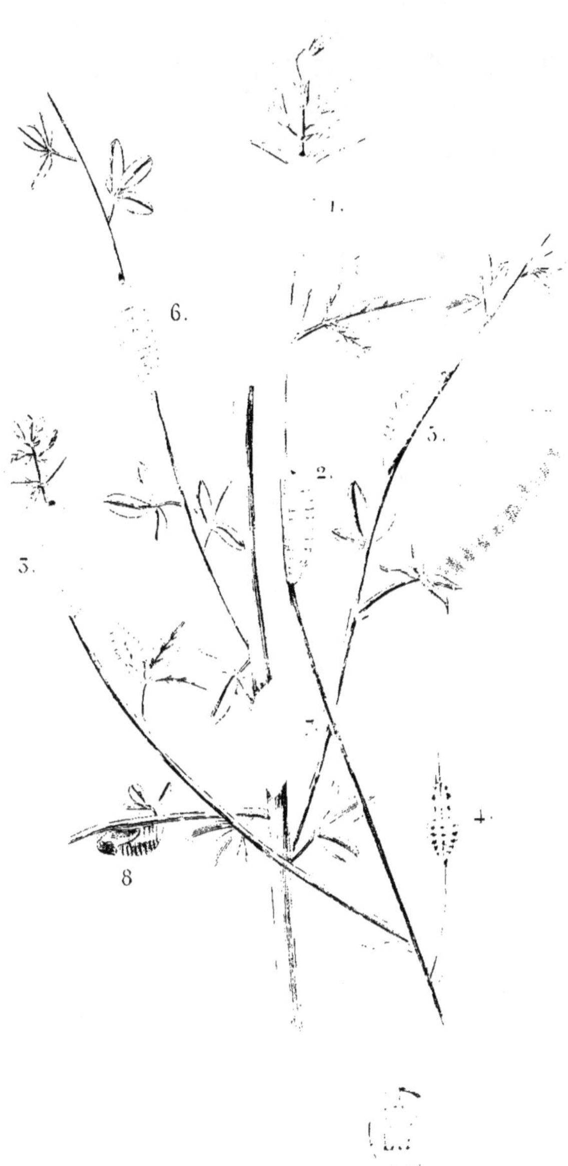

1. Argus Cyllarus.
2. idem variété.
3. idem variété.
4. la Chrysalide.
5. Polyommatus Xanthe.
6. id. vu sur le dos.
7. idem variété.
8. la Chrysalide.

Marchand pinx.    P. Dumenil dir.

## ARGUS ADONIS. Pl. 2 , fig. 4 et 5.

*Pallide viridis, subpubescens, maculis dorsalibus triangulis strigaque marginali flavis, stigmatibus capiteque nigris.* Chrysalis *viridi-sub-rufescens.*

> *Polyommatus adonis.* Boisd., *Ind. method.*, p. 12.
> God., Pap. de France, t. I, pl. 11 secund., fig. 2.
> *Papilio adonis.* Ochs., *Schmett. von Europ.*, II, p. 33, n° 15.
> *Papilio adonis et ceronus.* Hubn., Pap., tab. 61, fig. 295-300.
> *Papilio adonis.* Fab., *Ent. Syst.*, III, 1, 299, 134. — Wien.
> Verz., Illig., Panz., Schrank, Ross., etc.
> *Papilio bellargus.* Borkh., *Europ. schm.*, I th., S. 157, u, 277, n° 6.
> *Papilio bellargus et ceronus.* Esp., *Schmett.*
> L'argus bleu céleste. Ernst, Pap. d'Europe, pl. 39, fig. 82. a-f.

Elle a quelques rapports avec celle du *Polyommatus Xanthe,* et elle ressemble extrémement à celle de *Corydon.* Elle est comme celles des autres *Argus,* d'une forme triangulaire, avec le dos bombé et relevé par deux rangées de crêtes saillantes séparées par le sillon dorsal, excepté sur les trois derniers anneaux qui sont subitement aplatis. Le premier se prolonge en avant pour former un capuchon qui recouvre la tête, et il offre supérieurement une profonde dépression à son union avec le second, au fond de laquelle on aperçoit deux points noirâtres. Tout le corps est d'un vert très pâle un peu jaunâ-tre, hérissé de petits poils courts, naissant de très petits tu-bercules bruns. Sur le dos, il y a deux rangées de taches d'un jaune vif, alongées, en triangle un peu tronqué, et placées cha-cune sur une des crêtes dorsales. Les côtés sont saillants, et offrent sur leur arête une raie marginale jaune interrompue par la section des anneaux, et paraissant formée d'une série de petits traits. Cette raie expire sur le premier anneau, et se continue sur les derniers jusqu'au-dessus de l'anus. Au-dessus d'elles sont placés les stigmates, qui sont noirs, bien visibles,

44

à bordure épaisse et saillante, constituant une série de points alignés. Vers la base des pattes, les anneaux ont une petite aréte hérissée, sur laquelle il existe une rangée de petits traits jaunâtres, visibles seulement au-dessus des pattes membraneuses. La tête est ovoïde, très lisse, d'un noir luisant, et peut se retirer entièrement sous le premier anneau. Les pattes écailleuses sont d'un vert rougeâtre ; les autres sont hérissées et de la couleur du corps.

Cette chenille se trouve dans une grande partie de l'Europe, à la fin d'avril et dans le courant de mai, sur l'hippocrèpe vulgaire, *hippocrepis comosa ;* sur les tréfles, *trifolium ;* le lotier commun, *lotus corniculatus,* et probablement sur plusieurs autres légumineuses.

Pour se métamorphoser, elle se cache sous les rameaux de la plante, de sorte que la chrysalide est presque à moitié enfoncée dans la terre ; celle-ci est courte, épaisse, d'un vert-brunâtre pâle ou un peu roussâtre.

L'insecte parfait éclôt au printemps et en été. La chenille doit aussi se trouver à deux époques comme celles de la plupart des espèces congénères ; mais nous ne l'avons rencontrée qu'au printemps, de sorte que nous ne savons pas si celles de la dernière ponte passent l'hiver en chrysalide.

1. Argus Corydon
2.      id. vu sur le dos.
3.      la Chrysalide.
4.      Adonis.
5. Argus Adonis vu sur le dos.
6. Polyommatus Xanthe Var.
7.      id. vu sur le dos.

## ARGUS CORYDON. Pl. 2, fig. 1, 2 et 3.

*Saturate viridis, subpubescens, maculis triangulis dorsalibus strigaque marginali flavis ; stigmatibus minutissimis capiteque nigris.* **Chrysalis** *lutescens vel luteo-rufescens impunctata antice virescens.*

> *Polyommatus corydon.* Boisd. . *Ind. meth.*, p. 12.
> God., Pap. de France, t. I, pl. 11 secund., fig. 1.
> *Papilio corydon.* Ochs., *Schmett. von Europ.*, II, p. 28, n° 13.
> Hubn., Pap., tab. 29, fig. 286-288. —Larv. lepid., I, Pap.,
>     II, gens A, *a*, fig. 1, *a*, *b*, *c*.
> Fab., *Ent. Syst.*, III, 1, 298, 133. — Wien. Verz., Illig.,
>     Scopoli, Esp., Lewin, Borkh., Ross., etc.
> L'argus bleu nacré. Ernst, Pap. d'Europe, pl. 39, fig. 83.
> L'argus variété. Geoff., Hist. des Ins., t. II, p. 62.

Elle a quelque ressemblance avec celle du *Polyommatus Xanthe,* mais plus encore avec celle d'*Adonis.* Elle est d'un vert-foncé pur, hérissée de petits poils courts, naissant de très petits tubercules visibles à la loupe. Son dos est bombé et forme deux rangées de crétes saillantes, séparées par le sillon dorsal, excepté sur les trois derniers anneaux qui sont subitement aplatis. Le premier se prolonge en avant en forme de capuchon pour recouvrir la tête, et est marqué comme dans *Adonis* de deux points noirâtres, et il offre de même une dépression à son articulation avec le second. Sur le dos, il y a deux rangées de taches d'un jaune vif, alongées, en triangle à sommet tronqué, placées chacune sur une des crétes dorsales. Les côtés sont saillants et offrent sur leur arête une raie marginale jaune, interrompue dans les incisions, tout-à-fait nulle sur le premier anneau, et se continuant sur les derniers jusqu'au-dessus de l'anus pour s'unir avec celle du côté opposé. Au-dessus de cette raie sont les stigmates, qui sont noirs, très petits, et à peine visibles à l'œil nu. La tête est noire. Les pattes et le dessous du ventre sont de la couleur du fond.

Cette chenille se trouve en mai et juin dans le centre et le

44.

midi de l'Europe, sur les tréfles, *trifolium*, les lotiers, *lotus ;* l'hippocrèpe, *hippocrepis comosa*, le sainfoin, *hedysarum ono-brychis*, etc.

Pour se métamorphoser, elle se retire au pied de la plante et presque dans la terre. C'est ce qui explique pourquoi l'insecte parfait est aussi commun après que les prairies ont été fauchées que lorsqu'on laisse croître les herbes.

La chrysalide est assez grosse, d'une couleur jaunâtre ou d'un jaune verdâtre, avec les yeux bien marqués, et formant une petite saillie plus claire.

L'insecte parfait éclôt en juillet et août, et il est assez commun dans les lieux calcaires et un peu montueux.

Malgré le grand rapport qu'il y a entre cette chenille et celle d'*Adonis*, elle se distinguera toujours assez facilement au premier coup d'œil par sa couleur d'un vert foncé et par la petitesse de ses stigmates.

## LIBYTHEA CELTIS. Pl. 1, fig. 1, 2, 3, 4 et 5.

*Viridis tenue albido punctulata linea laterali pallide flava.*

Boisd., *Ind. meth.*, p. 19.
God., *Encycl. méth.*, t. IX, p. 161, n° 1 ; Pap. de France,
    t. II, pl. 6, fig. 5.
*Papilio celtis.* Ochs., *Schmett. von Europ.*, II, p. 192, n° 1.
Hubn., tab. 89, fig. 447, 448.
Fab., *Ent. Syst.*, III, 1, 140, 430. — Fuessl., Herbst,
    Cyrill., Borkh., etc.
Herbst, *Schm.*, I th., tab. 87, cont. 37, fig. 2, 3, S. 168.
L'échancré. Ernst, Papillons d'Europe, pl. 1, III° Suppl.,
    fig. 5, a - f.

Elle est d'un vert plus ou moins jaunâtre en dessus, et légèrement pubescente, ce qui la fait paraître un peu veloutée
comme la chenille de *Rhamni.* La téte est de la même couleur, et elle est ainsi que le corps finement pointillée de blanc
ou de blanc un peu jaunâtre. A la hauteur des stigmates,
elle a une raie longitudinale d'un jaune pâle; ceux-ci sont
bruns et très petits. Le dessous du corps et les pattes sont
plus pâles que le dessus.

La chrysalide est ferrugineuse ou grisàtre, assez courte,
assez fortement carénée avec le dos marqué de six points noirâtres, et chacun des anneaux de deux points semblables. On
obtient souvent une variété qui est d'un beau vert.

La chenille vit exclusivement dans le midi de l'Europe sur
le micocoulier, *celtis australis.* On la trouve depuis le 20 avril
jusqu'au 20 mai, et on en rencontre ensuite quelques unes
vers la mi-juillet. Celles de la première époque donnent leur
papillon au bout de quinze jours de métamorphose, et celles
de la seconde en mars de l'année suivante.

L'œuf est très petit, nacré, arrondi, collé sous les feuilles
de l'arbre. La chenille qui en sort est jaune, et elle tapisse les
endroits par où elle passe avec une soie très fine et d'un

blanc pur. Après la troisième mue, elle prend sa couleur verte.

C'est en secouant les arbres qu'on peut se la procurer; mais il faut les battre modérément, soit avec le pied, soit avec une gaule, parceque, si l'on frappe un coup trop sec, elle se laisse tomber tout-à-coup, tandis que dans le cas contraire elle reste suspendue à un fil comme beaucoup de *Geometra*.

La figure qu'Hubner a donnée de cette chenille ne lui ressemble en rien, et nous ne soupçonnons pas même à quelle espéce elle peut appartenir.

GUSTAVE DAUBE.

1. Libythea Celtis.          4. La Chrysalide de face.
2. ― ― ― id. plus jeune.    5. La Chrysalide variété.
3. ― ― ― id. petite.

Blanchard pinx.     L' Puiseul sc.

## CALLIMORPHA HERA. Pl. 8, fig. 3, 4 et 5.

*Supra fusca, subtus cinerea, fascia laterali alteraque dorsali albidis vel flavescentibus, tuberculis piliferis ferrugineis pilis concoloribus stellatis brevioribus.*

BOISD., *Ind. meth.*, p. 41.
GOD., Pap. de France, t. IV, pl. 38, fig. 1.
*Eyprepia hera.* OCHS., *Schm. von Europ.*, IV, p. 319, n° 10.
*Bombyx hera.* HUBN., Bomb., tab. 27, fig. 116. — Larv.
    lepid., III, Bomb., II, veræ H, fig. 2, a. — LINN., WIEN.
    VERZ., ILLIG., ESP., FAB., BORKH., etc.
*Phalena plantaginis.* SCOPOL., *Ent. Carn.*, 203, 505.
La phalène chinée. GEOFF., Hist. des Ins., t. II, p. 145,
    n° 74.
ERNST, Pap. d'Europe, pl. 144, fig. 190, a.

Elle est d'un brun noirâtre ou grisâtre en dessus, avec des tubercules roux ou ferrugineux, d'où partent des aigrettes de poils raides, étoilées, assez courtes, de la même couleur. Elle a sur le dos une raie dorsale maculaire ou interrompue, tantôt blanche, tantôt d'un blanc un peu soufré, et souvent d'un blanc lavé de roux. Cette raie forme sur chaque anneau deux taches, séparées l'une de l'autre par un groupe de tubercules, et dont la plus petite est sur le bord antérieur et l'autre sur le bord postérieur. Près des pattes, à la hauteur des stigmates, est une autre raie maculaire blanche ou d'un blanc soufré, n'existant que dans les incisions, où elle forme une tache très apparente, qui paraît elle-même formée de deux ou trois petites taches contiguës très rapprochées. Sur le dos de chaque anneau, excepté sur les trois premiers et le dernier, on voit les quatre tubercules dont nous avons parlé, et dont les deux antérieurs sont plus rapprochés de la ligne médiane, et les deux postérieurs plus écartés. Sur les côtes jusqu'à la base des pattes, il y a aussi des tubercules très apparents, et qui portent des poils semblables à ceux du dos.

Les stigmates sont noirâtres, avec les contours pâles. La

tête est noire, luisante. Le ventre est d'un gris pâle, avec les pattes écailleuses brunes.

On trouve quelquefois une variété grise, dont les bandes maculaires sont bordées de noirâtre.

Les petites chenilles éclosent à l'automne, passent l'hiver après avoir changé plusieurs fois de peau, engourdies sous la mousse ou les herbes sèches, et commencent à se montrer dès le mois d'avril. Elles changent de peau encore une fois, et à la fin de mai elles sont parvenues à toute leur taille. Elles sont toujours plus rares que l'insecte parfait, parcequ'elles se tiennent souvent cachées sous les plantes basses. Elles sont polyphages comme beaucoup de chéloniaires, et elles mangent indifféremment des *myosotis*, de la cynoglosse, *cynoglossum officinale*, de la buglosse, *anchusa italica*, du genét commun, *genista scoparia*, du groseillier, de la vigne, des *lonicera*, etc.

Pour se métamorphoser, elles filent un léger réseau grisâtre dans les feuilles des arbrisseaux ou sous les plantes basses.

La chrysalide est cylindrico-conique, d'un brun-marron clair.

L'insecte parfait éclôt en juillet et août, et se trouve dans une grande partie de l'Europe.

## CALLIMORPHA DOMINULA. Pl. 8, fig. 1 et 2.

*Supra nigra, fasciis tribus macularibus, flavidis ; tuberculis minutis-cyaneis piliferis ; pilis rariusculis ; ventre cinereo.*

BOISD., *Ind. meth.*, p. 41.

GOD., Pap. de France, t. IV, pl. 38, fig. 2, 3 et 4.

*Eyprepia dominula.* OCHS., *Schmett. von Europ.*, IV, p. 316, n° 9.

*Bombyx domina.* HUBN., Bomb., tab. 27, fig. 117, 118. — Larv. lepid., III, Bomb., II, veræ H, fig. 1, *a, b.*

*Bombyx dominula.* FAB., ILLIG., SCHÆFF., WIEN. VERZ., BORKH, etc.

*Noctua dominula.* LINN., *Syst. Nat.*, III, 1, 475, 210. — ESP., etc.

*Arctia dominula.* SCHRANK, *Faun. Boic.*, 2, B. 1 abth., S. 261, n° 1437.

L'écaille marbrée, variété. GEOFF., Hist. des Ins., t. II, p. 107, n° 7.

L'écaille marbrée rouge. ERNST, Pap. d'Europe, pl. 152, fig. 197.

Elle est d'un noir foncé, avec trois bandes longitudinales maculaires, d'un beau jaune citron, dont une sur le vaisseau dorsal, et une à la hauteur des stigmates. Ces bandes sont interrompues sur chaque anneau par deux points d'un blanc pur, vis-à-vis desquels il y a, tant en dedans qu'en dehors, des petits tubercules bleuâtres, donnant naissance à quelques poils assez rares et assez longs d'un gris noirâtre.

La tête est noire. Les stigmates sont noirâtres peu apparents. Le ventre est d'un gris cendré.

On trouve quelquefois, mais très rarement, une variété chez laquelle les bandes maculaires sont d'un jaune ochracé, telle que l'a représentée Hubner.

Elle vit sur une infinité de plantes basses, et quelquefois sur les jeunes arbustes. On l'élève très facilement avec des borraginées et même avec de la laitue.

Les petites chenilles éclosent à la fin de juillet et au commencement d'août. A la sortie de l'œuf, elles sont d'une teinte grisâtre ou d'un jaune sale, avec la tête noire et des tubercules obscurs sur le corps. Après la première mue, elles prennent le dessin et la couleur qu'elles conservent jusqu'à leur métamorphose, quoiqu'elles subissent encore trois changements de peau avant l'hiver et un quatrième au printemps. A la fin de septembre, elles s'engourdissent sous les mousses ou sous les plantes basses, passent l'hiver sans donner signe de vie, et se réveillent à la fin de mars ou dans les premiers jours d'avril. Vers le milieu de mai, elles ont acquis tout leur accroissement; alors elles filent une coque grisâtre d'un tissu peu serré, dans laquelle elles se changent en chrysalide. Celle-ci est cylindrico-conique, d'un brun marron, terminée par des petits crochets ferrugineux.

L'insecte parfait éclôt en juillet, et il se trouve dans le centre et dans le midi d'une grande partie de l'Europe.

1. Callimorpha Dominula.
2.     idem jeune.
3. Callimorpha Hera.
4.     idem variété.
5. La Chrysalide.

Blanchard pinx.    V. Pannié del.

## DICRANURA VERBASCI. Pl. 6, fig. 1 et 2.

*Flavo-viridis, ferrugineo subpunctulata, pallio rufo-violaceo ; caudi-
bus violaceis flavo bis intersectis ; capite nigro-violaceo ; maculis
duabus lateralibus ovatis.*

> *Cossus verbasci.* Fab., Suppl., *Ent. Syst.*, p. 411, 7.
> *Chelonia verbasci.* Boisd., *Ind. meth.*, p. 43.
> Bombyx de la molène. God.-Dup., Pap. de France, t. IV,
> pl. 16, fig. 1.

Cette chenille a les plus grands rapports avec les espéces
congénères, sur-tout avec *Bicuspis*. Parvenue à toute sa
taille, elle est d'un vert jaune ou presque jaune, avec le dos
couvert par un manteau d'une couleur vineuse, très claire et
jaunâtre sur le milieu, violette à ses deux extrémités et sur
ses contours. Ce manteau couvre tout le dos sans interruption ; il se rétrécit insensiblement sur les deux premiers
anneaux, puis s'élargit graduellement sur les suivants, de manière qu'au milieu du corps il forme une sorte d'ellipse alongée qui descend près des stigmates. Il se rétrécit ensuite de
nouveau jusqu'à l'extrémité ; cependant il se dilate encore un
peu sur le dernier anneau. De chaque côté du corps, elle a
deux rangées de petits points bruns, dont les plus inférieurs
sont placés sur les stigmates. Au-dessous de ceux-ci, on voit
deux taches ovales rougeâtres ou violâtres, dont le milieu est
un peu blanchâtre, et dont la première est placée sur le cinquième anneau et l'autre sur le dixième. Les queues sont d'un
pourpre violet, entrecoupées de jaune à deux endroits. Le
dessous du corps et les pattes membraneuses sont de la couleur du fond ; les pattes écailleuses et la tête sont d'un brun
violâtre.

L'œuf est rond, aplati, marqué de deux lignes noires, et,
quoique petit, il est assez facile à découvrir, parceque la femelle en le déposant l'environne d'un duvet noir qu'elle dé-

tache de son abdomen. On n'en rencontre jamais plus de trois sur la même feuille.

A la première mue, les petites chenilles sont noires, avec une petite ligne jaune indiquant les contours du manteau. A la seconde, le dessin devient plus sensible ; mais ce n'est qu'à la troisième qu'il est bien prononcé. La couleur du fond est alors verte, mais elle ne tarde pas à devenir telle que nous l'avons décrite plus haut.

Pour se métamorphoser, elle file une coque qui ne diffère en rien de celle de *Furcula*.

On trouve cette chenille dans les environs de Montpellier, depuis le 15 juin jusqu'à la mi-juillet pour la première fois, et ensuite du 15 août à la mi-septembre, sur les saules au bord des ruisseaux, et sur-tout sur les *salix helix monandra, hippophaoides*. Celles de la première époque donnent leur papillon après un mois de métamorphose ; celles de la seconde éclosent en mai ou juin de l'année suivante.

Gustave Daube.

1. Triphæna Fimbria.
2. Idem jeune.
3. La Chrysalide.
4. Triphæna Orbona.
5. _________ Linogrisea.
6. La Chrysalide.

Blanchard pinxit Dumenil direxit

## DICRANURA BICUSPIS. Pl. 6, fig. 3.

*Flavo-viridis pallio rufo-violaceo vel purpurascente ; caudibus flavis apice nigris ; capite subfusco occipite obscuriori ; pallio in segmento septimo subito dilatato.*

> *Harpya bicuspis.* Ochs., *Schmett. von Europ.*, t. IV, p. 26, n° 3.
> *Bombyx bicuspis.* Hubn., Bomb. , tab. 10, fig. 36.
> Borkh., *Eur. schmett.*, III th., S. 380, n° 141.
> Brahm, *Ins. Kal.*, S. 275, n° 165.
> Schwarz, *Raupenkal*, S. 255.
> *Dicranura furcula*, var. Boisd., *Ind. meth.*, p. 54.
> La queue fourchue, var. Ernst, Pap. d'Europe, pl. 206, fig. 273, *i*.

Dans notre synonymie, nous l'avions d'abord réunie à *Furcula ;* mais après avoir considéré plus attentivement l'insecte parfait, nous sommes resté convaincu qu'il y a autant de différence entre ces deux espèces qu'entre *Vinula* et *Erminea*. La figure qu'Hubner donne de l'insecte parfait est assez exacte ; quant à celle de la chenille, elle n'a aucune ressemblance avec la nôtre, et nous pensons qu'il se sera trompé.

Elle a un certain rapport avec *Furcula*. Elle est de même d'un vert jaunâtre ou presque jaune. Son dos est couvert par un manteau d'une couleur vineuse, plus ou moins lavé de jaunâtre dans son milieu, et liséré de jaune sur ses contours. Ce manteau n'est point interrompu ; il se rétrécit insensiblement sur les deux premiers anneaux, pour s'élargir ensuite sur les suivants jusqu'au septième, où la dilatation augmente tout-à-coup au point de descendre plus bas que les stigmates ; ensuite il se rétrécit graduellement jusqu'à la queue, mais il se dilate un peu de nouveau sur les deux derniers anneaux. Les queues sont jaunes avec l'extrémité noirâtre. Les stigmates sont bruns et assez petits. La tête est grisâtre ou roussâtre, avec l'occiput ordinairement noir. Le dessous du ventre est de la couleur du fond, souvent avec une raie ferrugineuse entre les pattes postérieures. Les pattes membraneuses sont jaunâtres, un peu lavées de roux sur leur côté externe ; les pattes écailleuses sont de la couleur de la tête.

Pour se métamorphoser, elle file une coque semblable en tout à celle de *Furcula*.

L'insecte parfait éclôt aux mêmes époques.

Nous avons trouvé cette chenille assez communément dans les bois de hêtres aux environs de la Grande-Chartreuse. M. Perrin l'a rencontrée aussi aux environs de Rouen sur le hêtre *fagus sylvatica*. Elle existe aussi certainement aux environs de Paris ; car on trouve quelquefois l'insecte parfait dans l'intérieur de grands bois.

## EMYDIA BIFASCIATA. Boisd. Pl. 7, fig.5.

*Fusca linea dorsali albida, lateribus sordido-albidis; pilis stellatis fuscis.*

Lithosia bifasciata. Rambur, *Lépid. de Corse, in Ann. de la Soc. ent.*, 1832, pl. 8, fig. 11.

Elle a tout-à-fait le port et la taille de *Grammica* et ressemble un peu à celle de *Cribrum*. Elle est d'un gris sale ou un peu roussâtre plus ou moins foncé, avec une raie longitudinale d'un blanc sale ou d'un jaune roux sur le vaisseau dorsal. Entre cette raie et les stigmates, il en existe une autre de la même couleur, beaucoup plus étroite, moins marquée, et quelquefois à peine visible. Le ventre est d'un blanc ou d'un jaune roussâtre, et cette couleur remonte sur les côtés jusqu'au-dessus des stigmates. Les poils sont blanchâtres et brunâtres, mélangés, disposés par petites aigrettes sur des tubercules brunâtres rangés circulairement sur les anneaux. La tête est luisante, d'un brun bronzé. Les pattes écailleuses sont brunes; les autres sont de la couleur du ventre. Les stigmates sont oblongs, noirs et un peu comprimés.

Pour se métamorphoser, elle fait une coque très légère, grisâtre, entremêlée de quelques poils.

La chrysalide est noire, obtuse, épaisse, ventrue, avec le corps rétréci chez la femelle. Les anneaux de son ventre sont garnis de soies crochues très fines.

L'insecte parfait se trouve dans l'île de Corse, où il éclôt depuis le mois de mai jusqu'en août selon les localités.

Les petites chenilles sortent de l'œuf au bout de quinze jours ; elles passent l'hiver encore très petites, et acquièrent leur grosseur dans le mois de mars ou d'avril. Elles sont polyphages; mais elles semblent préférer les chicoracées et les graminées. On les élève très bien avec de la laitue ou des feuilles de pissenlit.

Cette chenille se distinguera de la *Cribrum* par le fond de sa couleur, qui est d'un gris obscur et non pas noir pointillé de blanc, par sa tête plus grosse et plus bronzée, par ses stigmates, et par la couleur du dessous.

## EMYDIA CRIBRUM. Pl. 7, fig. 1 et 2.

*Supra nigra, albido conspersa, linea dorsali alba; lateribus rufis; pilis stellatis fuscis.*

Boisd., *Ind. meth.*, p. 39.
*Eyprepia cribrum.* Ochs., *Schm. von Europ.*, IV, p. 302, n° 3.
*Bombyx cribrum.* Hubn., tab. 28, fig. 120, 121.
Linn., *Syst. Nat.*, I, 2, 831, 76. — Borkh., Esp., etc.
Le crible. Ernst, Pap. d'Europe, pl. 210, fig. 308, *a*, *b*.
Lithosie crible. God., Pap. de France, V, pl. 43, fig. 1, 2.

Elle a tout-à-fait le port et la taille de *Grammica*. Le dessus de son corps est d'une couleur noire ou noirâtre, plus ou moins pointillée de blanc, avec une raie blanche longitudinale sur le vaisseau dorsal. Le ventre est roux ou un peu ferrugineux, et cette couleur remonte plus ou moins haut sur les côtés, sur-tout dans les incisions, pour se fondre presque insensiblement avec la partie noire. Entre la raie dorsale et les stigmates il y a une petite ligne longitudinale, plus ou moins prononcée, formée d'atomes blanchâtres. Les poils sont mélangés de noir et de blanc, et implantés par petites aigrettes sur des tubercules assez gros, rangés circulairement sur le milieu des anneaux. Les stigmates sont ovoïdes, à disque enfoncé et à bordure noire saillante. La tête est arrondie, un peu aplatie antérieurement, plus petite que dans *Grammica*, et d'un noir obscur. Les pattes écailleuses sont noires; les autres sont de la couleur du ventre, avec une tache noire luisante sur leur côté externe.

L'œuf est jaunâtre, ovoïde. Les petites chenilles en sortent au bout de quinze jours. Elles sont d'abord blanchâtres, avec des petits points noirâtres indiquant les tubercules. Elles changent deux ou trois fois de peau, et passent l'hiver très petites sous les plantes basses. A la fin d'avril et au commencement de mai, elles commencent à se montrer; mais elles sont beaucoup plus difficiles à trouver que celles de *Grammica*, parcequ'elles ont l'habitude de se tenir sous les herbes dans les lieux arides et sablonneux. Elles se nourrissent de graminées et de plusieurs autres plantes herbacées.

Pour se chrysalider, elles filent une coque grisâtre, assez légère, entremêlée de quelques poils.

La chrysalide est cylindrico-conique, obtuse, et ressemble beaucoup à celle de *Grammica*.

L'insecte parfait éclôt en juin et juillet, et il se trouve çà et là dans le centre et dans le nord de l'Europe.

1. **Emydia** Cribrum.          4. **Emydia** Grammica *vue sur le dos*.
2. *id. vue sur le dos*.          5.          _ Bifasciata
3.          _ Grammica

## EMYDIA GRAMMICA. Pl. 7, fig. 3 et 4.

*Supra nigra, linea dorsali rubro-aurantiaca, lateribus albo-cinerascen-
tibus ; pilis stellatis ferrugineis.*

Boisd., *Ind. meth.*, p. 39.
*Bombyx grammica.* Linn., *Syst. Nat.*, I, 2, 831 , 75.
Fab., *Ent. Syst.*, III, 1 , 465, 182. — Wien. Verz., Illig.,
   Schæff., Esp., Borkh., Ross., Vieweg, etc.
Hubn., Bomb., tab. 28, fig. 122, 123 ; et tab. 56, fig. 241, 242.
   —Larv. lepid., III, Bomb., II, *verœ* I, *a*, *b*, fig. 1, *a*, *b*, *c*.
*Eyprepia grammica.* Ochs., *Schm. von Europ.*, IV, p. 306 ,
   nº 5.
*Arctia grammica.* Schrank, *Faun. Boic.*, 2 B., 2 abth., S.
   153, nº 12.
Lithosie grammica. God., Pap. de France, V, pl. 42, fig. 1
   et 2.
La phalène chouette. Geoff., Hist. des Ins., t. II, p. 115,
   nº 17.
L'écaille chouette. Ernst, Pap. d'Europe, pl. 156, fig. 202 ,
   *a - l.*

Le dessus du corps jusqu'aux stigmates ou un peu au-dessous est noir ou d'un noir brun, plus ou moins pointillé de
blanchâtre, avec une ligne d'un rouge orangé sur le vaisseau
dorsal. Au-dessous des stigmates, les parties latérales sont
brusquement blanchâtres ou d'un blanc cendré, plus ou moins
sablées d'atomes noirâtres qui, en se réunissant, forment
quelquefois à la base des pattes une traînée noirâtre. Entre
les stigmates et la raie dorsale on voit souvent une petite
ligne longitudinale blanche, très étroite, plus ou moins obscurcie. Sur chaque anneau il y a une rangée circulaire de tubercules à reflet blanchâtre ou un peu bleuâtre, assez gros,
plus petits sur les côtés et sur les anneaux dépourvus de
pattes. Ces tubercules donnent naissance à des aigrettes
courtes, de poils d'un roux ferrugineux ou d'un brun roussâtre. Le ventre est roussâtre ou d'un gris un peu ferrugineux

Les stigmates sont ovoïdes, à bordure noire, saillante, et à disque enfoncé, cerclés de roussâtre. La tête est arrondie, un peu aplatie antérieurement, d'un noir bronzé ou d'un luisant métallique. Les pattes écailleuses sont noires ; les membraneuses sont rougeâtres , marquetées de noirâtre postérieurement.

Elle vit presque exclusivement sur les graminées ; cependant à leur défaut elle mange des chicoracées et quelques autres plantes basses. Elle se plaît particulièrement dans les clairières de bois, et on la trouve souvent grimpée à la sommité des brins d'herbe ou des tiges sèches.

Les petites chenilles éclosent à la fin de l'été, et passent l'hiver très petites dans les herbes ou sous les feuilles sèches. Dès les premiers jours d'avril elles commencent à se montrer, et à la fin de mai ou au commencement de juin elles sont parvenues à toute leur grosseur. Elles filent alors une coque grisâtre, ovoïde, dans laquelle elles se changent en chrysalide.

Celle-ci est cylindrico-conique, obtuse, et d'un brun marron plus ou moins clair.

L'insecte parfait éclôt à la fin de juin ou dans les premiers jours de juillet, et il se trouve dans une grande partie de l'Europe et même en Sibérie.

## LIPARIS MONACHA. Pl. 18, fig. 3, 4 et 5.

*Pilosa, cinereo-albida vel cinereo-virescens, fascia dorsali lata utrinque
sinuata, ultra medium interrupta, vel obsoleta tuberculisque piliferis, fuscis; tuberculis duobus anticis cyaneis.*

> Boisd., *Ind. meth.*, p. 46.
> Ochs., *Schmett. von Europ.*, IV, p. 192, n° 4.
> *Bombyx monacha.* Linn., *Syst. Nat.*, I, 2, 821, 43.
> Fab., *Ent. Syst.*, III, 1, 446, 119. — Illig., Scop., Schæff.,
>   Esp., Borkh., View., Brahm, etc.
> Hubn., Bomb., tab. 19, fig. 74. — Larv. lepid., III, Bomb.,
>   II, *veræ* C, *c*, *f*, 2, *a*, 1, *a*, *b*.
> *Laria monacha.* Schrank, *Faun. Boic.*, 2, B, 1 abth. S. 256,
>   n° 1429.
> Kleeman, tab. 33, fig. 1-6.
> Seep, *Need. Ins.*, tab. 19, fig. 1-6.
> Bombyx moine. God., Pap. de France, IV, pl. 25, fig. 3 et 4.
> Le zigzag à ventre rouge. Ernst, Pap. d'Europe, pl. 137,
>   fig. 185, *a*-*i*.

Elle ressemble un peu à celle de *Dispar,* mais elle a une forme
un peu plus raccourcie. Le fond de sa couleur est d'un gris presque blanc, tirant souvent sur le verdâtre, légèrement sablé et
vermiculé de noirâtre principalement sur les côtés, avec des
tubercules portant des poils bruns, étoilés et assez raides. Le
dos est couvert par une bande brunâtre, dilatée transversalement et comme échelonnée, à partir du quatrième anneau
inclusivement. Cette bande disparaît tout-à-coup, ou au moins
en partie, sur le huitième anneau; puis elle reparaît sur les
neuvième, dixième et onzième. Sur le milieu du second anneau, où elle est d'un bleu noir et marquée de deux tubercules bleus, elle se dilate un peu en forme de cœur. Sur le
neuvième et le dixième elle est ordinairement marquée d'un
tubercule rouge ou ferrugineux. Outre cela, les côtés offrent
deux séries de tubercules, dont ceux de la supérieure sont
obscurs et ceux de l'inférieure blanchâtres. Entre ces deux

rangées sont les stigmates, qui sont d'un gris blanchâtre ou jaunâtre, à bordure un peu plus obscure et assez peu distincts. On voit souvent encore une raie latérale noirâtre interrompue par les tubercules de la première rangée. Le premier anneau offre de chaque côté, comme dans le *Dispar*, une longue aigrette étoilée en forme de moustache, portée sur un tubercule long et presque pédiculé.

La tête est velue, d'un brun roussâtre, marquée d'une ligne médiane et de linéaments grisâtres. Le dessous du ventre est d'une couleur verdâtre, ainsi que les pattes membraneuses; les pattes écailleuses sont un peu roussâtres.

La chrysalide est d'un brun-bronzé luisant, garnie circulairement de petits faisceaux de poils roses. Elle porte en outre deux petits bouquets de poils noirs à la partie antérieure de la tête et deux semblables sur le corselet. Son extrémité anale se termine par une pointe noire assez longue, cylindrique, armée de soies crochues.

On trouve la chenille dans le courant de juin et au commencement de juillet sur plusieurs arbres forestiers, mais particulièrement sur le hêtre, *fagus sylvatica;* sur le chêne, *quercus robur*, et sur le pin, *pinus sylvestris.*

Il est des années où elle est si commune dans certaines parties de l'Allemagne, qu'elle dépouille entièrement les pins de leur feuillage. Pendant le jour elle se tient souvent dans les crevasses des arbres, et elle est d'autant plus difficile à apercevoir qu'elle se confond par sa couleur avec celle des écorces.

Sa métamorphose a beaucoup d'analogie avec celle de *Dispar*. Elle file à peine un léger tissu pour maintenir sa chrysalide, qui quelquefois est sortie du réseau et suspendue par les soies crochues qui la terminent.

L'insecte parfait éclôt au bout de quinze à vingt jours. Il est commun dans le nord de l'Europe.

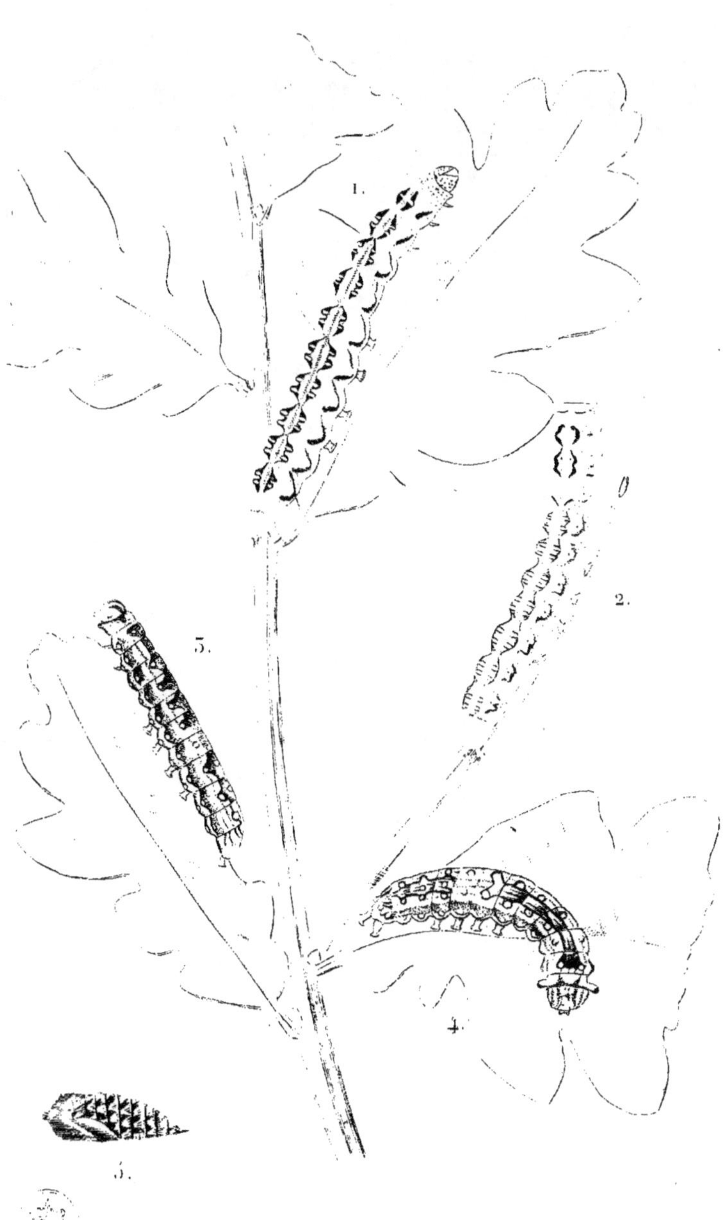



1. Bombyx Populi.   4. Liparis Monacha *vue sur le dos.*
2. ........... *id. variété.*   5. *La Chrysalide.*
3. Liparis Monacha.

## BOMBYX POPULI. Pl. 18, fig. 1 et 2.

*Villosa, cinerea, fascia lata, dorsali, obscuriori, utrinque strangu-
lata, annulatimque luteo vel albido quadripunctata; sœpius linea
nigra sinuosa laterali nigra; annulo antico collari rubro interrupto.*

Boisd., *Ind. meth.*, p. 48.
Ochs., *Schmett. von Europ.*, IV, p. 276, n° 15.
*Bombyx populi.* Linn., *Syst. Nat.*, I, 2, 818, 34.
Fab., *Ent. Syst.*, III, 1, 429, n° 70. — Wien. Verz., Illig.,
Schæff., Esp., Schrank, Borkh., Vieweg, Lang, etc.
Hubn., Bomb., tab. 36, fig. 136. — Larv. lep., III, Bomb.,
II, *veræ* M, *b*, fig. 1, *a*, *b*, *c*.
Bombyx du peuplier. God., Pap. de France, t. IV, pl. 10,
fig. 74.
La phalène du peuplier. Ernst, Pap. d'Europe, pl. 183,
fig. 236.

Elle varie beaucoup pour la couleur, qui est tantôt d'un
cendré blanchâtre, tantôt d'un gris bleuâtre, et quelquefois
d'un gris obscur, avec un semé ou un pointillé noirâtre plus
ou moins apparent. Son dos est longé, dans les individus où
le dessin est bien prononcé, par une large bande longitudinale d'un gris-noirâtre obscur, très fortement étranglée et
comme interrompue dans les incisions ; de manière à former
une suite de losanges, ordinairement encadrés de noirâtre ; et
marqués chacun de quatre points jaunes ou blanchâtres. Le
long des pattes elle a le plus souvent une raie noirâtre en fes-
ton plus ou moins interrompue, et pouvant disparaître. Dans
certains individus on voit aussi, outre cette raie et la bande
dorsale, des atomes jaunâtres plus ou moins nombreux, formant une raie continue, souvent mal écrite. Mais dans beaucoup d'autres le dessin que nous venons de mentionner n'est
pas distinct ; tout le dessus de la chenille est presque d'une
teinte uniforme, avec des atomes plus obscurs et les points
jaunâtres ou blanchâtres dont nous avons parlé plus ou moins
visibles. Dans quelques autres tout le corps est marbré de

noirâtre et de blanchâtre. Mais un caractère qui la fera reconnaitre au premier coup d'œil de toutes les autres chenilles de la même tribu, c'est un collier interrompu d'un rouge de brique qu'elle porte sur le bord antérieur du premier anneau. Les poils sont fins et grisâtres, très peu abondants sur le dos, et assez nombreux le long des pattes.

La tête est tantôt plus pâle que le fond et quelquefois plus obscure. Le ventre est aplati comme dans les *Lasiocampa*, d'un verdâtre obscur, avec une tache noire entre chaque paire de pattes membraneuses.

On la trouve pendant le mois de mai sur le chêne, *quercus robur;* les peupliers, *populus tremula* et *nigra;* le châtaignier, *fagus castanea;* le hêtre, *fagus sylvatica;* l'érable faux-platane, *acer platanoïdes,* etc. Dans les temps de pluie, elle descend souvent le long des arbres, et se tient alongée et aplatie dans les crevasses des écorces.

Les petites chenilles sortent de l'œuf au printemps et croissent assez rapidement.

Pour se métamorphoser, elle fait une coque ovoïde, très dure, d'une couleur terreuse, collée fortement à l'écorce des arbres.

La chrysalide est cylindrico-conique, obtuse, avec l'extrémité anale garnie de cils roux. Lorsqu'elle est nouvellement transformée, elle est verdâtre, avec les anneaux d'un jaune roux ; plus tard elle devient noirâtre.

L'insecte parfait éclôt en octobre, novembre, et quelquefois plus tard. Il se trouve dans presque toute l'Europe.

## MACROGLOSSA FUCIFORMIS. Pl. 10, fig. 3 et 4.

*Viridis, caudata, utrinque linea longitudinali albida maculis ferrugi-*
*neis annulatim supra marginata; fasciis obliquis lateralibus cau-*
*daque ferrugineis; stigmatibus albis.*

BOISD., *Ind. method.*, p. 32.
   *Sphinx fuciformis.* LINN., *Syst. Nat.*, I, 2, 803, 28.
OCHS., *Schmett. von Europ.*, III, p. 185, n° 1. — SCOPOLI.
   WIEN. VERZ., ILLIG., HUFNAG., MULL., PODA, SCHÆFF.
*Sphinx bombyliformis.* HUBN., Sphing., tab. 9, fig. 56. —
   Larv. lep., Sphing., III, legitim. A, *a*, fig. 1, *a*. —BORKH.,
   PANZ., NATURF., SCHRANK.
*Sesia bombyliformis.* FAB., *Ent. Syst.*, III, 1, 382, 12.
*Sphinx bombyliformis.* ESP., *Schm.*, II th., tab. 23, Suppl. 5,
   fig. 2, S. 180.
ROESEL, *Ins. Bel.*, III th., tab. 38, fig. 1 (la chenille).
Le grand sphinx gazé. ERNST, Papillons d'Europe, pl. 89,
   fig. 117, *e, f.*
Sphinx bombyliforme. GOD., Pap. de France, t. III, pl. 19,
   fig. 5.

Elle a tout-à-fait le port et la taille de *Stellatarum*. Elle
est d'un vert foncé, plus ou moins pointillée de vert obscur, et elle a de chaque côté une raie blanche commençant
sur le premier anneau, et expirant à la base de la queue.
Dans la plupart des individus que nous avons vus cette
raie est bordée par en haut, à partir du second anneau, par
une rangée de traits d'un rouge ferrugineux ou d'un violet pourpre, formant une série de sept ou huit taches alongées, accolées à la raie blanche. Plus bas et sur les côtés,
on voit huit traits obliques, également d'un rouge ferrugineux ou poupré, portant chacun un stigmate blanc. Le stigmate du premier anneau est le seul qui ne soit point placé
sur un de ces traits. La queue est un peu rugueuse, avec
les côtés et l'extrémité de la couleur des traits obliques. La
tête est de la couleur du corps. Les pattes écailleuses sont

roses ou rougeâtres ; les pattes membraneuses sont vertes avec la couronne rougeâtre. Le dessous du ventre est plus ou moins rosé ou purpurin.

Dans sa jeunesse elle n'a point de taches ferrugineuses ; elle n'a que la raie blanche longitudinale, et elle ressemble beaucoup à *Stellatarum;* mais peu à peu en grandissant, sans que pour cela les mues soient nécessaires, les taches commencent à paraître. Elles sont d'abord d'un rose pâle, puis elles deviennent rougeâtres, et enfin ferrugineuses ou d'un pourpre violâtre.

Pour se métamorphoser, elle se retire sous la mousse et les plantes basses, où elle file un léger réseau d'un pourpre violâtre.

La chrysalide est d'un noir brun, légèrement chagrinée, terminée insensiblement en pointe hérissée, avec les incisions plus claires. L'insecte parfait éclôt en août lorsque la chenille s'est chrysalidée en juillet, et en mai de l'année suivante lorsqu'elle s'est métamorphosée en automne. Il se trouve dans une grande partie de l'Europe.

Cette chenille se trouve en juillet, en septembre et octobre sur la scabieuse succise, *scabiosa succisa,* la scabieuse colombaire, *scabiosa columbaria,* et peut-être sur la scabieuse des champs, *scabiosa arvensis.* Nous l'avons trouvée, en 1832, à la Grande-Chartreuse, sur la scabieuse des bois, *scabiosa sylvatica.* Nous en avons rencontré aussi cinq ou six individus sous un pied de caille-lait blanc, *galium mollugo,* aux environs de Paris; mais n'ayant pu leur faire manger de cette dernière plante, nous supposons qu'elles ne s'y trouvaient qu'accidentellement, d'autant plus que c'était dans une prairie remplie de *scabiosa succisa.*

La figure de Rœsel est assez exacte, mais celle d'Hubner est méconnaissable.

1. Pterogon œnotheræ.      3. Macroglossa fuciformis.
2. La Chrysalide.          4. La Chrysalide.

Blanchard pinx.        E. Pinard dir.

## PTEROGON OENOTHERÆ. Pl. 10, fig. 1 et 2.

*Ecaudata, fusco-cinerea, dorso seriatim nigro maculato; lateribus al-*
*bidis fasciis obliquis, nigris; stigmatibus rubris.*

Boisd., *Ind. meth.*, p. 32.
*Sphinx œnotheræ.* Ochs., *Schm. von Europ.*, III, p. 196, n° 5.
Hubn., Sphing., tab. 9, fig. 58. — Larv. lepid., II, Sphing.,
    III, legit. A, *b, c*, fig. 2, *a, b.*
Fab., *Ent. Syst.*, III, 1, 359, 12. — Wien. Verz., Esp.,
    Illig., Panzer, Ross., Borkh., Schrank, etc.
*Sphinx proserpina.* Pallas, *Specil. Zool.*, fasc. 9, tab. 2.
Sphinx de l'épilobe. Ernst, Pap. d'Europe, 121, fig. 166, *a-i.*
Sphinx de l'œnotère. God., Pap. de France, t. III, pl. 19,
    fig. 2.

Elle est ordinairement un peu plus grosse que celle de
*Porcellus*, et par ses couleurs et son dessin elle ressemble un
peu à un petit serpent. Le dos est d'un gris noirâtre, à-peu-
près comme dans *Porcellus*, mais un peu plus clair, pointillé
de noirâtre, et marqué d'une rangée médiane de points noirs
assez gros, presque carrés. On voit parfois çà et là dans le
restant de la teinte dorsale quelques empreintes de taches
semblables. Le ventre et les côtés sont d'un blanc qui a une
légère teinte rosée; ceux-ci sont finement entrecoupés par
des stries transverses noirâtres, et à la base des pattes il y a
deux stries longitudinales de la même couleur, entrelacées et
paraissant former des écailles tout le long des pattes, comme
dans certains reptiles. Les côtés sont en outre marqués sur
chaque anneau d'un trait oblique, noir, mal arrêté sur ses
bords, allant se perdre vaguement dans la couleur du dos.
Les stigmates sont placés sur ces traits, et l'endroit qui les
supporte est un peu dilaté et arrondi; ils sont rouges, bordés
sur leur côté postérieur par un petit cercle d'un blanc un peu
bleuâtre. Le onzième anneau est dépourvu de queue; il offre
en place une petite plaque lenticulaire, formant un petit œil
jaunâtre à iris et à prunelle noirs. Le ventre n'est pas strié de

noir, mais il est marqué entre les pattes d'une rangée de taches noires. Les pattes sont de la couleur du ventre, un peu bordées de noirâtre à leur base. La téte est grisâtre, et lorsque la chenille est en repos elle la retire sous ses premiers anneaux.

Dans sa jeunesse le dos est plus obscur que lorsqu'elle est arrivée à son entier développement.

Cette chenille vit particulièrement dans les régions sous-alpines et méridionales sur l'épilobe à feuilles étroites, *epilobium angustifolium*, en juillet et en août. On la trouve quelquefois dans le centre de la France, et même aux environs de Paris, sur les *epilobium roseum* et *montanum*. Dans les environs de Lyon et de Grenoble, elle vit souvent de compagnie avec celle de *Vespertilio*. Dans le jour elle se tient presque toujours sous les pierres, à quelque distance de la plante.

Pour se métamorphoser elle entre en terre.

La chrysalide est d'un roux un peu marron, avec les stigmates noirs et la pointe anale longue et aiguë.

L'insecte parfait éclôt en juin.

## PIERIS CALLIDICE. Pl. 6, fig. 3 et 4.

*Nigro-cærulescens punctulata, lineis quatuor albidis flavo annulatim maculatis.*

BOISD., *Ind. method.*, p. 8.
GOD., Pap. de France, t. II, pl. 5, fig. 2 et 3.
*Encycl. méth.*, t. IX, p. 129, n° 32.
*Papilio callidice.* OCHS., *Schm. von Europ.*, II, p. 153, n° 5.
HUBN., Pap., tab. 81, fig. 408, 409; et tab. 108, fig. 551, 552.
ESP., *Schmett.*, I th., tab. 115, cont. 70, fig. 2, 3, S. 110.
ILLIG., *Magaz.*, III, B. S. 188.

Elle a le port de *Daplidice,* mais elle est plus obscure et beaucoup plus finement pointillée de noirâtre. Elle est d'un noir bleuâtre plus ou moins foncé, et elle a sur le dos deux raies blanches longitudinales, irrégulières, dont la couleur s'étend plus ou moins sur la partie noirâtre. Ces raies sont marquées d'une tache d'un jaune citron à l'incision de chaque anneau. Les côtés offrent près des pattes une raie semblable, mais où le jaune s'étend davantage, sur-tout à ses extrémités. Les stigmates sont placés sur cette dernière; ils sont ovoïdes, d'un blanc brunâtre, à bordure noirâtre. La partie qui est située au-dessous et tout le ventre sont d'un noirâtre un peu verdâtre. La couleur noire du dessus du corps est due en grande partie à des petits tubercules nombreux, donnant naissance à des petits poils de la même couleur. Quelquefois les espaces compris entre tous ces petits tubercules ont une teinte blanchâtre ou d'un blanc bleuâtre. La tête est de la couleur du corps, marquée de chaque côté d'une tache jaune. Les pattes écailleuses sont noires ; les autres sont de la couleur du ventre.

La chrysalide est un peu anguleuse, d'un grisâtre glauque, devenant souvent un peu bleuâtre ou blanchâtre, finement pointillée de noir sur tout le corps et sur l'enveloppe des ailes. La tête offre trois petites pointes. La carène dorsale est marquée d'une raie jaune. Les côtés sont souvent aussi marqués d'une raie semblable.

On trouve cette chenille aux mois d'août et de septembre à une grande élévation, près des neiges, dans les Alpes et les Pyrénées, courant par terre. Les crucifères dont elle se nourrit sont si petites et si rabougries qu'on les distingue à peine des autres plantes, et qu'on croirait qu'elle est polyphage. Dans le jeune âge, les petites chenilles ne diffèrent que par la taille des individus adultes.

La chrysalide passe l'hiver sous les neiges, attachée à des pierres ou à des rochers.

L'insecte parfait éclôt en juin et juillet.

Cette chenille n'avait encore été trouvée par aucun entomologiste.

## PIERIS DAPLIDICE. Pl. 6, fig. 1 et 2.

*Obscure cinerea, nigro punctata lineis quatuor albis flavo maculatis; punctis flavis seriatis ad basin pedum.*

> Boisd., *Ind. method.*, p. 8.
> God., Pap. de France, t. I, pl. 2 quart., fig. 2.
> *Encycl. méthod.*, IX, p. 128, n° 29.
> *Papilio daplidice.* Hubn., Pap., tab. 82, fig. 414, 415. —
>     Larv. lepid., I, Pap., II, gens. C, c, fig. 3, a.
> Ochs., *Schmett. von Europ.*, II, p. 156, n° 7.
> Linn., *Syst. Nat.*, I, 2 , 760, 81.
> Fab., *Ent. Syst.*, III, 1, 191, 593. — Wien. Verz., Illig.,
>     Schæff., Esp., Lewin, Panzer, Rossi, etc.
> Le marbré de vert. Ernst, Pap. d'Europe, pl. 50, fig. 106,
>     a, b, c.
> *Pieris daplidice.* Schrank, *Faun. Boic.*, 2, B. 2 abth., S. 167,
>     n° 1292.

Elle est un peu plus petite que celle de *Brassicæ*. Elle est d'un gris bleuâtre plus ou moins clair ou plus ou moins foncé. Elle a sur le dos deux lignes longitudinales blanches, entre-coupées par des taches d'un jaune citron. Les côtés près des pattes offrent une ligne semblable, mais où le blanc domine davantage. Les stigmates sont ovoïdes, blanchâtres, à bor-dure très épaisse, placés sur cette dernière ligne. Au-dessous d'eux la couleur devient plus claire, et tout-à-fait pâle et blan-châtre sous le ventre. Les pattes sont de la couleur du ventre, et on voit le plus souvent à leur base une rangée longitudi-nale de points jaunes plus ou moins marqués. La tête est d'un gris obscur tirant sur le verdâtre, marquée au sommet de deux taches jaunes, couverte de petits tubercules noirs et hérissée de poils de la même couleur. Outre cela, le corps est couvert de tubercules noirs assez épais, portant des petits poils de la même couleur.

La chrysalide est anguleuse, grisâtre ou d'un gris un peu verdâtre, finement pointillée de noir sur le corps et sur l'enveloppe des ailes. La téte porte une pointe assez longue. La partie dorsale est marquée de deux raies roussâtres, et on en voit une semblable sur les côtés.

On trouve cette chenille en juin et en septembre dans les champs et les lieux incultes, sur le réséda jaune, *reseda lutea;* le thlaspi des champs, *thlaspi arvense* et *campestre;* le *sisymbrium sophia*, l'*erysimum cheiranthoides*, le *brassica cheiranthos*, etc.

Les chrysalides de la première époque donnent leur papillon en juillet et au commencement d'août, et celles de la seconde passent l'hiver, et l'insecte parfait éclôt en avril de l'année suivante.

Celui-ci est commun dans le centre et sur-tout dans le midi de l'Europe.

## NOTODONTA CAMELINA. Pl. 7, fig. 4 et 5.

*Viridis vel rosea, segmento undecimo, verrucis duabus conicis, minutis, roseis, instructo, linea laterali lutea.*

BOISD., *Ind. meth.*, p. 34.

OCHS., *Schmett. von Eur.*, IV, p. 58, n° 6.

*Bombyx camelina.* HUBN., Bomb., tab. 5, fig. 19. — Larv. lepid., III, Bomb., I, Sphing., C, *d*, fig. 1, *a*, et C, *c*, *d*, fig. 2, *a*.

LINN., *Syst. Nat.*, I, 2, 832, 80. — FAB., ESP., VIEWEG, BORK., SCHRANK, LANG, BRAHM, etc.

SEPP, *Need. Ins.*, tab. 1, fig. 1-11.

La crête de coq. GEOFF., Hist. des Ins., II, p. 111, n° 12.

ERNST, Pap. d'Europe, pl. 199, fig. 263, *a - i*.

Bombyx chameau. GOD., Pap. de France, t. IV, pl. 18, fig. 4 et 5.

Elle varie pour la couleur, qui est tantôt verte, tantôt d'un vert blanchâtre, et souvent d'un rose tendre ou vineux ; mais elle se reconnaît, au premier coup d'œil, des espéces congénères, aux deux petites pointes roses qui surmontent le onzième anneau. Le dos est toujours plus pâle que les côtés, et le vaisseau dorsal est couvert par une ligne plus foncée que la teinte générale, soit rose, soit verte. Entre cette ligne et la raie latérale, on voit ordinairement une autre ligne plus foncée, un peu sinueuse, peu prononcée, quelquefois double. La raie latérale est jaune, plus foncée sur le milieu des anneaux, et elle supporte les stigmates ; ceux-ci sont bruns cerclés de blanc, ou bordés de blanc en avant et de pourpre en arrière. La tête est d'un vert pomme, ainsi que le ventre. Les pattes écailleuses et le côté externe des pattes membraneuses sont d'un fauve rougeâtre. Dans les individus roses ou vineux, le dessous du ventre et la tête sont souvent d'une couleur fauve. Outre cela, tout le corps de la chenille est parsemé de petits points blancs très peu distincts, qui donnent naissance chacun à un petit poil noirâtre.

48

Cette chenille, lorsqu'elle est en repos, tient le plus souvent la partie antérieure de son corps renversée en arrière et les pattes écailleuses en l'air. Quelques auteurs ont dit qu'elle devenait vineuse au moment de sa transformation ; cette assertion est inexacte. On en rencontre de très jeunes qui ont déja une couleur rose ; mais nous avons observé que c'est surtout chez les individus tardifs, tels que ceux d'octobre et de novembre, que cette dernière teinte est plus commune.

Elle vit sur presque tous les arbres forestiers depuis le mois de juillet jusqu'au commencement de novembre : particulièrement sur le tilleul, *tilia europæa* ; le chêne, *quercus robur* ; le bouleau, *betula alba* ; l'orme, *ulmus campestris* ; le tremble, *populus tremula*.

Elle entre en terre pour se métamorphoser, et se change en une chrysalide brune, obtuse, cylindrico-conique.

L'insecte parfait éclôt quelquefois après trois semaines de métamorphose ; mais généralement il reste en chrysalide jusqu'au mois de mai ou de juin. Il est commun dans le centre et dans le nord d'une grande partie de l'Europe.

1. Notodonta Cucullina.        4. Notodonta Camelina.
2.        idem variété.        5.        idem variété.
3. La Chrysalide.

## NOTODONTA CUCULLINA. Pl. 7, fig. 1, 2 et 3.

*Viridis vel albido-rosea, antice attenuata, subgibbosa, segmento un-*
*decimo elevato-pyramidali, fascia dorsali longitudinali obscuriori.*

Boisd., *Ind. meth.*, p. 34.

Ochs., *Schmett. von Europ.*, IV, p. 55, n° 5.

*Bombyx cucullina.* Hubn., Bomb., tab. 5, fig. 20. — Larv.
lepid., III, Bomb., I, Sphing., c, d, f, 2. a. — Wien.
Verz., Illig., etc.

*Bombyx cuculla.* Esp., *Schm.*, III th., tab. 71, fig. 1, S. 364.

Borkh., *Eur. schmett.*, III th., S. 414, n° 153.

Ernst, Pap. d'Europe, Suppl. 9, Suppl. CI, I, fig. 263,
a, b, bis.

*Bombyx capuchon.* God., Pap. de France, IV, pl. 18, fig. 3.

Elle est d'un vert bleuâtre très pâle, avec les quatre premiers anneaux atténués en avant. Les suivants sont un peu
relevés en bosse à commencer du cinquième, qui est le plus
saillant; les autres le sont successivement un peu moins jusqu'au onzième, qui est surmonté d'une pointe charnue de
couleur rose, bifide à son extrémité. Sur le vaisseau dorsal,
elle a une raie d'un vert foncé, rétrécie aux incisions et bordée de blanchâtre. Les premiers anneaux ont le dos couvert
par une large bande de la même couleur, élargie jusqu'au
milieu du quatrième, et se terminant en pointe sur le sommet du cinquième, près de deux petits tubercules jaunes
géminés. Cette bande est bordée de chaque côté par une raie
blanche longitudinale qui se continue jusqu'au-dessus de
l'anus. Cette raie est elle-même lisérée supérieurement dans
le reste de son trajet par une ligne d'un vert plus foncé que
la teinte générale. Le ventre et les côtés sont un peu plus
obscurs que le reste du corps et tirent un peu sur le jaunâtre,
ils sont en outre marqués de petits points blanchâtres peu visibles. La tête est d'un vert pâle, avec un trait brun longitudinal
de chaque côté, bordé de blanchâtre en arrière. Les pattes
écailleuses sont d'un vert jaunâtre; les membraneuses sont

d'un blanc rosé. Les stigmates sont d'un blanc jaunâtre, cerclés de brun noir. Outre cela, le corps est parsemé de très petits points blanchâtres que l'on distingue à peine, et qui donnent naissance à autant de poils fins noirâtres. La tête et la pointe du onzième anneau sont également ornées de ces poils.

On rencontre très souvent une variété couleur de chair ou ferrugineuse pâle, et dont les parties plus foncées sont ferrugineuses ou d'un vert-olivâtre obscur. Quelquefois cette dernière variété offre le long des pattes une rangée de traits obliques roses.

Cette chenille dans l'état de repos, et même lorsqu'elle mange, tient les trois derniers anneaux relevés comme si elle ne faisait pas usage de sa dernière paire de pattes. Ses mouvements sont très lents. Elle vit en août et septembre sur l'érable, *acer campestre*, et quelquefois sur l'alisier, *cratægus torminalis*. Pour se la procurer, c'est moins dans les forêts qu'il faut la chercher que sur les érables qui bordent les chemins.

Les figures qu'Hubner a données de cette chenille sont fort exactes.

La chrysalide est cylindrico-conique, obtuse, d'un brun luisant presque noir.

L'insecte parfait éclôt en mai, et il se trouve dans le nord et dans l'ouest et quelquefois dans le centre de la France. Il habite aussi la Saxe et la Franconie. Il est assez rare dans les collections.

1. Dicranura Verbasci
2.             id. vue sur le dos.
3.             Bicuspis.

Blanchard pinx    L. Dumenil dir

## CHELONIA URTICÆ. Pl. 6, fig. 3 et 4.

*Pilosa nigra, pilis fasciculatis densis concoloribus ; stigmatibus albis pedibus membranaceis rubellis.*

> Boisd. , *Ind. meth.*, p. 45.
> *Eyprepia urticæ.* Ochs., *Schm. von Europ.*, IV, p. 357, n° 29.
> *Bombyx urticæ.* Hubn., Bomb., tab. 35, fig. 154. — Larv.
> lepid. , III, Bomb., II, *veræ* L, *b*, fig. *b*, *c.*
> Esp., *Schmett.*, IV th., tab. 83, cont. 4, fig. 2.
> *Spilosoma papyratia.* Steph., *Syst. Catal.*, II, p. 56, n° 6028.
> La phalène tigre, variété. Ernst, Pap. d'Europe, pl. 158,
> fig. 20, *m*, *l*, *n.*
> Écaille de l'ortie. God., Pap. de France, t. IV, pl. 27, fig. 7.

Elle a tout-à-fait le port de *Menthastri*, et on la confond souvent avec les variétés noires de cette espéce ; mais elle est plus obscure, et notablement plus fournie de poils. Son corps est entièrement d'un noir-brun profond, avec les poils fasciculés nombreux et implantés sur des tubercules comme chez les espéces analogues. La tête est d'un noir luisant, et on voit sur le vaisseau dorsal une petite raie blanchâtre qui, le plus ordinairement, n'est sensible que sur les trois premiers anneaux. Les poils sont d'un noir-brun châtain, beaucoup plus obscurs que dans *Menthastri* et que dans les variétés de *Fuliginosa*, mais moins que dans *Luctifera*. Les stigmates sont blancs. Les pattes écailleuses sont noirâtres, avec les crochets jaunâtres ; les membraneuses sont d'un jaune rougeâtre un peu incarnat. Le dessous du ventre est entièrement noirâtre.

Cette chenille se trouve en août et septembre, le long des murs, dans les décombres ou au bord des chemins, sous les pierres, les plantes basses, au milieu des touffes d'orties, etc. Elle est polyphage comme *Menthastri* ; elle s'accommode très bien de toutes les plantes basses.

Pour se chrysalider, elle file sous les pierres ou dans les

crevasses des murailles une coque grisâtre entremêlée de ses poils.

La chrysalide est d'un brun noir, et diffère à peine de celle de *Menthastri*.

L'insecte parfait éclôt en mai et juin de l'année suivante. Il se trouve en Angleterre, dans le nord de la France et de l'Allemagne, et quelquefois dans le centre de l'Europe.

1. Chelonia Lubricipeda
2.         — id. vue de dos.
3. Chelonia Urticæ.
4.         — id. vue sur le dos.

## CHELONIA LUBRICIPEDA. Pl. 6, fig. 1 et 2.

*Pilosa, sordide albido-subvirescens, dorso late cinereo-fuscescente; capite pilisque fasciculatis rufis aut fuscis.*

Boisd., *Ind. meth.*, p. 45.

*Eyprepia lubricipeda.* Ochs., *Schmett. von Europ.*, IV, p. 359, n° 30.

*Bombyx lubricipeda.* Hubn., Bomb., tab. 35, fig. 155, 156.
— Larv. lepid. III, , Bomb., II, *veræ* L, *b*, fig. *d, e.*

Fab., *Ent. Syst.*, III, 1, 451, 138. — Wien. Verz., Esp., Illig., Schæff., Wilkes, Borkh., Rossi, Vieweg etc.

*Arctia lubricipeda.* Schrank, *Faun. Boic.*, 2, B. abth., S. 153, n° 15.

Sepp, *Neederl. Ins.*, II th., tab. 11, fig. 1-11.

Roesel, *Ins. Bel.*, tab. 47, fig. 1-8.

La phalène lièvre. Ernst, Pap. d'Europe, pl. 157, fig. 203, *a-g.*

Écaille lubricipède. God., Pap. de France, t. IV, pl. 27, fig. 3.

Elle a le port et la taille de *Menthastri*, et elle se rapproche de *Mendica*. Ses poils sont d'un brun plus ou moins roux, avec tout le dos d'un gris noirâtre plus ou moins sombre, et divisé sur le vaisseau dorsal par une petite ligne d'un gris blanchâtre. Les parties latérales sont blanches ou blanchâtres, excepté le long des pattes où elles sont plus ou moins noirâtres. Le blanc est toujours plus pur sur le bord de la couleur dorsale; de même que le noirâtre est plus foncé sur le bord du blanc. Les stigmates sont blancs, placés ordinairement sur un fond d'un noir un peu bleuâtre, qui envoie souvent dans les individus dont le blanc descend près des pattes, un trait oblique noirâtre sur chaque anneau. La tête est d'un roux clair. Le dessous du corps est d'un noir bleuâtre, avec les pattes d'une couleur pâle presque blanchâtre. Dans beaucoup d'individus les côtés sont blancs jusqu'aux pattes, et de chaque patte il part un trait noirâtre, oblique d'arrière en avant, et plus ou moins bien prononcé.

Dans le jeune âge, les petites chenilles sont blanchâtres, avec des points noirs sur le dos indiquant les tubercules.

Cette chenille vit au mois de septembre dans les jardins, les lieux cultivés, au bord des chemins, dans les décombres, etc., sur presque toutes les plantes basses.

Elle se métamorphose de la même manière que *Menthastri* et *Mendica*.

L'insecte parfait éclôt en mai, et il se trouve dans le nord et même dans le centre d'une grande partie de l'Europe.

## PYGÆRA BUCEPHALA  Pl. 17, fig. 1 et 2.

*Villosa, fusca, annulatim fulvo fasciata, lineis quatuor dorsalibus
canis alteraque laterali lutea albo supra marginata ; capite nigro, V
flavo signato.*

BOISD., *Ind. meth.*, p. 47.
OCHS., *Schmett. von Europ.*, IV, p. 235, n° 6.
*Bombyx bucephala.* HUBN., Bomb., tab. 45, fig. 194, 195.
— Lav. lepid., III, Bomb., II, *veræ* T, *a, b,* fig. 1, *a.*
LINN., *Syst. Nat.*, I, 2, 816, 31. — FAB., ROESEL, SCHÆFF.,
    WILK., SCOPOL., BORKH., MULL., ROSS., SCHRANK, etc.
Bombyx bucéphale. GOD., Pap. de Fr., t. IV, pl. 22, fig. 1.
SEPP, *Neederl. Ins.*, II, B., tab. 14, fig. 1-6.
La lunule. GEOFF., Hist. des Ins., t. II, p. 123, n° 28.
ERNST, Pap. d'Europe, pl. 185, fig. 240.

Elle est alongée, velue, un peu flasque, avec la tête grosse,
noire, divisée par un V renversé de couleur jaune. La teinte
générale est noirâtre, avec le milieu de chaque anneau marqué d'une bande transversale mal arrétée, formée d'atomes
d'un jaune-roux un peu ferrugineux. Le dos est divisé par
quatre raies jaunes longitudinales plus ou moins interrompues et plus ou moins bien écrites. Au-dessous des stigmates,
il y a une autre raie jaune mal arrétée, surmontée comme de
deux lignes blanches interrompues, n'existant guère que près
des incisions où elles sont souvent réunies, et forment une
espéce de tache blanche très visible quand la chenille marche.
Les stigmates sont noirs et placés au niveau de la première
ligne blanche. Le dessus du dernier anneau forme une plaque
noire bordée de jaune. Le ventre est d'un jaunâtre presque
orangé, avec deux raies noirâtres le long des pattes ; celles-
ci sont noirâtres. Les poils sont blancs, rares, assez longs et
assez fins. Dans la plupart des individus, les deux raies jaunes
les plus rapprochées sur le dos forment avec les bandes
rousses transverses une série dorsale de taches carrées mal
arrétées.

Dans le jeune âge, les lignes sont mieux écrites et le dessin est moins confus.

On trouve souvent des variétés où le dessin est beaucoup plus confus, et où toutes les couleurs semblent se confondre. Il y en a d'autres dont le dessus du dos est rayé longitudinalement de noir, de jaune et de blanc.

Cette chenille vit ordinairement en petites sociétés sur une infinité d'arbres, particulièrement sur les saules, *salix;* le bouleau, *betula alba;* l'orme, *ulmus campestris;* le chéne, *quercus robur;* le tilleul, *tilia europæa;* le hêtre, *fagus sylvaticus,* depuis le mois de juillet jusqu'au mois d'octobre.

Elle entre en terre et se change en une chrysalide d'un brun-noirâtre luisant, cylindrico-conique, obtuse, terminée par deux petites pointes.

L'insecte parfait éclôt en mai et uin de l'année suivante, et se trouve dans presque toute l'Europe.

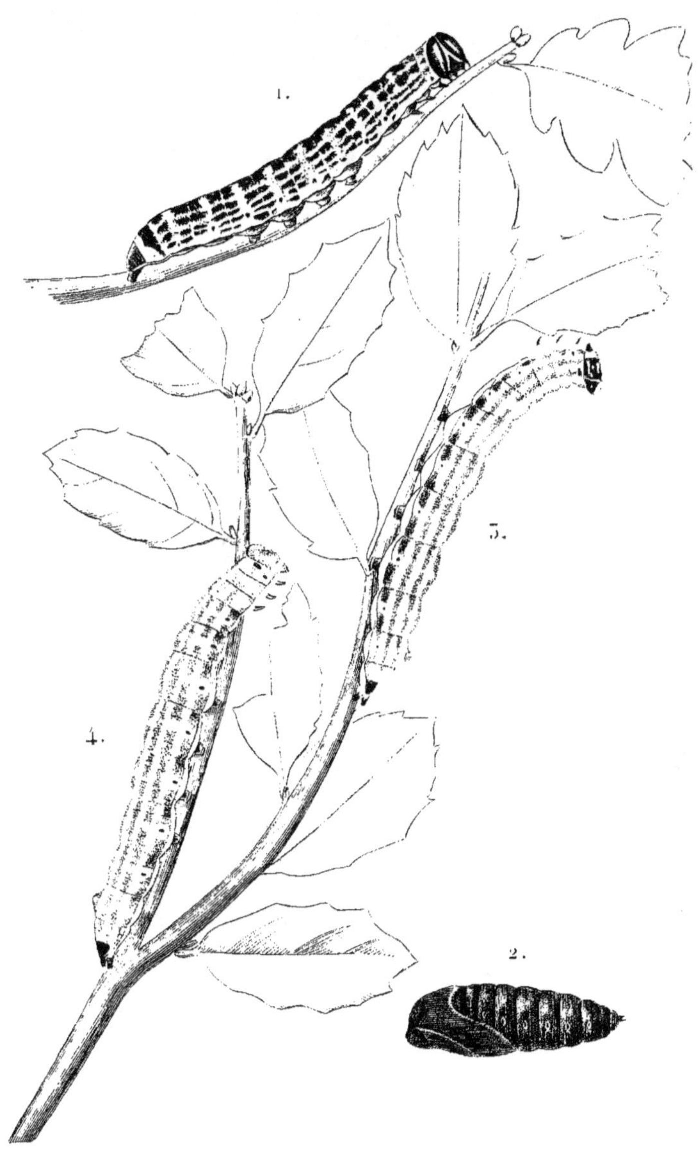

1. Pygæra Bucephala.　　5. Pygæra Bucephaloides.
2. La Chrysalide.　　4. — — id. variété.

## PYGÆRA BUCEPHALOIDES. Pl. 17, fig. 3 et 4.

*Villosa cinerea vel fusco-cinerascens, annulatim flavo punctata, lineis
sex longitudinalibus pallidis; capite fusco, flavo variegato; segmento
penultimo tuberculo minuto instructo.*

Boisd., *Ind. meth.*, p. 47.
Ochs., *Schmett. von Eur.*, **V**, p. 205, n° 7.
*Bombyx bucephaloides.* Hubn., Bomb., tab. 63, fig. 267, 268.
— Larv. lepid., III, Bomb., I, Sphing., C, fig. 1, *a*, *b*.

Elle a tout-à-fait le port et la taille de la chenille de *Bucephala*, et elle varie aussi passablement; mais quelles que soient
ses modifications de couleur et de dessin, on la reconnaîtra
toujours au petit tubercule qui surmonte le dernier anneau
et à sa tête jaunâtre ou noirâtre variée de jaune. Ordinairement elle est d'un gris brunâtre, plus pâle que *Bucephala*, ou
presque cendrée, avec quatre raies dorsales et une latérale
près des pattes, d'un gris blanchâtre ou d'un cendré très
pâle. Outre cela, le milieu de chaque anneau offre une série
transverse de points jaunes quelquefois réunis en bandes continues, mais le plus ordinairement séparés. Les stigmates
sont bruns et placés sur le point le plus inférieur de la rangée transverse. Le dessus du dernier anneau est couvert par
une plaque noire comme dans *Bucephala*. Les pattes sont
noirâtres. La tête est tantôt d'un jaune roussâtre et tantôt
brune variée de jaune. Les poils sont à-peu-près comme dans
*Bucephala*.

Dans quelques individus les raies longitudinales du dos ont
une teinte jaune.

Cette chenille, lorsqu'elle est en repos, a l'habitude comme
celle de *Bucephala* de relever le dernier anneau et de ne point
s'appuyer sur la dernière paire de pattes.

On la trouve à la fin de l'été et au commencement de l'automne, dans le midi de la France, en Hongrie et dans l'île de

Corse, sur le chêne, *quercus robur*, et sur le chêne vert, *quercus ilex*.

Elle se métamorphose en terre comme celle de *Bucephala*.

La chrysalide n'offre que de très légères différences.

L'insecte parfait éclôt en mai de l'année suivante.

## MELITÆA ARTEMIS. Pl. 4, fig. 3 et 4.

*Spinulosa atra, albo punctata, fascia longitudinali, laterali, ex atomis
albis approximatis conflata ; capite pedibusque veris nigris.*

Boisd., *Ind. meth.*, p. 17.

Ochs., *Schmett. von Europ.*, I, p. 24, n° 3.

*Papilio artemis.* Hubn., Pap., tab. 1, fig. 4, 5. — Larv. lep.,
I, Pap., I, Nymph., A, *a*, fig. 3, *a, b.*

Fab., *Ent. Syst.*, III, 1, 255, 790. — Wien. Verz., Illig.,
Lewin, Schrank.

*Papilio maturna.* Esp., *Schm.*, I th., tab. 16, fig. 2, S. 209.
— Schneid., Lang.

*Papilio lye.* Borkh., *Europ. schmett.*, I th., S. 57, n° 8, et
S. 225, n° 9. — Brahm, Herbst.

Le damier, variété. Geoff., Hist. des Ins., t. II, p. 45, n° 12.

Le petit damier à taches fauves. Ernst, Pap. d'Europe, pl. 17,
fig. 28, *a-b.*

Argynne artémis. God., Pap. de Fr., t. I, pl. 4 tert., fig. 3.

Elle a tout-à-fait le port de *Cinxia*, avec laquelle on pourrait
la confondre au premier coup d'œil. Elle est épineuse et d'un
noir de velours, avec le dos marqué de petits points d'un blanc
un peu bleuâtre, et avec une trainée d'atomes blancs plus ou
moins rapprochés le long des pattes, formant une espèce de
bande. A la partie supérieure de cette bande, on voit sur chaque anneau un point plus gros que les autres qui porte les stigmates. Au-dessous de la bande en question, la couleur devient
plus brune ou un peu roussâtre. Le ventre est d'une couleur
de chair pâle, marqué entre les pattes d'une raie roussâtre.
Les pattes membraneuses sont d'un jaune fauve ; les écailleuses sont noires, ainsi que la tête, qui est velue et légèrement échancrée à sa partie supérieure. Ses épines sont charnues, noires, hérissées de poils de la même couleur, placées
circulairement sur chaque anneau et dans l'ordre suivant :
quatre sur le premier ; huit sur les deux suivants ; onze sur
les autres jusqu'au onzième qui en a huit, et quatre sur le

dernier; celui-ci, ainsi que les trois premiers, n'en a point sur le milieu du dos.

Elle vit ordinairement au bord des bois sur la scabieuse, *mors-du-diable, scabiosa succisa,* et sur la jacée.

Dans le jeune âge, les petites chenilles habitent en société sous des toiles qui ressemblent à des nids d'araignée. Elles éclosent en été; à la fin de l'automne, elles sont au tiers de leur grosseur, et vers la fin de mars elles se séparent et deviennent aussi rares qu'elles étaient communes avant l'hiver. Dans le courant d'avril, elles prennent tout leur accroissement, et se chrysalident en se suspendant par la queue à des brins d'herbe.

La chrysalide est d'un blanc un peu jaunâtre, peu anguleuse, avec la tête coupée carrément. Le corselet offre deux taches noires irrégulières, marquées sur le milieu d'une autre petite tache orangée. L'enveloppe des ailes est parsemée de petites taches noires irrégulières, et celle des pattes est d'un jaune orangé annelé de noir. Sur le milieu de chacun des anneaux, il y a une rangée transversale de taches alternativement noires et jaunes ; celles-ci sont formées par des petits tubercules arrondis peu saillants. Les incisions des anneaux sont d'un gris brun.

L'insecte parfait éclôt en mai, et est commun dans une grande partie de l'Europe. Quelquefois les petites chenilles prennent tout leur accroissement en juillet, et le papillon reparaît en août.

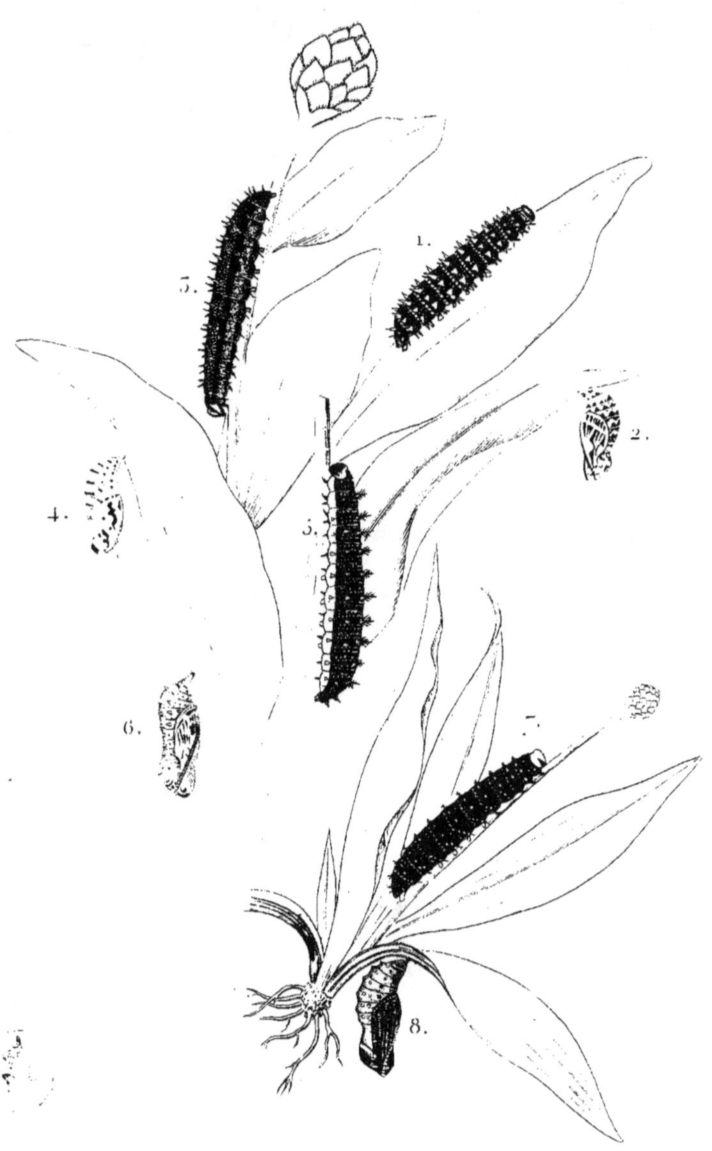

1. Melitea Athalia

2. La Chrysalide.

3. ___ Artemis.

4. La Chrysalide.

5 Melitea Phœbe.

6 La Chrysalide.

7 ___ Cinxia.

8 La Chrysalide.

## MELITÆA CINXIA. Pl. 4, fig. 7 et 8.

*Spinulosa atra, albo punctata; capite pedibusque veris rubris.*

Boisd., *Ind. meth.*, p. 17.

Ochs., *Schmett. von Europ.*, I, p. 27, n° 4.

*Papilio cinxia.* Linn., *Syst Nat.*, I, 2, 784, 205. — Ross.,
Fuessl.

*Cinxia*, var. β *P. delia.* Fab., *Ent. Syst.*, III, 1, 251, 779.

*Papilio delia.* Hubn., Pap., tab. 2, fig. 7, 8. — Larv. lepid.,
I, Pap., I, Nymph., A, *b*, fig. 1, *a.*—Wien. Verz., Illig.,
Borkh.

*Papilio pilosellæ.* Schneid., *Syst. Beyt.*, S. 201, n° 115.

*Papilio trivia.* Schrank. *Faun. Boic.*, II, B. 1 abth., S. 205,
n° 1354.

Le damier, troisième espèce, variété. Geoff., Hist. des Ins.,
t. II, p. 45, n° 12, *c.*

Le damier, quatrième espèce. Ernst, Pap. d'Europe, pl. 19,
fig. 32, *a - f.*

Argynne cinxia. God., Pap. de Fr., t. I, pl. 4 quinta, fig. 2.

Elle est épineuse, d'un noir de velours, avec des petits
points d'un blanc un peu bleuâtre, rangés circulairement à
chaque incision des anneaux, plus gros et un peu plus nombreux sur les côtés près des pattes. Le ventre est d'un brun
noirâtre. La tête est velue, rouge, avec la lèvre supérieure
marquée d'une tache noire. Les pattes membraneuses sont
du même rouge que la tête ; les pattes écailleuses sont noires.
Les stigmates sont de cette dernière couleur, finement cerclés de blanchâtre et difficiles à distinguer. Ses épines sont
charnues, velues, d'un noir moins foncé que le corps, placées circulairement sur chaque anneau et dans l'ordre suivant : quatre sur le premier, huit sur les deux suivants, onze
sur les autres jusqu'au onzième qui en a huit, et quatre sur
le dernier ; celui-ci, ainsi que les trois premiers, n'en a point
sur le milieu du dos.

Elle vit dans les allées et les clairières des bois, sur la piloselle, *hieracium pilosella ;* le plantain lancéolé, *plantago lanceolata ;* la jacée, *centaurea jacea.*

Dans le jeune âge, les petites chenilles habitent en société sous des toiles qui ressemblent à des nids d'araignée. Elles éclosent en été ; à la fin de l'automne, elles sont au tiers de leur grosseur, et dès le commencement du printemps elles se séparent. Dans le courant d'avril, elles prennent tout leur accroissement, et se chrysalident en se suspendant par la queue à des brins d'herbe.

La chrysalide est peu anguleuse, d'un gris-violâtre obscur, avec la tête coupée carrément. Elle est en grande partie pointillée de noirâtre, et elle est marquée sur les côtés de quelques petites taches jaunes. Elle a sur le dos cinq rangées de petits tubercules orangés. L'enveloppe des ailes est noire, avec deux points orangés à la base et deux rangées de très petits points blancs à l'extrémité. L'enveloppe des pattes est annelée de noir, et la tête est marquée de quatre petits points orangés.

L'insecte parfait éclôt en mai. Quelquefois les petites chenilles prennent leur accroissement en juillet, et le papillon reparaît en août.

## RHODOCERA RHAMNI. Boisd. Pl. 3, fig. 1, 2, 3 et 4.

*Viridis, tenuissime obscuriori punctulata pubescensque linea stigma-
tifera albida.*

> *Colias rhamni.* Boisd., *Ind. meth.*, p. 10.
> Ochs., *Schmett. von Europ.*, II, p. 186, 8.
> *Papilio rhamni.* Hubn., Pap., tab. 88, fig. 442-444. — Larv.
> lepid., I, Pap. II, gens. C, *e*, D, fig. 1, *a*, *b*. — Linn.,
> Fab., etc.
> Coliade du nerprun. God., Pap. de France. I, pl. 2, fig. 1.

### VARIÉTÉ.

> *Papilio cleopatra.* Ochs., *Schm. von Europ.*, II, p. 189, 9.
> Hubn., Pap., tab. 88, fig. 445-446. — Linn., Fab., etc.
> Coliade cléopâtre. God., Pap. de France, II, pl. 4, fig. 1.

Elle est alongée, un peu atténuée aux extrémités, d'un vert foncé en dessus et d'un vert un peu jaunâtre en dessous. Ces nuances sont séparées par une raie latérale blanche, ou d'un blanc un peu jaunâtre, se perdant insensiblement en dessus avec la couleur du fond.

Les stigmates sont blancs, placés sur cette raie, et distincts seulement à la loupe. Le ventre est vert, assez foncé, avec l'extrémité des pattes un peu plus claire. Outre cela, tout le corps de la chenille est strié transversalement, et hérissé de petits poils courts très serrés, et implantés sur des granules noirâtres qui lui donnent un aspect légèrement chagriné.

La tête est finement pointillée comme le corps.

Avant la dernière mue, et même dans la jeunesse, les petites chenilles ne diffèrent pas de ce qu'elles seront plus tard.

Celle de la variété *Cleopatra*, ainsi qu'on peut le voir par la comparaison des deux figures que nous donnons, ne diffère en rien de celle *Rhamni*.

La chrysalide est arquée, fortement bossue, pointue aux deux extrémités, avec les stigmates ferrugineux, et quelques petits points de la même couleur sur le bord de l'enveloppe des ailes, plus ou moins nombreux, et quelquefois nuls. Le fond de sa couleur est le vert-pomme tendre, passant graduellement au jaune verdâtre.

Dans la variété *Cleopatra*, la chrysalide est absolument de la même forme, mais sa couleur est parfois fort différente. A peine la chenille est-elle métamorphosée, que la chrysalide prend une teinte qui se fonce de jour en jour, s'il en doit naître un mâle ; de sorte que le dixième ou le douzième, elle est de la couleur de l'insecte parfait.

L'éclosion a lieu au bout de quinze à vingt jours pour les chenilles qui se transforment en été, et au bout de quatre ou cinq mois, selon la température, pour celles qui se métamorphosent à l'automne.

La chenille vit sur le nerprun purgatif, *rhamnus catharticus ;* la bourdaine, *rhamnus frangula,* et l'alaterne, *rhamnus alaternus.*

Il est commun dans toute l'Europe ; la variété *Cleopatra* ne se prend que dans le midi, et même dans les parties très chaudes, telles qu'aux environs de Montpellier, etc., elle se trouve seule.

## MELITÆA ATHALIA. Pl. 4, fig. 1 et 2.

*Nigricans spinulosa, albido punctulata ; spinis luteo-fulvescentibus ; capite nigro.*

Boisd., *Ind. meth.*, p. 17.
Ochs., *Schmett. von Europ.*, I, p. 44, n° 9.
*Papilio maturna.* Hubn., Pap., tab. 4, fig. 17 et 18. — Larv.
lepid., I, Pap., I, Nymph. A, C, fig. 2, *a*, *b*.
Fab., *Ent. Syst.*, III, 1, 254, 787. — Wien. Verz., Illig., etc.
*Papilio athalia.* Esp., *Schmett.*, I th., tab. 47, Suppl. 23,
fig. 1, *a*, *b*, S. 377. — Brahm, Borkh., Schwarz, etc.
Argynne athalie. God., Pap. de Fr., t. I, pl. 4 quart., fig. 2.
Le damier, troisième espèce. Ernst, pl. 19, fig. 51, *c*, *d*.
Variété. *Papilio pyronia.* Hubn., Pap., tab. 114, fig. 585,
586, 587 et 588.

Elle est épineuse, d'un gris-obscur livide ou noirâtre, plus raccourcie et plus épaisse que la *Cinxia*, marquée de pointsblanchâtres, disposés par rangées circulaires, et plus gros sur le dos que sur les côtés. Le vaisseau dorsal est couvert par une raie noire interrompue par les épines. Le ventre est d'un gris blanchâtre, avec les pattes membraneuses plus pâles. La tête est velue et d'un noir bronzé. Les épines sont charnues, coniques, courtes, renflées à leur base, ordinairement d'un jaune-roux clair, garnies de quelques poils noirs; elles forment neuf rangées longitudinales, excepté sur les trois premiers anneaux, qui sont dépourvus de la rangée dorsale médiane. Les épines ou pointes coniques, qui constituent la rangée la plus rapprochée des pattes, sont grises ou grisâtres, et chacune d'elles est bifide jusqu'à la base, de manière que cette rangée paraît double.

Elle vit dans les prairies élevées et dans les allées des bois sur plusieurs plantes basses, mais particulièrement sur le mélampyre des bois, *melampyrum sylvaticum;* le plantain lancéolé, *plantago lanceolata;* la jacée, *jacea nigra;* la piloselle, *hieracium pilosella;* la valériane, *valeriana dioica.*

On la trouve au mois de mai parvenue à toute sa taille.

La chrysalide est assez courte, peu anguleuse, d'un blanc un peu violâtre, plus variée et plus ponctuée de noir que celle d'*Artemis*. Elle a sur le milieu des anneaux une rangée de petits tubercules orangés.

L'insecte parfait éclôt en juin et juillet, et il est commun dans presque toute l'Europe.

Pl. 3.

1. Rhodocera Rhamni.    4. la Chrysalide.
2. la Chrysalide.    5. Colias Edusa.
3. Variété Cleopatra.    6. la Chrysalide.

## COLIAS EDUSA. Pl. 3, fig. 5 et 6.

*Supra obscure viridis subtus dilutior linea stigmatifera flava albo rubroque maculata.*

Boisd., *Ind. method.*, p. 9.
Ochs., *Schmett. von Europ.*, II, p. 173, n° 1.
*Papilio edusa.* Hubn., Pap., tab. 85, fig. 429-430 ; et tab. 87, fig. 440-441. (Var. *Helice.*)
— Larv. lepid., I, Pap., II, gens. C, *d*, fig. 2, *a*, *b*.
Fab., *Ent. Syst.*, III, 1, 206, 643. — Wien. Verz., Illig., Borkh., etc.
Le souci. Geoffroy, Hist. des Ins., t. II, p. 75, n° 48.
Ernst, Pap. d'Europe, pl. 54, fig. 111, *a-c*.
Coliade souci. God., Pap. de France, I, pl. 2 *bis*, fig. 1.

Elle est d'un vert obscur en dessus et d'un vert jaunâtre en dessous. Ces deux teintes sont séparées par une raie latérale jaune, marquée de blanc, et de neuf petites taches d'un rouge briqueté.

Les stigmates sont en ovale alongé, placés sur la raie latérale, blancs, entourés inférieurement par un demi-cercle noir peu prononcé, et suivis sur chaque anneau d'une tache rouge. Outre cela, tout le corps de la chenille est strié transversalement, et hérissé de très petits poils noirâtres assez serrés, qui naissent de petits tubercules noirs placés sur un petit espace circulaire un peu plus pâle que le fond.

La tête est arrondie, un peu aplatie antérieurement, hérissée de petits poils fins comme le corps.

Les pattes sont de la couleur de la tête. Le dessus de l'anus est arrondi et s'avance postérieurement.

On trouve cette chenille en été, c'est-à-dire pendant les mois d'août et de septembre, dans les champs cultivés et dans les prairies élevées, sur les luzernes, *medicago*, et sur plusieurs sortes de trèfles, *trifolium*.

Pour se métamorphoser, elle tapisse de soie une tige ou le dessous d'une feuille ; et après s'être assujettie par l'extrémité postérieure et par un lien transversal, elle se change en chrysalide. Celle-ci est peu anguleuse, droite comme celle des *Pieris*, avec la tête avancée en pointe et le dos en carène. Sa partie ventrale moyenne forme une saillie médiocre. Les côtés du corps offrent une ligne jaunâtre qui la partage en deux parties, mais qui n'est bien visible que sur les anneaux de l'abdomen. Les nervures des ailes forment, sur l'enveloppe qui leur est propre, des stries plus obscures, et celle-ci est en outre marquée d'une rangée de petits points bruns. Le ventre est quelquefois aussi marqué d'une raie latérale courte et de quelques atomes bruns.

L'insecte parfait éclôt au bout de dix-huit à vingt jours, à moins que la métamorphose n'ait eu lieu au milieu de l'automne, auquel cas l'éclosion n'a lieu qu'au printemps.

Il est commun dans toute l'Europe, dans l'est de l'Asie et le nord de l'Afrique.

## MELITÆA PHOEBE. Pl. 4, fig. 5 et 6.

*Spinulosa atra albido punctata, fascia laterali, fulva; capite pedibusque veris nigris.*

Boisd., *Ind. meth.*, p. 17.
Ochs., *Schmett. von Europ.*, I, p. 39, 7.
*Papilio Phœbe.* Hubn., Pap., tab. 3, fig. 13, 14. — Larv.
  lepid., I, Pap., I, Nymph., A, C, fig. *a.*
Fab., *Ent. Syst.*, III, 1, 251, 780. — Illig., Wien. Verz.,
  Schrank, etc.
*Papilio corythalia.* Esp., *Schmett.*, I th., tab. 61, cont. 11,
  fig. 4, 5, S. 64-67. — Herbst, Schneid., Borkh, etc.
Argynne phœbé. God., Pap. de Fr., t. I, pl. 4 quint., fig. 3.
Le grand damier. Ernst, Pap. d'Europe, pl. 61, Suppl. 7,
  fig. 281, *a, b bis.*

Elle est épineuse, d'un noir bleuâtre, marquée de points blanchâtres ou blancs, beaucoup plus gros sur le dos que sur les côtés. Au-dessus des pattes, elle a une bande longitudinale fauve, précédée d'une raie formée par des points d'un brun violet. Le dessous du ventre est d'un gris-jaunâtre avec quelques petits points jaunes et d'autres d'un brun violet. La tête est noire, luisante, échancrée par en haut, et couverte de petits poils noirs. Les pattes écailleuses sont de la même couleur, et les membraneuses d'un gris roussâtre. Les stigmates ne sont visibles qu'à la loupe ; ils sont d'un blanc sale, cerclés de noir. Ses épines sont charnues, placées circulairement sur le milieu des anneaux, d'un gris noirâtre, garnies de poils noirs très fins, excepté celles qui sont au-dessus des pattes et sur la bande latérale, qui sont d'un jaune fauve. Voici la manière dont elles sont disposées : quatre sur le premier anneau, deux fauves de chaque côté ; huit sur le second ; six sur le troisième ; onze sur le quatrième ; treize sur le cinquième ; onze sur les suivants jusqu'au onzième, qui en a dix, et enfin six sur le dernier, quatre noires et deux fauves.

Elle vit sur la jacée, *centaurea jacea.*

Les petites chenilles éclosent à l'automne, passent l'hiver très petites, commencent à se montrer au mois d'avril, et elles sont ordinairement parvenues à toute leur grosseur dans le courant de mai.

Pour se métamorphoser, elles se suspendent par la queue à des brins d'herbe.

La chrysalide est peu anguleuse, d'une couleur de chair-sale violâtre, marbrée de gris brun, avec les incisions de cette dernière couleur. Elle a sur le milieu des anneaux une rangée transverse de petits tubercules orangés, pointus, dont la base antérieure est cerclée de brun noir. Entre ces tubercules on voit en outre quelques petits points noirs. La gaîne des antennes est d'une couleur de chair grisâtre entrecoupée de brun.

L'insecte parfait éclôt en juin, et il se trouve dans le centre et le midi d'une grande partie de l'Europe.

## NOTODONTA CHAONIA. Pl. 8, fig. 1 et 2.

*Pallide viridis vel viridis supra glaucescens vel albida, supra annu-
latim nigro tenue quadripunctata, lineis quatuor flavidis.*

BOISD., *Ind. meth.*, p. 55.
OCHS., *Schmett. von Europ.*, IV, p. 82, n° 18.
*Bombyx chaonia.* HUBN., Bomb., tab. 3, fig. 10-11. — Larv.
lepid., III, Bomb., I, Sphing., C, *a*, fig. 2, *a*. — WIEN.
VERZ., ILLIG., VIEWEG, LANG., etc.
*Noctua roboris.* FAB., *Ent. Syst.*, III, 2, 35, 90.
*Bombyx roboris.* ESP., *Schmett.*, III th., tab. 46, fig. 4-7.
La demi-lune noire. ERNST, Pap. d'Europe, pl. 128, fig 174,
*a - f.*
Bombyx chaonien. GOD., Pap. de France, t. IV, pl. 20, fig. 6.

Elle est à-peu-près de la taille de *Dodonæa*, et elle est d'un
blanc verdâtre ou bleuâtre en dessus, et d'un vert un peu
bleuâtre en dessous ; mais on trouve tous les passages intermédiaires. Il y a même des individus dont la couleur du fond
est entièrement d'un beau vert. Dans tous les cas, elle a de
chaque côté deux raies d'un jaune citron, dont une près des
pattes, et l'autre à-peu-près à égale distance de celle-ci et du
vaisseau dorsal. Celui-ci est à peine distinct de la couleur du
fond. Les lignes jaunes sont un peu interrompues sur les premiers anneaux, sur-tout la supérieure, et elles sont en outre
marquées de blanchâtre au milieu de chaque segment. A partir du troisième segment, on voit sur le dos quatre petits
points disposés en carré sur chaque anneau. Ces quatre points
sont sur les trois premiers disposés en une petite ligne transversale. Les stigmates sont petits, blancs, avec la bordure
noire ; ils sont placés sur le côté supérieur de la ligne jaune.

La tête est d'un vert glauque, avec le bord de la lèvre supérieure et des mandibules d'un jaune citron. Les pattes sont de
la couleur du ventre.

On trouve cette chenille, parvenue à toute sa taille, depuis
la fin de mai jusqu'à la mi-juin, sur le chêne, *quercus robur.*

51

Pour se métamorphoser, elle s'enfonce en terre à peu de profondeur.

La chrysalide ressemble presque complétement à celle de *Dodonæa*. Elle passe l'hiver, et éclôt dans le courant d'avril.

L'insecte parfait se trouve dans les bois de chênes d'une grande partie du centre et même du nord de l'Europe. Il n'est nulle part très commun.

Pl. 8.

1. Notodonta Chaonia.
2. idem de profil.
3. Notodonta Querna.
4. idem de profil.
5. idem variété.

## BOMBYX PROCESSIONEA. Pl.    .

*Pilosa, supra cinereo-fusca, lateraliter pallide cinerea, subtus sor-
dide flavescens, tuberculis piliferis rubris.*

> Hubn., Bomb., tab. 36, fig. 159, 160. — Larv. lepid., III,
>     Bomb., II, *veræ*, M, *a*, fig. 2, *a*.
> Linn., *Syst. Nat.*, I, 2, 819, 37. — Fab., Esp., Wien. Verz.,
>     Illig., Borkh., View., etc.

Elle est un tiers plus petite que *Neustria* et espéces voisines. Son dos est d'une couleur noirâtre, avec les côtés d'un
cendré pâle, et le dessous du ventre d'un jaunâtre pâle. Elle
est outre cela marquée sur chaque anneau d'une rangée circulaire de petits tubercules rougeâtres, d'où naissent de longs
poils blancs, fins et assez roides, et dont chacun se termine
en crochet à l'extrémité. La téte est grosse et d'un noir assez
foncé. Les stigmates sont noirs. Quand elle est parvenue à
toute sa taille, les tubercules placés sur les neuf derniers anneaux forment, par leur réunion, sur le milieu du dos un petit
ovale rouge transverse.

Cette espéce est si remarquable par ses mœurs, qu'elle a
été étudiée à fond par plusieurs naturalistes du siécle dernier,
et tout ce que nous allons en dire est extrait des *Mémoires* de
Réaumur. « Chaque couvée compose une famille de sept à huit
cents individus, qui ne doivent se séparer que sous la forme
de papillons. Tant que les chenilles sont jeunes, elles n'ont
point d'établissement fixe; les différentes familles campent tantôt dans un endroit, tantôt dans un autre, sur le méme arbre où
elles sont nées : elles filent ensemble pour former des nids qui
leur servent d'asile. A mesure qu'elles changent de peau, elles
quittent leur ancien établissement pour en aller former un ailleurs. Quand elles sont parvenues au terme de leur accroissement, qui n'est point éloigné de celui de leur métamorphose en
chrysalide, l'habitation qu'elles choisissent alors est fixe. Les
nids propres à contenir des familles si nombreuses doivent être
assez considérables; il y en a qui ont jusqu'à dix-huit ou vingt

pouces de longueur, sur six à sept de largeur : ils sont souvent appliqués contre le tronc des chênes, quelquefois proche de la terre , quelquefois à sept ou huit pieds de haut ; il y en a aussi d'appliqués contre une des principales branches. Leur figure n'a rien de singulier ni de bien constant. Ils forment à l'endroit où ils sont appliqués une bosse pareille aux nodosités que l'on voit sur l'écorce de ces arbres. Plusieurs couches de toile, appliquées les unes sur les autres, forment les parois du nid. Entre le tronc de l'arbre et ces parois est la cavité où les chenilles vont se renfermer de temps en temps, qui n'est partagée par aucune cloison ; de sorte que le nid n'est qu'une espèce de poche. Au haut de la toile , près du tronc, est un trou par où les chenilles entrent et sortent à leur gré.

« Quand ces insectes quittent leur logement pour aller s'établir ailleurs, leur marche est faite avec un ordre trop singulier, pour n'avoir pas mérité d'être remarqué par leurs premiers observateurs. Au moment qu'ils sortent de leur habitation, une chenille va la première et ouvre la marche ; les autres la suivent à la file , en formant une espèce de cordon. La première est toujours seule ; les autres sont quelquefois deux , trois, quatre de front. Elles observent un alignement si parfait, que la tête de l'une ne passe pas celle de l'autre. Quand la conductrice s'arrête, la troupe qui la suit n'avance point ; elle attend que celle qui est à la tête se détermine à marcher pour la suivre ; c'est dans cet ordre qu'on les voit souvent traverser les chemins, ou passer d'un arbre à l'autre, quand elles ne trouvent plus de quoi vivre sur celui qu'elles abandonnent. Ont-elles trouvé une branche de chêne couverte de feuilles fraîches, alors les rangs se forment autrement, ils se fortifient ; les chenilles se distribuent sur les feuilles, et elles sont si contiguës les unes aux autres, que leur corps se touche dans toute sa longueur. Ont - elles terminé leur repas , elles regagnent leur nid dans le même ordre ; une d'entre elles se met en mouvement, une seconde la suit en queue, une troisième suit celle-ci, et ainsi de suite ; elles commencent à défiler, toujours si près les unes des autres qu'il n'y a pas

Pl. 19.

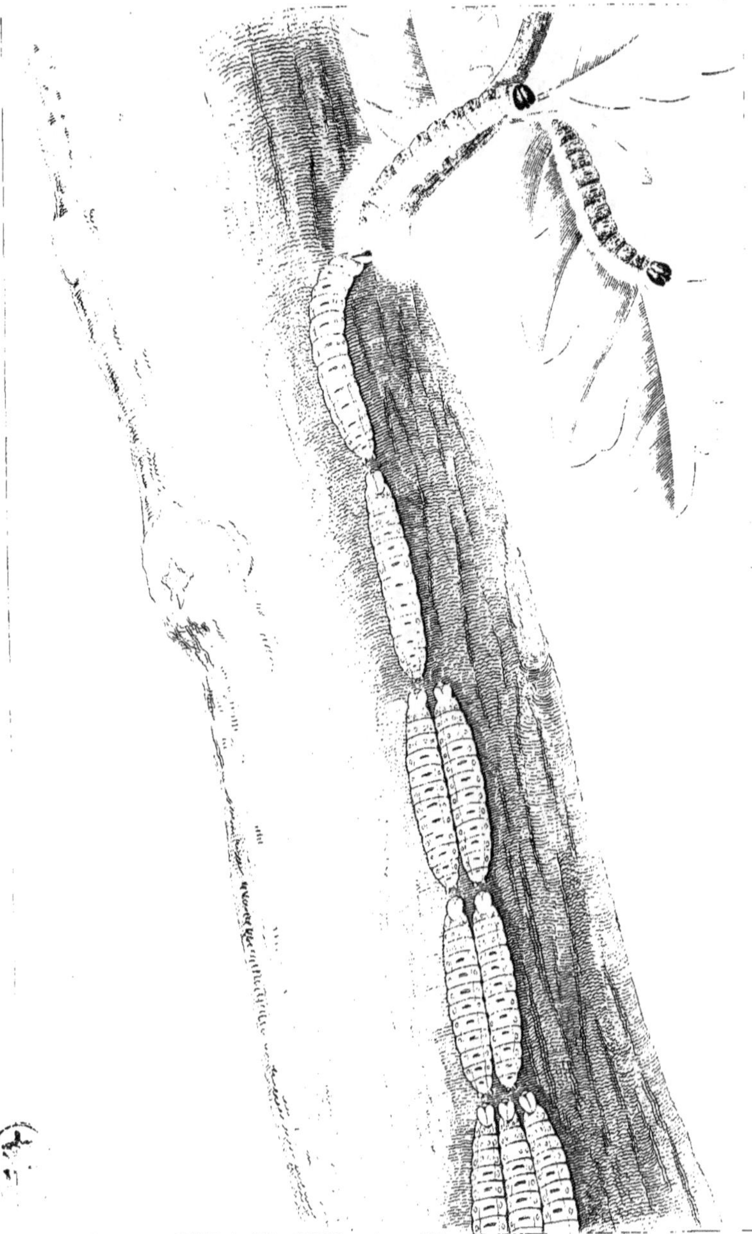

E. Blanchard pinx.

P. Dumenil dir.

Bombyx Processionea.

plus d'espace entre les différents rangs qu'entre les chenilles de chaque rang. Souvent le petit corps d'armée fait une infinité d'évolutions tout-à-fait singulières ; il se forme sous une infinité de figures différentes, mais il est toujours conduit par une seule chenille. La tête du corps est toujours angulaire, le reste est tantôt plus, tantôt moins développé ; il y a quelquefois des rangs de quinze à vingt chenilles : c'est un vrai spectacle pour qui peut aimer celui de la nature, que se trouver dans les jours chauds de l'été, vers le coucher du soleil, dans un bois où il y a des nids de *Processionnaires*. Ainsi c'est pendant la nuit qu'elles se promènent, qu'elles rongent les feuilles fraîches. Pendant le jour, et sur-tout lorsqu'il fait chaud, elles se tiennent en repos dans leurs nids. On en trouve pourtant quelquefois en plein midi à peu de distance de leur asile, sur des troncs ou sur des branches de chêne, pour prendre le frais ; mais alors elles y sont ordinairement plaquées les unes contre les autres, sans se donner aucun mouvement ; d'où il arrive qu'il est difficile de les apercevoir, quoiqu'elles y occupent une assez grande surface. Quelquefois, au lieu d'être simplement couchées les unes à côté des autres, elles sont les unes sur les autres et comme enlacées ; les supérieures se contournent sur les inférieures, et elles forment ainsi diverses masses assez singulières. Quand elles sont dans leur nid, elles y sont aussi arrangées de quelques unes de ces manières ; elles s'y vident d'une partie de leurs excréments, qui tombent au fond ; elles n'évitent pourtant pas d'en faire tomber sur la toile des parois, peut-être même le cherchent-elles ; ils s'y embarrassent, et servent à épaissir et fortifier l'enveloppe du nid. En commençant le nid qui doit leur servir de dernière retraite, elles lui donnent, au moins en largeur et en épaisseur, toutes les dimensions qu'il doit avoir ; il leur arrive quelquefois de l'alonger quand elles ne lui trouvent pas assez de capacité.

« Il est rare que l'on voie dans le jour quelques unes de ces chenilles occupées à travailler. La nuit, qui est le temps pendant lequel elles mangent, est aussi apparemment celui du fort de leur travail. Elles ont encore une fois à changer de peau, après avoir commencé à se faire le dernier nid. Lorsque ce temps est arrivé, elles cramponnent leurs pattes contre la surface intérieure de la toile; la dépouille y reste accrochée; plusieurs centaines de dépouilles pareilles qui se trouvent successivement attachées à la toile épaississent et fortifient l'enveloppe, d'autant plus que les chenilles les lient avec de nouveaux fils, et le tissu, qui est d'abord transparent, au bout de quelques jours est entièrement opaque. C'est dans ce même nid que les chenilles doivent chacune se filer une coque particulière pour y prendre la forme de chrysalide. »

Leurs coques sont d'un gris-roussâtre obscur, et leur assemblage forme une espèce de gâteau, où elles sont rangées parallèlement les unes aux autres, et dont l'épaisseur est égale à la longueur d'une coque. Lorsque le nid se trouve trop étroit pour pouvoir contenir toute cette réunion de coques accolées l'une à l'autre, elles en font un second ou un troisième contigus au premier.

La chrysalide est assez courte, cylindrico-conique, obtuse, jaunâtre, molle, avec l'extrémité postérieure terminée par plusieurs petites pointes courbes recourbées.

L'éclosion a lieu vers le milieu d'août, au bout de vingt-huit ou trente jours de métamorphose.

Cette espèce se trouve dans les bois de chênes d'une grande partie de l'Europe.

La chenille de la Processionnaire est une de celles qu'il faut toucher avec précaution, si l'on veut éviter de fortes démangeaisons aux mains et au visage. Les nids les plus dangereux sont ceux dont les Bombyx sont éclos, parceque leurs dépouilles étant desséchées, elles se brisent avec la plus grande facilité, et se réduisent en une poussière très fine, qui s'attache aux mains et au visage.

Les lotions d'eau acidulée, ou additionnée de quelques gouttes d'extrait de saturne, ou de quelques gouttes d'alcali volatil, sont employées avec succès pour faire cesser ces sortes d'éruptions.

## NOTODONTA QUERNA. Pl. 8, fig. 3, 4 et 5.

*Albido-virescens, supra albida, lineis duabus dorsalibus approximatis rugosis albis, vittaque stigmatifera rugosa rubro variegata vel rubricante flavo tincta.*

> Boisd., *Ind. method.*, p. 55.
> Ochs., *Schmett. von Europ.*, IV, p. 84, n° 16.
> *Bombyx querna.* Hubn., Bomb., tab. 3, fig. 9.
> — La chenille sous le nom de *Dodonœa.* — Larv. lepid., III, Bomb., I, Sphing., C, *c*, fig. 1, *a*.
> Fab., *Ent. Syst.*, III, 1, 449, 131. — Illig., Wien. Verz., Scrib., Borkh, etc.
> La demi-lune blanche. Ernst, Papillons d'Europe, pl. 28, fig. 173, *a, d*.
> Bombyx Druide. God., Pap. de France, t. IV, pl. 21, fig. 1.

Elle est à-peu-près de la taille de celle de *Velitaris*, à laquelle elle ressemble beaucoup au premier coup d'œil. Le dessus de son corps est blanchâtre à-peu-près comme dans *Palpina*, ou d'un vert-blanchâtre glauque. Elle est pointillée de blanc, comme chagrinée, et elle a sur le dos deux raies blanches, un peu en relief, très rapprochées, se continuant jusque sur la tête, où elles sont moins marquées. Au-dessus des pattes, elle a une raie longitudinale, rugueuse, d'un beau jaune presque orangé, tantôt saupoudrée de rouge briqueté, tantôt rouge pointillé de jaune vif, et quelquefois presque entièrement d'un rouge briqueté dans toute sa longueur. Cette raie s'étend depuis les pattes anales jusqu'aux mandibules, et supporte les stigmates, qui sont noirs. La portion où ceux-ci sont placés est d'ordinaire plus chargée d'atomes rouges, et coupée par un point blanc.

La tête est assez grosse, couverte par un réseau blanchâtre. Le dessous du corps et les pattes sont verts, pointillés de blanc verdâtre. Les membraneuses ont la couronne un peu rougeâtre.

L'œuf est petit, bleuâtre, arrondi, et les petites chenilles en sortent dans les derniers jours de juin. Elles sont d'abord presque entièrement vertes ; mais peu-à-peu en grandissant, elles deviennent telles que nous les avons décrites. A la fin d'août ou dans le courant de septembre, elles ont acquis toute leur grosseur ; alors elles s'enfoncent en terre ou sous la mousse, au pied de l'arbre sur lequel elles vivaient.

La chrysalide est semblable en tout à celle de *Dodonæa*.

L'insecte parfait éclôt en juin, et il se trouve çà et là dans les bois de chênes du centre et de l'ouest de l'Europe, mais plus rarement que *Chaonia* et *Dodonæa*.

La chenille vit exclusivement sur le chêne, *quercus robur*.

Nous croyons, autant qu'il est possible d'en juger par une figure qu'Hubner a donnée, qu'il a pris cette chenille pour celle de *Dodonæa*. Quant à celle qu'il donne comme *Querna*, elle ne ressemble en rien à celle de cette espéce.

## LIMENITIS SIBYLLA. Pl. 5, fig. 1, 2, 3 et 4.

*Viridis spinosa, linea stigmatifera albida, antice obsoleta ; spinis roseis vel fusco-roseis, in segmentis quarto intermediisque brevioribus, in 2, 3, 5, 10 et 11 longioribus subæqualibus.*

Boisd., *Ind. meth.*, p. 14.

Ochs., *Schm. von Europ.*, I, p. 139, n° 3.

*Papilio sibylla.* Hubn., Pap., tab. 22, fig. 103, 104, 105. —
    Larv. lepid., I, Pap., I, Nymph., D, *b*, fig. 1, *a*, *b*.
    Wien. Verz., S. 172, fam. H, n° 2.

Linn., *Syst. Nat.*, I, 2, 781, 186. — 781, 187. (*Camilla.*)

Fab., *Ent. Syst.*, III, 1, 246, 766. — Roesel, Scop., Schæff.,
    Esp., Panz., Borkh., Rossi, Schrank, etc.

Le deuil. Geoff., *Hist. des Ins.*, t. II, p. 73, n° 45.

Le petit silvain. Ernst, Pap. d'Europe, pl. 11, fig. 13, *a*.

Nymphale sibylle. God., Pap. de France, t. I, pl. 6 bis, fig. 3.

Elle est d'un vert plus ou moins gai, finement pointillée de vert plus foncé, ce qui la fait paraître un peu chagrinée. Elle a sur le dos deux rangées d'épines charnues, rameuses, disposées deux à deux sur chaque anneau, de la manière suivante : deux grandes d'un brun violet, sur le second et le troisième ; deux petites d'un jaune orangé, sur le quatrième ; deux plus grandes et d'un brun violet, sur le cinquième. Celles des quatre anneaux suivants sont petites et de couleur orangée ; enfin, celles des dixième et onzième sont un peu plus grandes et de la même couleur. Le premier anneau en est dépourvu, et le dernier en offre quatre très petites, de couleur verte, situés au-dessus de l'anus. Sur les côtés, le long des pattes, il y a une raie d'un blanc jaunâtre ou verdâtre, commençant sur le quatrième anneau, bordée dans plusieurs individus à sa partie supérieure par une bande d'un brun violet, qui s'étend depuis le cinquième jusqu'au neuvième anneau inclusivement. Les stigmates sont bruns à l'œil nu ; mais à la loupe on voit que leur centre est blanchâtre. Au-dessous d'eux, on distingue une rangée de petites épines jaunâtres, rameuses, situées sur la raie blanche. La tête est d'un gris roussâtre, avec une raie longitudinale brunâtre de chaque côté ; elle est en outre hérissée de petites pointes dont les unes sont d'un gris pâle, et les autres noirâtres ; celles-ci sont les plus grandes, placées sur le sommet et recourbées en devant. Le ventre est d'un vert blanchâtre.

Elle vit solitairement sur le chèvre-feuille des bois, *lonicera periclymenum*. On la rencontre très petite en avril. Elle est alors grise, avec une bande latérale blanche et les épines d'un roux violâtre. Cette chenille est très lente dans ses mouvements, et se tient fortement cramponnée sur les feuilles ou le long des tiges. A la fin de mai ou au commencement de juin, elle a d'ordinaire acquis toute sa taille.

La chrysalide est anguleuse, d'un brun olivâtre, et portant sur le dos une protubérance saillante, très comprimée et tranchante. Sa tête est profondément bifide, partagée en deux oreillettes. Le dessus de l'abdomen est marqué d'une large tache ovale d'un vert-pomme. Toute la partie dorsale, y compris la tête, est ornée de taches d'argent très brillantes.

L'insecte parfait éclôt en juin, et il se trouve dans les bois d'une grande partie du centre et du nord de l'Europe. Il arrive quelquefois qu'il reparaît au commencement de septembre pour la seconde fois.

Godart s'est trompé en disant qu'il a vu pondre la femelle sur les feuilles des chênes.

## LIMENITIS CAMILLA. Pl. 5 , fig. 5 et 6.

*Supra viridis, spinosa, subtus vinosa; spinis apice vinosis in segmento
quarto nullis in intermediis obsoletis, in 2 , 3 , 5 , 10 et 11 carnosis
crassioribus.*

Boisd. , *Ind. meth.*, p. 14.
Ochs. , *Schmett. von Europ.*, I , p. 142 , n° 4.
*Papilio camilla.* Hubn., Pap., tab. 22 , fig, 106, 107. —
    Larv. lep., I , Pap., I , Nymph. D, *b*, fig. 2, *a* , *b*.
Wien. Verz., S. 172 , fam. H , n° 3.
Fab. , *Ent. Syst.*, III , 1, 246 , 767.—Schrank , Fuessl., etc.
*Papilio rivularis.* Scopoli , *Ent. Carn.*, p. 165. n° 443.
*Papilio lucilla.* Esp., *Schm.*, I th., tab. 38. Suppl. 14 , fig. 2.
    — La chenille, tab. 106 , cont. 61 , fig. 5 , 7. — Borkh.,
    Schneid.
Le silvain azuré. Ernst, Pap. d'Europe, pl. 11 , fig. 14.
Nymphale camille. God., Pap. de Fr., t. I , pl. 6 ter., fig. 2.

Elle a à-peu-près le port de celle de *Sibylla,* et elle est ordinairement en dessus d'un vert-pomme, avec le dessous du
corps, la tête et le premier anneau d'une couleur vineuse. La
tête est un peu rugueuse, couverte de petits poils blanchâtres,
courts et assez roides. Le premier anneau est aussi garni de
petits poils blancs. Il est beaucoup plus petit que les autres,
et la chenille le tient ordinairement retiré sous le second.
Celui-ci et le suivant portent chacun deux tubercules, coniques , charnus, d'une teinte vineuse à leur extrémité. Le
quatrième en est dépourvu, et est presque lisse. Le cinquième en porte deux, mais qui surpassent du double les
autres en grosseur. Les quatre suivants offrent deux très
petits tubercules, d'où naissent deux petits faisceaux de poils
blancs. Les dixième et onzième en portent chacun deux à-
peu-près semblables à ceux des deux premiers. Le douzième
est comme dans les espéces congénères. Toutes les pattes
sont de la couleur du dessous du corps.

Cette chenille commence à se montrer depuis la fin d'avril

jusqu'au mois de septembre, sans interruption, sur les chè-vre-feuilles, *lonicera periclymenum* et *caprifolium*, et les *Xylos-teum*.

L'œuf est assez gros, rond, d'un blanc sale, couvert de pe-tites aspérités qui, à la loupe, le font paraître hérissé comme l'enveloppe d'une châtaigne.

L'insecte parfait le dépose toujours sur la face supérieure des feuilles et isolément. La chenille, après son éclosion, est presque noire, et ce n'est qu'à sa troisième mue que ses tu-bercules commencent à paraître. Celles qui sortent de l'œuf en septembre passent, sans changer de peau, l'hiver sous une petite toile qu'elles filent à la bifurcation d'une branche, et où elles restent jusqu'au commencement d'avril.

La chrysalide est brune, anguleuse, avec la tête bifide, auriculée, mais moins fortement que dans *Sibylla*, et elle offre de même sur le corselet une proéminence comprimée très saillante.

Elle éclôt après vingt et un jours de métamorphose.

L'insecte parfait est commun dans les lieux frais du midi de l'Europe, au bord des petits ruisseaux un peu ombragés, et sur la lisière des bois. Il se trouve aussi çà et là dans le centre; mais dans ce cas il n'a qu'une ou deux générations, comme le *Sibylla*.

C'est à tort que Godart a supposé que cette chenille devait vivre sur l'aune, *alnus viscosa*.

Gustave Daube.

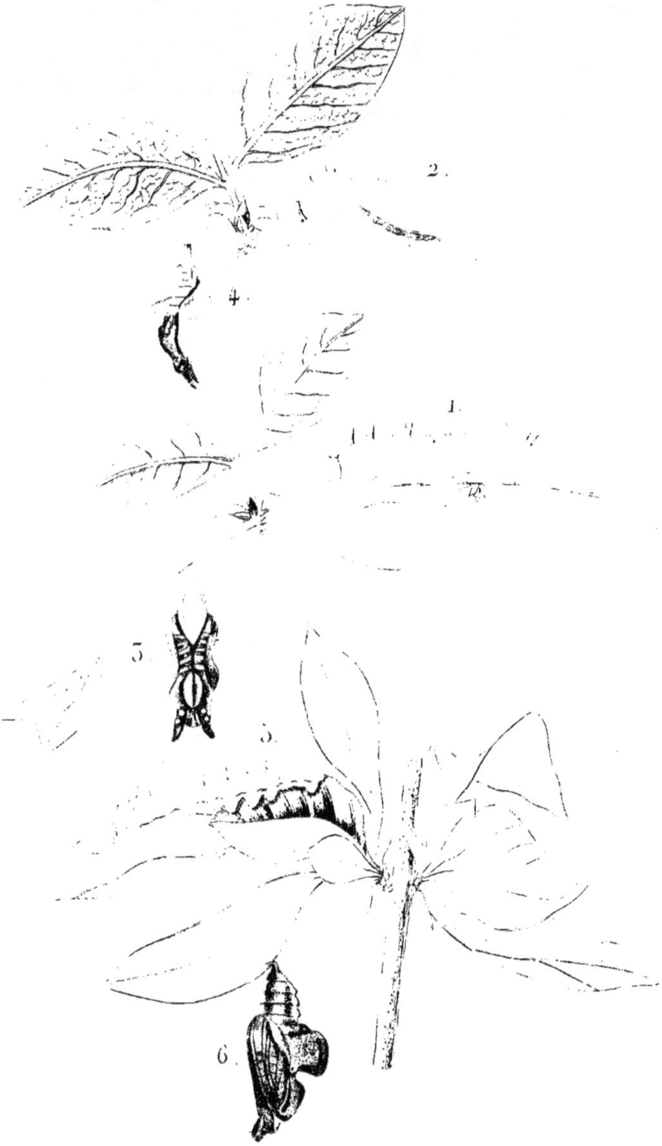

1. Limenitis Sibylla.
2. *idem variété*
3. *la Chrysalide.*
4. *idem de profil.*

5. Limenitis Camilla.
6. *la Chrysalide.*

*Blanchard et Aude pinx. Dumenil dir.*

## STEROPES ARACYNTHUS. Boisd. Pl. 1, fig. 1 et 2.

*Albido-viridis vel glauco-virescens, capite fusco linea laterali tenui
obsoleta alteraque stigmatifera albidis.*

> *Hesperia aracynthus.* Boisd., *Ind. meth.*, p. 26.
> *Papilio aracynthus.* Fab., *Ent. Syst.*, III, 1, 344, 309.
> *Papilio steropes.* Ochs., *Schm. von Europ.*, II, p. 217, n° 13.
> — Borkh., Schneid., Wien. Verz., etc.
> Hubn., Pap., tab. 94, fig. 473, 474.
> Esp., *Schmett.*, I th., tab. 41. Suppl. 17, fig. 1, S. 361.
> *Erynnis speculum.* Schrank, *Faun. Boic.*, 2, B. 1 abth., S.
> 160, n° 1282.
> Le miroir. Geoff., *Hist. des Ins.*, t. II, p. 66, n° 36.
> Ernst, Pap. d'Europe, pl. 64, fig. 94, *a*, *b*.
> Hespérie miroir. God., Pap. de France, t. I, pl. 12 bis, fig. 1.

Elle est d'un blanc-verdâtre sale, très pâle, un peu plus foncé
en dessus, marquée sur le vaisseau dorsal d'une ligne fine un
peu obscure, et près des pattes, d'une autre ligne longitudinale
très étroite, très pâle, bordée supérieurement par une teinte
obscure, et fondue inférieurement avec une teinte blanchâtre
qui s'étend sous le ventre. Entre cette dernière et la ligne dorsale, il y a de chaque côté une autre ligne également très pâle,
d'un blanc un peu jaunâtre et un peu sinueuse. Les stigmates
sont ovoïdes, roussâtres, avec la bordure rousse. Le premier
anneau est très rétréci, comme dans la plupart des chenilles
de la même famille. La tête est rugueuse, chagrinée, un peu
velue, d'un brun roux, avec une large tache roussâtre sur sa
face antérieure.

Les pattes écailleuses sont roussâtres ; les autres sont de
la couleur du corps. Outre cela, le corps est couvert de très
petits granules noirâtres, qui donnent naissance à un petit
duvet court et très fin.

Cette chenille se trouve vers la fin de mai et dans la première quinzaine de juin, parvenue à toute sa taille, dans les
bois, sur les graminées.

Pour se métamorphoser, elle réunit plusieurs feuilles à l'aide de quelques fils de soie, et forme une espéce de réseau, dans lequel elle se change en chrysalide.

Celle-ci est cylindrique, très alongée, d'un vert pâle, avec la tête avancée, terminée par une pointe conique, et les yeux gros et saillants. Elle est fixée dans l'intérieur de la coque par la queue et par un lien transversal, comme toutes celles de la même famille.

L'insecte parfait éclôt à la fin de juin et au commencement de juillet. Il se trouve çà et là dans quelques bois du centre de l'Europe. Il est commun dans plusieurs localités des environs de Paris ; mais il est fort difficile de trouver la chenille.

E. Blanchard pinx.                    P. Dumenil sc.

| | |
|---|---|
| 1. Steropes Aracynthus. | 4. la Chrysalide. |
| 2. la Chrysalide. | 5. Hesperia Linea. |
| 3. Hesperia Lineola. | 6. la Chrysalide. |

## HESPERIA LINEA. Pl. 1, fig. 5 et 6.

*Viridis, vel albido-viridis lineis tenuibus tribus dorsalibus albidis alte-*
*raque latiori stigmatifera flava ; capite viridi.*

> Boisd., *Ind. meth.*, p. 27.
> Ochs., *Schmett. von Europ.*, II, p. 228, n° 18.
> *Papilio linea.* Fab., *Ent. Syst.*, III, 1, 326, 236. — Wien
>     Verz., Illig., Borkh., Rhein Mag., etc.
> Hubn., Pap., tab. 96, fig. 485 - 487.
> *Papilio thaumas.* Esp., *Schmett.*, I th., tab. 36. Suppl. 12,
>     fig. 2, 3.
> La bande noire. Geoff., *Hist. des Ins.*, t. II, p. 66, n° 37.
> Ernst, Pap. d'Europe, pl. 45, fig. 95, e, f.
> Hespérie bande noire. God., Pap. de France, t. I, pl. 12 ter.,
>     fig. 2.

Elle est alongée, atténuée à ses extrémités, avec les premiers anneaux moins amincis que dans beaucoup d'espèces
de la même famille. Le fond de sa couleur est d'un vert gai
ou d'un vert un peu pâle. Elle a sur le vaisseau dorsal une
ligne plus verte, divisée en deux par un filet blanchâtre longitudinal, et bordée des deux côtés de blanc jaunâtre. De
chaque côté de celle-ci, mais un peu latéralement, il existe
une raie iongitudinale d'un blanc jaunâtre. La raie latérale
située le long des pattes est de la même couleur, et on aperçoit au-dessus d'elle les traces d'une ligne blanchâtre qui touche les stigmates. Ceux-ci sont à peine visibles à la loupe.

Le dessus de l'anus est arrondi et prolongé.

La tête est verte, rugueuse, arrondie, un peu aplatie antérieurement. Le ventre est d'un vert plus foncé que le dessus, avec le bord des anneaux roussâtre. Les pattes sont de
la couleur de la tête. Outre cela, tout le corps est finement
couvert de très petits granules pointus, noirs sur les trois
premiers et les derniers anneaux.

On trouve cette chenille en juin et dans le commencement
de juillet dans les prairies élevées, les allées des bois, les
champs, etc., sur différentes espèces de graminées.

Lorsqu'elle est parvenue à toute sa taille, elle file, en réunissant plusieurs feuilles, une légère toile, au milieu de laquelle elle s'attache par la queue et par un lien transversal.

Celle-ci est d'un vert pâle ou d'un vert un peu blanchâtre, alongée, munie entre les deux yeux d'une pointe courte. L'enveloppe des pattes postérieures se prolonge en un fourreau qui dépasse l'extrémité ; cette dernière se termine en une pointe longue et aplatie.

L'insecte parfait éclôt après trois semaines de métamorphose, et il se trouve communément dans le centre, dans le midi et dans une partie du nord de l'Europe.

## HESPERIA LINEOLA. Pl. 1, fig. 3 et 4.

*Flavo-viridis lineis tribus dorsalibus alteraque angustissima obsoleta stigmatifera flavis ; capite testaceo.*

Boisd., *Ind. meth.*, p. 27.
Ochs., *Schmett. von Europ.*, II, p. 230, n° 19.
God., *Encycl. méth.*, t. IX, p. 771, n° 119.
Scriba., *Journ.*, III, St. S., 244.
*Papilio virgula.* Hubn., tab. 130, fig. 660-663.

Elle a beaucoup de rapport avec celle de *Linea ;* mais elle en est cependant bien distincte au premier coup d'œil par sa tête, dont les deux calottes sont lavées de fauve roussâtre, séparées par une raie blanche. Elle est d'un vert un peu plus jaunâtre que *Linea,* avec le vaisseau dorsal marqué d'une raie d'un blanc un peu jaunâtre, qui se prolonge jusque sur la tête qu'elle divise en deux. Entre celle-ci et celle qui est à la base des pattes, il y en a une autre de la même couleur un peu plus étroite, qui est en partie effacée sur les deux premiers anneaux. La raie qui borde les pattes est plus pâle, beaucoup moins marquée que les deux précédentes, et interrompue par les incisions. Les stigmates sont à peine visibles. Le dessus de l'anus se prolonge comme dans *Linea* et *Sylvanus.*

La tête est un peu rugueuse, arrondie, un peu aplatie, d'un roux verdâtre, avec les deux calottes beaucoup plus colorées.

On trouve cette chenille à la fin de juin, dans les lieux secs et arides, sur les graminées.

Pour se métamorphoser, elle réunit, comme celle de *Linea,* plusieurs feuilles ensemble, au milieu desquelles elle se file une coque légère, dans laquelle elle s'attache par la queue et par un lien transversal.

La chrysalide est verte, de la même forme que celle de *Linea,* avec le dos d'un vert presque jaune, marqué de trois lignes longitudinales vertes. La tête se termine de même par une pointe courte, et l'enveloppe des pattes postérieures forme une gaîne qui s'étend jusqu'à l'extrémité postérieure.

L'insecte parfait éclôt après dix-huit à vingt jours de métamorphose. Il se trouve çà et là dans les lieux secs et élevés du centre et sur-tout du midi de l'Europe. Il n'est pas rare dans les montagnes sous-alpines de la France.

Cette chenille, qui n'avait encore été connue d'aucun entomologiste, a été découverte en 1834, à Villeneuve-Saint-Georges, près Paris, par M. Maxime Maillard, entomologiste non moins instruit qu'obligeant.

## DEILEPHILA NICÆA [1]. Pl. 11, fig. 1, et Pl. 1, fig. 3 et 4.

*Roseo-incarnata maculis luteis quadriseriatis nigro valde cinctis ;
cauda rugulosa nigra.*

> Boisd., *Ind. meth.*, p. 33.
> Ochs., *Schmett. von Europ.*, V, p. 178, n° 8.
> God., Pap. de France, t. III, pl. 17 tert., fig. 1.
> Deprunn., *Lepid. pedem.*, p. 85, n° 173.
> *Sphinx cyparissiæ.* Hubn., Sphing., tab. 24, fig. 115.—Larv.
> lep., Sphing.

Elle a le port d'*Euphorbiæ*, mais elle est un tiers plus
grande. Le fond de sa couleur, lorsqu'elle est adulte, est d'un
rose-incarnat plus ou moins foncé, ou d'un rose vineux. Elle
a sur le dos deux rangs de taches orangées, arrondies, ren-
fermées chacune au milieu d'un gros cercle noir. Ces taches
sont disposées au commencement de chaque anneau; mais sur
les deux premiers, les cercles noirs sont incomplets et n'entourent pas entièrement la tache jaune. Sur le premier, la
partie noire est presque en forme de 7, et elle s'avance jusqu'au milieu de la tête. Le long des pattes, il y a une semblable rangée de taches jaunes, arrondies, bordées en dessus
et en dessous par un arc noir, dont le supérieur porte les
stigmates qui sont blanchâtres. En avant de ces taches, il y
a en outre un point noir dans les incisions, et un petit trait
semblable au-dessus des pattes membraneuses ; celles-ci sont
d'un gris noirâtre, avec la couronne plus pâle. La corne est
rugueuse et d'un noir profond. La tête est d'un gris de perle
avec la bouche noire.

L'œuf est gros, vert et presque rond. La petite chenille
éclôt au bout de huit jours. Jusqu'à sa dernière mue, qui a
lieu au bout de douze jours, elle est verdâtre comme celle

---

[1] Notre première description étant incomplète, il faudra la
supprimer et la remplacer par celle-ci.

d'*Euphorbiæ*, avec les taches noires, marquées de blanc dans leur milieu. Lorsqu'elle est sur le point de subir sa quatrième mue, elle prend une teinte vineuse assez foncée, qui s'éclaircit jusqu'à devenir d'un rose-incarnat lavé de gris de perle. Au bout de vingt à vingt-quatre jours, elle a acquis toute sa grosseur, et elle entre en terre pour se métamorphoser.

La chrysalide ressemble en tout à celle d'*Euphorbiæ*, mais elle est plus grosse d'un tiers.

La chenille se trouve en juillet et en septembre sur l'*euphorbia*, l'insecte parfait paraît aux mêmes époques qu'*Euphorbiæ*. Il se trouve en Provence, et sur-tout en Languedoc. Les montagnes des Cévennes, les territoires du Vigan, Alais, Anduze et Uzès, sont des localités où on le prend abondamment, tandis qu'il est extrémement rare aux environs de Montpellier.

(*Communiqué par* M. GUSTAVE DAUBE.)

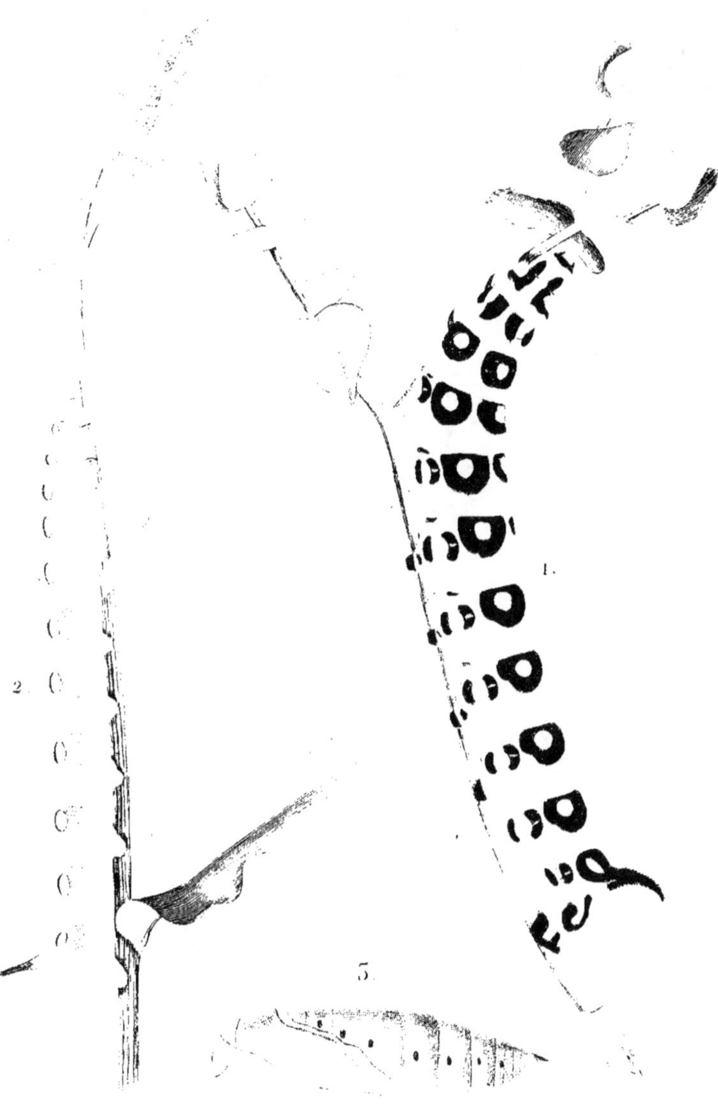

1. Deilephila Nicaea *var*.          2. Deilephila Lineata *var*.
                                     3. la *Chrysalide*.

Dessiné par Duménil dir

## DIANTHOECIA CAPSINCOLA. Pl. 18, fig. 1, 2 et 3.

*Albido-ossea vel albido-subvirescens annulatim nigro bipunctata, strigis obliquis vittaque laterali obscuris; vitta stigmatifera pallida; capite testaceo.*

Boisd., *Revue entom. de Silberm.*, 1834.
*Hadena capsincola.* Treitsch.-Ochs., I, 308, n° 5.
Boisd., *Ind. meth.*, p. 70.
*Noctua capsincola.* Hubn., Noct., tab. 12, fig. 57. — Larv.
    lepid., IV, Noct., II, genuin. E, *a, b*, fig. 2, *a, b*. —
    Wien. Verz., Illig., Borkh., Scriba, Vieweg, etc.
Esp., *Schmett.*, IV th., tab. 173, Noct., 94, fig. 5.
La capsulaire. Ernst, Pap. d'Europe, pl. 280, fig. 460.
Noctuelle capsulaire. God.-Dup., t. 6, pl. 93, fig. 6.

Elle est de la taille d'*Hadena Dentina*, et elle a le port des chenilles de ce genre. Le fond de sa couleur est le plus ordinairement d'un blanc - grisâtre sale, presque couleur d'os ; souvent d'un grisâtre pâle ; quelquefois d'un blanc-sale lavé d'une teinte un peu verdâtre, et enfin quelquefois d'un gris-blanchâtre lavé d'un peu de roussâtre. Elle a sur le dos une petite ligne longitudinale blanchâtre, bordée de brun et oblitérée sur les incisions. Chacun des anneaux est marqué sur le dos d'un chevron brunâtre plus ou moins bien écrit, et dont les branches viennent se perdre de chaque côté dans des atomes et des linéaments obscurs plus ou moins prononcés, qui forment quelquefois par leur réunion une espèce de raie longitudinale mal écrite. A la base des pattes, est une raie latérale blanchâtre, bordée supérieurement par une autre raie un peu moins large, brunâtre, mal arrêtée sur ses bords. Les stigmates sont peu apparents. Outre cela, il y a encore sur le dos de chaque anneau un point brun placé entre chacune des branches des chevrons ; ceux-ci forment aussi un angle moins ouvert sur le second et l'avant-dernier anneau que sur les autres. Sur le premier et le dernier, les deux branches deviennent parallèles, et constituent, comme dans les espèces analogues, une raie brune, géminée. La tête est d'un roux-clair testacé, marquée de deux traits noirs. Le dessous du corps est blanchâtre, avec les côtés quelquefois un peu saupoudrés d'atomes obscurs. Les pattes sont de la couleur du ventre.

Cette chenille vit dans les capsules du *lychnis dioica*, et peut-être aussi dans celles de quelques espèces voisines. Elle dévore la graine, et se tient, dans l'intérieur du fruit, repliée comme un serpent. Lorsqu'elle a vidé complétement la capsule, si elle n'est pas parvenue à toute sa taille, elle en attaque une seconde, une troisième, etc.

Pour se métamorphoser, elle s'enfonce dans la terre, où elle se fait une coque peu solide en attachant quelques grains de cette substance avec des fils de soie.

La chrysalide est d'un brun-rouge luisant, avec le dos un peu plus obscur. L'enveloppe de la trompe, des antennes et des pattes forme une gaîne obtuse, qui s'avance sous l'abdomen comme une sorte de busc, mais qui n'est pas libre comme dans les *Cleophana*. L'extrémité anale est noirâtre, munie de deux petites épines.

On trouve cette chenille presque sans interruption depuis le mois de juin jusqu'à la fin de septembre, dans les champs et les prairies où croît le *lychnis*. On reconnaît facilement les capsules, qui la contiennent, au petit trou dont elles sont percées, et aux excréments rougeâtres qui en sortent. Celles que l'on trouve en juin éclosent en août et septembre ; les autres ne donnent leur papillon qu'au mois de mai de l'année suivante.

On rencontre parfois des individus qui sont tellement étiolés, que chez eux l'on ne distingue que les traces du dessin, tandis qu'il en est d'autres où il est très prononcé et d'un brun noirâtre.

1. Dianthœcia Capsincola
2. idem vue sur le dos.
3. la Chrysalide.
4. Dianthœcia Compta.

5. Dianthœcia Compta de profil
6. la Chrysalide.
7. Dianthœcia Conspersa
8. idem de profil
9. la Chrysalide

Blanchard pinx   Dumenil del.

## DIANTHOECIA CONSPERSA. Pl. 18, fig. 7, 8 et 9.

*Pallide rufescens vel sordide albida annulatim supra nigro bipunctata
strigis obliquis vittisque duabus fuscis ; vitta stigmatifera lineaque
tenuissima dorsali obsoleta, pallidis ; capite testaceo.*

BOISD., *Revue entom. de Silberm.*, 1834.
*Polia conspersa.* BOISD., *Ind. method.*, p. 73.
*Miselia conspersa.* TREITSCH.-OCHS, I, p. 387, n° 1.
*Noctua conspersa.* HUBN., Noct., tab. 11, fig. 52. — WIEN.
    VERZ., ILLIG., BRAHM, etc.
*Noctua annulata.* FAB., *Ent. Syst.*, III, 1, 483, 238.
L'arrosée. ERNST, Pap. d'Europe, pl. 230, fig. 332, c, g.
Noctuelle saupoudrée. GOD.-DUP., Pap. de France, t. VI,
    pl. 95, fig. 1.

Elle a beaucoup de rapport avec celles d'*Albimacula* et de
*Capsincola*. Elle est d'un gris-roussâtre pâle, saupoudré de
quelques petits atomes brunâtres, avec le vaisseau dorsal marqué d'une petite ligne d'un jaune-blanchâtre sale, finement
bordée d'une teinte brune, qui devient plus obscure vers les
incisions, et oblitère la ligne jaune. Chacun des anneaux
est marqué sur le dos d'un chevron mal écrit, formé par des
atomes brunâtres, dont la pointe est dirigée en arrière, et
dont les branches viennent s'appuyer de chaque côté sur une
raie longitudinale, légèrement sinueuse, composée d'atomes
semblables à ceux des chevrons. Un peu au-dessous de celle-
ci règne une autre raie de la même teinte, qui est bordée inférieurement par une bande légèrementondulée, d'un jaunâtre un peu plus pâle que la couleur du fond, et à la partie
supérieure de laquelle sont placés les stigmates. Ceux-ci sont
peu visibles, et paraissent bruns à la vue simple ; mais, avec
la loupe, on voit qu'ils sont couleur de chair, cerclés de noir.
Outre cela, il y a encore sur le dos de chaque anneau un
point brun placé entre chacune des branches des chevrons.
Le dessous du ventre est d'une couleur de chair jaunâtre.

pâle, avec les côtés saupoudrés de quelques atomes roussâtres. La tête est d'un fauve brunâtre, avec quatre traits noirs longitudinaux. Toutes les pattes sont de la couleur du ventre.

Cette chenille vit de la graine des *lychnis flos-cuculi* et *sylvestris,* et, à défaut, de celle du *lychnis dioica.* Dans sa jeunesse, elle est logée dans les capsules, et plus tard on la rencontre presque toujours ayant les premiers anneaux engagés dans le fruit. Au milieu du mois de juin, elle est d'ordinaire parvenue à toute sa taille ; alors elle descend à terre, où elle se fait une coque peu solide, en attachant quelques grains de cette substance avec quelques fils de soie.

La chrysalide ressemble beaucoup à celle des autres *Dianthœcia.* Elle est alongée, cylindrico-conique, d'un brun-fauve-rouge luisant, avec le dos plus obscur et un peu chagriné. L'enveloppe des antennes de la trompe et des pattes forme une pointe obtuse, qui s'avance sous l'abdomen comme une sorte de busc. L'extrémité anale est noire, saillante, avec deux petites épines divergentes de la même couleur.

L'insecte parfait éclôt dans la seconde quinzaine du mois de mai de l'année suivante, et il se trouve dans les lieux ombragés et sur-tout dans les prairies un peu humides du centre de l'Europe.

## DIANTHOECIA COMPTA. Pl. 18, fig. 4, 5 et 6.

*Albida vel sordide albida annulatim quadripunctata, vitta dorsali regulariter incisuris coarctata, linea tenuissima, pallida, divisa, alteraque laterali fuscis; vitta stigmatifera pallida; capite testaceo.*

Boisd., *Revue entom. de Silberm.*, 1834.
*Polia compta.* Boisd., *Ind. meth.*, p. 73.
*Miselia compta.* Treits.-Ochs., *Schmett. von Europ.*, p. 389,
  n° 2.
*Noctua compta.* Hubn., Noct., tab. 11, fig. 53. — Wien.
  Verz., Fab., Borkh., Illig., Esp., etc.
L'arrangée. Ernst, Pap. d'Europe, pl. 230, fig. 332, *a*, *b*.
Noctuelle arrangée. God. - Dup., Pap. de France, t. VI,
  pl. 95, fig. 2.

Elle est atténuée aux deux extrémités, d'un blanc sale-roussâtre, légèrement saupoudrée d'atomes brunâtres très fins et presque imperceptibles. Elle a sur le vaisseau dorsal une ligne déliée d'un gris blanchâtre, bordée par des atomes bruns, plus denses sur le milieu des anneaux, plus obscurs aux incisions. Souvent ces atomes absorbent entièrement la ligne dorsale, et forment une raie longitudinale, excepté sur les trois premiers anneaux. Dans tous les cas, ils sont plus foncés aux incisions. De chaque côté du dos, on aperçoit ordinairement deux lignes brunâtres, longitudinales, très fines, un peu sinueuses, interrompues; mais quelquefois on n'en peut distinguer qu'une seule. Au-dessous d'elles, et à peu de distance, est une raie longitudinale un peu ondulée, formée par des atomes brunâtres, immédiatement suivie par une autre, rétrécie aux extrémités et d'une couleur de chair grisâtre très pâle. Les stigmates, qu'on ne peut voir qu'avec la loupe, sont d'une couleur de chair très pâle, finement cerclés de brun noir; ils sont placés à la partie inférieure de la bande brune latérale. Le dessous du ventre est d'une couleur de chair pâle; ses côtés sont un peu plus obscurs. Outre cela, il y a sur le dos de chaque anneau quatre points noirs, dont les deux antérieurs sont plus rapprochés de la ligne dorsale. Le premier anneau a un écusson brun, traversé par la ligne qui parcourt le vaisseau dorsal. La tête est d'un roux clair, avec quatre traits bruns longitudinaux, dont les deux antérieurs sont les plus gros. Les pattes écailleuses sont de la couleur de la tête, avec les crochets bruns; les membraneuses sont de la couleur du ventre, avec la couronne d'un roux brunâtre. On aperçoit aussi çà et là sur le corps quelques petits poils courts grisâtres, à peine sensibles.

Nous avons trouvé cette chenille vers la mi-juillet. A cette époque, elle était extrémement petite, et se tenait tout entière logée dans les capsules des *dianthus prolifer* et *caryophyllus* (œillet des jardins), dont elle mangeait la graine. Lorsqu'elle elle est trop grosse pour y demeurer, elle les perce adroitement, y introduit la partie antérieure de son corps, et en dévore les graines qui sont son unique nourriture. Quand elle est ainsi avancée dans son accroissement, elle se tient cachée au pied de la plante, ou à quelque distance sous les débris des végétaux, etc. Vers la fin de juillet ou au commencement d'août, elle est parvenue à toute sa grosseur. Elle se fait alors une coque légère, en attachant des parcelles de terre avec quelques fils.

La chrysalide a beaucoup de ressemblance avec celles de *Conspersa* et d'*Albimacula*. Elle est cylindrico-conique, d'un fauve-rouge foncé, luisant, avec le dos des anneaux plus obscur et un peu chagriné. L'enveloppe des antennes, de la trompe et des pattes forme une gaîne obtuse comme dans les espéces congénères. L'extrémité anale est saillante, d'un brun noir, avec deux petites épines divergentes de la même couleur. On aperçoit en outre à la partie antérieure de la tête, entre les yeux, un petit tubercule noir arrondi.

L'insecte parfait éclôt à la fin de juin et au commencement de juillet de l'année suivante. Il se trouve çà et là dans les jardins et les lieux arides du centre et du midi de l'Europe ; mais beaucoup plus rarement que *Capsincola*.

## COSMIA TRAPEZINA. Pl. 19, fig. 1 et 2.

*Viridis vel pallide viridis, punctis minutissimis nigris, lineisque tribus pallidis in segmento undecimo striga vel arcu junctis; linea laterali incisuris coarctata vel sub interrupta modo flava, modo rubro tincta.*

Boisd., *Ind. meth.*, p. 85.

Treitsch.-Ochs., *Schmett. von Europ.*, II, p. 383, n° 3.

*Noctua trapezina.* Hubn., Noct., tab. 42, fig. 200.

Linn., *Syst. Nat.*, I, 2, p. 836, 99. — Fab., Wien. Verz., Illig., Esp., Borkh., etc.

Le trapèze. Ernst, Pap. d'Europe, pl. 313, fig. 546.

Noctuelle trapèze. God. - Dup., Pap. de France, t. VII, pl. 108, fig. 1, 2 et 3.

Elle a la même forme et à-peu-près le même dessin que celle d'*Orthosia Ambigua*, et elle ressemble un peu à la variété verte de cette espèce. Le fond de sa couleur est tantôt d'un vert assez foncé et tantôt d'un vert pâle un peu glauque, avec quelques petits poils très rares, naissant de petits granules noirs. Elle a sur le vaisseau dorsal une raie blanchâtre ou d'un blanc jaunâtre, qui s'étend jusqu'à la fin du dernier anneau, et qui est coupée à angle droit sur le milieu du onzième, par un trait transverse de la même couleur, qui forme la croix entre celle-ci et la raie latérale. De chaque côté est une ligne de la même couleur, souvent assez peu marquée, ne s'étendant guère au-delà du trait transversal. La raie latérale placée le long des pattes est jaune souvent pointillé de noir ou tiqueté de fauve, ou même d'un rouge briqueté, étranglée à chaque incision, ce qui lui donne une forme régulièrement ondulée. Les stigmates sont noirs, à disque blanc, peu apparents, placés sur cette raie. Outre cela, les incisions des anneaux sont un peu plus pâles que le fond. La tête est d'un vert pâle, avec la bouche noriâtre. La partie antérieure du premier anneau est d'un vert un peu jaunâtre. Le dessous du

54.

ventre et les pattes membraneuses sont d'un vert-pomme ; les pattes écailleuses sont de la couleur de la tête.

Dans la variété pâle, les lignes dorso-latérales sont plus prononcées, et les granules noirs forment sur les anneaux de petits points que l'on aperçoit à peine dans les individus obscurs.

Cette chenille est parvenue à toute sa taille à la fin de mai ou dans la première quinzaine de juin. Elle vit dans les bois sur plusieurs arbres, mais particulièrement sur le chêne, *quercus robur ;* l'orme, *ulmus campestris ;* l'aubépine, *cratægus oxya-cantha.* Rarement elle descend des arbres pour se métamorphoser. Dans ce cas, elle forme sous la mousse une coque légère ; mais le plus ordinairement elle se renferme entre deux feuilles, qu'elle attache avec quelques fils de soie.

La chrysalide est assez petite, cylindrico-conique, brune, et terminée par deux petites pointes recourbées en hameçon.

L'insecte parfait éclôt en juillet, et il se trouve communément dans la plus grande partie de l'Europe.

1. Cosmia Trapezina.
2. idem variété.
3. Orthosia Ambigua.
4. Orthosia Stabilis.
5. idem variété.
6. la Chrysalide.

Blanchard pinx. Dumenil sc.

## ORTHOSIA AMBIGUA. Pl. 19, fig. 3.

*Modo supra violacea, modo viridis, nigro punctata lineisque tribus
dorsalibus albidis; linea laterali stigmatifera flava; lineis albidis
in segmento undecimo striga transversa junctis.*

> Boisd., *Ind. meth.*, p. 81.
> *Noctua ambigua.* Hubn., *Noct.*, tab. 36, fig. 173. — Larv.
>     lepid., IV, Noct., II, genuin. L. *d*, fig. *b*, *c*, *d*.
> *Orthosia cruda.* Treitsch.-Ochs., *Schmett. von Europ.*, II,
>     p. 230, n° 13.
> *Noctua cruda.* Wien. Verz., S. 77, fam. L, n° 9.
> *Noctua pulverulenta.* Esp., *Schm.*, III th., tab. 67, fig. 5-6.
> Borkh., *Europ. schmett.*, IV th., S. 611, n° 256.
> Noctuelle ambiguë. God.-Duponch., Pap. de France, t. VI,
>     pl. 76, fig. 3.

Elle est de la taille de *Trapezina*, à laquelle elle ressemble
un peu par la forme, et dont elle a en grande partie le dessin. Le fond de sa couleur varie; mais il est le plus ordinairement violâtre en dessus, avec une raie jaunâtre sur le
vaisseau dorsal et une raie semblable, plus jaune et plus
large, le long des pattes. Entre celle-ci et la dorsale, on voit
en outre une ligne longitudinale blanchâtre. Le dessus du
premier anneau est noir, écailleux, divisé seulement par la
raie dorsale. Le onzième est bordé transversalement par
une raie blanchâtre qui forme une croix ou un T, avec la
raie dorsale. L'extrémité du dernier anneau est noirâtre.
Les stigmates sont noirs, petits, peu apparents, placés sur
la raie latérale jaune, et le dessus de chaque anneau est
marqué de quatre petits points noirs diposés en carré. On en
voit aussi un de chaque côté, entre la ligne sous-dorsale et la
raie latérale. La tête est grisâtre, jaspée de noir. Le dessous
du corps est blanchâtre, ainsi que les pattes membraneuses.
Le dessous de la poitrine est un peu violâtre, avec les pattes
écailleuses noirâtres. Sur les côtés, entre les pattes, on aperçoit aussi çà et là quelques petits points tuberculeux brunâ-

tres. Les incisions des anneaux sont souvent d'un jaunâtre pâle ou blanchâtre; et lorsque la chenille marche, elle paraît avoir sur le dos des séries de quadrilles violâtres. Parmi les individus de la teinte que nous venons de décrire, il y en a qui sont d'un violâtre pâle, d'autres d'un jaune violâtre, avec les raies dorsales variant du jaunâtre au blanc.

On rencontre très souvent une autre variété qui est verte ou d'un vert glauque, avec tout le dessin jaune ou jaunâtre; mais chez elle, ce dernier étant placé sur un fond plus pâle, il ressort moins bien que dans la variété précédente. Les anneaux sont de même ponctués de noir, avec les incisions plus pâles que le fond.

Cette chenille est commune à la fin de mai dans les bois, sur le chène, *quercus robur;* l'orme, *ulmus compestris;* l'aubépine, *cratægus oxyacantha;* le prunellier, *prunus spinosa,* etc.

Pour se métamorphoser, elle entre en terre sans former de coque.

La chrysalide est d'un brun-testacé luisant, avec les enveloppes des ailes plus claires, et l'anus terminé par deux petites pointes.

L'insecte parfait éclôt en mars et avril, et il se trouve, en battant les arbres, dans les bois d'une grande partie de l'Europe, mais plus difficilement que la chenille.

## ORTHOSIA STABILIS. Pl. 19, fig. 4, 5 et 6.

*Viridis vel albido-viridis pallidiori punctulata, linea dorsali alteraque laterali albidis vel flavis ; stigmatibus albis nigro cinctis.*

Boisd., *Ind. meth.*, p. 80.

Treitsch.-Ochs., *Schmett. von Europ.*, II, p. 223, n° 10.

*Noctua stabilis.* Hubn., Noct., tab. 36, fig. 171. — Borkh., Vieweg, Brahm., Schrank, Illig., Wien. Verz., etc.

*Noctua cerasi.* Fab., *Ent. Syst.*, III, 2, 44, 118.

L'ambiguë. Ernst, Pap. d'Europe, pl. 262, fig. 412, c, d.— La chenille, pl. 264, fig. 415, a, b.

Noctuelle constante. God.-Dup., Pap. de France, t. VI, pl. 81, fig. 2.

Elle est d'une forme assez alongée, légèrement atténuée aux extrémités, tantôt d'un vert-tendre glauque ou d'un vert un peu jaunâtre, finement sablée de blanchâtre ou de jaunâtre, avec une raie blanchâtre sur le vaisseau dorsal, amincie aux deux extrémités. Au-dessus des pattes, est une raie longitudinale assez large, d'un jaune pâle, et entre celle-ci et la raie dorsale, on voit de chaque côté une ligne longitudinale très déliée, peu marquée, formée par de petits points blanchâtres rapprochés. Les stigmates sont blancs, finement cerclés de noir, placés à la base de la raie latérale, excepté le premier et le dernier qui se trouvent au-dessus. La tête est d'une couleur un peu plus foncée que le corps, tirant légèrement sur le grisâtre. Toutes les pattes sont de la couleur du corps. L'extrémité des écailleuses et la couronne des membraneuses sont lavées de couleur de chair pâle. Les plis que forme la peau de cette chenille aux incisions sont transparents en blanc jaunâtre.

On rencontre assez souvent une variété qui, au lieu d'être d'un vert-tendre glauque, est d'un vert-tendre jaunâtre, et chez laquelle les raies, le sablé, et enfin tout ce qui est blanc dans l'autre, sont d'un jaune tendre.

On en trouve aussi un autre de temps en temps, qui est d'un vert très blanc, avec le dessin plus blanc.

Cette chenille vit sur un grand nombre d'arbres, principalement sur le chêne, *quercus robur ;* les peupliers, *populus ;* le pommier, *malus communis ;* le prunellier, *prunus spinosa ;* les saules, *salix ;* l'aune, *alnus viscosa*, etc. Elle parvient à toute sa grosseur vers la fin de mai ou au commencement de juin. Elle entre alors dans la terre sans y faire de coque.

La chrysalide est cylindrico-conique, d'un brun-testacé-foncé, luisant, avec l'enveloppe des ailes un peu moins obscure, légèrement transparente et tirant un peu sur le verdâtre. Les articulations sont un peu chagrinées, et l'anus est armé de deux petites épines noires, divergentes.

L'insecte parfait éclôt dans le mois de février ou de mars de l'année suivante. Il habite une grande partie de l'Europe, et, quoiqu'il ne soit pas rare, il est bien plus difficile de le trouver que la chenille.

## PHLOGOPHORA EMPYREA. Pl. 24.

*Dilute fusca vel sordide viridis, dorso pallidiori punctis albis, ocellatis, maculisque quadratis obscurioribus seriatis linea pallida divisis, notato.*

Boisd., *Ind. meth.*, p. 72.
Treitschk.-Ochs., *Schmett. von Europ.*, I, p. 383, n° 6.
*Noctua empyrea.* Hubn., Noct., tab. 13, fig. 63, et tab. 141, fig. 646.
*Noctua flammea.* Esp., *Schmett.*, III th., tab. 53, fig. 3.
Borkh., *Eur. schm.*, IV th., S. 460, n° 183.
La flamme. Ernst, Pap. d'Europe, pl. 267, fig. 426.
Noctuelle embrasée. God.-Dup., Pap. de France, VI, pl. 94, fig. 4.

Elle est un peu plus grande que celle de *Meticulosa*. Son dos est tantôt d'un gris jaunâtre et tantôt d'un gris tourterelle, avec une suite de losanges brunâtres, liées l'une à l'autre par une ligne dorsale blanchâtre, liserée de brun. Ces losanges sont marquées chacune de quatre points d'un blanc jaunâtre, cerclés de noir en avant, et leurs angles latéraux s'appuient sur une ligne brune longitudinale, très rapprochée d'une large bande de leur couleur, qui recouvre les côtés du corps. Le ventre est un peu plus pâle que le dos. Les stigmates sont d'un blanc orangé finement cerclés de brun, et situés à la base de la bande latérale; ils sont surmontés et suivis par un point blanchâtre finement cerclé de brun noir. La tête est d'un fauve-jaunâtre pâle, avec un léger réseau brunâtre, et deux traits longitudinaux de la même couleur, situés sur le devant. Toutes les pattes sont d'une couleur de chair pâle, avec l'extrémité des écailleuses et la couronne des membraneuses brunâtres.

On rencontre de temps en temps une variété d'un vert-grisâtre pâle, avec le même dessin et les mêmes taches que celle que nous venons de décrire, mais d'un vert foncé et moins bien écrits. Les losanges de cette variété n'ont ordinairement que l'encadrement de bien marqué.

Cette chenille, dans son jeune âge, et même souvent jusqu'à sa dernière mue, est entièrement d'un vert-tendre un peu bleuâtre, quelquefois jaunâtre, avec des linéaments d'un vert brunâtre peu visibles. Elle a sur le vaisseau dorsal une ligne déliée peu apparente, d'un blanc verdâtre, bordée de vert brunâtre. On voit une ligne semblable de chaque côté du dos, et une autre également déliée, mais plus apparente, d'un blanc jaune au-dessus des pattes.

Elle vit sur différentes plantes basses : nous l'avons trouvée une fois sur une espèce de labiée ; mais elle semble préférer la renoncule ficaire (*ficaria ranunculoides*), sur laquelle nous l'avons rencontrée plusieurs fois. Elle est encore très petite à la fin de l'hiver, et parvient à toute sa grosseur dans les derniers jours d'avril ou au commencement de mai. A cette époque, elle se fait une coque peu solide, en attachant des grains de terre avec quelques fils.

La chrysalide est cylindrico-conique, atténuée antérieurement d'un brun-rouge foncé luisant, avec une petite saillie noire à l'extrémité postérieure, armée de deux petites épines d'un brun noir, légèrement recourbées à leur extrémité, où elles se rapprochent.

L'insecte parfait éclôt dans la seconde quinzaine du mois de septembre suivant, ou dans le courant d'octobre. Il se trouve dans l'ouest de la France, en Provence, en Toscane, etc. Il est rare.

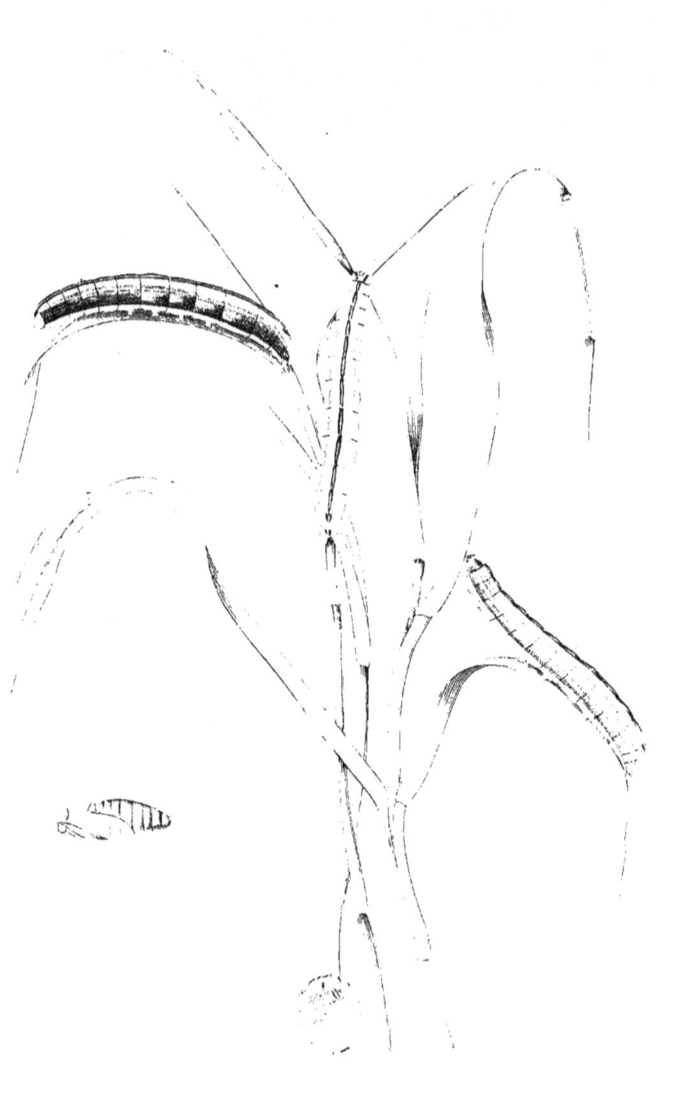

## ORTHOSIA NITIDA. Pl. 25, fig. 1 et 2.

*Virescens vel cinereo-viridis, lineis tribus dorsalibus obsoletis, vitta-
que stigmatifera albidis, dorso punctato strigis obliquis notato ; scutello fusco ; capite rufo.*

> Boisd., *Ind. meth.*, p. 81.
> Treitsch.-Ochs., *Schmett. von Europ.*, II, p. 234, n° 15.
> *Noctua nitida.* Hubn., Noct., tab. 38, fig. 180. — Larv.
>     lepid. IV, Noct., II, gen. M, *b*, fig. 5, *a*.
> Fab., *Ent. Syst.*, III, 2, 31, 75.
> Wien. Verz., S. 86, fam. R, n° 4.
> *Noctua vaccinii,* var. *Canescens.* Esp., *Schm.*, IV th., tab. 162,
>     Noct. 83, fig. 5, 6.
> Borkh., *Eur. schm.*, IV th., S. 744, 337.

Elle a le port et la taille de la *Macilenta*, et de même, elle
ne nous semble point appartenir aux véritables *Orthosia*.

Elle est d'un vert-tendre plus ou moins clair, quelquefois
demi-transparent, et finement saupoudré d'atomes obscurs,
particulièrement sur le dos. Celui-ci est marqué d'une suite
de chevrons d'un vert obscur peu prononcés sur les premiers
anneaux, dont le sommet est dirigé du côté de l'anus. Sur le
vaisseau dorsal et de chaque côté, il y a une petite ligne longitudinale blanchâtre, qui n'est bien distincte que sur les
premiers segments. De chaque côté, près des pattes, on
voit, en outre, une raie longitudinale assez large, d'un vert
très pâle ou d'un vert blanchâtre, se fondant presque avec
la couleur du ventre. Celui-ci est d'un vert très pâle, avec les
pattes de la même couleur. Les stigmates sont noirs et assez
petits.

La tête est d'un roussâtre pâle, cachée en partie, dans le
repos, sous le premier anneau, qui est couvert, comme dans
les *Cerastis,* par une plaque ou écusson d'un noir brun, marquée de deux traits longitudinaux d'un blanc jaunâtre.

Cette chenille passe l'hiver très petite, engourdie sous les
feuilles sèches ; elle change de peau dès les premiers beaux

jours, et au commencement du printemps elle est parvenue à toute sa taille. On la trouve dans les bois sur les plantes basses , et particulièrement le long des hampes de la primevère (*primula officinalis*). Elle a été découverte aux environs de Paris, par M. Maxime Maillard, entomologiste non moins zélé qu'obligeant.

La chrysalide est cylindrico - conique, d'un brun clair, renfermée dans une légère coque formée de grains de terre agglutinés.

L'insecte parfait éclôt à la fin de septembre et dans le courant d'octobre. Il se trouve dans plusieurs parties de l'Allemagne et de la France.

## LIGIA OPACARIA. Pl. 2, fig. 3 , 4 et 5.

*Pallide cinerea, linea dorsali duplici utrinque regulariter sinuata*,
*alteraque laterali undulata fuscis; punctis dorsalibus nigris.*

God.-Dup. VII, pl. 169, fig. 4-5.
*Aspilates opacaria.* Treitschk., *Schmett. von Europ.*, XI ,
 p. 180.
Hubn., Geom., tab. 96, fig. 493-495.

Cette chenille ressemble beaucoup à celle de la *Jourdanaria*, mais elle est ordinairement près de moitié plus grosse. Elle est d'un blanc-grisâtre plus ou moins obscur, et quelquefois assez foncé, avec deux lignes dorsales brunes qui se rapprochent et se dilatent alternativement sur chaque anneau, de manière à former sur le dos une suite de losanges de la couleur du fond comme chez *Jourdanaria ;* mais ce qui la distingue nettement de cette dernière, c'est que le milieu de chaque anneau, depuis le quatrième jusqu'au onzième , est marqué de deux petits points noirs, situés un peu en avant de chaque incision. Sur les côtés, au-dessus des pattes, il y a aussi une raie longitudinale brune ; mais elle est ondulée , et souvent marquée de deux ou trois points noirs placés sans ordre. La tête est toujours de la couleur du fond. Le dessous du corps et les pattes sont un peu plus foncés que le dessus. On voit en outre sur tout le corps quelques petits poils très courts.

On la trouve parvenue à toute sa grosseur à la fin de mars et pendant tout le mois d'avril , sur plusieurs espéces de *genista* et sur le *dorycnium suffruticosum ,* dans nos départements les plus méridionaux, en Corse et en Espagne.

Pour se métamorphoser, elle file dans la terre, à peu de profondeur, une coque de forme ovoïde et d'un tissu peu serré. Huit jours après , elle passe à l'état de chrysalide ; celle-

ci est assez grosse , raccourcie , d'un rouge brun , cylindrico-
conique , terminée par une petite pointe noire.

L'insecte parfait n'éclôt que vers la fin de septembre ou
dans le courant d'octobre.

GUSTAVE DAUBE.

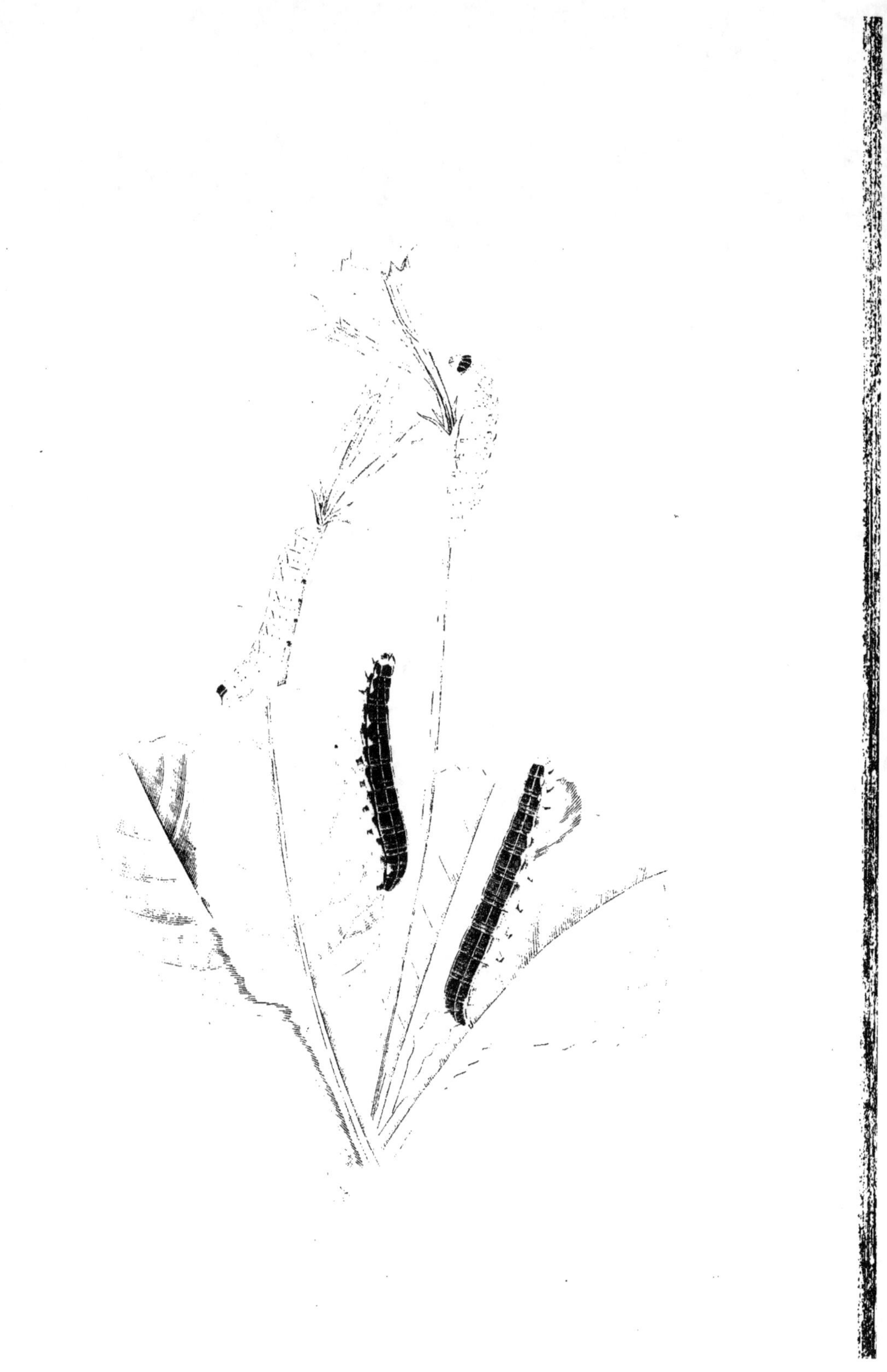

## LIGIA JOURDANARIA. Pl. 3, fig. 1 et 2.

*Pallide cinerea linea dorsali utrinque regulcriter sinuata duplici alteraque laterali recta fuscis.*

God.-Dup., VII, pl. 169, fig. 6.
*Fidonia jourdanaria.* Treitschk., *Schmett. von Europ.*, VII, p. 303.
*Geometra jourdanaria.* Hubn., Geom., tab. 107, fig. 559-562.
*Annales de la Société Linn. de Paris*, V, p. 480, tab. 11, fig. *h-n* et 1-3.

Elle est d'un gris-cendré plus ou moins clair, quelquefois d'un gris blanchâtre, avec des raies longitudinales brunes. De chaque côté d'un vaisseau dorsal, il y en a une, sinuée régulièrement, dilatée au commencement et à la fin de chaque anneau, de manière que la partie comprise entre ces deux lignes forme comme une suite de losanges de la couleur du fond, ou même d'une teinte un peu plus blanchâtre. Sur chaque côté au-dessus des pattes, on voit une autre raie brune, mais droite, dans toute sa longueur, et supportant les stigmates. Ceux-ci sont noirs, assez petits et cerclés de blanc grisâtre. La tête est d'un gris cendré comme le fond. Le dessous du corps et les pattes sont absolument de la couleur du dessus; seulement la partie interne des pattes anales est un peu blanchâtre, avec le crochet d'une couleur obscure.

Cette chenille se trouve sur le thym (*thymus vulgaris*), dans les lieux arides des environs de Montpellier. Elle est assez commune, mais cependant difficile à prendre; car elle se laisse tomber au moindre mouvement de la plante.

Parvenue à toute sa taille, elle file en terre une coque ovoïde, dans laquelle elle se métamorphose.

La chrysalide est cylindrico-conique, peu alongée, d'un rouge brn, et terminée par une petite pointe.

L'insecte parfait éclôt au mois de septembre.

Cette chenille a été décrite par M. Adrien de Villiers, dans les *Annales de la Société Linnéenne de Paris* en 1826 ; mais la description et la figure sont inexactes et paraissent avoir été faites d'après un individu prêt à se chrysalider.

Gustave Daube·

1. Chariclea Delphinii.  3. Chariclea Delphinii, jeune.
2. Idem variété.  4. La Chrysalide.

## CHLOANTHA HYPERICI. Pl. 22, fig. 5 et 6.

*Fusca lineis tribus dorsalibus tenuibus flavis, vittaque laterali albida.*

*Xylina hyperici.* Boisd., *Ind. meth.*, p. 88.
Treitschk.-Ochs., *Schmett. von Europ.*, III, p. 67, n° 27.
*Noctua hyperici.* Hubn., Noct., tab. 51, fig. 250.
Fab., *Ent. Syst.*, III, 2, 91, 272.
La joueuse. Ernst, Pap. d'Europe, pl. 242, fig. 357.
Noctuelle du mille-pertuis. God.-Dup., VII, pl. 112, fig. 5.

Elle est cylindrique, un peu attenuée par devant. Son dos est d'un fauve carmélite, tirant sur le violâtre dans certains individus, avec trois lignes longitudinales; l'une d'un jaune pâle sur le vaisseau dorsal, étranglée aux incisions, largement bordée de brun, sur-tout sur le milieu des anneaux; l'autre d'un jaune plus pâle, et méme quelquefois blanchâtre, est finement bordée de brun par en haut. Immédiatement au-dessous de celle-ci, est une large bande longitudinale d'un brun-chocolat ou marron tirant un peu sur le violâtre, et qui est bordée inférieurement par une autre bande d'un jaune pâle ou presque blanche, amincie à ses extrémités, et finissant en pointe sur le côté des pattes anales. Les stigmates sont noirs, et placés sur la partie supérieure de cette bande. Le ventre est d'un fauve violâtre, avec la base des pattes finement pointillée de blanc. Les pattes écailleuses sont d'un brun foncé; les autres sont plus pâles que le ventre. La téte est d'un fauve brun, avec un trait latéral blanchâtre faisant suite à la bande jaune. On aperçoit en outre sur la bande brune latérale quelques petits points blancs à peine perceptibles, au-dessus des stigmates, et quelques autres un peu plus gros entre les lignes dorsales. Il y en a sur-tout un que l'on voit assez facilement, placé sur le milieu du tiers antérieur des anneaux.

Cette jolie chenille vit exclusivement à notre connaissance sur les mille-pertuis, principalement sur l'*hypericum perfora-*

*tum*. On la rencontre dans le courant du mois de juin. Elle se tient au pied de la plante sous des débris de végétaux, et quelquefois même elle en est à un pied de distance, cachée sous des plantes basses.

Dans les premiers jours de juillet, elle se fait une coque avec des grains de terre et quelques fils de soie.

La chrysalide est cylindrico-conique, d'un brun-marron foncé luisant, avec l'enveloppe des ailes et du thorax d'un brun noir ; elle est terminée par deux petites pointes noires, parallèles, recourbées à leur extrémité, accompagnée chacune d'une petite soie courte.

L'insecte parfait éclôt après trois semaines de métamorphose ; mais il y a des individus qui restent à l'état de nymphe jusqu'au mois de mai de l'année suivante. Il se trouve dans plusieurs contrées du centre de l'Europe, sur-tout dans les parties sous-alpines.

## CHARICLEA DELPHINII. Pl. 20, fig. 1, 2, 3 et 4.

*Albida vel albido-carnea linea dorsali interrupta punctisque numero-*
*sis nigro-violaceis, lineis duabus lateralibus flavis.*

Steph., *British. Catal.*, p. 104 . n° 6368.
*Xylina delphinii.* Boisd., *Ind. meth.*, p. 89.
Treitschk.-Ochs., *Schmett. von Europ.*, III, p. 82, n° 54.
*Noctua delphinii.* Hubn., Noct., tab. 137, fig. 622, et tab. 42.
    fig. 204.— Larv. lepid., IV, Noct., II, gen. W, *a*, fig. 1-3.
Linn., Fab., Borkh., Esp., etc.
L'incarnat. Ernst, Pap. d'Europe, pl. 310, fig. 538.
Noctuelle du pied-d'alouette. God.-Dup., VII, pl. 101, fig. 1.

Cette chenille a beaucoup de rapport avec celles de certaines *Cucullia*, et est une des plus jolies de la famille des Noc-
tuélides. Le fond de sa couleur est tantôt blanchâtre, tantôt
d'un blanc un peu violâtre ou d'un blanc incarnat luisant, avec
deux raies latérales jaunes. Son dos est marqué d'une suite de
traits alongés, noirs, formant une raie interrompue sur le
vaisseau dorsal. Outre cela, sur chaque anneau et de chaque
côté de cette raie, il y a quatre points de la même couleur,
dont les deux antérieurs s'unissent souvent avec cette raie pour
former des espèces de trèfles. Entre les deux raies jaunes, il
a aussi sur chaque anneau un groupe de cinq points noirs,
sans compter deux ou trois autres points très petits qui existent souvent sur le bord de la raie inférieure. Au-dessous de
cette dernière et sur les pattes, il y a encore plusieurs points
de la même couleur. La tête est à-peu-près de la couleur du
corps, marquée de cinq ou six points noirs.

On trouve souvent une variété chez laquelle la raie jaune
inférieure est remplacée par une raie blanche.

Dans sa jeunesse, elle est blanchâtre ou d'un gris blanchâtre, avec le dessin plus confus et moins apparent.

On la trouve depuis le commencement de juin jusqu'à la
fin d'août dans les jardins, sur les pieds-d'alouette, particu-

lièrement sur le *delphinium ajacis,* dont elle mange les fleurs , et sur-tout les fruits. Une quinzaine de jours lui suffit ordinairement pour arriver à son entier développement.

Pour se métamorphoser, elle entre en terre, où elle forme une coque ovoïde, en agglutinant quelques grains de cette substance avec de la soie.

La chrysalide est cylindrico-conique, d'un brun rouge, à reflet verdâtre sur l'enveloppe des ailes ; elle se termine à l'extrémité par deux petites pointes noires, rugueuses, rapprochées.

L'insecte parfait éclôt depuis la fin de mai jusqu'à la fin de juillet. Il se trouve çà et là dans le centre et le midi de l'Europe. Il est assez commun aux environs de Paris.

Lorsque l'on éléve cette chenille, il n'en faut mettre ensemble qu'un petit nombre, parcequ'elles se dévorent. Il leur arrive même quelquefois de manger la chrysalide de celles qui se sont métamorphosées les premières.

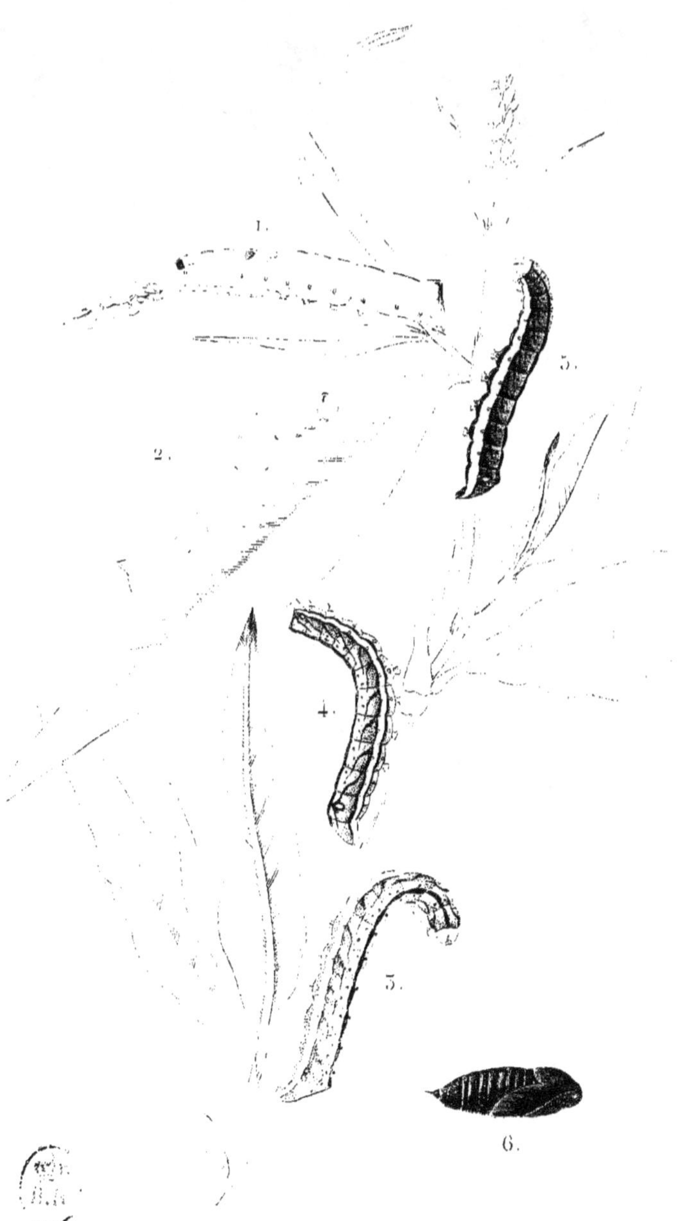

1. Mamestra *Persicariæ*.
2. *Idem variété*.
3. Hadena *Atriplicis*.
4. Hadena *Atriplicis variété*
5. *Idem variété*.
6. *La Chrysalide*.

## CLEOPHANA USTULATA. Boisd. Pl. 22, fig. 1, 2, 3 et 4.

*Viridis elongatissima vittis tribus flavis vel flavo-virescentibus.*

Cette chenille est mince, très effilée et atténuée à ses extrémités, avec les anneaux un peu renflés. Le fond de sa couleur est entièrement d'un vert foncé, avec des petits linéaments longitudinaux noirs, extrêmement déliés, et souvent à peine visibles. Le vaisseau dorsal est couvert par une bande longitudinale d'un blanc sale, ou d'un blanc jaunâtre un peu lavée de verdâtre, atténuée aux deux extrémités. Un peu au-dessus des pattes, on voit ordinairement une raie longitudinale de même forme et de même couleur, mais quelquefois moins nette et absorbée en partie par la teinte générale. Le ventre est aplati et du même vert que le dessus du corps, ainsi que les pattes. La tête est pareillement verte.

On la trouve, pour la première époque, depuis le commencement de mai jusqu'au 15 juin, et pour la seconde, pendant le mois d'août, sur la scabieuse blanche (*scabiosa leucantha*). Elle est extrêmement vive, et pour peu que l'on touche la plante elle se laisse tomber, et sautille en se retournant dans tous les sens comme les chenilles des *Catocala*. Pendant le jour, on la trouve au pied de la plante, et elle ne mange guère que la nuit.

Lorsqu'elle est parvenue à son entier développement, elle file à fleur de terre une coque ovoïde, d'un tissu blanchâtre assez serré, qu'elle recouvre de débris de végétaux. Huit jours après, elle passe à l'état de nymphe.

Celle-ci ressemble beaucoup à celle d'*Opalina*. Comme chez cette dernière, elle est pourvue d'une gaîne détachée qui se prolonge jusqu'à l'extrémité; mais elle en diffère par le renflement des anneaux, dont les incisions offrent, en outre en dessus, une petite touffe de poils noirs très courts.

L'insecte parfait éclôt dans le courant d'août, lorsqu'il provient des chenilles du printemps, et en avril et mai de l'année suivante, lorsque celles-ci se sont métamorphosées vers la fin d'août. Il butine le soir sur les fleurs de la scabieuse dans les environs de Montpellier et dans quelques parties de la Provence.

GUSTAVE DAUBE.

*Nota.* Ce lépidoptère devra peut-être un jour former un genre propre entre les *Cleophana* et la *Noctua Lithorhiza* des auteurs.

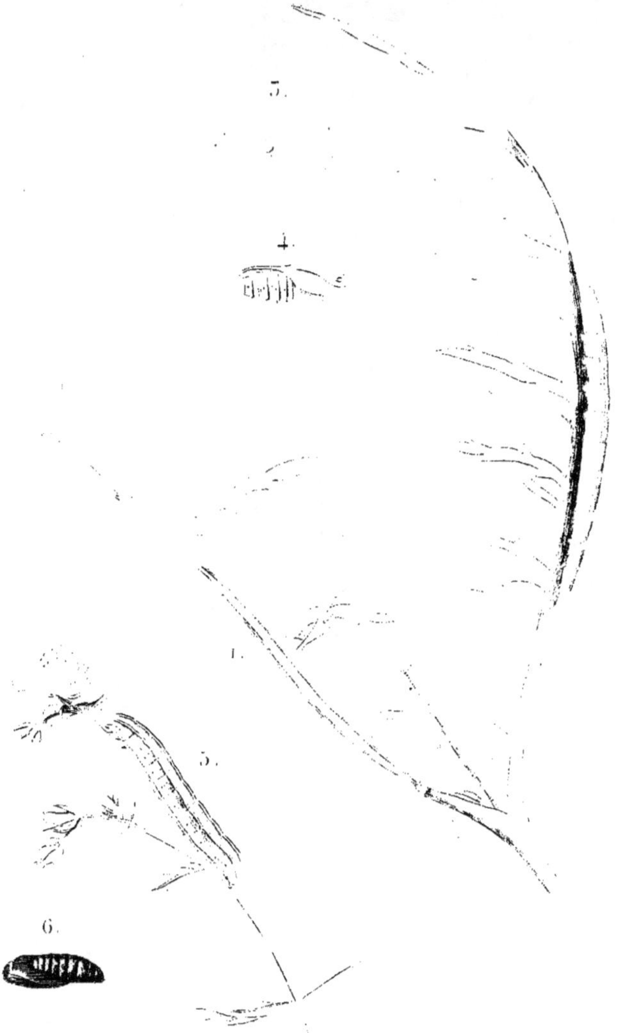

1. Cleophana Ustulata.  5. Chloantha Hyperici.
2. idem de profil.        6. La Chrysalide.
3. Le Cocon.
4. La Chrysalide.

## MAMESTRA PERSICARIÆ. Pl. 21, fig. 1 et 2.

*Viridis rarius fusca, segmento penultimo pyramidali, maculis dorsa-*
*libus semi - circularibus, strigisque lateralibus, obliquis, obscure*
*viridibus.*

Boisd., *Ind. meth.*, p. 78.
Treitschk.-Ochs., *Schmett. von Eur.*, II, p. 156, n° 11.
*Noctua persicariæ.* Hubn., Noct., tab. 13, fig. 64. — Larv.
lep., IV, Noct., II, genuin. E, c, fig. 1, a, b, c.
Roesel, *Ins.*, I th., tab. 30, fig. 1-5.
Linn., Fab., Bork., Esp., Wien. Verz., etc.
La polygonière. Ernst, Pap. d'Europe, pl. 232, fig. 335.
Noctuelle de la persicaire. God.-Dup., VII, pl. 107, fig. 4.

Elle est d'un vert blanchâtre ou d'un vert jaunâtre, avec
l'avant-dernier anneau relevé en pyramide. Chacun des autres
anneaux, à partir du troisième jusqu'à l'éminence pyramidale,
est marqué sur le dos d'une tache en demi-cercle d'un vert
obscur, dont la convexité est tournée en arrière, et dont le
plus ordinairement l'encadrement seul est marqué sur les
derniers. Outre cela, il y a sur le vaisseau dorsal une raie
étroite d'un vert jaunâtre qui divise toutes les taches dorsales. Le premier anneau offre en dessus une espèce d'é-
cusson carré d'un vert obscur, bordé latéralement et postérieurement par du vert jaunâtre, et divisé comme les autres
taches par la raie dorsale. Les bords de la pyramide, ainsi que
le côté des deux dernières paires de pattes, sont aussi d'un vert
foncé. Les stigmates sont blancs, cerclés de noir, placés sur des
traits obliques verts. Au-dessous des stigmates, on voit une
raie blanche un peu fondue avec la teinte générale, qui forme
le long des pattes membraneuses des traits obliques blanchâtres parallèles aux traits verts. La tête est verte, avec quelques points plus obscurs. Le dessous du corps est d'un vert
blanchâtre ou d'un vert jaunâtre, avec les pattes plus foncées.

On trouve souvent une variété dont le fond de la couleur

est d'un gris roussâtre ou un peu ferrugineux, avec les taches dorsales d'un vert foncé, et en général tout le dessin comme dans celle décrite ci-dessus.

Dans sa jeunesse, cette chenille est plus verte, et ses taches dorsales ressemblent à des chevrons. Ses incisions sont un peu jaunâtres en dessus; la raie dorsale est très prononcée, et quelquefois jaunâtre.

On la trouve parvenue à toute sa grosseur, dans les mois de septembre et d'octobre, sur une infinité de plantes basses, dans le nord de la France, en Allemagne, en Autriche, et quelquefois dans les environs de Paris.

Elle entre en terre pour se métamorphoser; mais elle ne forme pas de coque proprement dite.

La chrysalide est cylindrico-conique, d'un rouge-brun luisant.

L'insecte parfait éclôt en juin ou juillet de l'année suivante.

## HADENA ATRIPLICIS. Pl. 21, fig. 3, 4, 5 et 6.

*Cinereo-virescens vel cinereo-olivacea linea media, punctis dorsalibus strigisque lateralibus obliquis nigro-fuscis, vitta laterali pedibusque dilute fulvis; capite fulvo.*

> *Trachea atriplicis.* Boisd., *Ind. meth.*, p. 76.
> Treitschk.-Ochs., *Schmett. von Europ.*, II, p. 66, n° 1.
> *Noctua atriplicis.* Hubn., *Noct.*, tab. 17, fig. 83. — Larv.
>     lepid., IV, Noct., II. genuin. F. c, d. fig. 1. a, b.
> Linn., *Syst. Nat.*, I. 2. p. 854. 175.
> Fab., *Ent. Syst.*, III, 2, p. 95. n° 282.
> Esp., *Schmett.*, IV th., tab. 168. Noct., 89. fig. 1-3.
> Illig., Wien. Verz., Schrank., Borkh. etc.
> Roesel, *Ins.*, I th., tab. 31, fig. 1-4.
> L'arrochière. Ernst, Pap. d'Europe, pl. 282, fig. 464.
> Le volant doré. Geoff., Hist. des Ins., t. II. p. 159. n 97.
> Noctuelle de l'arroche. God.-Dup., VI. pl. 100, fig. 1.

Elle a la taille et la forme de celle de *Mamestra Brassicæ*. Le fond de sa couleur est d'un brun-verdâtre plus ou moins clair, ou plus ou moins obscur, avec une raie dorsale noire un peu rétrécie aux incisions. On observe en outre sur le dos de chaque anneau quatre points noirs, dont les deux antérieurs sont un peu plus rapprochés de la raie dorsale que les deux postérieurs. Le long des pattes, il y a une raie longitudinale assez large, d'un jaune un peu fauve, marquée de place en place de touches un peu plus vives, et supportant les stigmates qui sont blancs. Sur le côté supérieur de cette raie sont appuyés des traits obliques noirâtres, sinués, dont l'extrémité postérieure se dirige en arrière, et semble presque former dans quelques individus une ligne continue. Le onzième segment est dépourvu de trait oblique : mais il est marqué, de chaque côté, d'une petite tache d'un fauve rouge, cernée de noir. La tête est fauve. Le dessous du corps est un peu plus clair que le dessus, avec les pattes d'un fauve plus ou moins vif.

Dans sa jeunesse, elle est verte avec trois raies ponctuées. Après la troisième mue, elle devient brune sans changement bien apparent dans le dessin. Ce n'est qu'après le quatrième et dernier changement de peau qu'elle prend le dessin que nous avons décrit ci-dessus.

On la trouve parvenue à toute sa taille, depuis le commencement de juillet jusqu'en septembre, sur une infinité de plantes basses, mais sur-tout sur les persicaires ( *polygonum persicaria* et *hydropiper*), sur les *rumex* et les *chenopodium*. Pendant le jour, elle se tient cachée à quelque distance de la plante dans les crevasses de la terre ou sous les pierres, et ne sort que la nuit pour manger.

Elle se métamorphose dans la terre, sans former de cocon proprement dit.

La chrysalide est cylindrico-conique, d'un rouge-brun luisant, terminée par une pointe noire.

L'insecte parfait éclôt en mai et juin de l'année suivante. Il se trouve dans une grande partie de l'Europe centrale. Il n'est pas rare aux environs de Paris.

## THAIS CASSANDRA.

*Pallide cinerea vel cinereo-carnea, nigro punctata, spinis rubris apice nigro-pilosis.*

Boisd., *Icones*, pl. 3, fig. 1 et 2
Guenée et Devill., *Tableaux synopt.*, p. 5.
Hubn., Pap., tab. 910-913.
Thais hypsipyle. God., Pap. de France, pl. 3, *c*, fig. 1-2.
La diane. Ernst, Pap. d'Europe, fig, 109, A, B.
Variété. *Thais Demnosia.* Dahl.

Elle a beaucoup de rapport avec celle de l'*Hypsipyle,* qui se trouve en Autriche et dans plusieurs contrées de l'Europe méridionale. Elle est ordinairement d'un gris - blanchâtre pâle ou d'un blanc incarnat, avec deux rangées dorsales de petits points noirs, et deux rangées latérales de points de la même couleur. Outre cela, le corps porte six rangées d'épines, ou plutôt de tubercules rouges, alongés, à extrémité noire, et garnie de petits poils raides d'une couleur jaunâtre. Les épines les plus rapprochées des pattes sont plus courtes que celles qui sont situées sur le dos. La tête est d'un gris jaunâtre ou roussâtre.

Cette chenille, lorsqu'elle est en repos, a une forme presque hexagonale.

Dans sa jeunesse, elle est un peu plus obscure, mais elle s'éclaircit successivement à chaque mue.

On la trouve parvenue à toute sa taille sur les *aristolochia pistolochia* et *rotunda*, dans le courant de juillet et au commencement d'août.

Pour se métamorphoser, elle se fixe à la plante sur laquelle elle vivait, ou sous quelques pierres dans son voisinage.

La chrysalide est cylindrico-conique, avec la tête coupée en biseau. Elle est d'un gris blanchâtre ou d'une couleur terreuse, qui la rend assez difficile à trouver.

Elle passe l'hiver et éclôt dès le commencement de mars.

L'insecte parfait est assez commun en Provence, dans les environs d'Hyères.

Cette chenille a été découverte par M. Meissonnier, il y a plusieurs années.

Il serait possible qu'elle ne fût qu'une variété locale de la *Thais Hypsipyle*. Elle en diffère par le fond de la couleur et par les petits points noirs placés sur le dos des anneaux.

## THAIS MEDESICASTE. Pl. 2 , fig. 4, 5 et 6.

*Sordide lutescens, lineis quatuor longitudinalibus nigris annulatim
interruptis, spinisque brevibus apice pilosis.*

God. , Pap. de France , II, pl. 3, fig. 3 et 4.
*Papilio rumina.* Hubn. , Pap. , tab. 78, fig. 394, 395 ; et *Papi-
lio medesicaste ,* fig. 632.
Ochs. , *Schmett. von Europ.* , II , p. 127, n° 2.
*Papilio rumina australis.* Esp. I th. , 72 ; cont. 22 , fig. 4.
Herbst, *Schmett.* , tab. 250, fig. 3 , 4.
Devillers , *Ent. Linn.* , tab. 4 , fig. 10.
*Thais rumina ,* variété. Boisd. , *Ind. meth.* , p. 8.

Elle varie pour la couleur, qui est tantôt roussâtre , tantôt
d'un jaune terreux, et quelquefois d'un roux verdâtre, avec
la tête plus foncée. Le dos est marqué en dessus , à partir du
premier anneau , de quatre lignes noires, longitudinales , interrompues à toutes les incisions. De chaque côté, à la hauteur des stigmates , il y a une ligne pareillement noire et interrompue. Outre cela, le corps porte six rangées de tubercules
orangés, surmontés de quelques poils blanchâtres très courts.
Les tubercules situés sur la moitié postérieure du corps sont
souvent un peu plus pâles que les autres, et ceux qui forment
la rangée la plus rapprochée des pattes sont peu prononcés,
et ressemblent à de petits boutons peu saillants. Le dessous
du corps est lisse et de la couleur du dessus. Les pattes sont
un peu plus claires que le corps ; seulement les écailleuses
ont la pointe ferrugineuse.

On trouve cette chenille encore très petite dans la première
quinzaine de juin. A cette époque, elle est d'une couleur
plus foncée. Dans les premiers jours de juillet , elle est parvenue à toute sa taille, et se tient par petits groupes de sept
ou huit sur l'*aristolochia pistolochia,* dont elle mange les
feuilles , et même le fruit quand celles-ci viennent à lui
manquer.

Pour se métamorphoser, elle s'attache à la plante sur laquelle elle a vécu, ou bien elle va se mettre sous une pierre, où elle se fixe comme une *Piéride*.

La chrysalide est cylindrico-conique, de couleur terreuse, avec la tête coupée en biseau. Elle passe l'hiver, et la moitié environ éclôt, en mai de l'année suivante; une partie de l'autre moitié éclôt la seconde année, et le reste après trois années d'état de nymphe.

L'insecte parfait se trouve en Languedoc, en Espagne, et dans quelques parties de la Provence.

C'est encore à M. Daube, de Montpellier, que la science est redevable de la découverte de cette chenille. Il la trouva, pour la première fois en 1828, sur les aristoloches du côté de Montferrier. C'est aussi lui qui a observé le premier que les chrysalides restaient souvent deux ans, et quelquefois trois dans un état de léthargie; phénomène que l'on ne connaissait avant lui que chez quelques Hétércoères.

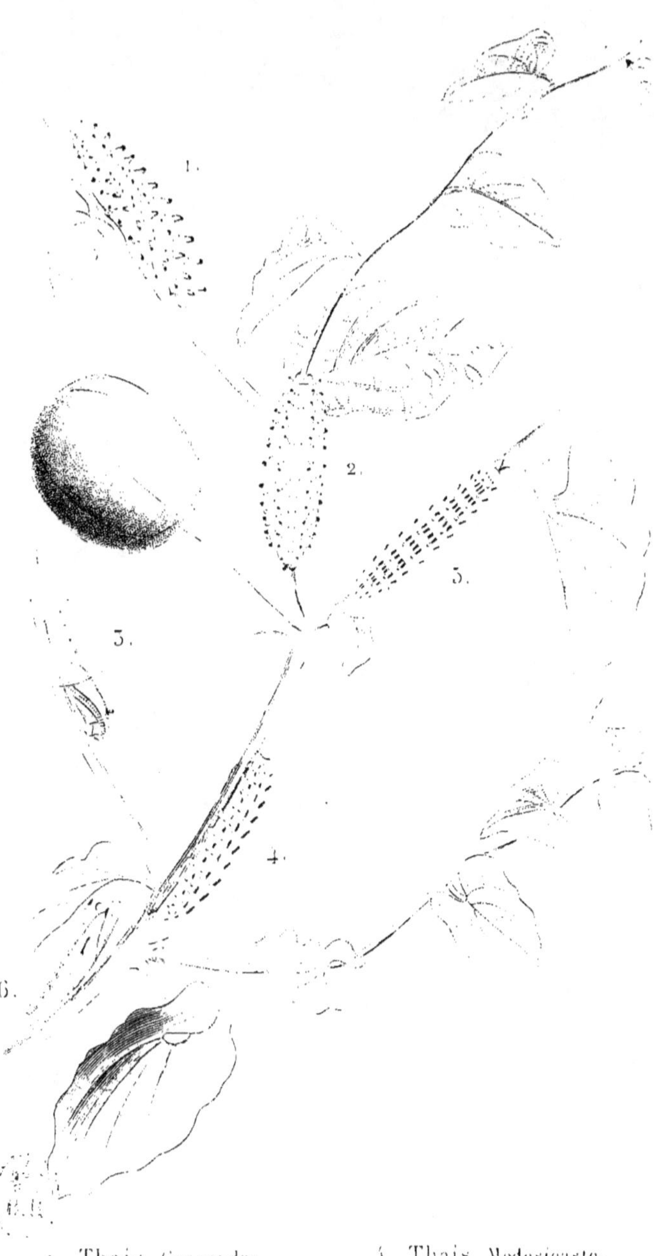

1. **Thais** Cassandra.
2. *Idem vue sur le dos.*
3. *La Chrysalide.*

4. **Thais** Medesicaste.
5. *Idem vue sur le dos.*
6. *La Chrysalide.*

## CERASTIS SATELLITIA. Pl. 25, fig. 3 et 4.

*Atra holosericea, ventre pallidiori, lineis longitudinalibus tenuissimis
obsoletis pallidis, marginali maculis aliquot albis signata; capite
fulvo; scutello nigro fulvo bilineato.*

> BOISD., *Ind. meth.*, p. 86.
> TREITSCHK.-OCHS., *Schmett. von Europ.*, II, p. 414, n° 8.
> *Noctua satellitia.* HUBN., Noct., tab. 38, fig. 182.—Larv. lep.,
>      IV, Noct., II, Gen., M, *c*, fig. 1, *a*, *b*.
> LINN., FAB., WIEN. VERZ., ILLIG., ESP., etc.
> ROESEL., *Ins.*, III th., tab. 50, fig. 1-4.
> La satellite. ERNST, Pap. d'Europe, pl. 300, fig. 511.
> Noctuelle satellite. GOD.-DUP.-, Pap. de France, VI, pl. 80,
>      fig. 4.

Elle est tantôt d'un noir de velours et tantôt d'un noir à
reflet un peu olivâtre, avec quelques petits poils courts très
clair-semés. Elle offre sur chaque côté du dos une petite ligne
longitudinale très fine, souvent peu apparente, et d'une couleur un peu plus pâle que le fond. Ces deux lignes sont jaunes
ou d'un jaune un peu fauve sur le premier anneau et sur l'extrémité du dernier. On observe en outre sur le bord latéral
du premier, du second, du quatrième et du onzième, une
petite tache blanche bien distincte. Celle du premier anneau forme toujours une petite ligne qui le borde dans toute
sa longueur, et qui quelquefois s'étend insensiblement jusqu'aux pattes anales, en liant l'une à l'autre les quatre taches
latérales. La tête est d'un brun clair, un peu plus foncée sur
les côtés. Les stigmates sont d'un noir profond. Le dessous
du corps et les pattes sont d'un gris-rougeâtre livide.

La plaque quadrangulaire ou l'écusson du premier anneau
ne se distingue guère de la teinte générale, que par les deux
petites lignes jaunes qui le divise.

On rencontre quelquefois une variété d'un fauve brun.

On trouve cette chenille parvenue à toute sa grosseur dans
la dernière quinzaine de mai et dans le commencement de

juillet, sur une infinité de plantes basses, et quelquefois sur certains arbres, tels que chêne (*quercus robur*), aubépine (*cratægus oxyacantha*), hêtre (*fagus sylvatica*), etc. C'est plutôt dans les forêts qu'il faut la chercher que dans tout autre lieu. On la voit quelquefois traverser les allées des bois, courant avec une grande vitesse, quoiqu'elle ait l'habitude de se cacher pendant le jour.

En captivité, cette chenille dévore souvent ses semblables.

Pour se métamorphoser, elle forme dans la terre, à peu de profondeur, une légère coque, en attachant quelques grains de cette substance avec des fils de soie.

La chrysalide est cylindrico-conique, d'un rouge brun, terminée par deux petites pointes courtes, parallèles, noires.

L'insecte parfait éclôt en septembre et octobre, et quelquefois en avril de l'année suivante. Il se trouve dans le centre et le nord d'une grande partie de l'Europe.

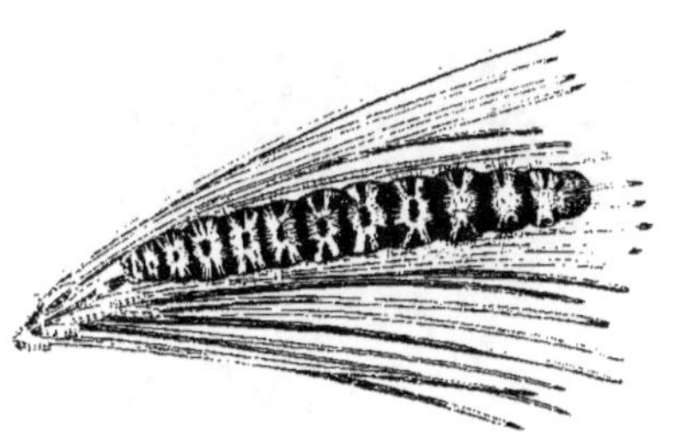

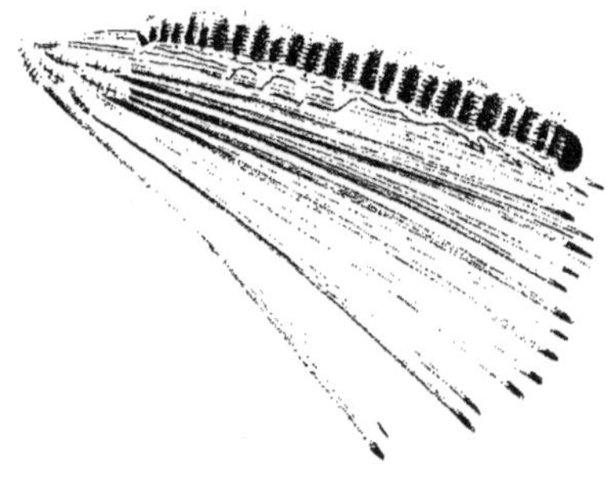

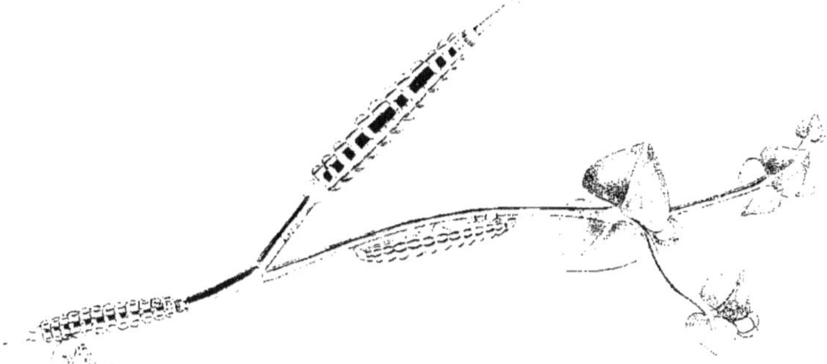

## HELIOTHIS SCUTOSA. Pl. 1, fig. 1, 2 et 3.

*Viridis supra obscurior, vitta dorsali, linea nigra divisa, vittaque
laterali flavis; corpore punctato, parce piloso.*

Boisd., *Ind. meth.*, p. 95.
Treitschk.-Ochs., *Schmett. von Europ.*, III, p. 224, n° 4.
*Noctua scutosa.* Hubn., Noct, tab. 63, fig. 309. — Larv. lep.,
    IV, Noct., III, Semigeom. F, *a*, *b*.
Fab., Illig., Wien. Verz., Esp., Borkh., etc.
La noble. Ernst, Pap. d'Europe, pl. 315, fig. 552.
Noctuelle Écussonnée. God.-Dup., Pap. de France, VII,
    pl. 119, fig. 1.

Elle ressemble un peu par la forme à celle de l'*Armigera*,
mais elle est plus petite. Elle est d'un vert plus ou moins
foncé, avec une ligne longitudinale noire située sur le vaisseau dorsal, atténuée à ses extrémités, et bordée de jaune de
chaque côté. Sur les côtés du corps, au-dessus d'une bande
marginale jaune, on voit une autre bande d'un vert plus
foncé que la teinte générale. Outre cela, tout le dessus du
corps est marqué de petites lignes noirâtres extrêmement dé-
liées, et souvent très peu distinctes, et offre, comme dans la
plupart des *Heliothis*, des points noirs, qui donnent naissance à des petits poils grisâtres. Il y a quatre de ces points
sur le dos de chaque segment, et cinq ou six sur leur renflement latéral, au-dessous des stigmates. Ceux-ci sont noirs
comme les points, et placés à la partie supérieure de la bande
latérale jaune. La tête est verte, ponctuée de noir, avec l'extrémité antérieure un peu plus foncée. Le ventre est plus pâle
que le dessus, avec les pattes un peu plus foncées, et marquées à leur base d'un gros point noir.

Dans sa jeunesse, elle est jaune, marquée de quelques
points noirs sur les côtés.

On rencontre quelquefois une variété dont le fond de la
couleur est seulement verdâtre sur les côtés, avec le dos gri-

sâtre, et séparé de la teinte verte par une ligne blanchâtre.

On trouve cette chenille parvenue à toute sa grosseur sur l'armoise sauvage (*artemisia campestris*) ; pour la première époque, depuis le commencement de mai jusqu'à la mi-juin ; et pour la seconde, depuis la fin d'août jusqu'à la mi-septembre.

Pour se métamorphoser, elle construit avec quelques grains de terre une coque très fragile.

La chrysalide est cylindrico-conique, assez effilée, d'un brun-jaunâtre pâle, avec l'enveloppe des ailes un peu verdâtre.

L'insecte parfait éclôt au bout d'un mois, lorsqu'il provient des chenilles de la première époque ; et en avril ou mai de l'année suivante, si la métamorphose a eu lieu en août ou septembre. Il se trouve dans le midi de la France, en Italie, en Autriche et en Hongrie.

U STAVE DAUBE.

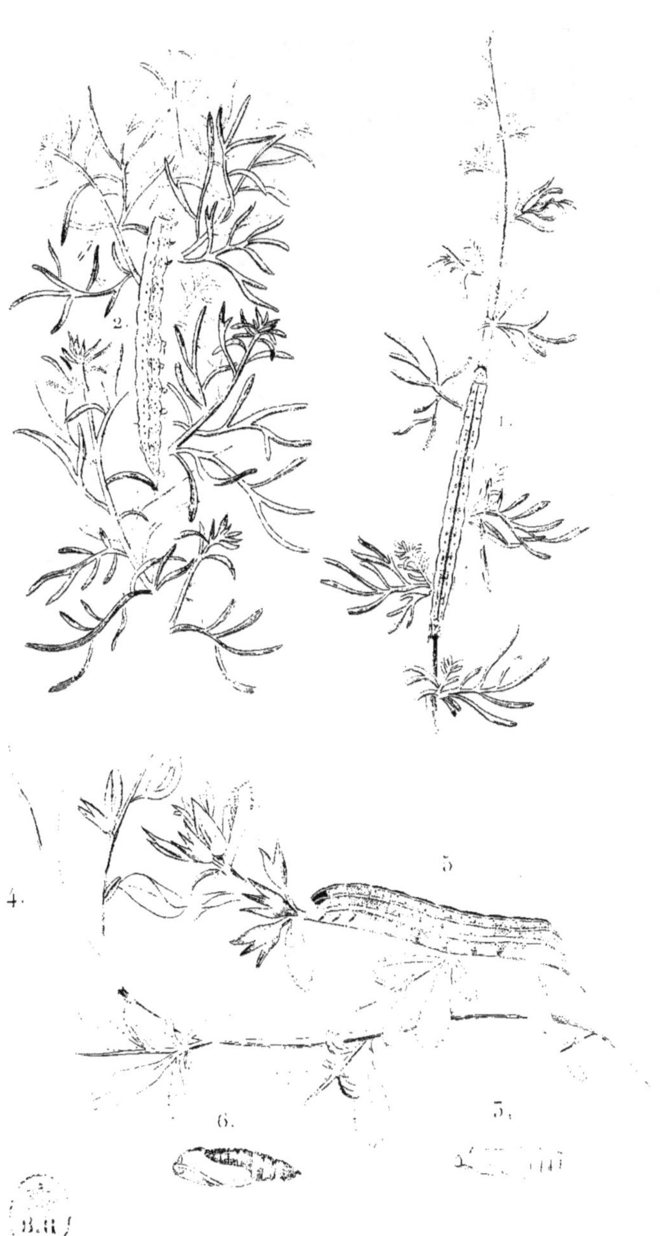

1. Heliothis Scutosa.
2. idem de profil.
3. la Chrysalide

4. Heliothis Marginata.
5. idem variété.
6. la Chrysalide.

## HELIOTHIS MARGINATA. Pl. 1, fig. 4

*Modo viridis albido-virescenti punctulata, striga dorsali obscura, utrinque albida; modo cinereo-violacea pallidiori punctulata, lateraliter obscurior, vitta laterali flava.*

> Treitschk.-Ochs., *Schm. von Europ.*, III, p. 232.
> *Noctua rutilago.* Hubn., Noct., tab. 39, fig. 185. — Larv.
> lepid., IV, Noct., II, genuin. N, *a*, fig. 1, *a*, *b*, etc.
> *Noctua marginata.* Fab., Dup., Devill., etc.

Elle est d'un vert tendre un peu luisant, finement pointillée de blanc verdâtre, principalement sur le dos. La peau est transparente, et laisse apercevoir le vaisseau dorsal. A commencer du second anneau jusqu'au onzième, ce vaisseau est placé entre deux raies fines d'un blanc verdâtre, qui se rapprochent un peu aux deux extrémités. Deux lignes longitudinales semblables sont situées de chaque côté du dos. Le corps est un peu plus foncé sur les côtés. Au-dessus des pattes, est une raie longitudinale d'un jaune pâle. Les stigmates sont placés à la partie supérieure de cette raie; on ne les aperçoit que difficilement à l'œil nu; vus à la loupe, ils sont couleur de chair, finement cerclés de brun. Le dessous du ventre est de la même couleur que le reste du corps, avec les pattes un peu plus pâles; la pointe des écailleuses est brune, ainsi que la couronne des membraneuses. La tête est d'un vert-tendre jaunâtre, luisant. Le premier anneau a un écusson à-peu-près du même vert que le corps. On aperçoit aussi çà et là sur le corps quelques petits poils gris, très fins et peu visibles.

Cette chenille offre une variété que l'on trouve presque aussi fréquemment que celle que nous venons de décrire. Elle est d'un gris-violet un peu luisant, plus obscur sur les côtés, finement pointillée de blanc lilas, particulièrement sur le dos. Une raie assez large d'un brun violet, bordée de chaque côté de blanc lilas, est située sur le vaisseau dorsal. De chaque côté du dos, on voit une ligne longitudinale de la même couleur, mais d'une teinte un peu plus vive. Au-dessus des pattes est une bande longitudinale d'un jaune citron, rétrécie aux deux extrémités, et lavée d'orangé sur le milieu des anneaux. Les stigmates, qui ne sont pas visibles à l'œil nu, sont placés à la partie supérieure de cette bande ; examinés à la loupe, ils sont comme dans la variété précédente, et situés sur un petit espace orbiculaire blanchâtre. Le milieu du ventre est d'un gris livide. Sur le premier anneau, il y a un écusson d'un noir luisant, traversé par les lignes latérales qui sont blanches en cet endroit. Au-dessus de l'anus est une tache noire carrée. On voit en outre sur différentes parties du corps des points noirs, qui donnent naissance à de petits poils gris peu visibles. Il y en a quatre sur le dos de chaque anneau, dont les deux antérieurs sont les plus rapprochés du vaisseau dorsal. Il y en a un au-dessus, et un autre au côté postérieur de chaque stigmate ; enfin, on en voit encore deux autres au-dessus des pattes. La tête est d'un jaune-fauve luisant. Les pattes écailleuses sont d'un noir luisant ; les membraneuses sont d'un gris livide, avec une grande tache oblongue d'un brun-noir luisant, sur le côté. Ce n'est qu'à la dernière mue que cette variété prend sa livrée ; jusqu'à cette époque elle est comme la précédente.

Cette chenille vit sur l'arrête-bœuf (*ononis arvensis*), dont elle ne mange que les fleurs et les boutons. Elle se tient ordinairement au pied ou sur la tige de cette plante. En froissant les touffes, on la fait tomber par terre, et on la trouve plus facilement. Elle est encore très petite au commencement de juillet, et elle parvient à toute sa grosseur à la fin de ce mois, ou dans la première quinzaine du mois d'août. Elle se fait alors une coque légère, en attachant des grains de terre avec des fils.

La chrysalide est cylindrico-conique, assez effilée, d'un brun-testacé luisant, plus obscur sur le dos, avec les articulations légèrement chagrinées, et une petite protubérance anale noire, terminée par deux petites épines rapprochées.

L'insecte parfait paraît vers la fin de mai ou dans le courant de juin de l'année suivante ; il se trouve çà et là dans plusieurs parties du centre et du midi de l'Europe.

## ACRONYCTA ALNI. Pl. 4, fig. 1 et 2.

*Nigro-chalybea pilis rariusculis, elongatis, rigidis, apice dilatato-cla-
vatis ; singulo segmento supra macula transversali flava notato.*

Boisd., *Ind. method.*, p. 60.
Treitschk.-Ochs., *Schmett. von Europ.*, I, p. 16, n° 5.
*Noctua alni.* Hubn., Noct., tab. 1, fig. 2.—Larv. lepid., IV,
    Noct., I, Bombycoïd., B, *b*, fig. *a-d.*
Linn., Fab., Esp., Bork., etc.
*Noctua degener.* Wien. Verz., G, 70, fam. E, 4.
La phalène à avirons. De Geer, tab. XI, fig. 25-27, IV,
    p. 122.
L'aunette. Ernst, Pap. d'Europe, pl. 254, fig. 386.
Noctuelle de l'aune. God.-Dup., Pap. de France, VI, pl. 87,
    fig. 5.

Lorsqu'elle est parvenue à toute sa taille, elle est d'un
noir-velouté à reflet bleuâtre, avec une tache transversale
d'un jaune-citron sur le dos de chaque segment, dont chacun, moins le second, le troisième et le dixième, porte
en outre deux gros poils tentaculiformes, longs, dilatés en
massue ou en spatule à leur extrémité, naissant de l'angle latéral des taches jaunes. Le premier anneau en offre
deux de chaque côté, et le dernier est garni de quelques petits poils de la même couleur. La tête est noire, cordiforme,
avec une petite ligne blanchâtre en forme d'Y, souvent très
peu distincte.

Avant sa dernière mue, cette chenille est quelquefois grisâtre, pointillée de noir, avec les quatre derniers anneaux
d'un blanchâtre sale, et la tête jaunâtre.

On la trouve, mais très rarement, en juin, juillet et août,
sur le saule (*salix*), les peupliers (*populus*), le tilleul (*tilia
Europæa*), le bouleau, (*betula alba*), l'aune (*alnus viscosa*),
le chêne (*quercus robur*).

Elle file une coque légère entre les feuilles ou dans les gerçures des écorces.

La chrysalide est cylindrico-conique, un peu alongée, d'un brun rouge, terminée par une pointe munie de petits crochets.

L'insecte parfait éclôt en avril ou mai de l'année suivante. Il se trouve en Suisse, dans quelques parties de la France, en Suéde et en Allemagne; mais il est très rare par-tout, et manque encore dans un grand nombre de collections.

1. Acronycta Alni.
2. Idem vue sur le dos.
3. Acronycta Leporina.
4. Acronycta Leporina lar.
5. Idem jeune.

## ACRONYCTA LEPORINA. Pl. 4, fig. 3, 4 et 5.

*Modo viridis, modo fusca, pilis densis lanuginosis albidis, vestita.*

Boisd., *Ind. meth.*, p. 60.
Treitschk.-Ochs., *Schmett. von Europ.*, I, p. 5, n° 1. —Variété *Acronycta bradyporina*, loc. cit., p. 9, n° 2.
*Noctua leporina.* Hubn., Noct., tab. 3, fig. 15.—Larv. lep.,
IV, Noct., I, Bombycoïd., B, *d*, fig. 1, *a*. —Variété, *Noctua leporina*, fig. 16, et *Bradyporina*, fig. 570-571.
*Noctua leporina.* Linn., Fab., Ili., Esp., Borkh, etc.
Sepp, *Need. Ins.*, tab. 23, fig. 1-7.
Le flocon de laine. Ernst, Pap. d'Europe, pl. 216, fig. 296.
Noctuelle lièvre. God.-Dup., Pap. de France, VI, pl. 87, fig. 3.

Le plus ordinairement cette chenille est verte ou d'un vert-blanchâtre pâle, avec tout le corps couvert de longs poils fins, soyeux, blancs ou d'un blanc jaunâtre, qui lui donnent l'apparence d'un flocon de laine. Ces poils sont si nombreux que ce n'est qu'avec peine que l'on distingue la couleur des anneaux. Outre ces poils blancs, on remarque presque toujours avant la dernière mue, et souvent après, un petit bouquet de poils noirs, dilatés chacun à leur extrémité, situé sur le quatrième, sixième ( et quelquefois septième et huitième ) et onzième anneau. Souvent les trois premiers anneaux offrent aussi en dessus quelques traits noirs, qui disparaissent ordinairement à la dernière mue.

On trouve une variété dont le corps est brunâtre, avec les poils d'un blanc jaunâtre, et qui, comme la variété ci-dessus, offre tantôt des petites houppes dorsales noires, et tantôt en est dépourvue.

On en voit aussi qui sont presque d'un jaune citron, avec de petites houppes noires.

Dans leur jeunesse, les petites chenilles sont d'un vert-pâle tirant sur le jaunâtre, avec les poils très longs, et d'un blanc un peu verdâtre. A cette époque, elles ont toujours sur le dos des petits bouquets de poils noirs.

La chenille que quelques auteurs allemands regardent comme une espéce particulière, qu'ils appellent *Bradyporina*, ne diffère de la *Leporina*, que parcequ'elle est d'un vert clair. Suivant eux, c'est elle qui produit les individus dont les ailes supérieures sont sablées d'atomes noirâtres.

On trouve la chenille, depuis le mois de juin jusqu'à la fin d'octobre, sur le bouleau (*betula alba*), l'aune (*alnus viscosa*), le tremble (*populus tremula*), les peupliers (*populus*), les saules (*salix*), et quelquefois sur l'orme (*ulmus campestris*).

Elle file une coque entremêlée de poils et de petits morceaux d'écorce, dans laquelle elle se change en chrysalide.

Celle-ci est d'un brun foncé, avec une pointe anale obtuse. L'insecte parfait se trouve en mai et en août dans les bois du centre et du nord de l'Europe.

## CUCULLIA ABSINTHII. Pl. 33, fig. 3.

*Glauco-virescens, segmentis dorso rufescentibus albo strigatis.*

Boisd., *Ind. meth.*, p. 89.
Treitschk. Ochs., *Schm. von Europ.*, III, p. 92, 4.
*Noctua absinthii.* Linn., *Syst. nat.*, I, 2, p. 845, 133.
Fab., *Ent. Syst.*, III, 2, 88, 261,
Borkh., *Eur. Schm.*, IV, th. S., 281, 119. — Schrank.
    Rossi, etc.
Hubn., *Noct.*, tab. 53, fig. 258.
Esp., *Schm.*, IV, th., tab. 116.
La pointillée. Ernst., *Papil. d'Europ.*, pl. 245, f. 361.
L'iota? Geoffroy, *Hist. des Ins.*, II, p. 158, n° 95.
Cucullie de l'absinthe. God.-Dup., VII, , pl. 125, fig. 7.

Elle est verte ou d'un blanc verdâtre, avec les anneaux très
saillants, marqués chacun de huit petits tubercules roussâtres,
savoir : quatre sur le dos disposés par paires, dont les deux
antérieurs plus rapprochés ; deux de chaque côté placés
obliquement en arrière des stigmates, qui sont roux et finement cerclés de noir. En outre, toute la chenille ou chaque
anneau si l'on veut, est varié de roux, de blanc et de verdâtre,
de manière à former plusieurs dessins obliques tant verts que
blanchâtres.

Le ventre est verdâtre avec plusieurs stries longitudinales
obscures. Les pattes sont de la même couleur. La tête est grisâtre un peu rousse sur les côtés.

Elle se trouve depuis juillet jusqu'à la fin de septembre par
petits groupes sur l'absinthe commune (*artemisia absinthium*),
et quelquefois sur la petite absinthe (*artemisia pontica*) ou
même sur l'*abrotanum*. Elle se confond tellement avec les fleurs
de l'absinthe par sa couleur, qu'il est très difficile de l'apercevoir, à moins qu'il ne soit tombé de la pluie, parcequ'alors
l'absinthe prend une couleur verte qui tranche un peu avec
celle de la chenille.

Elle fait, comme les espéces congénères, une coque ovale, composée de grains de terre liés avec des fils de soie.

La chrysalide est d'un jaune verdâtre, avec la gaîne des pattes postérieures brune.

L'insecte parfait éclót en septembre, ou en juin de l'année suivante; il se trouve dans le nord de la France et dans plusieurs contrées de l'Allemàgne. Il est commun en Normandie et en Angleterre.

## CUCULLIA SANTOLINÆ. Pl. 33, fig. 1 et 2.

*Viridis vel purpureo-virescens vitta dorsali regulatim sinuata rosea,
alterisque lateralibus sinuosis albidis.*

RAMBUR, *in Ann. de la Soc. Ent.* (1834), pl. 8, fig. 4 et 4ᵃ.

Elle varie pour la couleur, qui est tantôt vineuse, tantôt
d'un roux verdâtre, mais le plus ordinairement verte ou in-
termédiaire entre ces nuances. Elle a sur le dos une bande
sinuée, rose, entière, ou interrompue aux incisions par
du blanc. Cette bande est limitée par une ligne noire plus
foncée sur le milieu de chaque anneau. Plus bas la teinte est
d'un vert obscur, en forme de bande, bordée par une ligne
noire inégalement foncée, très sinueuse, après laquelle vient
une raie d'un blanc bleuâtre, obscurcie au milieu de chaque
anneau, où elle est marquée de deux points blancs. Depuis
cette bande jusqu'un peu au-delà des stigmates, la couleur
est d'un vert obscur, et sur cette teinte un peu au-dessus des
stigmates, on voit une série de croissants blanchâtres ou d'un
blanc verdâtre, bordés en dessous par une ligne noire. Les
stigmates sont ovoïdes, noirs, suivis d'une raie sinuée d'un
blanc jaunâtre, marquée ordinairement, dans les variétés vertes ou verdâtres, d'un petit trait rose sous chaque stigmate.
La teinte devient ensuite d'un vert roussâtre ou vineux, avec
une serie de points blancs.

Le ventre est pâle, avec les pattes d'un vert roussâtre ou
vineux. La tête est d'un vert sale ou d'une teinte vineuse sablée
de noirâtre et marquée d'une ligne noire en forme de A.

Nous avons trouvé cette chenille dans l'île de Corse sur
l'*artemisia arborea ;* M. Daube l'a découverte aussi sur l'armoise des champs, *artemisia campestris,* aux environs de
Montpellier.

59.

Elle forme une coque semblable à celle de la *Chrysanthemi*. L'insecte parfait éclôt en novembre et décembre, et l'on trouve la chenille dans le courant d'avril.

## CUCULLIA TANACETI. Pl. 33, fig. 4.

*Glauco-albida nigro punctata lineis quinque flavis.*

Boisd., *Ind. meth.*, p. 89.
Treits.-Ochs., *Schm.*, III, p. 100, 8.
*Noctua tanaceti.* Hubn., *Noct.*, tab. 54, fig. 265. — Larv.
    lepid., IV, *Noct.*, II, *Genuin.*, V, b. c., fig. 2. a. b.
Fab., *Ent. Syst.*, III, 2, 121, 366.
Borkh., *Eur. Schm.*, IV, th. S., 199, n° 126. — Wien. Verz.,
    Illig., Fuessl., Schrank, etc.
La cendrée. Ernst., *Papil. d'Europ.*, pl. 247, f. 366.
Cucullie de la tanaisie. God. — Dup., VII, *Papil. de France*,
    pl. 126, fig. 4.

Elle a quelques rapports, au premier coup d'œil, avec les espéces qui mangent les *verbascum* et les *scrophularia.*

Le fond de sa couleur est d'un blanc glauque luisant, avec cinq raies d'un beau jaune-citron, dont trois dorsales et une de chaque côté entre les pattes et les stigmates. Outre ces raies, tout le corps de la chenille est tigré de points noirs, et offre quelques petits poils clair-semés de la même couleur, mais peu visibles. La tête est aussi ponctuée de noir et marquée d'une espéce de V jaune dont la pointe est dirigée par en haut.

Le dessous du ventre et les pattes sont d'un blanc un peu glauque, quelquefois d'un blanc qui a quelque chose de bleuâtre ou de verdâtre, finement ponctué de noir. Il y a aussi quelquefois une apparence de raie jaunâtre qui s'étend d'une patte à l'autre.

On la trouve à la fin de juillet et quelquefois en septembre sur l'absinthe ordinaire *artemisia absinthium*, l'*artemisia abrotanum*, la tanaisie *tanacetum vulgare,* la millefeuille, *achillea millefolium*, la camomille, *matricaria chamomilla.*

Elle forme, dans la terre ou à sa surface, un cocon ovale, avec des grains de cette substance réunis avec des fils de soie comme la *Verbasci.*

La chrysalide est verdâtre, avec les enveloppes des ailes d'un brun jaunâtre ainsi que la gaîne des pattes postérieures. L'insecte parfait éclôt en septembre, ou en juin de l'année suivante. Il se trouve dans le centre et le midi de la France, et dans plusieurs contrées de l'Allemagne.

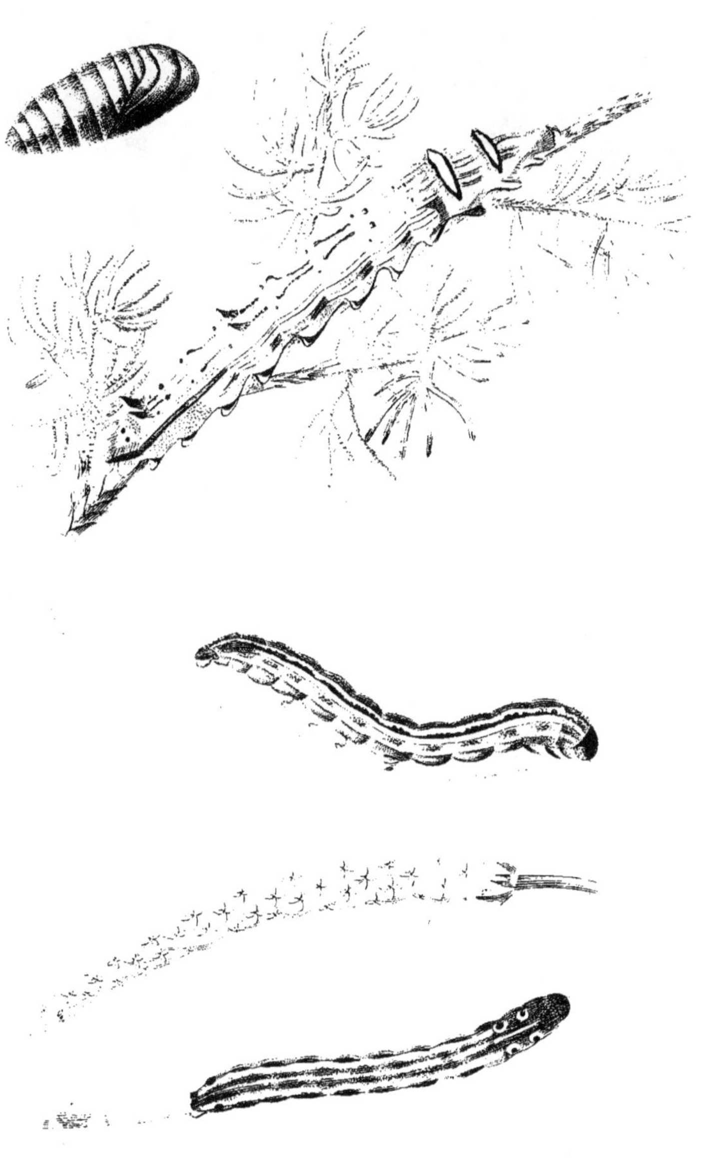

## PROCRIS INFAUSTA. Pl. 5, fig. 1 et 2.

*Flavescens pilosula, vittis dorsalibus rubro-violaceis nigro limbatis.*

Boisd., *Ind. meth.*, p. 38.
*Atychia infausta.* Ochs., *Schm.*, III, p. 17, 4.
*Sphinx infausta.* Hubn., *Sphing.*, tab. 1, f. 5. — Larv.
  lepid., 11. *Sphing.*, I. *Papilion.*, A. a. b., fig. 4. a.
Linn., S. N. I. 2., p. 807, 43.
Fab., *Ent. Syst.*, III, 1, 397, 38.
Borkh., *Europ. Schm.*, II, th. S. 32, n° 23. — Fuessl.,
  Scrib., etc.
Esp., *Schm.*, II. th., tab. 35. Cont. X, f. 4.
Sphinx des haies. Ernst., *Papil. d'Europ.*, pl. 103, f. 152.
  a. b.
Aglaope malheureuse. God., III, *Pap. de France*, pl. 22, f. 18.

Elle est jaune, garnie de petites touffes de poils comme les
espéces congénères, avec deux bandes dorsales d'un rose
violet, separées l'une de l'autre par la couleur du fond qui
forme une bande médiane jaune, divisée par de petits traits
noirâtres. Au-dessous de chaque bande violette on voit une raie
noire, paralléle, suivie d'une raie blanche très sinuée, marquée de petits points noirs, et suivie elle-même d'une raie
noire fortement sinuée. Les stigmates sont noirs et entourés
de poils blanchâtres. Le dessous du corps est d'un jaune un
peu blanchâtre. La tête est noire ainsi que les vraies pattes. Le
premier anneau est grisâtre en dessus, avec la partie antérieure
plus ou moins lavée de rose.

Elle se trouve pendant tous les mois de juin et de juillet sur
l'aubépine (*cratœgus oxyacantha*), le prunellier (*prunus spinosa*),
l'amandier, etc., dont elle ne mange ordinairement que le pa-
renchyme des feuilles. Elle est si commune aux environs de
Montpellier qu'à la fin de juillet il semble que toutes les haies
d'aubépine et de prunellier aient été brûlées. Il ne reste plus

une feuille intacte, et il y a des années où il périt beaucoup de ces chenilles, faute de nourriture.

Elle file à fleur de terre une coque de soie blanche, dans laquelle elle passe à l'état de nymphe.

Celle-ci est très courte, de couleur jaunâtre, avec l'enveloppe des ailes plus foncée. L'insecte parfait éclôt après quinze jours de métamorphose. Il ne paraît qu'une fois par an, et se trouve communément dans tout le midi de la France. – –
Gustave Daube.

## DEILIPHILA CELERIO. Pl. 13.

*Fusca ( rarius viridis ) atomis obscurioribus lineisque duabus pallidiori-*
*bus, segmento quarto ocellato, quinto sub-ocellato.*

Boisd., *Ind. meth.*, p. 32.
Ochs., *Schm.*, III, p. 205, 2.
*Sphinx celerio.* Linn., *Syst. nat.*, I, 2, p. 800, 12.
Fab., *Ent. Syst.*, III, 1, p. 370, 43.
Hubn., *Sphing.*, tab. 10, f. 59. — Larv. lepid., 11. Sph., III,
   Leg. B. a. b., fig. 1. a. b.
Esp., *Schm.*, II, th., tab. 8, fig. 1. 2. 3. — Tab. 28, f. 1, et
   tab. 45, fig. 3.
Cram., *Papil.*, pl. 125. E. — Borkh., Fuessl., Illig., etc.
Le phénix. Ernst., *Papil. d'Europ.*, pl. 110, fig. 157. a. e.
Sphinx célério. God., *Papil. de France*, III, pl. 18, fig. 2.

Cette chenille est le plus ordinairement d'un gris noirâtre sur le dos, pointillée de noir. La couleur des côtés est
plus pâle, séparée de la teinte dorsale par une raie d'un gris
blanchâtre. Cette partie pâle est pointillée de noir dans sa
moitié supérieure, et de blanchâtre inférieurement. Les stigmates sont roussâtres, cerclés de brun, et précédés chacun
d'un gros trait oblique d'un gris obscur. Le quatrième anneau est marqué de chaque côté d'une tache oculaire d'un
noir pourpré, pointillée de blanc et cerclée de jaunâtre,
et le cinquième d'une tache ovale d'un jaune pâle, mais
plus petite, non pupillée et légèrement cerclée de noirâtre. La queue est noirâtre, assez grêle et assez longue. Le
dessous du ventre et les pattes sont d'un gris-rosé pâle.
Outre cela, les premiers anneaux offrent ordinairement
deux bandes latérales d'un gris blanchâtre, qui finissent
par se fondre avec la teinte pâle des côtés.

L'œuf est vert, et les petites chenilles, après leur éclosion, sont d'un vert très clair, avec la plus grande partie
du dessin qu'elles offrent lorsqu'elles sont adultes. Leur

accroissement est très rapide, et, dans huit ou dix jours, elles subissent trois changements de peau : elles restent vertes jusqu'à leur dernière mue, après quoi elles passent au brun noirâtre. Il en est cependant qui, comme *Elpenor*, conservent leur couleur primitive jusqu'à leur métamorphose : dans ce cas, elles sont d'un beau vert pointillé de vert obscur, avec les parties latérales sablées de blanchâtre, et séparées de la partie dorsale par une raie claire qui s'étend du second œil à la base de la queue ; celle-ci est d'un pourpre violâtre. La tache oculaire du quatrième anneau est d'un vert obscur, cerclée de jaune, et pointillée de blanc verdâtre.

Elle vit sur la vigne, et se chrysalide à fleur de terre, en réunissant plusieurs feuilles à l'aide de fils de soie.

La chrysalide est d'un gris-roussâtre pâle, saupoudrée de brunâtre, avec les stigmates noirs.

L'insecte parfait éclôt au bout de quinze jours, si la métamorphose a lieu à la fin de l'été, et au printemps suivant, si elle s'est accomplie à la fin de l'automne.

Il se trouve dans le midi de l'Europe, et quelquefois dans le centre ou même dans le nord ; il est très commun en Afrique et aux Indes-Orientales. — GUSTAVE DAUBE.

## ZYGÆNA RHADAMANTHUS. Pl. 4, fig. 1-3.

*Pilosula, cinerea, vittis duabus dorsalibus nigris, punctisque latera-*
*libus flavis; collari rubro.*

Boisd., *Ind. meth.*, p. 37.
Boisd., *Monog. des Zygénides*, pl. 5, fig. 8.
Ochs., *Schm.*, II, p. 86, 24.
God., *Papil. de France*, III, pl. 22, f. 9.
*Sphinx rhadamanthus.* Hubn., *Sphing.*, tab. 4, fig. 23.
Esp., *Schm.*, II, th., tab. 40. *Cont.* 15, fig. 1-2.
Borkh., *Rhein. Magaz.*, I, B. S., 644, 22.

Elle est d'un gris blanchâtre ou plutôt d'un gris de perle,
garnie de petites touffes de poils blanchâtres, comme les espéces congénères. Le dessus du dos est marqué de chaque
côté d'une bande longitudinale noire, quelquefois un peu interrompue dans les incisions. Au-dessous de cette bande, le
fond est un peu plus blanc, et offre une série de sept points
d'un beau jaune, dont un par anneau, à partir du troisième
jusqu'au dixième inclusivement. Entre les points jaunes et les
pattes, il y a deux raies d'atomes noirâtres plus ou moins
prononcées.

Le premier anneau est noir, bordé antérieurement par
un collier rouge; la tête est également noire; le ventre est
grisâtre avec les pattes membraneuses rougeâtres; les pattes écailleuses sont noires, avec la base un peu rougeâtre.

Elle vit depuis janvier jusqu'en février sur le *dorycnium*
*suffruticosum.*

Pour se métamorphoser, elle se retire sous les pierres, où
elle forme une coque ovoïde, blanche, de la consistance de

la coquille d'œuf, et qui, vue de côté, a quelque rapport avec un haricot.

L'insecte parfait se trouve assez communément en Languedoc, dans quelques parties de la Provence et en Espagne. — GUSTAVE DAUBE.

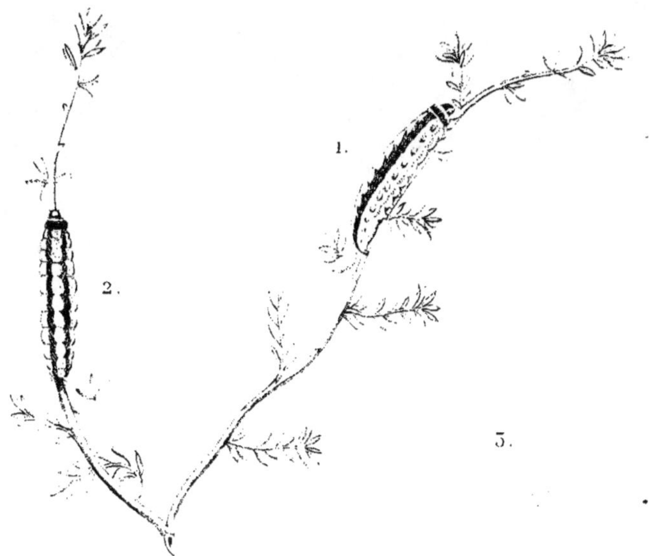

1. Zygæna Rhadamanthus.      4. Zygæna Occitanica.
2.      id.   de Profil.      5.      id.   de Profil.
3. Le Cocon.                  6. Le Cocon.

## XYLINA LEAUTIERI. Pl. 34, fig. 2 et 3.

*Viridis, linea dorsali, strigis sub-obliquis punctisque parvis albidis;
strigis lateralibus albis purpureo desuper marginatis.*

Boisd., *Ind. meth.*, add., p. 6.
Treitschk.-Ochs., *Schm. von Europ.*, XI.
Cantener, *Catalog. des Lépidopt. du Var*, p. 16.
*Xylina sabinæ?* Treits.-Ochs., *op. cit.*, XI.
*Xylina lapidea?* Treits.-Ochs., *op. cit.*, III, p. 19, 6.
*Noctua lapidea?* Hubn., *Noct.*, tab. 82, f. 382.
*Cucullia lapidea?* Treits.-Ochs., *op. cit.*, XI.

Nous pensons que les *Xylina lapidea, sabinæ* et *Leautieri*
pourraient bien être la même espéce. Cependant M. Treitschke
a cru devoir en faire trois; il a même, dans son supplément
aux noctuelles, reporté la *Lapidea* dans le genre *Cucullia*, ce
qui paraît d'autant moins naturel qu'il dit dans le tome III,
p. 80, que Dahl a trouvé la chenille de la *Lapidea* sur des
jeunes pousses de cyprès, et qu'elle ressemblait un peu, pour
le dessin, à celle d'*Abrotani :* ce qui est précisément le cas de
notre *Leautieri.* D'ailleurs aucune espéce de *Cucullia* ne vit
sur les arbres.

Notre chenille est d'une belle couleur verte, avec une
bande dorsale blanche, élargie régulièrement à chaque incision et accompagnée de chaque côté de deux petits points
de la même couleur, disposés par paires; au-dessous de
ceux-ci, il y a une suite de traits longitudinaux blancs,
alignés, pointus à chaque extrémité; plus bas, et un peu au-
dessus des stigmates, est une seconde suite de traits blancs
surmontés chacun d'un trait pourpre, et formant une bande
interrompue; au-dessous de ces traits blancs on voit deux
petits points de la même couleur, disposés obliquement; les
stigmates sont blancs, placés sur un fond un peu plus obscur
que la teinte générale; la tête est d'un vert-clair, pointillée
de blanc.

Le dessous du corps est d'un vert jaunâtre, avec une raie brune de chaque côté; les pattes sont vertes, avec la couronne des membraneuses d'un pourpre rougeâtre.

On la trouve, parvenue à toute sa taille, sur le cyprès (*cupressus sempervirens*) et sur quelques *juniperus,* dès les premiers jours de mars; mais on en rencontre encore à la mi-juin et même plus tard. En battant les cyprès, aux environs de Montpellier, on en fait quelquefois tomber en grande quantité. Dans sa jeunesse elle est entièrement jaune.

Elle file une coque en terre, d'un tissu assez épais; elle ne passe à l'état de nymphe que quinze jours avant de donner l'insecte parfait.

Celui-ci éclôt depuis le mois d'août jusqu'en décembre, et même plus tard. Il se trouve en Provence, en Languedoc, en Corse, et probablement dans toutes les parties de l'Europe méridionale où croît le cyprès. — Communiqué par M. Gustave Daube.

1. Xylina Rhizolitha.
2. Xylina Leautieri
3. Xylina Leautieri *de Profil.*
4. Xylina Merkii.

## XYLINA MERKII. Pl. 34, fig. 4.

*Viridis flavo punctata, linea dorsali interrupta, alteraque laterali flavis.*

Rambur, *in Ann. de la Sociét. Ent.* (1832), pl. 9, fig. 6.

Elle a le port de *Conformis* et ressemble un peu à certaines variétés de cette espéce.

La chenille est d'un vert jaunàtre, pointillée de jaune, avec trois lignes dorsales de la même couleur, dont la médiane plus étroite et un peu interrompue, mais visible dans toute sa longueur ; les deux autres n'offrent ordinairement aucune interruption.

Les stigmates sont noirs, ovoïdes, avec le centre fauve ou d'un blanc roussâtre ; la tète est d'un vert jaunâtre un peu glauque.

Le dessous du ventre est d'un vert pâle, avec des atomes jaunes sur les anneaux dépourvus de pattes.

Les pattes sont d'un vert jaunàtre, pointillées de jaune.

Outre cela, tout le corps offre çà et là quelques petits poils clair-semés, peu sensibles.

On trouve cette chenille au mois de mai sur l'aune (*alnus viscosa*).

Pour se métamorphoser elle entre en terre et forme, comme les espéces voisines, une coque, dans la composition de laquelle il n'entre que quelques fils de soie.

La chrysalide est d'un noir un peu rougeàtre et de forme ordinaire.

L'insecte parfait éclôt en octobre et novembre. Il est encore très rare dans les collections, et n'a été trouvé jusqu'à présent que dans l'île de Corse et aux environs de Lyon ; mais il est probable qu'on le découvrira dans les autres localités du midi de la France où croît l'aune.

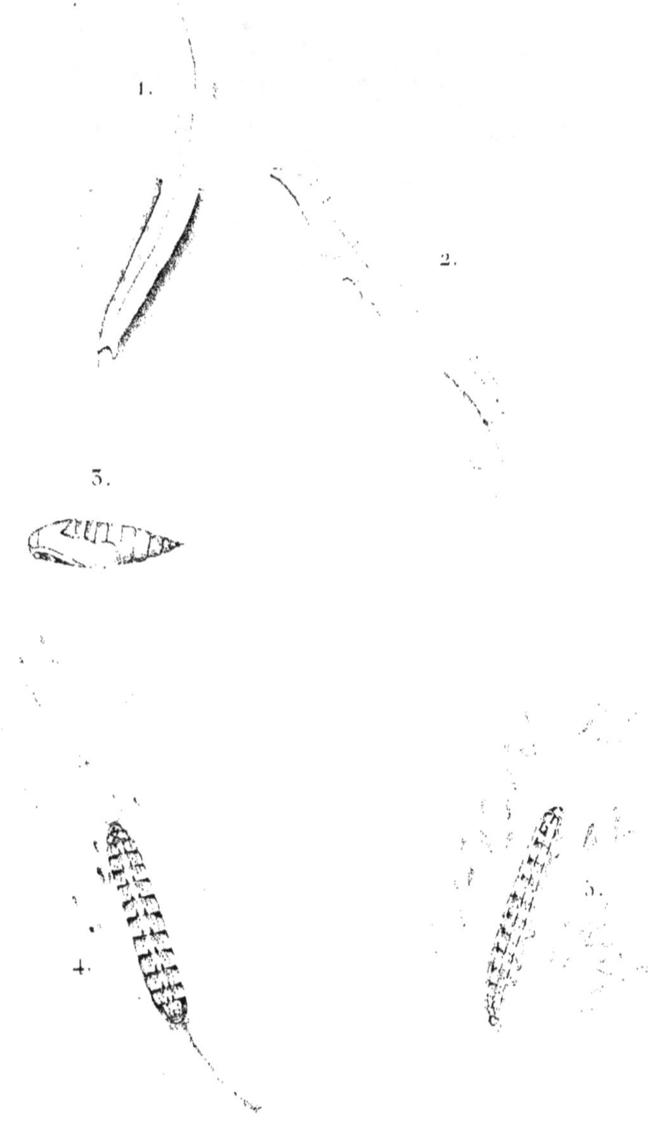

1. Gonoptera Libatrix
2.    id.    de Profil.
3. La Chrysalide.

4. Xanthia Xerampelina.
5.    id.    de Profil

1. Hadena *Æthiops.*
2.    id. *Variété.*
3.    id. *Variété.*
4.    id. *Jeune.*
5. *La Chrysalide.*

6. Polia *Venusta.*
7.    id. *Variété.*
8.    id. *Jeune.*

*Vauché pinx.         Borromée dir.*

## HADENA ÆTHIOPS. Pl. 31, fig. 1-5, et pl. 32, fig. 1.

*Viridis, vel fusco-viridis lineis duabus pallidioribus, vittaque laterali
desuper nigro vel purpureo limbata.*

*Noctua æthiops.* Boisd., *Ind. meth.*, p. 65.
*Agrotis æthiops.* Treits.-Ochs., *Schm.*, I, p. 134, 28.
Noctuelle négresse. God., *Papil. de France*, V, pl. 71, fig. 4.
*Noctua nigricans.* Hubn., *Noct.*, tab. 116, f. 538.
La noirâtre. Ernst., *Papil. d'Europ.*, pl. 278, fig. 455.
a. b. c.

Elle varie beaucoup pour la couleur, qui est quelquefois
rousse en dessus, quelquefois d'un vert jaunâtre, mais le
plus ordinairement verte. Il est des cas où elle a un dessin
très prononcé, tandis qu'il en est d'autres où elle est uni-
colore, avec une bande marginale jaunâtre ou blanchâtre;
enfin, dans certaines circonstances, il est presque impossible de la distinguer de la *Lutulenta*. Le plus ordinairement
elle a sur le dos trois lignes fines, parallèles, jaunâtres, roussâtres ou blanchâtres, un peu interrompues, assez écartées,
n'atteignant pas ordinairement les deux extrémités; et, sur
les côtés, une bande jaunâtre ou un peu blanchâtre, souvent
bordée, par en haut, d'une teinte pourprée qui supporte les
stigmates. Ceux-ci sont d'un blanc jaunâtre, cerclés de noir,
et quelquefois situés sur des traits longitudinaux noirs.

Souvent la ligne dorsale est tout-à-fait nulle, ou remplacée
par une suite de traits noirs alignés.

La tête et les pattes écailleuses sont verdâtres, ainsi que le
dessous du corps.

On rencontre fréquemment, dans le midi de la France, une
variété d'un vert jaunâtre, dont le dos est couvert de taches
alignées, d'un roux ferrugineux, entrecoupées par une suite
de traits noirs, et encadrées par quatre petits points également noirs, disposés par paires. Les stigmates sont situés
sur des traits noirs alongés, précédés d'une raie d'atomes

61

ferrugineux, et appuyés sur une bande jaune, au-dessous de laquelle on voit encore quelques groupes d'atomes ferrugineux.

Elle se trouve depuis la mi-avril jusqu'à la fin de mai, sur une infinité de plantes basses, et même sur la vigne et quelques jeunes pousses d'arbustes.

Elle entre en terre, et fait une coque très légère et presque sans soie.

La chrysalide est d'un rouge obscur, très foncé sur l'enveloppe des ailes; elle se termine en une pointe mousse, très courte et sans crochets.

L'insecte parfait éclôt en septembre et octobre; il n'est pas très rare dans le centre et le midi de la France.

1. Hadena *Ethiops*
2. Hadena *Latulenta.*
3.    id.    *de Profil.*
4. Hadena *Latulenta.*
5.    id.    *de Profil.*
6. *La Chrysalide.*

## HADENA LUTULENTA. Pl. 32, fig. 2 et 6.

*Modo viridis, lineis pallidioribus vittaque laterali albido-flava; modo rosea vittis duabus dorsalibus viridibus, alteraque laterali albida.*

> *Noctua lutulenta.* Boisd., *Ind. meth.*, p. 65.
> *Agrotis lutulenta.* Treits.-Ochs., *Schm.*, I, p. 187, 29.
> *Noctua lutulenta.* Hubn., *Noct.*, tab. 33, fig. 159.
> Borkh., *Europ. Schm.*, IV, th. S., 576, n° 237. — Wien.
> Verz., Illig., etc.
> Noctuelle, boue de Paris. God., *Papil. de France*, V, pl. 71,
> fig. 1 et 2.

Cette chenille varie un peu pour la couleur, qui est tantôt verte comme chez *Æthiops*, et tantôt d'un violet rose. Le plus ordinairement, le dos est d'un vert-pomme jaunâtre, légèrement ombré de violet à la partie postérieure des anneaux, avec une raie dorsale d'un violet tirant sur le ferrugineux. Cette raie est marquée d'une tache d'un brun-marron, à la partie antérieure des 5ᵉ, 6ᵉ, 7ᵉ, 8ᵉ, 9ᵉ et 10ᵉ anneaux. Immédiatement au-dessous, les côtés sont largement d'un rose-violet tendre; vient ensuite une bande longitudinale d'un jaune-clair verdâtre, atténuée aux extrémités, sur laquelle s'appuient les stigmates qui sont petits, blancs, et qui, avec la loupe, paraissent finement cerclés de noir. Le ventre est d'un vert-pomme jaunâtre, lavé de violet immédiatement au-dessous de la bande latérale. Toutes les pattes sont de la couleur du ventre. Le premier anneau porte une espèce d'écusson peu visible, d'un vert-pomme olivâtre. La tête, l'extrémité du dernier anneau, ainsi que la partie postérieure des pattes anales, sont d'un vert-olivâtre foncé.

On rencontre quelquefois une variété dont la couleur violette est remplacée par une teinte rouillée, avec les stigmates placés sur une tache noire lunulée.

On en trouve très souvent une autre qui est d'un vert-

pomme plus ou moins pur, avec une bande latérale blanchâtre, et trois lignes dorsales d'un blanc verdâtre, dont la
médiane est située sur le vaisseau dorsal, et formée de deux
lignes rapprochées et confondues. Entre celle-ci et chacune
des deux autres, on voit ordinairement un petit point noirâtre placé sur le milieu de chaque anneau. Les stigmates sont
tantôt comme dans l'espéce typique, et tantôt entourés d'une
demi-lunule noirâtre. Cette variété se confond avec *Æthiops*.

On trouve cette chenille à la fin d'avril, sur une infinité de
plantes basses. Elle se fait une coque avec des grains de terre
liés avec des fil de soie.

La chrysalide est effilée, cylindrico-conique, d'un rouge-
foncé luisant, avec les articulations plus foncées, et l'enveloppe des ailes d'un fauve verdâtre. L'anus se termine par
un petit bouton noir arrondi armé de deux petites épines droites rapprochées.

L'insecte parfait éclôt en octobre; il n'est pas très rare
dans le centre et le midi de la France.

1. Agrotis Exclamationis.
2.    id.   de Profil.
3. Agrotis Crassa.
4.    id   de Profil.

## ZYGÆNA OCCITANICA. Pl. 4, fig. 4-6.

*Pilosula, glauco-viridis dorso albido, maculis flavis biseriatis; punctis
minutis quadriseriatis capiteque nigris.*

Boisd., *Ind. meth.*, p. 37.
Rambur, *in Ann. des Scienc. d'Observat.*
Boisd., *Monog. des Zygénides*, pl. 6, fig. 3.
Ochs., *Schm. von Europ.*, II, 95, 26.
God., *Papil. de France*, III, pl. 22, f. 12.
*Sphinx phacœ.* Hubn., *Sphing.*, tab. 22, fig. 116-107.
*Sphinx occitannica.* Devill., *Ent.*, Linn., II, p. 114, 59,
    tab. 4, f. 21.

Elle a le même port que l'*Onobrychis*.

Elle est d'un vert tendre, un peu glauque, avec le dos
presque blanc. De chaque côté du dos, mais en tirant un peu
vers les stigmates, elle est marquée d'une série de neuf
taches jaunes, ovales, situées près des incisions, dont une
par anneau, excepté le premier et les deux derniers qui en
sont dépourvus. Un peu au-dessus de ces taches jaunes, on
voit, sur les mêmes anneaux, une série de très petits points
noirs, dont un dans chaque incision et une autre sur le milieu de chaque segment.

Les stigmates sont noirs et s'alignent avec deux ou trois
petits points de la même couleur; la tête est également noire;
le dessous du corps et les pattes sont d'un vert glauque;
outre cela le corps est garni de petites touffes de poils blanchâtres.

Elle vit, par petits groupes, sur le *dorycnium suffruticosum*
pendant les mois de juin et de juillet; elle est ordinairement
parvenue à toute sa grosseur vers la mi-août. Alors elle aban-
donne presque toujours la plante qui l'a nourrie, pour aller
construire sa coque à l'extrémité de quelque plante élevée,
souvent sur un brin de lavande.

Celle-ci est ovoïde, d'une belle couleur jaune-serin et de

la consistance de la coquille d'œuf. On en trouve aussi qui sont blanches, mais ces dernières ne donnent jamais de papillons; il en sort un ichneumon.

L'insecte parfait éclôt après douze ou quinze jours de métamorphose; il se trouve communément dans la France méridionale et en Espagne.—Gustave Daube.

## HADENA PEREGRINA. Pl. 35, fig. 1.

*Fusca, vel purpurascente-fusca, lineis duabus tenuissimis albidis,
vittaque laterali albida linea rubra divisa.*

Boisd., *Ind. meth.*, p. 71.

Treitschk.-Ochs., *Schm.*, I, p. 330, 11.

*Noctua salsolæ.* Rambur, *in Ann. des Scienc. d'Observat.*

*Luperina contribulis.* Boisd., *Ind. meth.*, p. 77.

Noctuelle contribule. God.-Dup., *Papil. de France*, VII,
pl. 122, f. 1.

Elle est tantôt d'un brun roussâtre et tantôt d'un brun
violâtre ou même d'un vert obscur ; elle a sur le dos et sur
chaque anneau quatre petits points noirs, disposés par paires,
entre deux lignes plus foncées, couvertes d'une série de
petits points blancs très rapprochés ; au-dessous des stigmates
elle offre une bande longitudinale d'un rouge orangé, lisérée
de blanc des deux côtés. Les stigmates sont blancs et situés
chacun sur une tache noire alongée, formant, par leur
alignement, une espéce de chaîne appuyée sur la bande
sus-mentionnée ; au-dessous de cette dernière on remarque
encore, sur chaque anneau, deux petits points noirs disposés
obliquement.

Le dessous du corps est ordinairement d'un blanc-jaunâtre pâle ou verdâtre ; la téte est verdâtre ; les pattes sont
de la couleur du ventre..

On trouve cette chenille très communément au bord de la
Méditerranée, sur les *salsola* et les *chenopodium* maritimes,
depuis la mi-mai jusqu'au commencement de juillet.

Pour se métamorphoser elle file à fleur de terre une coque
d'un tissu très lâche, dans laquelle elle passe à l'état de
nymphe au bout de huit jours.

L'insecte parfait éclôt depuis la dernière quinzaine de juillet jusqu'au commencement de septembre ; à cette époque, on commence à retrouver la chenille, et on la prend encore à la fin d'octobre. Celles-ci ne donnent leurs papillons qu'en mai ou juin de l'année suivante. — GUSTAVE DAUBE.

## XYLINA RHIZOLITHA. Pl. 34, fig. 1.

*Pubescens cœruleo-viridis albido punctulata, lineis quinque obsoletis albis.*

Boisd., *Ind. meth.*, p. 87.
Treits.-Ochs., *Schm. von Europ.*, III, p. 21, 7.
*Noctua rhizolitha.* Hubn., *Noct.*, tab. 50, f. 242.—Larv. lepid.,
    IV. Genuin. T. b., fig. 1. a. b.
Fab., *Ent. Syst.*, III, 2, 124, 373.
Esp., *Schm.*, IV, th., tab. 121, *Noct.*, 42, fig. 6.
Borkh., *Eur. Schm.*, IV, th. S., 345, n° 144.
Schrank, *Faun. Boic.*, II, B. 1. abth., S. 334. — Wien.
    Verz., Illig., Devillers, etc.
La nébuleuse. Ernst., *Papil. d'Europ.*, pl. 211, fig. 284.
Noctuelle rhizolithe. God.-Dup., *Papil. de France*, 7, pl. 112,
    fig. 3.

Elle est de la taille de *Stabilis*.

Sa couleur est d'un vert-bleuâtre glauque, pointillée de blanc, avec de petits poils de la même couleur, bien visibles, et naissant chacun d'un petit tubercule également blanc; le dos est marqué en outre de trois lignes longitudinales, blanches, peu prononcées, dont une sur le vaisseau dorsal et les deux autres semi-latérales et suivies d'une rangée de petits tubercules blancs, un peu plus saillants que les autres; il y a entre les pattes et les stigmates une raie latérale jaune ou d'un blanc jaunâtre.

Les stigmates sont petits, blancs, et cerclés de noir; la tête est d'un vert-bleuâtre pâle; le dessous du ventre est blanchâtre comme dans l'*Instabilis;* les pattes sont de la même couleur, avec la couronne des membraneuses un peu violâtre.

Lorsqu'elle est sur le point de se métamorphoser, les lignes longitudinales disparaissent, et le vaisseau dorsal forme une ligne d'un vert plus obscur que le fond.

On la trouve, dans le courant de mai, sur le chêne (*quercus*), dans les bois d'une grande partie de l'Europe.

Elle subit sa métamorphose dans la terre, sans former de coque proprement dite.

La chrysalide est d'un brun rougeâtre, terminée par une petite pointe noire, accompagnée de deux soies divergentes crochues.

L'insecte parfait paraît ordinairement en août et septembre ; mais souvent la chrysalide passe l'hiver et éclôt au commencement du printemps suivant.

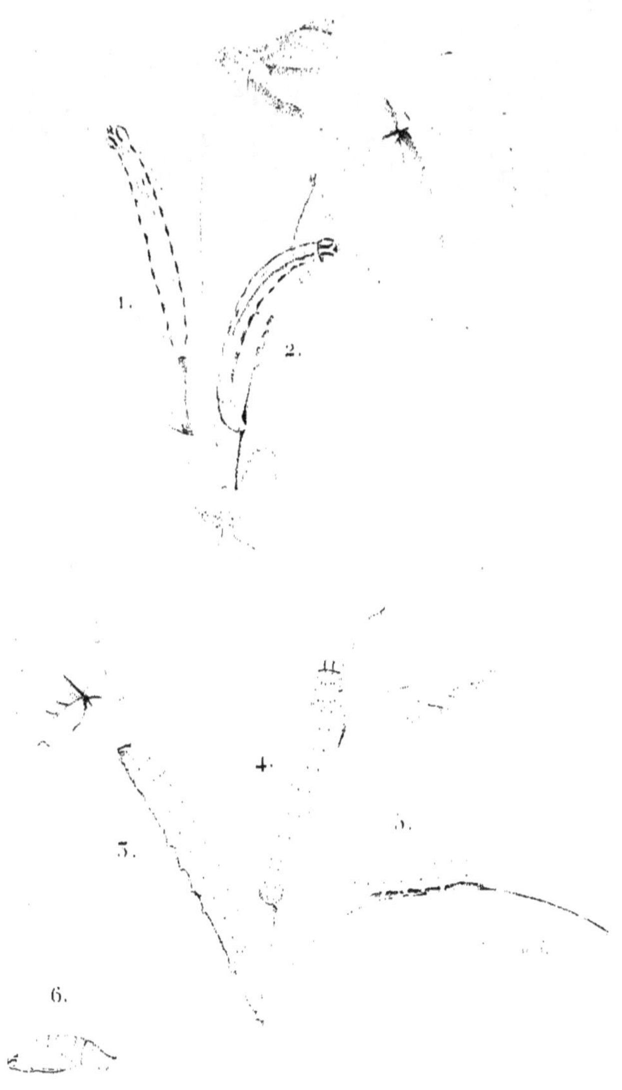

1. Mythimna Xanthographa
2.    id.    Variété.
3. Noctua Glareosa.
4. Noctua Glareosa.
5.    id.    Jeune
6. La Chrysalide

## ORTHOSIA GOTHICA. Pl. 35, fig. 5 et 6.

*Viridis, lineis tribus dorsalibus flavis vittaque laterali albida.*

*Noctua gothica.* Boisd., *Ind. meth.*, p. 67.
Treits.-Ochs. , *Schm. von Europ.*, I, p. 233, 12.
Linn., *Syst. nat.*, I, 2, p. 851, 159.
Fab., *Ent. Syst.*, III, 2, 85, 249.
*Nun atrum. Op. cit.*, p. 66, 185.
Hubn., *Noct.*, tab. 44, fig. 112. — Larv. lepid., *Noct.* II.
   Genuin. , Q. b. c., fig. 1. a. b.
*Noctua gothica.* Borkh., *Europ. Schm.*, IV, th. 8., 484,
   n° 192. — Devillers, Knoch, Mull., etc.
Esp., *Schm.*, III, th., tab. 76, fig, 1-2.
La gothique. Ernst., *Papil. d'Europ.*, pl. 266, fig. 422.
Noctuelle gothique. God., *Papil. de France*, pl. 61, fig. 2.

Elle est d'un vert tendre, un peu jaunâtre, imperceptible-
ment couverte d'atomes et de linéaments d'un blanc jaunâtre.
Le vaisseau dorsal est marqué d'une ligne jaune ou d'un blanc
jaunâtre, visible dans toute sa longueur; entre cette ligne et
les côtés on en voit une autre, très fine, jaunâtre et légèrement sinuée; les côtés offrent, au-dessus des pattes, une
bande latérale d'un blanc bleuâtre pur, bordée supérieurement de vert noirâtre, amincie à sa partie antérieure, et se
continuant jusque sur les pattes postérieures.

Les stigmates sont ovoïdes, blancs, cerclés de noir; le
dernier est situé au-dessus de la bande latérale; les premier,
deuxième, troisième et huitième sont appuyés sur son bord
supérieur, et les autres sont sur la bande elle-même.

Le dessous du corps est d'un vert un peu plus foncé que le
dessus, jaunâtre dans son milieu; la tête et les pattes écailleuses sont d'un vert jaunâtre; les pattes membraneuses ont
les crochets un peu rosés.

Quand cette chenille marche et rapproche ses anneaux,
leur bord devient jaune. On la trouve, dans le courant de mai

et au commencement de juin, sur une infinité de plantes basses, telles qu'oseille, luzerne, caille-lait, etc.; on la rencontre aussi sur les arbres, mais plus rarement. Elle s'enfonce en terre et forme une coque très légère, et dans la composition de laquelle il n'entre que très peu de soie.

La chrysalide est assez courte, d'un brun-marron très foncé, luisant, avec les anneaux du ventre fortement marqués de points enfoncés, particulièrement sur le dos et le bord antérieur; elle se termine par deux petites épines noires et très divergentes.

L'insecte parfait éclôt au mois de mars de l'année suivante, et se trouve dans une grande partie de l'Europe.

*Nota.* Notre figure 6 est parfaitement exacte, mais un peu trop grossie.

## ORTHOSIA CÆCIMACULA. Pl. 55, fig. 4.

*Fusca, nigro pulverulenta, strigis tribus obsoletis punctisque dorsalibus
nigris; vitta laterali ventreque sordide viridi-albidis.*

BOISD., *Ind. meth.*, p. 80.
TREITS.-OCHS., *Schm.*, II, p. 202 , 1.
*Noctua cæcimacula.* HUBN., *Noct.*, tab. 29, fig. 137. — Larv.
    lepid., IV, *Noct.* II. GENUIN., G. h., fig. a. b.
FAB., *Ent. Syst.*, III, 2, 72, 204.
BORKH., *Schm.*, IV, th. S., 565, n° 233. — WIEN. VERZ.,
    ILLIG., DEVILLERS, etc.
*Noctua millegrana.* ESP., *Schm.*, IV, th., tab. 40, *Noct.*,
    71 , f. 1.
La constante. ERNST., *Papil. d'Europe*, pl. 264, fig. 415,
    c. d. e. f.
Noctuelle tache effacée. GOD.-DUP., *Papil. de France*, VI,
    pl. 77, fig. 1.

Elle est environ un tiers plus grande que *Stabilis*.

Le fond de sa couleur est d'un roux-jaunâtre clair, un peu
bistré, avec le corps couvert de petits atomes et de petits
linéaments bruns plus ou moins serrés, mais plus rapprochés sur les côtés et sur le vaisseau dorsal, où ils forment
une espéce de raie longitudinale.

Chaque anneau est marqué de quatre petits points peu
apparents, dont les deux antérieurs blanchâtres, plus rapprochés, et les deux postérieurs noirâtres peu prononcés et plus
écartés. Au-dessous des stigmates est une bande latérale
assez large, d'un blanc-jaunâtre livide, fondue complétement
par son bord inférieur, avec la couleur du ventre, qui est
d'un blanc livide teinté de verdâtre.

Les stigmates sont roux, cerclés de noir, situés, moitié sur
la couleur du fond, et moitié sur la bande latérale, excepté
le dernier et quelquefois le premier, qui sont plus élevés, et
ne touchent pas cette bande. On voit souvent encore, chez

quelques individus, un trait roussâtre mal écrit à la base des pattes membraneuses. La tête est d'un roux clair, et le premier anneau est couvert par une espéce d'écusson noirâtre; les pattes sont de la couleur du corps. Dans sa jeunesse, elle est verte, avec une ligne latérale et les incisions jaunâtres.

On la trouve, dans le courant de mai, sous les feuilles séches et les plantes basses; elle ne mange guère que la nuit, et se nourrit presque indistinctement d'oseille (*rumex acetosa*), de pissenlit, de laiteron, de lychnis dioïque, de chicorée, de géranium, de caille-lait, etc.

Elle entre en terre sans faire de coque proprement dite.

La chrysalide est brun-clair, et n'offre rien de particulier.

L'insecte parfait éclôt en août et au commencement de septembre. Il se trouve en Autriche, dans plusieurs contrées de l'Allemagne et aux environs de Paris; mais il est assez rare dans cette dernière localité.

1. Hadena Peregrina.
2. Hadena Soda.
3. La Chrysalide.
4. Orthosia Cœcimacula.
5. Orthosia Gothica
6. id. de Profil.

Blanchard pinx       Borromée dir

## HADENA SODÆ. Pl. 35, fig. 2 et 3.

*Viridis, strigis tribus interruptis nigris lineaque laterali pallida.*

*Mamestra sodæ.* Boisd., *Ind. meth.*, add., p. 5.
*Noctua sodæ.* Rambur, *in Ann. des Scienc. d'Observat.*
*Mamestra sodæ.* Treits.-Ochs., *Schm.*, XI.

Elle a le même port que *Chenopoidii*, et elle est de même entièrement verte.

Le vaisseau dorsal forme une raie médiane d'un vert un peu plus obscur que le fond, souvent très peu apparente; de chaque côté de cette raie, en tirant vers la partie latérale, est une ligne blanche, ou d'un blanc verdâtre, un peu interrompue aux incisions, bordée supérieurement par une suite de traits noirs alongés, bien alignés, dont un sur chaque anneau. Entre les pattes et les stigmates, il y a, en outre, une bande blanche ou blanchâtre, bien nette, de largeur moyenne, un peu atténuée aux extrémités, et surmontée d'une série de traits noirs alignés supportant les stigmates qui sont blanchâtres.

Le dessous du corps et les pattes sont un peu plus clairs que le dessus; la tête est d'un vert obscur.

On rencontre quelquefois une variété dont le fond de la couleur est d'un gris roussâtre, avec le même dessin que dans les individus ordinaires.

On trouve cette chenille assez communément au bord de la mer, en Languedoc, sur les *salsola* et les *chenopodium* maritimes, mélangée avec *Chenopodii* et sur-tout *Peregrina*, depuis le commencement de mai jusqu'à la mi-juillet, pour la première époque, et depuis les premiers jours de septembre jusqu'à la fin d'octobre, pour la seconde.

Pour se métamorphoser, elle forme à fleur de terre une coque cassante comme celle de *Xylina exoleta*.

L'insecte parfait éclôt en août et septembre, s'il provient de chenilles de la première époque, et en mai et juin de l'année suivante, dans le cas contraire.

—Daube Gustave.

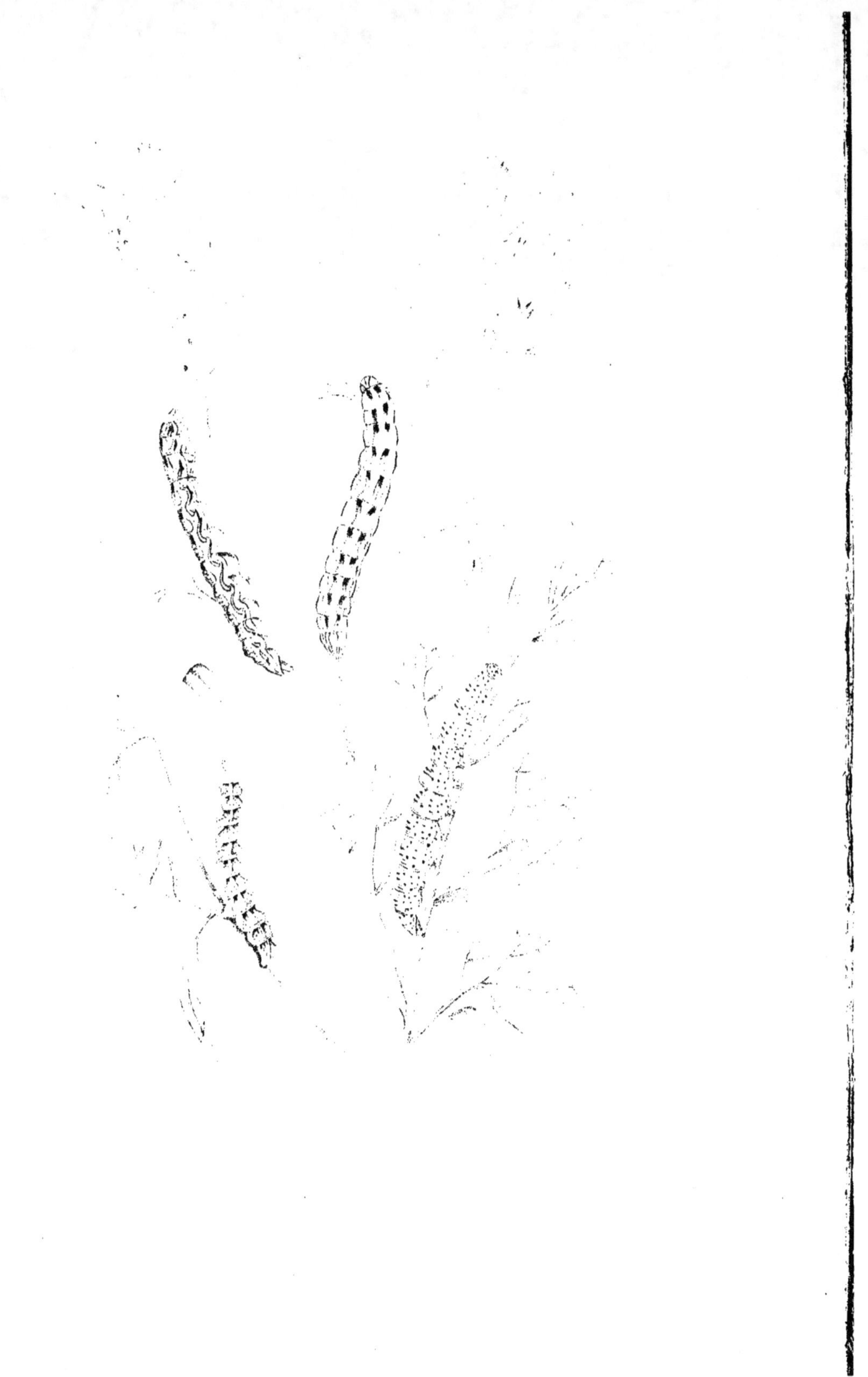

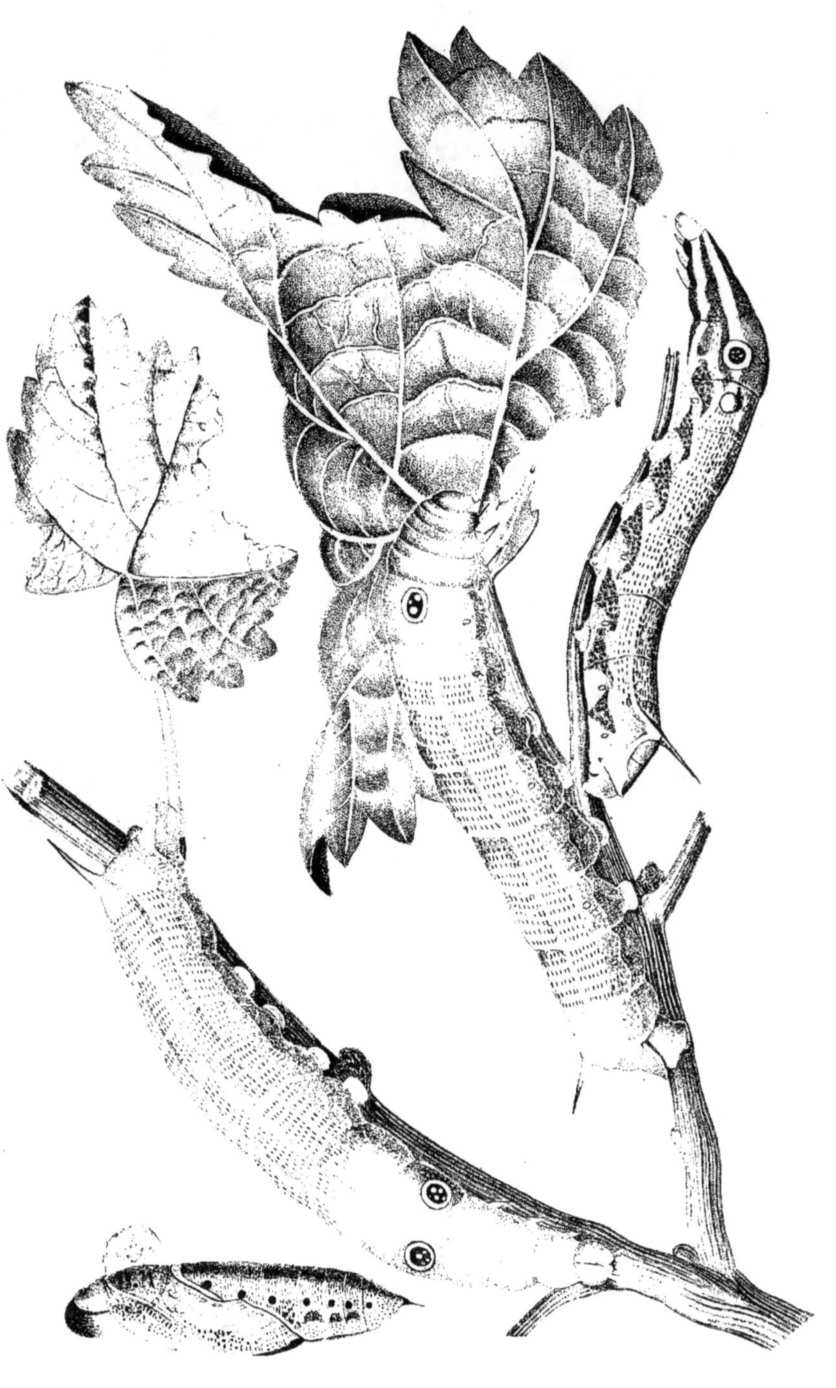

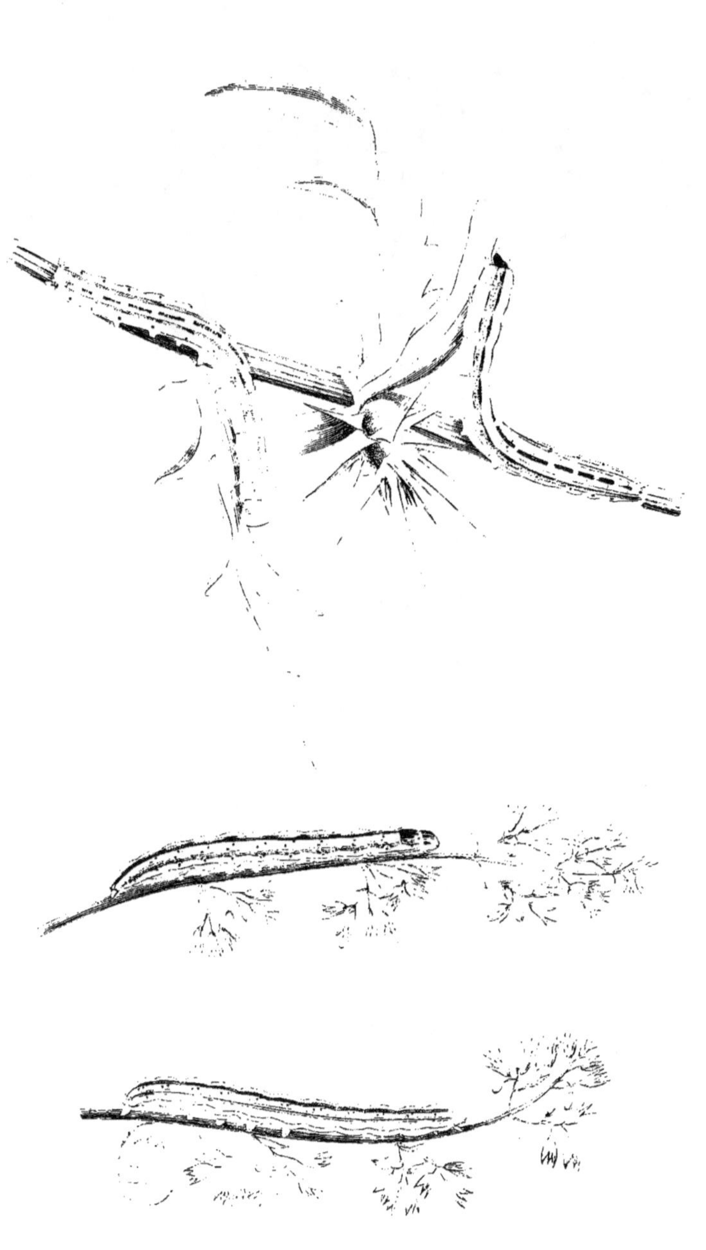

www.ingramcontent.com/pod-product-compliance
Lightning Source LLC
LaVergne TN
LVHW021917060726
842528LV00001B/17